Sarah Späth
unter Mitarbeit von Hans Reuter

Last Minute Innere Medizin

In der Reihe Last Minute erscheinen folgende Titel:

- Last Minute Anatomie
- Last Minute Biochemie
- Last Minute Chirurgie
- Last Minute Gynäkologie und Geburtshilfe
- Last Minute Histologie
- Last Minute Innere Medizin
- Last Minute Infektiologie, Immunologie und Mikrobiologie
- Last Minute Neurologie
- Last Minute Pädiatrie
- Last Minute Pathologie
- Last Minute Pharmakologie
- Last Minute Physiologie
- Last Minute Psychiatrie

Sarah Späth

unter Mitarbeit von Hans Reuter
Fachliche Beratung: Dr. Markus Escher

Last Minute
Innere Medizin

1. Auflage

ELSEVIER
URBAN & FISCHER

URBAN & FISCHER München

Zuschriften und Kritik an:
Elsevier GmbH, Urban & Fischer Verlag, Hackerbrücke 6, 80335 München
E-Mail: medizinstudium@elsevier.de

Wichtiger Hinweis für den Benutzer
Die Erkenntnisse in der Medizin unterliegen laufendem Wandel durch Forschung und klinische Erfahrungen. Herausgeber und Autoren dieses Werks haben große Sorgfalt darauf verwendet, dass die in diesem Werk gemachten therapeutischen Angaben (insbesondere hinsichtlich Indikation, Dosierung und unerwünschter Wirkungen) dem derzeitigen Wissensstand entsprechen. Das entbindet den Nutzer dieses Werks aber nicht von der Verpflichtung, anhand weiterer schriftlicher Informationsquellen zu überprüfen, ob die dort gemachten Angaben von denen in diesem Buch abweichen und seine Verordnung in eigener Verantwortung zu treffen.
Für die Vollständigkeit und Auswahl der aufgeführten Medikamente übernimmt der Verlag keine Gewähr.
Geschützte Warennamen (Warenzeichen) werden in der Regel besonders kenntlich gemacht (®). Aus dem Fehlen eines solchen Hinweises kann jedoch nicht automatisch geschlossen werden, dass es sich um einen freien Warennamen handelt.

Bibliografische Information der Deutschen Nationalbibliothek
Die Deutsche Nationalbibliothek verzeichnet diese Publikation in der Deutschen Nationalbibliografie; detaillierte bibliografische Daten sind im Internet über http://www.d-nb.de abrufbar.

1. Auflage 2012

Der Urban & Fischer Verlag ist ein Imprint der Elsevier GmbH.

12 13 14 15 16 5 4 3 2 1

Um den Textfluss nicht zu stören, wurde bei Berufsbezeichnungen die grammatikalisch maskuline Form gewählt. Selbstverständlich sind in diesen Fällen immer Frauen und Männer gemeint.

Planung: Christina Nussbaum, Alexander Gattnarzik, Elsevier Deutschland, München
Lektorat: Christine Stockert, Prinz 5 GmbH, Augsburg
Herstellung: Peter Sutterlitte, Elsevier Deutschland, München
Satz: abavo GmbH, Buchloe/Deutschland; TnQ, Chennai/Indien
Druck und Bindung: Printer Trento, Italien
Umschlaggestaltung: SpieszDesign, Neu-Ulm
Titelfotografie: © GettyImages/KicImages/TsoiHoi Fung

ISBN 978-3-437-43005-3

Aktuelle Informationen finden Sie im Internet unter **www.elsevier.de** und **www.elsevier.com**

Vorwort

Ich wünsche den Nutzern dieses Buchs von Herzen viel Erfolg und gute Nerven während der Lern- und Prüfungsphase!

Bei meinen Lieben bedanke ich mich für ihre bedingungslose Unterstützung und Liebe während der Erstellung dieses Buchs.

Sarah Späth

Ich möchte das Vorwort noch um den Hinweis ergänzen, dass die Immunologie und Infektiologie nicht vergessen wurden, sondern mit der Mikrobiologie in einem eigenen Last-Minute-Band behandelt werden.
Und Danke an Markus für seine Hinweise!

Hans Reuter

So nutzen Sie das Buch

Prüfungsrelevanz

Die Elsevier-Reihe Last Minute bietet Ihnen die Inhalte, zu denen in den Examina der letzten fünf Jahre Fragen gestellt wurden. Eine Farbkennung gibt an, wie häufig ein Thema gefragt wurde, d. h. wie prüfungsrelevant es ist:

- Kapitel in violett ■ kennzeichnen die Inhalte, die in bisherigen Examina sehr häufig geprüft wurden.
- Kapitel in grün ■ kennzeichnen die Inhalte, die in bisherigen Examina mittelmäßig häufig geprüft wurden.
- Kapitel in blau ■ kennzeichnen die Inhalte, die in bisherigen Examina eher seltener, aber immer wieder mal geprüft wurden.

Lerneinheiten

(1) Das gesamte Buch wird in Tages-Lerneinheiten unterteilt. Diese werden durch eine „Uhr“ dargestellt: Die Ziffer gibt an, in welcher Tages-Lerneinheit man sich befindet.

(1) Jede Tages-Lerneinheit ist in sechs Abschnitte unterteilt: Der ausgefüllte Bereich zeigt, wie weit Sie fortgeschritten sind.

Und online finden Sie zum Buch

- Original-IMPP-Fragen
- zu jedem Kapitel typische Fragen und Antworten aus der mündlichen Prüfung.

■ CHECK-UP

☐ Check-up-Kasten: Fragen zum Kapitel als Selbsttest.

Merke

wichtige Fakten, Merkregeln.

Zusatzwissen

Zusatzwissen zum Thema, z. B. zusätzliche klinische Informationen

Adressen

Sarah Späth
Jahnstraße 16 A
64354 Reinheim
Email: sarah.late@googlemail.com

Hans Reuter
Brunecker Str. 25
86316 Friedberg
Email: hreuter@dwarsloper.com

Abkürzungen

ABL	humanes Abelson-Protoonkogen
ACE	Angiotensin converting enzyme
ACS	Aminocephalosporansäure
ACTH	adrenokortikotropes Hormon
ACVB	aortokoronarer Venenbypass
ADH	antidiuretisches Hormon
AHA	American Heart Association
AI	artifizielle Insemination
AK	Antikörper
ALL	akute lymphatische Leukämie
ALT	Alanin-Aminotransferase
AMA	antimitochondrialer Antikörper
AML	akute myeloische Leukämie
ANA	antinukleärer Antikörper
ANCA	Antineutrophil cytoplasmatic antibodies, Granulozyten-Zytoplasma-Antikörper
ANP	atriales natriuretisches Peptid
Anti-dsDNS	Anti-Doppelstrang-DNS
Anti-Sm	Anti-Smith
AP	alkalische Phosphatase, Angina pectoris
APS	Antiphospholipid-Syndrom, autoimmunes polyglanduläres Syndrom
APTT	aktivierte partielle Thromboplastinzeit
ARDS	akutes respiratorisches Distress-Syndrom
ARVCM	arrhythmogene rechtsventrikuläre Kardiomyopathie
AS	Aortenklappenstenose
ASA	Aminosalizylat
ASD	Vorhof(Atrium)septumdefekt
ASL	Antistreptolysin
ASS	Azetylsalizylsäure
AT-2	Angiotensinrezeptor 2
AV	atrioventrikulär
AVSD	atrioventrikulärer Septumdefekt
BCD	Ultraschalldiagnostik
BCR	Breakpoint cluster region
BEACOPP	Chemotherapie mit Kombination von Bleomycin, Etoposid(phosphat), Adriamycin, Cyclophosphamid, Oncovin (Vincristin), Procarbazin, Predniso(lo)n
BGA	Blutgasanalyse
BNP	B-Typ natriuretisches Peptid (b = brain)
BSG	Blutkörperchensenkungsgeschwindigkeit
BWS	Brustwirbelsäule
CCS	Canadian Cardiovascular Society Score
CD	Cluster of differentiation
CEA	karzinoembryonales Antigen
CF	zystische Fibrose
CFTR	Cystic fibrosis transmembrane regulator
CK	Kreatinkinase
CK-MB	CK-herzspezifisches Isoenzym MB (M = muscle, B = brain)
CLL	chronische lymphatische Leukämie
CMV	Zytomegalievirus
CNP	C-Typ natriuretisches Peptid
CoA	Coarctatio aortae
COPD	chronisch-obstruktive Lungenerkrankung
COX	Cyclooxygenase
CREST	Calcinosis cutis, Raynaud-Phänomen, Motilitätsstörungen des Ösophagus, Sklerodaktylie, Teleangiektasien
CRP	C-reaktives Protein
DAS	digitale Subtraktionsangiografie
DCM	dilatative Kardiomyopathie
DD	Differenzialdiagnose
DDAVP	Handelsname von Desmopressin
DIC	disseminierte intravasale Gerinnung
DL_{CO}	Diffusionskapazität der Lunge für CO
DM	Dermatomyositis
EBV	Epstein-Barr-Virus
ECHO	Enteric cytopathogenic human orphan
ECMO	extrakorporale Membranoxygenierung
EDKA	fettlösliche Vitamine (Vitamin E, D, K, A)
EF	Elongationsfaktor
ERCP	endoskopische retrograde Cholangiopankreatikografie
EUG	Extrauteringravidität
FAP	familiäre adenomatöse Polyposis
FEV_1	Forced expiratory volume in 1 second, Einsekundenkapazität
FRC	funktionelle Residualkapazität
fT	freies Triiodthyronin bzw. Thyroxin
FU	Fluorouracil

G-6-PD	Glukose-6-Phosphatdehydrogenase
GBM	glomeruläre Basalmembran
GFR	glomeruläre Filtrationsrate
GH	Growth hormone, Wachstumshormon
GHRH	GH-releasing-Hormon
GI	Gastrointestinaltrakt
GN	Glomerulonephritis
GOT	Glutamat-Oxalazetat-Transaminase
HAV	Hepatitis-A-Virus
Hb	Hämoglobin
HBDH	Hydroxybutyrat-Dehydrogenase
HBV	Hepatitis-B-Virus
HCM	hypertrophische Kardiomyopathie
HCV	Hepatitis-C-Virus
HDV	Hepatitis-D-Virus
HELLP	hypertensive Störung mit hämolytischer Anämie, erhöhten Leberwerten und Verminderung der Thrombozyten (Low platelet count)
HEV	Hepatitis-E-Virus
HGF	Hepatozyten-Wachstumsfaktor
HI	Herzindex, Herzinsuffizienz
Hk	Hämatokrit
HLA	humanes Leukozyten-Antigen
HMG	Hydroxymethylglutaryl
HNCM	hypertrophische nichtobstruktive Kardiomyopathie
HOCM	hypertrophische obstruktive Kardiomyopathie
HP	Haptoglobin
HPT	Hyperparathyreoidismus
HPV	humanes Papillomavirus
HR-CT	High resolution computed tomography
HUS	urämisch-hämolytisches Syndrom
HWI	Harnwegsinfektion
HWK	Halswirbelkörper
HZV	Herzzeitvolumen
ICD	Implantable cardioverter defibrillator, Kardioverter-Defibrillator
ICR	Interkostalraum, Intrazellularraum
IgA, IgG	Immunglobuline
IGF	Insulin-like growth factors, insulinähnliche Wachstumsfaktoren
INR	International Normalized Ratio
ISDN	Isosorbiddinitrat
ISTA	Aortenisthmusstenose
ITGV	interthorakales Gasvolumen
JAK-2-Gen	Janus-Kinase-2-Gen
KHK	koronare Herzkrankheit
KI	Karyopyknoseindex
KPE	komplexe physikalische Entstauungstherapie
LADA	latent autoimmune diabetes in adults
LCA	linke Koronararterie
LDH	Laktatdehydrogenase
LT	Leukotriene
LWK	Lendenwirbelkörper
LWS	Lendenwirbelsäule
MCH	mittlerer korpuskulärer Hb-Gehalt
MCV	mittleres korpuskuläres Erythrozytenvolumen
MEN	multiple endokrine Neoplasie
MI	Mitralklappeninsuffizienz
MKP	Mitralklappenprolaps
MODY	maturity onset diabetes of the young
MRCP	Magnetresonanz-Cholangiopankreatikografie
MRT	Magnetresonanz-Tomografie
NHL	Non-Hodgkin-Lymphom
NNR	Nebennierenrinde
NSAR	nichtsteroidale Antirheumatika
NSCLC	nichtkleinzelliges Bronchialkarzinom
NSTEMI	Non-ST-segment elevation myocardial infarction
NYHA	New York Heart Association
oGTT	oraler Glukose-Toleranztest
OPSI	Overwhelming postsplenectomy infection syndrome
pAVK	periphere arterielle Verschlusskrankheit
PCR	Polymerase chain reaction, Polymerasekettenreaktion
PDA	persistierender Ductus arteriousus
PEEP	positive endexpiratory pressure
PEF	Peak Flow
PEG	perkutane endoskopische Gastrostomie
PET	Positronen-Emissions-Tomografie
PM	Polymyositis
PPI	Protonenpumpeninhibitor
PS	Pulmonalstenose
PT	Thromboplastin-Zeit, Prothrombin-Zeit, Quick-Wert
PTA	Plasma thromboplastin antecedent
PTCA	perkutane transluminale Koronarangioplastie
PTS	postthrombotisches Syndrom
PTT	partielle Thromboplastinzeit
QT	Intervall vom Beginn der Q-Zacke bis zum Ende der T-Welle
RA	rheumatoide Arthritis

RCA	Right coronary artery
RCM	restriktive Kardiomyopathie
RET	Rearranged during transfection
RG	Rasselgeräusch
RPGN	rapid-progressive Glumerulonephritis
RV	Residualvolumen
SARS	schweres akutes Atemwegssyndrom
SBAS	schlafbezogene Atemstörungen
SCLC	Small cell lung cancer, kleinzelliges Bronchialkarzinom
SD	Standard deviation, Standardabweichung
SHBG	Sexualhormon-bildendes Globulin
SLE	systemischer Lupus erythematodes
SS	Single stranded, einsträngig
STEMI	ST-segment elevation myocardial infarction
TBC	Tuberkulose
TEE	transösophageale Echokardiografie
TGA	Transposition der großen Arterien
TgAK	Thyreoglobulin-Antikörper
TGV	thorakales Gasvolumen
TIA	transitorische ischämische Attacke
TINU	akutes tubulointerstitielles Nephritis- und Uveitis-Syndrom
TLC	totale Lungenkapazität
TNF	Tumornekrosefaktor
TNM	festgelegte Tumorstadieneinteilung: T = Tumor, N = Knoten, M = Metastasen
TPA	Polypeptidantigen
TPZ	Thromboplastinzeit
TRAK	TSH-Rezeptor-Antikörper
TSH	Thyreoidea-stimulierendes Hormon, Thyreotropin
tTg	Gewebstransglutaminase
TTP	thrombotisch-thrombozytopenische Purpura
TTR	Transthyretin
TVT	Tension-free vaginal tape
TZ	Thrombinzeit
UDP	Uridindiphosphat
VC	Vitalkapazität
VSD	Ventrikelseptumdefekt
vWF	Von-Willebrand-Faktor
ZNS	zentrales Nervensystem
ZVD	zentraler Venendruck

Abbildungsnachweis

Der Verweis auf die jeweilige Abbildungsquelle befindet sich bei allen Abbildungen im Buch am Ende des Legendentextes in eckigen Klammern. Alle nicht besonders gekennzeichneten Grafiken und Abbildungen © Elsevier GmbH, München.

A 300	Reihe Klinik- und Praxisleitfaden, Elsevier GmbH, Urban & Fischer Verlag, München
A 400	Reihe Pflege konkret, Elsevier GmbH, Urban & Fischer Verlag, München
A 400-190	G. Raichle, Ulm in Verbindung mit der Reihe Pflege konkret, Elsevier GmbH, Urban & Fischer Verlag, München
A 400-215	S. Weinert-Spieß, Neu-Ulm in Verbindung mit der Reihe Pflege konkret, Elsevier GmbH, Urban & Fischer Verlag, München
E 273	M. Afzal Mir: „Atlas of Clinical Diagnosis“, W.B. Saunders Company Ltd, 5. Aufl. 2003
E 348	Eisenberg R.L., Johnson N.: Comprehensive Radiographic Pathology 4th ed. Elsevier Health, 2007
E 349	Barry K., Bickle H., Crash Course: Imaging Elsevier Mosby 2007
L 157	S. Adler, Lübeck
L 215	S. Weinert-Spieß, Neu-Ulm
L 231	S. Dangl, München
M 100	Herausgeber MKK
M 104	J. Braun, Hamburg
M 114	M. Braun, Cuxhaven
M 181	S. Krautzig, Hannover
M 183	V. Kurowski, Groß Grönau
M 207	M. Koop, Idstein-Niederrod
O 158	U. Renz, Lübeck
O 525	Maximilian von Karais, Hamburg
O 526	Nikolas Trautmann
R 149	Mensch Körper Krankheit, 4. Aufl., Elsevier GmbH, Urban & Fischer Verlag 2003
R 179-001	Meves: Intensivkurs Dermatologie, 1. Aufl., Elsevier GmbH, Urban & Fischer Verlag, München 2006
S 008-3	G. Kauffmann, E. Moser, R. Sauer: Radiologie, 3. Aufl., Elsevier GmbH, Urban & Fischer Verlag, München 2006
S 008-3-01	E. Moser in G. Kauffmann, E. Moser, R. Sauer: Radiologie, 3. Aufl., Elsevier GmbH, Urban & Fischer Verlag, München 2006
T 127	P. Scriba, München
T 197	B. Danz, Ulm
T 209	G. Gruber/Hansch: Die interaktive Blickdiagnostik, CD-ROM, G. Gruber, Universitätsklinikum Leipzig, Zentrum für Innere Medizin, Leipzig

Inhaltsverzeichnis

1 Kardiologie

Herzinsuffizienz

Definition

Die Herzinsuffizienz (HI) bezeichnet die Unfähigkeit der Herzmuskulatur, bei normalem enddiastolischem Druck das benötigte Herzzeitvolumen (HZV) zu fördern, um in Ruhe oder Belastung die Körperperipherie mit ausreichend Sauerstoff zu versorgen.

Die Pumpschwäche des Herzens führt zu:

- **Vorwärtsversagen**: HZV ↓, RR ↓, periphere Minderperfusion, Muskelschwäche und verminderte Belastbarkeit und/oder
- **Rückwärtsversagen**: venöse Stauung vor dem linken Herzen zieht eine Lungenstauung u.a. mit Dyspnoe nach sich. Venöse Stauung vor dem rechten Herzen führt zu Ödemen, Stauungsleber, Aszites.

Einteilung der Herzinsuffizienz

Nach dem **zeitlichen Verlauf**:

- **Akute Herzinsuffizienz**: innerhalb von Stunden oder Tagen durch z. B. Myokardinfarkt, hypertone Krise, Myokarditis, akut aufgetretene Vitien durch Infarkt mit Papillarmuskelabriss oder bakterielle Endokarditis, durch Perikardtamponade, tachy- oder bradykarde Herzrhythmusstörungen
- **Chronische Herzinsuffizienz**: innerhalb von Monaten oder Jahren. Wird unterschieden in **kompensiert** und **dekompensiert**.

Nach der **Lokalisation**:

- Linksherzinsuffizienz
- Rechtsherzinsuffizienz
- Globalinsuffizienz.

Nach der Art der **hämodynamischen Störung**:

- **Low-output-Failure:** Vorwärtsversagen mit Verminderung des HZV, arteriovenöse O_2-Differenz vergrößert
- **High-output-Failure:** mangelhafte Blutversorgung der Peripherie durch Rückwärtsversagen, arteriovenöse O_2-Differenz vermindert.

In 50 % der Fälle ist die primäre Ursache eine Hypertonie, die zur **koronaren Herzkrankheit** (KHK) und **Myokardinfarkt** führt, was eine Herzinsuffizienz zur Folge hat. Nach der Framingham-Offspring-Studie sind damit KHK und Hypertonie die häufigsten Herzinsuffizienz-Ursachen.

Ätiopathogenese

Ursachen:

- **Systolische** Ventrikelfunktionsstörungen:
  - Durch Kontraktionsschwäche, die durch KHK (70 %), Kardiomyopathien (15 %) oder Myokarditis ausgelöst wird
  - Durch erhöhte Ventrikelwandspannung bei Druck- oder Volumenbelastung, die durch Vitien, arterielle oder pulmonale Hypertonie ausgelöst wird
- **Diastolische** Ventrikelfunktionsstörungen:
  - Durch Herzhypertrophie, ausgelöst durch arterielle Hypertonie
  - Durch Störung der Ventrikelfüllung bei Herzbeuteltamponade, konstriktiver Perikarditis oder restriktiver Kardiomyopathie
- **Herzrhythmusstörungen**:
  - Bradykardien
  - Tachykardien.

Ödeme. In den vorgeschalteten Gefäßabschnitten erhöht sich der Druck, v.a. auch der hydrostatische Druck in den Kapillaren, was zu Ödemen führt und in der Folge zu Gewebesklerosierungen.

Kompensationsmechanismen:

- **Neuroendokrine Aktivierung**:
  - Sympathikusaktivierung und Katecholaminfreisetzung steigern die Frequenz und Kontraktionskraft des Herzens, führen dauerhaft aber auch zur Herunterregulation der β-Rezeptoren und wirken somit weniger inotrop, wenn gleichzeitig die Katecholamine den Arterientonus steigern → gesteigerter Auswurfwiderstand
  - Aktivierung des Renin-Angiotensin-Aldosteron-Systems (RAAS) führt zu einer Vasokonstriktion und über Aldosteron zu einer Kochsalzretention und Volumenzunahme
  - ADH(Vasopressin)-Aktivierung führt zu Wasserretention → gesteigerte Vorlast
  - Freisetzung von natriuretischen Peptiden wie ANP, BNP und CNP (a = atrium, b = brain, c = C-Type) wirkt vasodilatatorisch. BNP kann als Prognosefaktor fungieren, da er bei zunehmender HI ansteigt.
- **Remodelling**: bezeichnet die Strukturveränderung des Myokards als Reaktion auf die chronische Erhöhung von Vor- und Nachlast
- **Herzhypertrophie**: exzentrische Hypertrophie mit Dilatation des Herzens bei Volumenbelastung und konzentrische Hypertrophie ohne Dilatation bei Druckbelastung.

Alle Kompensationsmechanismen können früher oder später zu einer Verschlechterung des Krankheitsbilds führen und müssen dann therapeutisch angegangen werden.

Stadieneinteilung der Herzinsuffizienz. Die New York Heart Association (NYHA) teilt die Herzinsuffizienz in vier Stadien ein (→ Tab. 1.1). Diese Einteilung wird auch von der American Heart Association (AHA) angewendet.

Klinik

Zu den allgemeinen Symptomen zählen Leistungsminderung, Gewichtszunahme, Nykturie, Tachykardie. Daneben kommt es zur Herzvergrößerung und Pleuraergüssen.

Linksherzinsuffizienz mit Lungenstauung:

- Dyspnoe, Tachypnoe, Orthopnoe
- Asthma cardiale (nächtlicher Husten und Orthopnoe)
- Herzfehlerzellen (hämosiderinhaltige Alveolarmakrophagen) im Sputum, schaumiger Auswurf
- O_2-Sättigung ↓, Lungenödem, basale RG, Zyanose.

Tab. 1.1 Stadieneinteilung der Herzinsuffizienz nach der New York Heart Association

Schweregrad	Klinik
NYHA 1	Körperliche Belastbarkeit normal, keine Beschwerden, Ejektionsfraktion eingeschränkt, ohne Klinik
NYHA 2	Beschwerden bei starker körperlicher Belastung
NYHA 3	Beschwerden schon bei leichter körperlicher Belastung
NYHA 4	Beschwerden in Ruhe

Rechtsherzinsuffizienz mit Rückstauung in den großen Kreislauf:
- Venenstauung an Zungengrund und Hals
- Ödeme an den Extremitäten. Bei schweren Fällen treten die Ödeme auch am Körperstamm auf (Anasarka).
- Stauungshepatitis: Billirubin und Transaminasen ↑
- Stauungsleber, -gastritis, -niere.

Komplikationen
- Herzrhythmusstörungen, kardiogener Schock
- Lungenödem, Lungenembolie
- Venöse Thrombosen
- Kardiale Thrombenbildung, arterielle Embolie.

Diagnostik
Anamnese. Klinische Zeichen der HI, NYHA-Stadium.

Labor. Erhöhte BNP-Werte.

Bildgebende Verfahren:
- Echokardiografie: systolische und diastolische Dysfunktion, Herzvergrößerung, Beurteilung des Herzminutenvolumens, Erfassung kausaler Faktoren wie Vitien etc.
- Röntgen-Thorax, in 2 Ebenen: Zeichen der Lungenstauung bei Linksherzinsuffizienz (→ Kasten)
- Kardio-MRT: dient der Bestimmung der Herzklappenfunktion, des enddiastolischen Ventrikelvolumens und der Größe der Herzhöhlen.

Invasiv. Herzkatheter (KHK?), Myokardbiopsie.

Röntgenologische Zeichen einer pulmonalen Stauung:
- **Kerley-B-Linien** (gestaute Lymphgefäße bei interstitiellem Ödem)
- Gestaute Hilusgefäße, im Hilusbereich gestaute Lungenvenen, unscharfe Hili
- Perihiläres Schmetterlingsödem
- Milchglaszeichnung bei alveolärem Lungenödem
- Verbreiterung der V. azygos der V. cava superior als früheste Veränderung
- Verbreiterung des rechten Vorhofs
- Vergrößerung des Herzens
- Vermehrte Gefäßzeichnung
- Unschärfe der Gefäße durch perivasales Ödem
- Perfusionsumverteilung
- Verbreiterung der Interlobulärspalten
- Basale Schleierung durch basal betontes Ödem
- Pleuraerguß (eher links als rechts)
- Herzvergrößerung.

Therapie
Akute Linksherzdekompensation. Möglichst rasch werden Vor- und Nachlast gesenkt:
- Oberkörper hoch, Beine tief lagern
- Vorlast ↓: niedrig diosiertes Nitroglyzerin (venöses Pooling), Furosemid (Ausscheidung ↑)
- Nachlast ↓: Nitroprussidnatrium oder hoch dosiert Nitroglycerin.

Die Kontraktilität wird mit Sympathomimetika, vorzugsweise Dobutamin, oder Phosphodiesterase-Inhibitoren verbessert. Sauerstoffgabe.

Allgemein. Schonung in Form von Bettruhe nur bei Patienten mit dekompensierter HI. Entgegen früherer Annahmen profitieren HI-Patienten von körperlicher Bewegung. Sowohl Symptomatik als auch Belastbarkeit und Lebensqualität verbessern sich dadurch.

Medikamentös. Eine HI kann mit verschiedenen Medikamenten behandelt werden:
- **ACE-Hemmer**: Wirkstoffe sind Captopril, Enalapril, Ramipril.
  ACE-Hemmer sind ab NYHA-1-Stadium das Mittel der Wahl, da sie die Prognose verbessern, die Gesamtmortalität um 25 % senken und bei Postinfarktpatienten die Remodellingprozesse verhindern.
- **β-Rezeptorenblocker**: Wirkstoffe sind Metoprolol, Carvedilol, Bisoprolol.
  Sie bremsen die Katecholaminwirkung, verhindern das Herunterregulieren der β-Rezeptoren, senken die Herzfrequenz und wirken antiischämisch.
- **AT_1-Blocker**: Wirkstoffe sind Candesartan, Lorsartan, Valsartan.
  AT_1-Blocker sind bei Kontraindikation oder Unverträglichkeit die Therapiealternative zu ACE-Hemmern.
- **Diuretika**: Diuretika vermindern Vorlast, Lungenstauung und Ödeme. Über die Verminderung des peripheren Widerstands verringert sich auch die Nachlast.Wirkstoffe sind

  - **Thiazide**, z. B. Hydrochlorothiazid
  - **Schleifendiuretika**, z. B. Furosemid
  - **Aldosteronantagonisten**, z. B. Eplerenon
- **Digitalisglykoside**: Sie wirken auf drei verschiedene Weisen:
  - Positiv inotrop: Sie erhöhen die Kontraktilität und sind positiv bathmotrop, d. h., sie erhöhen die Erregbarkeit.
  - Negativ chronotrop: Sie verlangsamen die Herzfrequenz.
  - Negativ dromotrop: Die Leitungsgeschwindigkeit wird verlangsamt.
- **Nitrate**.

Stadiengerechte Therapie der HI:
- NYHA 1: ACE-Hemmer
- NYHA 2: ACE-Hemmer + β-Rezeptorenblocker
- NYHA 3: ACE-Hemmer + β-Rezeptorenblocker + Diuretika + Aldosteronantagonisten + Digitalis
- NYHA 4: intensiviert wie NYHA 3.

Operativ. Indikation zur Herztransplantation gegeben bei Patienten, die trotz maximaler medikamentöser Behandlung inakzeptable Krankheitssymptome haben oder bei denen das Risiko besteht, innerhalb des nächsten Jahres an Herztod zu versterben.

Prognose
Die Ein-Jahres-Vitalität der manifesten Herzinsuffizienz richtet sich nach dem NYHA-Stadium:
- NYHA-Stadium 1: unter 10 %
- NYHA-Stadium 2: ca. 15 %
- NYHA-Stadium 3: ca. 25 %
- NYHA-Stadium 4: ca. 50 %.

Optimale konservative Behandlung kann die Prognose auf 50 % verbessern. 50 % der Patienten mit chronischer Herzinsuffizienz versterben an plötzlichem Herztod durch Kammerflimmern.

CHECK-UP
- ☐ Was sind die Hauptursachen der HI?
- ☐ Wie sieht die Klinik der HI aus?
- ☐ Beschreiben Sie die stadiengerechte Therapie der HI!
- ☐ Was bezeichnen High-output- und Low-output-Failure?

Angeborene Herzfehler

Knapp 1 % der Neugeborenen hat eine Herz- oder Gefäßfehlbildung. Am häufigsten sind:
- Ventrikelseptumdefekt (VSD): 25–30 %
- Vorhofseptumdefekt (ASD): 10–15 %
- Ducuts arteriosus apertus: 10 %
- Pulmonalstenose, Aortenisthmusstenose, Aortenklappenstenose, Fallot-Tetralogie: je 6–7 %
- Transposition der großen Arterien: 4 %.

Ätiopathogenese
Zahlreiche exogene Noxen können Herzfehler verursachen, wenn sie in der **3.–8. Embryonalwoche** einwirken, z. B.:
- Alkohol
- Immunsuppressiva, Thalidomid, Zytostatika
- Röteln – in 50 % Herzfehler – und andere Viren
- Strahlen.

Genetische Ursachen:
- Häufig Mikrodeletionen oder Ähnliches, oft im Rahmen von Syndromen, z. B. Di-George-Syndrom
- 5 % Chromosomenaberration, z. B. haben 40 % mit einer Trisomie 21 einen Herzfehler
- 1 % chromosomaler Erbgang.

Einteilung
In 50–60 % Fehlbildungen mit **Links-rechts-Shunt**: VSD, ASD, Ducuts arteriosus apertus. Oxygeniertes Blut wird dem Lungenkreislauf erneut zugeführt → **azyanotische** Vitien.
In ca. 25 % **kein Shunt**: Aortenisthmusstenose, Aortenklappenstenose, Pulmonalstenose.
In 20 % **Rechts-links-Shunt**: z. B. Fallot-Tetralogie, Transposition der großen Arterien. Des-

oxygeniertes Blut wird dem Körperkreislauf zugeführt → **zyanotische** Vitien.

> Die 5 **T**s der zyanotischen Herzfehler: Fallot-**T**etralogie, **T**ransposition der großen Arterien, **T**rikuspidalatresie, **T**runcus arteriosus, **to**tale Lungenfehlmündung.

Diagnostik

Am aussagefähigsten sind Auskultation und Echokardiografie. Röntgenthorax und EKG geben Hinweise auf das Belastungsausmaß, weniger auf die Ursache.

Therapie

Bei einigen Fehlbildungen ist eine Endokarditisprophylaxe indiziert (→ Kasten).

> Nach den neuen Leitlinien ist eine antibiotische **Endokarditisprophylaxe** nur noch für Hochrisikopatienten indiziert:
> - Zyanotische Herz(klappen)fehler
> - Nach Herzklappenersatz
> - Für sechs Monate nach Herzklappenrekonstruktion oder operativer Herzfehlerkorrektur mit Fremdmaterial
> - Vorausgegangene Endokarditis
> - Herzklappenerkrankung nach Herztransplantation.
>
> Eine Endokarditisprophylaxe wird durchgeführt, wenn eine Bakteriämie zu erwarten ist, also Einfgriffe, bei denen
> - Das Zahnfleisch verletzt wird
> - Die Schleimhauit der oberen Atemwege verletzt wird.
>
> Nuir wenn Infektionen der Organe vorliegen, wird bei Eingriffen an der Haut, am Magen-Darm-Trakt oder der Harnwege eine Prophylaxe durchgeführt. Endoskopien sind keine Indikation.
> Mittel der Wahl sind Amoxicillöin p.o., Ampicillin i.v. oder alternativ Clindamycin.

Ventrikelseptumdefekt

VSD. Häufigster angeborener Herzfehler (25–30 %).

Definition

Offene Verbindung im Kammerseptum zwischen rechtem und linkem Ventrikel. Kommt isoliert und in Kombination mit anderen Fehlbildungen vor, z. B. der Fallot-Tetralogie. Einteilung nach Lokalisation:

- In 75 % membranöser Typ nah der Aortenklappe im membranösen Septumanteil
- Muskulärer Typ im muskulären Anteil mittig oder apikal, oft multiple Defekte (Swiss-cheese-Defekt).
  Morbus Roger: kleiner, meistens spontan sich verschließender VSD
- Infundibulärer Typ nahe der Pulmonalisklappe
- Atrioventrikulärer Septumdefekt (AVSD, kompletter Endokardkissendefkt, kompletter AV-Kanal): VSD im membranösen Septum nahe des septalen Trikuspidalsegels, ASD und gemeinsamer Ring für Trikuspidal- und Mitralklappe mit unterschiedlichen Klappenvarianten. Gehäuft bei Trisomie 21.

> Im primitiven gemeinsamen Vorhof bildet sich das **Endokardkissen**, das nach kranial, kaudal und lateral wächst. Nach kranial bildet es einen Teil des Vorhofseptums und füllt das Ostium primum aus, nach kaudal bildet es einen Teil des Ventrikelseptums und nach lateral Teile der Mitral- und Trikuspidalklappe.
> - Partieller AV-Kanal: ASD I, gespaltenes vorderes Mitralsegel mit Mitralinsuffizienz
> - Kompletter AV-Kanal (kompletter Endokardkissendefekt): ASD I + VSD + fehlgebildete Mitral- und Trikuspidalklappe + rudimentäre Chordae tendineae.

Ätiopathogenese

Kleine VSD haben oft keine Folgen. Bei größeren kommt es durch den Links-rechts-Shunt zur Volumenbelastung des rechten Ventrikels und des Lungenkreislaufs. In der Folge hypertrophiert und fibrosiert schließlich die Lungengefäßmuskulatur. Durch den sich dadurch irreversibel verringernden Gefäßdurchschnitt steigt der Druck im rechten Ventrikel (pulmonale Hypertonie) stetig an. Der Links-rechts-Shunt nimmt ab, den Patienten geht es oft besser. Letztlich kommt es zum – heute seltenem – **Eisenmenger-Syndrom**, der Shuntumkehr.

Klinik

Bei kleinen VSD mit einem Links-rechts-Shuntvolumen < 30 % oft keine Beschwerden.
Bei etwas größen Defekten Atemnot bei stärkerer körperlicher Belastung, aber eine normale körperliche Entwicklung.
Bei großen VSD mit einem Links-rechts-Shuntvolumen > 60 % im Säuglingsalter Atemnot, Gedeihstörung, unzureichende Nahrungsaufnahme als Zeichen einer Herzinsuffizienz.
Bei Shuntumkehr zentrale Zyanose mit progredienter Rechtsherzinsuffizienz.

Diagnostik

Auskultation:

- Kleiner VSD: lautes, hochfrequentes, holosystolisches Geräusch (Pressstrahlgeräusch), Punctum maximum am unteren linken Sternumrand
- Großer VSD: Systolikum wird mit zunehmend angleichenden Drücken leiser und verschwindet, lauter Pulmonalton des 2. Herztons bei pulmonaler Hypertonie.

> Kleiner VSD mit lautem Geräusch = viel Lärm um Nichts.

EKG. Je nach Stadium Zeichen der Linksherz- und/oder Rechtsherzhypertrophie.

Bildgebende Verfahren:

- Röntgenthorax:
  - Vergrößerter linker Vorhof, vergrößerte Ventrikel und zentrale Pulmonalgefäße, vermehrte pulmonale Gefäßzeichnung
  - Bei begonnener Shuntumkehr: stark vergrößerte zentrale Pulmonalgefäße, die periphere Gefäßzeichnung nimmt dagegen ab
- Echokardiografie: VSD ab 3 mm sichtbar.

> Im **Röntgenthorax** sieht man bei einem Links-rechts-Shunt anfangs eine verstärkte Lungendurchblutung mit bis in die Peripherie erweiterten Lungengefäßen: **pulmonale Plethora**. Bei einer Shuntumkehr bleiben die zentralen Pulmonalgefäße erweitert, die peripheren Gefäße sind durch muskuläre Hypertrophie und Fibrosierung jedoch verengt: **Kalibersprung**. Die Duchleuchtung zeigt Pulsationen der zentralen Pulmonalarterien: **tanzende Hili**.

Herzkatheter. Shuntvolumen und pulmonaler Gefäßwiderstand.

Therapie

Kleine VSD verschließen sich zudem oft in den ersten Lebensjahren durch das Muskelwachstum. Bei größeren Shuntvolumen sollte der Defekt vor dem 2. Lj. verschlossen werden, um einen pulmonalen Hypertonus zu vermeiden, bei dem eine Operation kontraindiziert wäre. Kinder < 8 kg werden minimal-invasiv operiert, bei Kindern > 8 kg reicht oft ein interkonventioneller Verschluss über einen Herzkatheter.

Prognose

Bei kleinem VSD und rechtzeitigem Verschluss normale Lebenserwartung.

Vorhofseptumdefekt

Synonyme

ASD. Persistierendes Foramen ovale.

Definition

Häufiger kongenitaler Herzfehler (10–15 %). Offene Verbindung zwischen linkem und rechtem Vorhof.
Formen:

- In 70 % Ostium-secundum-Defekt (ASD II) im Bereich des ehemaligen Foramen ovale im mittlerem Vorhofseptum. ♀ 3× häufiger betroffen. In ¼ mit Lungenvenenfehlmündungen
- In 15 % Ostium-primum-Defekt (ASD I) im unteren, klappennahen Bereich. Teil von Endokardkissendefekten. Oft mit Spalten in den vorderen Vorhofklappen
- In 15 % Sinus-venosus-Defekt in der Nähe der Mündung der V. cava superior, meistens Lungenvenenfehlmündungen.

Ätiopathogenese

Der Druck im linken Vorhof ist im Mittel ca. 5 mmHg größer als im rechten, sodass der Links-rechts-Shunt zu einer Volumenbelastung der Lungengefäße und im Verlauf pulmonalen Hypertonus führt.

Klinik

Beginn von Symptomen:

- AV-Kanal: im Neugeborenen- oder Säuglingsalter
- ASD I: meisten im Kindesalter
- ASD II: meistens Anfang der Jugendzeit.

Verminderte Belastbarkeit, Atemnot bei Belastungen, gehäuft Atemwegsinfekte. Eine pulmo-

nale Hypertonie mit Rechtsherzinsuffizienz entwickelt sich meistens langsam und meistens nach dem 20. Lj.
Cave: paradoxe Embolien, z.B. mit Schlaganfall.

Diagnostik

Auskultation. Lautes, mesosystolisches Geräusch, Punctum maximum 2. ICR rechts parasternal. Atemunabhängig gespaltener 2. Herzton.

EKG:

- ASD I: Linkstyp oder überdrehter Linkstyp, linksanteriorer Hemiblock, oft inkompletter Rechtsschenkelblock
- ASD II: Rechtstyp, inkompletter oder kompletter Rechtsschenkelblock.

Bildgebende Verfahren:

- Röntgenthorax: Pulmonalissegment betont, erweiterte Pulmonalgefäße (pulmonale Plethora)
- Echokardiografie: vergrößerter rechter Vorhof und rechter Ventrikel, Größe und Lage des Defekts, weitere Fehlbildungen.

Herzkatheter. Pulmonale Hypertonie, weitere Fehlbildungen?

Therapie

Septum-primum-Defekte (ASD I) werden vor dem 2. Lj. verschlossen. Kleine Ostium-secundum-Defekte (ASD II) schließen sich spontan. Größere Defekte werden früh verschlossen, um eine pulmonale Hypertonie zu vermeiden.

Prognose

Ein ASD I und ein AV-Kanal haben ohne Operation eine hohe Letalität im Säuglingsalter. Werden Defekte mit größerem Shuntvolumen nicht verschlossen oder zu spät erkannt, beträgt die Lebenserwartung oft nur 40 Jahre.

Ducuts Botalli apertus

Synonym

Persistierender Ductus arteriosus (PDA).

Definition

Der Ductus arteriosus Botalli verschließt sich nicht in den ersten beiden Lebenswochen. Gehäuft bei Frühgeborenen.

> Bei einer Pulmonalatresie oder hypoplastischem Linksherzsyndrom ist ein Überleben nur mit offenem Ductus arteriosus Botalli möglich.

Ätiopathogenese

Das Volumen des Links-rechts-Shunts ist vom Lumen des Ductus arteriosus Botalli und den Druckverhältnissen abhängig. Durch die Volumenbelastung dilatieren Pulmonalarterien, linker Vorhof und Ventrikel, Aorta ascendens und Aortenbogen.

Klinik

Je nach Größe des Shuntvolumens von beschwerdefrei über verminderte Belastbarkeit zu Gedeihstörungen und Atemnot.

Diagnostik

Körperliche Untersuchung:

- Auskultation: **Maschinengeräusch** (kontinuierliches, systolisch-diastolisches Geräusch), Punctum maximum 3.–4. ICR links parasternal. Je geringer die Druckdifferenz zwischen Lungen- und Körperkreislauf im Laufe wird – zunehmender Lungengefäßwiderstand –, desto leiser wird das Geräusch.
- Blutdruckamplitude durch erniedrigten diastolischen Wert erniedrigt: Die Windkesselfunktion ist gestört, sodass der offene Ductus arteriosus Botalli wie ein Leck wirkt.
- Bei pulmonaler Hypertonie mit Shuntumkehr **dissoziierte Zyanose**: Zyanose der unteren Extremität mit Trommelschlägelzehen.

EKG. Erst Zeichen der linksventrikulären, später der bi- und/oder rechtsventrikulären Hypertrophie.

Bildgebende Verfahren:

- Röntgenthorax: wie bei anderen Links-rechts-Shunts zunächst vermehrte zentrale und periphere Gefäßzeichnung, später Kalibersprung mit verminderter peripherer Gefäßzeichnung
- Echokardiografie: Meistens ist der offene Ducuts Botalli darstellbar, ebenso der kontinuierliche systolisch-diastolische Blutfluss.

Therapie

Spontane Verschlüsse sind noch in den ersten Monaten möglich. Bei absehbaren Problemen, z. B. beginnender Linksherzinsuffizienz, können in dieser Zeit **Prostaglandinsyntheseinhibitoren** einen Verschluss herbeiführen. Ansonsten sollte der Ductus Botalli interventionell oder operativ verschlossen werden.

Prognose

Bei frühzeitigem Verschluss gute Prognose. Ansonsten abhängig von pulmonaler Hypertonie.

Bei Operation im Erwachsenenalter beträgt die Letalität je nach pulmonalen Druckverhältnissen bis > 10 %.

Aortenisthmusstenose

Synonym

ISTA, Coarctatio aortae (CoA).

Definition

Nach dem Abgang der linken A. subclavia liegt in Höhe der ehemaligen Mündungsstelle des Ductus arteriosus Botalli der physiologische Aortenisthmus. Kongenitale **Gefäßfalten** können diesen Bereich stark einengen. Einteilung in Abhängigkeit von der Lage zum Ductus arteriosus oder Lig. arteriosum:

- Präduktal: vor der Einmündungsstelle
- Juxtaduktal: auf Höhe der Einmündungsstelle
- Postduktal: hinter der Einmündungsstelle.

Des Weiteren wird unterschieden in:

- Infantile Form: tritt im Neugeborenen- oder Säuglingsalter auf, prä- oder postduktal, selten juxtaduktal, in 80 % weitere Herzfehler, meist langstreckig mit Aortenbogenhypoplasie
- Adulte Form: tritt im jugendlichen Alter auf, juxta- oder postduktale Form.

Ätiopathogenese

Die Engstelle führt zur Hypertonie oberhalb und Hypotonie unterhalb der Stenose. Neben einer linksventrikulären Hypertrophie bilden sich **Kollateralen** über Arterien des Schultergürtels, den Interkostalarterien und den Aa. mammariae internae aus.

Klinik

Der Verschluss des Ductus arteriosus kann in den ersten Lebenstagen zu einem **kardiogenen Schock** führen.

Im weiteren Verlauf dominieren Zeichen der arteriellen Hypertonie des Kopfs oder der Arme, je nachdem, ob die Stenose vor oder hinter der A. subclavia sinister liegt oder ob Gefäßvarianten vorliegen: z. B. Kopfschmerzen, Nasenbluten, Pulsationen. Die arterielle Hypotonie v. a. in den Beinen führt zu Beinschwäche. Auch eine Claudicatio intermittens ist möglich.

Diagnostik.

Körperliche Untersuchung. Pulsationen an Hals, Schulter, oft seitlich am Thorax.

- Palpation:
  - Warme Hände und kalte Füße
  - Kräftiger Puls am Arm und schwache an Bein und Fuß
- Auskultation: systolisches Geräusch im 2. und 3. ICR parasternal links und zwischen den Schulterblättern.

Die Blutdruckmessung im Liegen ergibt einen bis zu 80 mmHg niedrigeren Blutdruck an den Beinen (normal 30–40 mmHg). Je nach Lage der Stenose und Abgänge der Aa. subclaviae Blutdruckdifferenz zwischen den Armen.

> Blutdruck rechter Arm > linker Arm:
> - Aortenisthmusstenose. Bei Stenose distal des Abgangs der A. subclavie sinsitra keine Differenz
> - AortendisskTetion Stanford A
> - Arteriosklerotisch bedingte Stenosen
> - Takayasu-Arteriitis.

EKG. Zeichen der Linksherzhypertrophie und Innenwandischämie links.

Bildgebende Verfahren:

- Röntgenthorax: vergrößerter linker Ventrikel, Usuren an 3.–8. Rippe durch die Kollateralen, prä- und poststenotisch erweiterte Aorta, manchmal sieht man an der linken Aortenkontur eine Einkerbung in Höhe der Stenose.
- Transösophageale Echokardiografie: Berechnung des Druckgradienten aus den Flussgeschwindigkeiten.

Therapie

Resektion der Stenose und End-zu-End-Anastomose. Eine Ballonangioplastie bringt oft nur eine kurzfristige Besserung.

Prognose

Bei rechtzeitiger Operation normale Lebenserwartung, sonst – abhängig vom Ausmaß der Herzschädigung – schlecht.

Aortenklappenstenose

AS. Häufigste Ursache einer Aortenstenose vor dem 60. Lj.

Definition

Einengung der Ausflussbahn im Bereich der Aortenklappe. Formen:

- Subvalvulär:
  - Einengung 1–2 cm unterhalb der Klappe durch membranöses oder fibromuskuläres Gewebe, oft ring- oder tunnelförmig
  - Muskelhypertrophie des Kammerseptums bei hypertroph-obstruktiver Kardiomyo-

pathie führt während der **Systole** zu einer Einengung
- Valvulär: oft uni- oder bikuspidale Klappe. Auch zunächst nicht einengende Klappenvarianten können durch Degeneration zu Stenosen führen. Selten
- Supravalvulär: Einengungen oberhalb der Klappen in der Aorta ascendens.

Ätiopathogenese, Klinik, Diagnostik

→ Erworbene Klappenvitien.

Therapie

Spätestens bei **Symptomen**, wie Synkopen, Angina pectoris oder Linksherzinsuffizienz, einer Öffnungsfläche < 0,75 cm^2 oder rasch progredienter Stenose wird die Klappe ersetzt. Eine Ballondilatation ist wenig effektiv mit häufigen Re-Stenosen.

Prognose

Bei symptomatischen Aortenstenosen beträgt die mittlere Lebenserwartung nur 2–3 Jahre. Nach dem Klappenersatz bestimmen kardiale Begleiterkrankungen, z. B. eine KHK, und Komplikationen des Klappenersatzes, z. B. Thrombembolien oder Endokarditis, die Prognose.

Pulmonalstenose

Definition

PS. Formen:
- Valvuläre Stenose
- Infundibuläre Stenose: verengte Ausflussbahn des rechten Ventrikels
- Periphere Stenosen von Pulmonalarterien.

Abzugrenzen ist eine relative Pulmonalstenose bei großen Links-rechts-Shunts, z. B. bei ASD oder VSD.

Ätiopathogenese

Die Druckbelastung des rechten Ventrikels führt zu einer Rechtsherzhypertrophie.

Klinik

Oft keine Symptome. Sonst Zeichen der verminderten Belastbarkeit u. a. mit Atemnot, Herzklopfen, Schwindel.

Diagnostik

Auskultation. Crescendo-Decrescendo-Systolikum, Punctum maximum 2. ICR links parasternal.

EKG. Bei fortgeschrittener Rechtsherzhypertrophie hohe, spitze P-Wellen (P-pulmonale), Steil- oder Rechtstyp.

Bildgebende Verfahren:
- Röntgenthorax: vergrößerter rechter Vorhof und Ventrikel, poststenotisch erweiterte A. pulmonalis
- Echokardiografie: Sitz und Ausmaß der Stenose.

Herzkatheter. Druckgradienten bestimmen.

Therapie

Reicht eine Ballondilatation nicht aus, z. B. bei komplexen Störungen, wird die Stenose operativ beseitigt.

Prognose

Eingeschränkt bei schweren Fällen.

Fallot-Tetralogie

Häufigster zyanotischer Herzfehler im Erwachsenenalter.

Definition

Kombination von vier (tetra) morphologischen Änderungen:
1. Großer VSD
2. Pulmonalstenose
3. Rechtsverlagerung (Dextroposition) der Aorta: über dem VSD **reitende Aorta**
4. Rechtsherzhypertrophie.

Bei zusätzlichem ASD: Fallot-**Pentalogie**.

Ätiopathogenese

Die Größe des Rechts-links-Shuntvolumens hängt ab von
- Position der Aorta: je weiter rechts, desto größer
- Grad der Pulmonalstenose: je enger, desto größer. Andererseits schützt eine engere Stenose die Lungengefäße.

Klinik

Bereits nach der Geburt oder bald danach Zyanose mit Entwicklungsstörung, Polyglobulie, Trommelschlägelfinger und -zehen. Typisch ist die Hockstellung, die die Kinder einnehmen:
→ systemischer Druck ↑
→ Shuntvolumen ↓
→ Sauerstoffsättigung ↑.
Lebensbedrohlich können zyanotische Anfälle mit Krampfanfällen und Schlaganfällen sein.

Ist die rechtsventrikuläre Ausflussbahn kaum eingeengt, kann das Shuntvolumen sehr klein sein: azyanotischer oder Pink Fallot.

Diagnostik

Körperliche Untersuchung:
- Zeichen der zentralen Zyanose (→ Kap. 3)
- Auskultation: lautes, raues, systolisches Geräusch, Punctum maximum im 2. ICR links parasternal durch die Pulmonalstenose, 2. Herzton in schweren Fällen nicht gespalten.

EKG. Hohe, spitze P-Wellen (P-pulmonale), Rechtstyp.

Bildgebende Verfahren:
- Röntgenthorax:
  - Holzschuhherz (Cœur en sabot) durch gerundete, angehobene Herzspitze und fehlendem Pulmonalissegment
  - Erweiterte, nach rechts verlagerte Aorta
  - Lungengefäßzeichnung verringert.
- Echokardiografie: VSD, Aortenposition, Pulmonalstenose.

Therapie

β-Rezeptorenblocker symptomatisch gegen hypoxämische Anfälle, Endokarditisprophylaxe. Nach dem 1. LJ sollte trotz einer Letalität > 5 % eine operative Totalkorrektur angestrebt werden, da sonst 90 % bis zum 20. LJ sterben. Palliativ oder zur Überbrückung kann ein künstlicher Shunt von einer Arterie zur A. pulmonalis geschaffen werden.

Prognose

Nach Operation erreichen 80 % das Erwachsenenalter.

Transposition der großen Arterien

TGA. Zweithäufigster zyanotischer Herzfehler.

Definition

Die A. pulmonalis entspringt aus dem linken Ventrikel, die Aorta aus dem rechten.

Ätiopathogenese

Lungen- und Körperkreislauf sind somit parallel geschaltet. Ohne Shunt – ASD, VSD oder offener Ductus Botalli – ist ein Überleben nicht möglich.

Klinik

Zyanose nach der Geburt.

Diagnostik

EKG. Rechtstyp.

Bildgebende Verfahren:
- Röntgenthorax: vergrößertes, kugeliges Herz, schmales Gefäßband, starke Lungengefäßzeichnung.
- Echokardiografie: Die vorne liegende Aorta und hinten liegende A. pulmonalis sind gut sichtbar.

Therapie

Ist kein ausreichendes Shuntvolumen, z. B. durch einen VSD, gegeben, muss notfallmäßig mit Prostaglandin der Verschluss des Ductus Botalli verhindert oder ein künstlicher ASD geschaffen werden, indem das Foramen ovale mit einem Ballonkatheter (Rashkind-Manöver) erweitert wird.
Ansonsten werden in den ersten Lebenstagen oder -wochen Aorta und A. pulmonalis oberhalb der Herzklappen abgetrennt und wieder angenäht sowie die Herzkranzgefäße neu eingepflanzt.

Prognose

Nach erfolgter Korrektur entwickeln sich die Kinder in der Regel normal.

Seltene Vitien:
- **Ebstein-Anomalie**: Richtung rechter Ventrikel verlagerte Trikuspidalklappe, oft mit ASD und Rechts-links-Shunt
- **Totale Lungenfehleinmündung**: Lungenvenen münden in obere oder untere Hohlvene oder rechten Vorhof, ASD. Zyanose und Volumenbelastung der Lunge
- **Trikuspidalatresie**: Das venöse Blut gelangt über einen ASD oder offenes Foramen ovale in den linken Vorhof und damit Körperkreislauf, die Lunge erhält Blut über einen VSD oder offenen Ductus Botalli. Zyanose
- **Truncus arteriosus communis**: über einem VSD entspringt ein Gefäß, das sich später in Aorta und A. pulmonalis teilt. Meistens entwickelt sich ohne Operation schnell ein pulmonaler Hypertonus.

CHECK-UP

- ☐ Nennen Sie eine Einteilung angeborener Herzfehlbildungen mit Beispielen!
- ☐ Welche Formen des ASD gibt es?
- ☐ Nennen Sie typische Auskultationsbefunde für VSD, Pulmonalstenose und offenen Ductus Botalli!
- ☐ Welche Gefahr droht bei länger bestehendem Links-rechts-Shunt? Wie zeigt sich das im Röntgenbild?

Erworbene Klappenvitien

Klappenvitien können sich als Klappeninsuffizienz oder Klappenstenose manifestieren. Es können mehrere oder alle Klappen befallen sein. Aufgrund der stärkeren Beanspruchung des linken Herzens sind Vitien der Aorten- und Mitralklappe am häufigsten.

Klappeninsuffizienz. Es handelt sich um eine **Schlussunfähigkeit der Klappe**, sodass Blut zurückfließt (**Pendelblut**). Die Ursachen sind degenerative Prozesse, Folgen einer KHK, Kardiomyopathien sowie angeborene Anomalien. Es kommt zu einer Volumenbelastung des linken Herzens.

Klappenstenose. Die **Öffnungsfläche** der betroffenen Klappe **ist eingeengt**, wodurch die Schwingungsfähigkeit vermindert und damit der Blutstrom behindert wird. Die Ursachen sind degenerative Prozesse, Vernarbungen oder Schrumpfungen nach vorangegangenen Entzündungen der Klappe. Es kommt zu einer Druckbelastung des Herzens.

Aortenklappeninsuffizienz

Synonym

Aorteninsuffizienz.

Definition

Die Aortenklappeninsuffizienz (AI) ist eine Schlussunfähigkeit der Semilunarklappe zwischen Aorta und linkem Ventrikel. Die AI ist Folge einer Deformierung der Klappe, Dilatation der Aortenwurzel, Prolaps einer Klappentasche oder Destruktion der Klappe.

Ätiopathogenese

Akute Aortenklappeninsuffizienz. Wird häufig verursacht durch eine bakterielle Besiedelung im Rahmen einer bakteriellen Endokarditis. Selten sind auch ein Trauma oder eine Aortendissektion Typ A die Ursache.

Chronische Aortenklappeninsuffizienz. Kann auf eine kongenital bikuspid angelegte Aortenklappe, eine degenerativ bedingte Dilatation von Aortenwurzel und Klappenring, das Ehlers-Danlos- und Marfan-Syndrom sowie Lues zurückzuführen sein.

Klinik

Akut. Zeichen der Linksherzinsuffizienz und Lungenödem mit Dyspnoe, Tachypnoe, Tachykardie bis hin zum kardiogenen Schock. Rasche Ausbildung der Symptome.

Chronisch. Die Leistungsfähigkeit ist anfangs noch erhalten, Palpitationen treten auf. Im Verlauf zeigt sich zunehmende Linksherzinsuffizienz und Leistungsabfall, seltener Synkopen, Rhythmusstörungen, pektanginöse Beschwerden und plötzlicher Herztod.

Diagnostik

Körperliche Untersuchung:

- Große Blutdruckamplitude – RR systolisch hoch und diastolisch niedrig – und Pulsus celer et altus (**Wasserhammer-Puls**) sind Leitsymptome, aber unspezifisch.
- Als Folge der großen Blutdruckamplitude kommt es zu pulssynchronem Dröhnen im Kopf, einer sichtbaren Pulsation der Karotiden (Corrigan-Puls), einem sichtbaren Kapillarpuls bei Druck auf einen Fingernagel (Quincke-Zeichen) und pulssynchronem Kopfnicken (de Musset).
- Blasse Haut, verstärkter und verbreiterter Herzspitzenstoß bei exzentrischer Linksherzhypertrophie.

Auskultation:

- Diastolisches Decrescendogeräusch unmittelbar nach dem 2. Herzton. Am besten zu hören über der Aorta (2. ICR rechts parasternal) oder dem Erb-Punkt (3. ICR links parasternal), wenn der Patient eine nach vorn übergebeugte Sitzposition einnimmt
- **Austin-Flint-Geräusch**, d. h. ein spätdiastolisches „rumpelndes" Geräusch über der Herzspitze. Dies entspricht einer relativen Mitralinsuffizienz, ausgelöst durch den diastolischen Blutreflux und der behinderten Öffnung des vorderen Mitralsegels.
- Bei Auskultation der Femoralarterien können Korrelate des Pulses bei Aorteninsuffizienz zu hören sein, z. B.:
  - **Traube-Zeichen**: hochfrequente systolische und diastolische Geräusche
  - **Duroziez-Zeichen**: systolisch-diastolische Geräusche, die durch Kompression der Femoralarterie mit dem Stethoskop provoziert werden.

EKG. Linkshypertrophie-Zeichen mit **Sokolow-Lyon-Index** über 3,5 mV.

Bildgebende Verfahren:

- Röntgen-Thorax: Linksverbreiterung des Herzens mit ausgeprägter Herztaille, was als aortale Konfiguration bezeichnet wird
- Echokardiografie: hyperdyname Bewegungen des Kammerseptums und der Hinterwand, dilatierter linker Vetrikel mit zunehmender HI, Verdickung von Septum und Hinterwand des linken Ventrikels, Quantifizierung des Refluxes in farbkodierter Darstellung.

Linksherzkatheter. Zur Abschätzung des Schweregrads der AI durch Druckmessung im linken Ventrikel, der Aorta ascendens sowie im kleinen Kreislauf. Abschätzen der Ventrikelfunktion. Den Schweregrad der Volumenregurgitation bewertet eine supravalvuläre Aortografie.

Therapie

Konservativ. Kommt bei asymptomatischen Patienten zu Anwendung. Körperliche Aktivität ist erlaubt, aber keine schweren Anstrengungen. Die Linksherzinsuffizienz wird mit ACE-Hemmern, Digitalis und Diuretika therapiert.

Operativ. Klappenersatz, selten Klappenrekonstruktion. **OP-Indikationen** sind:

- Symptomatische Patienten ab NYHA 2 oder mit Angina pectoris
- Asymptomatische Patienten mit einer Ejektionsfraktion unter 50 %
- Asymptomatische Patienten mit einer Ejektionsfraktion über 50 %, aber einem linksventrikulären enddiastolischen Durchmesser über 7 cm oder endsystolisch über 5 cm
- Hämodynamisch relevante Ausdehnung der Aorta ascendens.

Prognose

Für die leichte bis mittelgradige Aorteninsuffizienz beträgt die 10-Jahres Überlebensrate 90 %, für die höhergradige Aorteninsuffizienz 50 %. Die Patienten können lange Zeit asymptomatisch bleiben. Treten Symptome auf, verschlechtert sich die Prognose.

Aortenklappenstenose

Synonym

Valvuläre Aortenstenose.

Definition

Der häufigste erworbene Herzklappenfehler ist eine Aortenklappenstenose (AS). Meist handelt es sich um eine valvuläre Aortenklappenstenose mit Obstruktion des linksventrikulären Auswurfs auf Höhe der Aortenklappentaschen.

Ätiopathogenese

Eine **Kalzifizierung** der Klappe kommt am häufigsten vor. Der Prozess ähnelt der Atherosklerose. Eine rheumatische Ursache ist wegen der antibiotischen Therapie der Streptokokkeninfektion seltener.

Hämodynamische Auswirkungen zeigen sich erst ab einer kritischen Klappenöffnungsfläche von < 1,5 cm^2:

- Durch die Druckbelastung des linken Ventrikels kommt es zur konzentrischen Hypertrophie. Das HZV und die sytolische Ventrikelfunktion werden zunächst noch aufrechterhalten. Die diastolische Funktion nimmt stärker ab und führt zu einer Lungenstauung und damit zu Luftnot und Leistungsminderung.
- Durch die Linkshypertrophie steigt der myokardialer Sauerstoffverbrauch bei gleichzeitiger Beeinträchtigung des subendokardialen Blutflusses, was zu einer Angina pectoris führt.
- Durch Abfall des peripheren Blutdrucks bei Belastung kommt es zu Schwindel und Synkopen.

Klinik
Patienten bleiben häufig über Jahre beschwerdefrei. Oft erst ab einer Aortenöffnungsfläche < 1 cm^2 kommt es zu Schwindel, Synkopen, Angina pectoris und Linksherzinsuffizienz mit rasche Ermüdung und Atemnot.

Diagnostik
Körperliche Untersuchung:
- Inspektion: Pulsus tardus et parvus und Schwirren über den Karotiden
- Auskultation: raues spindelförmiges Systolikum, das am lautesten im 2. Interkostalraum (ICR) recht parasternal ist und in die Karotiden weitergeleitet wird.

EKG. Ab einer höhergradigen Stenose zeigen sich Linkshypertrophiezeichen, Linkstyp, T-Negativierung als Zeichen der Innenwandischämie und Rhythmusstörungen.

Bildgebende Verfahren:
- Röntgen-Thorax (→ Abb. 1.1): Ab dekompensiertem Stadium sind Linksverbreiterung und evtl. auch Klappenkalk zu erkennen.
- Echokardiografie: Hierbei lässt sich eine Verdickung der Klappe mit verminderter Separationsbewegung, eine Klappenanomalie sowie eine konzentrische Hypertrophie der linksventrikulären Myokardwände nachweisen. Die Bestimmung der Öffnungsfläche quantifiziert die Stenose.
- MRT: zur Beurteilung von Anatomie und Funktion des Herzens sowie Klappenöffnungsfläche
- Angiografie zur Funktionsbeurteilung des linken Ventrikels
- Aortografie der Aorta ascendens zur Beurteilung der Aortenstenose
- Selektive Koronarangiografie vor operativen Eingriffen.

Linksherzkatheter. Messung des transvalvulären Druckgradienten durch simultane Messung im linken Ventrikel und in der Aorta ascendens.

Therapie
Konservativ. Bei asymptomatischen Patienten.

Chirurgisch. Der **Klappenersatz** ist indiziert bei symptomatischen Patienten und asymptomatischen Patienten mit mittel- bis höhergradiger Stenose, rascher hämodynamischer Progression, pathologischen Belastungstests, reduzierter Ejektionsfraktion unter 50 % und schwerer linksventrikulärer Hypertrophie ohne Hypertonie.

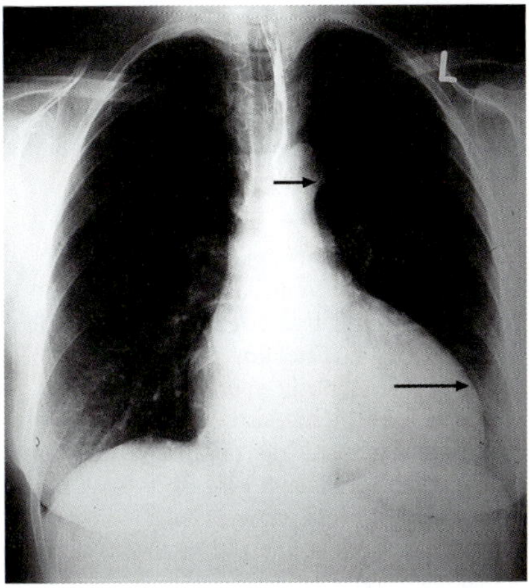

Abb. 1.1 Röntgen-Thorax bei Aortenklappenstenose mit großem linkem Ventrikel (langer Pfeil) und, im Verhältnis zu Herzgröße, kleinem Aortenknopf (kurzer Pfeil) [S 008-3]

Katheterintervention. Die **Valvuloplastie** (Klappensprengung) ist bei sehr jungen Patienten und nur geringer Verkalkung indiziert. Der Effekt ist von kurzer Dauer.

Medikamentös. Therapie mit Diuretika, ACE-Hemmern, AT_1-Blockern und Digitalis nur bei Patienten mit HI, die wegen Multimorbidität nicht operabel sind oder auch mit Operation nur eine kurze Lebenserwartung haben.

Prognose
Solange die Patienten keine Symptome zeigen, ist die Prognose sehr gut. Mit dem Auftreten von Symptomen verschlechtert sich die Prognose allerdings rapide. Die durchschnittliche Lebenserwartung beträgt beim Auftreten von Angina pectoris 5 Jahre, beim Auftreten von Synkopen oder Präsynkopen 3 Jahre. Kommt es zur Linksherzinsuffizienz, sinkt die durchschnittliche Lebenserwartung auf 2 Jahre.

Mitralklappeninsuffizienz

Synonym
Mitralinsuffizienz.

Definition
Die Mitralklappeninsuffizienz (MI) ist eine angeborene oder erworbene Schlussunfähigkeit der Mitralklappe aufgrund von Veränderungen an den Klappensegeln, der Chordae tendinae, der Papillarmuskeln oder dem Klappenring.

Ätiopathogenese
Durch die Schlussunfähigkeit der Klappe entleert sich der linke Ventrikel teilweise in den Vorhof. Das so regurgitierte Blut gelangt in die Lungengefäße, was zu Lungenstauung und einer reaktiven pulmonalen Hypertonie führt. Dies zieht eine Rechtsherzbelastung und in der Folge eine Rechtsherzinsuffizienz nach sich. Um das HZV aufrechtzuerhalten, wird das Schlagvolumen gesteigert, wodurch es zu einer Volumenbelastung des linken Ventrikels kommt, der hypertrophiert und dilatiert.

Akut. Als Ursachen kommen eine Papillarmuskelruptur nach inferiorem Myokardinfarkt, eine infektiöse Endokarditis mit Riss eines Klappensegels oder der Chordae tendinae, eine Spontanruptur der Chordae durch Überlastung, z. B. bei Mitralklappenprolapssyndrom, eine paravalvuläres Leck bei Nahtinsuffizienz nach Klappenersatz in Frage. Seltener tritt eine Mitralklappeninsuffizienz durch rheumatische Valvulitis oder nach einem Thoraxtrauma auf.

Chronisch. Auf rheumatische Erkrankungen, Lupus erythematodes (Libman-Sacks-Endokarditis), Sklerodermie, rheumatoide Arthritis, Bindegewebserkrankungen (Marfan-Syndrom) und kongenital auf die Spaltbildung eines Mitralsegels zurückzuführen. Bei älteren Patienten durch eine Mitralklappenringverkalkung hervorgerufen.

Klinik
Akut. Da die Zeit für Anpassungsvorgänge fehlt, kommt es rasch zu linksventrikulärer Dekompensation und Lungenödem bis hin zu kardiogenem Schock.

Chronisch. Eine langsam entstehende chronische MI kann durch Adaptionsmechanismen lange Zeit **asymptomatisch** bleiben. Erst bei Versagen des linken Ventrikels kommt es zu Dyspnoe, Palpitationen und nächtlichem Husten, seltener zu pektanginösen Beschwerden.

Diagnostik
Inspektion, Palpation. Bei Rechtsherzinsuffizienz sind die Jugularvenen sichtbar. Der Herzspitzenstoß ist hyperdynamisch und nach links verlagert. Es gibt hebende Pulsationen parasternal über dem rechten Ventrikel, die mit der Schwere des Rückstroms korrelieren.

Auskultation. Der Patient befindet sich am besten in Linksseitenlage. Es ist ein blasendes systolisches Geräusch, mit dem 1. Herzton beginnend, zu hören, am lautesten über der Herzspitze. Es wird in die Axilla weitergeleitet. Bei schwerer MI entsteht durch den großen Blutfluss durch die Mitralklappe ein diastolisches Intervallgeräusch, evtl. gibt es einen 3. Herzton.

EKG. P-mitrale mit P über 0,11 sec., doppelgipflig. Oft sind Vorhofflimmern, Linkshypertrophie sowie links- und evtl. rechtspräkordiale Erregungsrückbildungsstörung zu sehen.

Bildgebende Verfahren:
- Echokardiografie: für Refluxnachweis und Quantifizierung. Messung von Vorhof- und Ventrikelgröße möglich. Zur Funktionsbeurteilung sowie Darstellung der übrigen Klappen mit dem Nachweis einer evtl. Beteiligung. Zur Darstellung von Klappenprolaps, Segelabriss, Verkalkungen und bakterieller Vegetation bei Endokarditis.
  Mit einer **transösophagealen Echokardiografie** (TEE) lassen sich Thromben im linken Vorhof nachweisen.
- Röntgen-Thorax: zeigt eine Vergrößerung von linkem Vorhof und Ventrikel sowie eine verstrichene Herztaille (mitralkonfiguriertes Herz). Die Lungenvenen sind bei Lungenstauung verbreitert. Es sind Kerley-B-Linien bei Lungenödem und Milchglaszeichnung bei alveolärem Lungenödem zu sehen.

Linksherzkatheter. Zur Erfassung von Insuffizienzgrad und Druckverhältnissen, zur Abschätzung der Ventrikelfunktion und zum Ausschluss einer KHK.

Therapie
Konservativ:
- Körperliche Schonung
- Thrombembolieprophylaxe bei Vorhofflimmern
- Es gilt das medikamentöse Therapieschema der Herzinsuffizienz, wobei der prognostische Nutzen einer medikamentösen Therapie bei symptomatischen Patienten nicht gesichert ist.

Operativ. Mitralklappenersatz bei schwerer chronischer Insuffizienz. Wenn möglich, sollte eine Rekonstruktion der Klappe angestrebt werden. Operationsindikation ist bei symptomatischen Patienten die eingeschränkte linksventrikuläre Funktion, insbesondere dann, wenn eine klappenerhaltende OP möglich ist. **Ab NYHA 4** – d. h. bei einer nicht rekompensierbaren, manifesten Linksherzinsuffizienz – ist das Operationsrisiko größer als der zu erwartende Nutzen.

Prognose

Günstige Prognose bei Patienten mit leichter Mitralklappeninsuffizienz, da ein stabiler Verlauf über Jahrzehnte möglich ist. Bei Patienten mit fortgeschrittener Linksherzinsuffizienz und Operationsindikation beträgt die mittlere Überlebenszeit unter konservativer Therapie 2,2 Jahre.

Mitralklappenstenose

Synonym

Mitralstenose.

Definition

Stenose der Mitralklappe.

Ätiopathogenese

Schleichende Stenosierung der Mitralklappe, meist als Folge eines rheumatischen Fiebers nach etwa 15–20 Jahren. Frauen sind davon 3-mal häufiger betroffen. Die freien Klappenränder verwachsen, die Chordae sind verkürzt, verklebt und fibrotisch degeneriert.
Seltenere, nicht rheumatische Ursachen sind maligne Karzinoide, ein linksatrialer, in die Mitralöffnungsfläche prolabierender Tumor oder eine angeborene Mitralstenose in Kombination mit einem Vorhofseptumdefekt (Lutembacher-Syndrom).
Ab einer **relevanten Stenose** – Öffnungsfläche < 1,5 cm² – kommt es zu verlangsamter Füllung des linken Ventrikels und damit zu einem Druckanstieg im linken Vorhof. Der Druck in den Pulmonalvenen und -kapillaren steigt, was Luftnot als Symptom zur Folge hat. Daneben führt die verminderte Füllung des linken Ventrikels in der Diastole zu einer Verminderung des Schlagvolumens.

Klinik

- Drucksteigerung im linken Vorhof: evtl. Vorhofflimmern und Thrombenbildung im linken Vorhof oder Herzohr. Gefahr arterieller **Embolien**
- Lungenstauung und pulmonale Hypertonie: Dyspnoe, Asthma cardiale, Hämoptoe mit Herzfehlerzellen im Sputum
- **Rechtsherzinsuffizienz**: Venenstauung an Hals und Zunge, Stauungsleber und -niere, Ödeme an den Extremitäten
- Vermindertes HZV: Leistungsminderung und periphere Zyanose mit rötlich-zyanotischen Wangen (Facies mitralis).

Diagnostik

Körperliche Untersuchung:

- Palpation: evtl. Pulsunregelmäßigkeit bei Vorhofflimmern, Pulsdefizit sowie verstärkte Pulsationen präkordial und epigastrisch bei Rechtsherzbelastung
- Auskultation: 4 Geräusche sind zu hören
  - Paukender 1. Herzton
  - Mitralöffnungston (MÖT)
  - Diastolisches Decrescendogeräusch mit Übergang in ein präsystolisches Crescendogeräusch
  - Diastolisches **Graham-Steel-Geräusch**: Das sind feuchte Rasselgeräusche bei Lungenstauung. Sind bei pulmonaler Hypertonie und deswegen relativer Pulmonalinsuffizienz zu hören.

EKG. P-Mitrale zeigt Belastung des linken Vorhofs. Zeichen der Rechtsherzhypertrophie bei pulmonaler Hypertonie. Seil- bis Rechtstyp. Der **Sokolow-Lyon-Index** für Rechtsherzhypertonie liegt bei über 1,05 mV ($R_{V1} + S_{V5}$ oder S_{V6}).

Bildgebende Verfahren:

- Röntgen-Thorax (→ Abb. 1.2): Mitralkonfiguration (stehende Eiform) des Herzens. Der linke Vorhof ist vergrößert, die Herztaille durch ein vergrößertes linkes Herzohr verstrichen. Die Trachealbifurkation ist aufgespreizt, die A. pulmonalis bei pulmonaler Hypertonie erweitert. Rechtsventrikuläre Hypertrophie, d. h., der rechte Ventrikel kann links randbildend werden. Zeichen für eine Lungenstauung sind verbreiterte Lungenvenen im Hilusbereich, Kerley-B-Linien und Milchglaszeichnung.
- Echokardiografie:
  - M-Mode: Die Klappensegel bewegen sich parallel zueinander, die Schließbewegung in der Frühdiastole ist verzögert. Quantifizierung des Stenosegrads sowie Messung des vergrößerten linken Vorhofs und des

verkleinerten Ventrikels. Funktionsbeurteilung der Ventrikel.
- Vorhofthromben lassen sich mittels TEE nachweisen.

Links- und Rechtsherzkatheter. Beurteilung von Stenosegrad und Ventrikelfunktion. Messung der Druckverhältnisse im großen und kleinen Kreislauf. Ausschluss einer KHK vor OP.

Therapie

Konservativ. Körperliche Schonung ist angezeigt. Es gilt die medikamentöse Therapie der Herzinsuffizienz. Frequenzkontrolle und Thrombembolieprophylaxe bei Vorhofflimmern.

Interventionell. **Mitralklappenvalvuloplastie** = perkutane Mitralklappensprengung im Rahmen einer Linksherzkatheter-Untersuchung. Dabei besteht die Gefahr der Mitralklappeninsuffizienz.

Operativ. Ein Mitralklappenersatz ist indiziert bei schwerer körperlicher Einschränkung (NYHA 3), pulmonaler Druckerhöhung, einer Klappenöffnungsfläche < 1,5 cm^2 sowie bei arterieller Embolie.

Prognose

Die 10-Jahres-Überlebensrate für das NYHA-Stadium 2 beträgt etwa 85 %, für Stadium 3 ca. 40 %. Die 5-Jahres-Überlebensrate bei Patienten im Stadium 4 liegt bei nur 15 %. Ohne Behandlung sterben Patienten mit Mitralklappenstenose am häufigsten durch das Auftreten einer Rechtsherzinsuffizienz oder eines Lungenödems, seltener an arteriellen Embolien, Lungenembolien oder bakterieller Endokarditis (erhöhtes Risiko).

Mitralklappenprolaps

Synonym

Barlow-Syndrom, Klick-Syndrom, Floppy-Valve-Syndrom.

Definition

Bei einem Mitralklappenprolaps (MKP) handelt es sich um eine meist angeborene Dysfunktion der Mitralklappe, bei der sich ein oder beide Segel in der Systole in den linken Vorhof wölben, z. T. mit Mitralklappeninsuffizienz. In ca. 90 % der Fälle asymptomatisch und harmlos. Die MKP ist die äufigste Klappenanomalie der westlichen Welt.

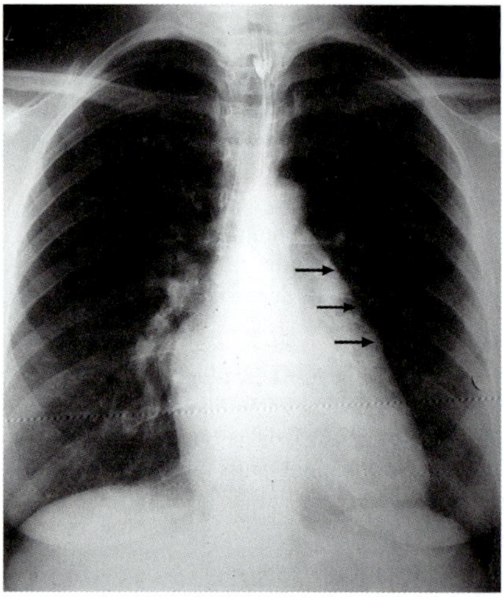

Abb. 1.2 Röntgen-Thorax mit Mitralklappenstenose (durch prominentes Pulmonalis-Segment verstrichene Herztaille →) [S 008-3]

Ätiopathogenese

Primärer MKP: myxomatöse Degeneration von Teilen des Mitralklappenapparats: des Segels, des Anulus und der Chordae tendinae.
Sekundärer MKP: Als Ursachen kommen eine KHK, ein Vorhofseptumdefekt, eine dilatative oder hypertrophische Kardiomyopathie, rheumatische Herzerkrankungen sowie Systemerkrankungen wie das Marfan-Ehlers-Danlos-Syndrom oder die Osteogenesis imperfecta in Frage.

Klinik

90 % der Patienten sind symptomatisch. Zu den Symptomen zählen Müdigkeit, Schwäche, Rhythmusstörungen, Palpitationen, Herzstolpern, Synkopen, Dyspnoe, Angstzustände und pektanginöse Beschwerden. Frauen sind 5-mal häufiger betroffen.

Diagnostik

Körperliche Untersuchung:
- Inspektion: Häufig handelt es sich um schlanke Patienten, z. T. mit Konstitutionsanomalien wie Skoliose, Pectus excavatum oder Kyphose.
- Auskultation: Leitsymptom ist ein systolisches Klick-Geräusch mit anschließendem systolischem Geräusch, das sich bei dynamischer Auskultation verstärkt („klick-murmur").

EKG. Meist unauffällig. Reizleitungsstörungen, Links-, Rechtsschenkelblock und eine Verlängerung der QT-Dauer sind möglich.

Echokardiografie. Im M-Mode **Hängematten-Phänomen**, d. h. Vorwölbung des posterioren und/oder anterioren Segels in der späten Systole

Herzkatheter. Zum Ausschluss einer KHK.

Therapie

Asymptomatische Patienten bedürfen keiner Therapie und haben eine gute Prognose.
Für symptomatische Patienten mit Mitralinsuffizienz gilt: keine körperliche Belastung, kein Koffein und Alkohol. Evtl. muss der Hypertonus eingestellt werden.

Prognose

Asymptomatische Patienten, bei denen weder höhergradige Arrhythmien noch eine signifikante Mitralinsuffizienz vorliegen, haben eine gute Prognose. In 10 % der Fälle gibt es eine Progression der Mitralklappeninsuffizienz mit der Gefahr, dass es zu einer Ruptur der Chordae tendineae kommt, sich eine Herzrhythmusstörung entwickelt oder arterielle Embolien auftreten.

Typische Auskultationspunkte

	Rechts	Links
2. ICR parasternal	Aortenklappe	Pulmonalklappe
3. ICR parasternal		Erb-Punkt
4. ICR parasternal	Trikuspidalklappe	
5. ICR MC-Linie		Mitralklappe

■ CHECK-UP

- ☐ Welche charakteristischen Auffälligkeiten zeigen Blutdruck, Puls und Auskultationsbefund bei der Aortenklapeninsuffizienz?
- ☐ Beschreiben Sie die hämodynamischen Auswirkungen der Aortenklappenstenose!
- ☐ Was sind die Ursachen der akuten Mitralklappeninsuffizienz?

Koronare Herzkrankheit

Definition

Die koronare Herzkrankheit (KHK) umfasst arteriosklerotisch bedingte Erkrankungen der Herzkranzgefäße. Das Gefäßlumen nimmt ab, was eine Minderperfusion auslöst und zu einem Unterangebot an Sauerstoff in der Myokardmuskulatur führt.
Die KHK umfasst:

- Angina pectoris (reversible Myokardischämie)
- Myokardinfarkt (ischämische Myokardnekrose)
- Ischämische Herzmuskelschädigung mit Linksherzinsuffizienz
- Herzrhythmusstörungen
- Plötzlicher Herztod.

Die KHK manifestiert sich auf zwei Arten:

- **Latente KHK** → stumme Ischämie ohne Angina-pectoris-Beschwerden
- **Manifeste KHK** → stabile Angina pectoris bis akutes Koronarsyndrom.

■ Angina pectoris

Synonym

Stenokardie, Brustenge, Herzschmerzen.

Definition

Die Angina pectoris (AP) beschreibt einen akuten Ischämieschmerz des Herzens durch Einengung der Koronargefäße, der anfallartig in Ruhe oder Belastung auftreten kann.

Ätiopathologie

Ein sehr hohes Risiko besteht bei:

- Bekannter KHK
- Weiteren Manifestationen der Arteriosklerose: pAVK, Karotisstenose über 50 %, abdominelles Aortenaneurysma oder ischämischer Schlaganfall

- **Hochrisikofaktoren** sind:
  - Rauchen
  - Arterielle Hypertonie, LDL-Cholesterinerhöhung, HDL-Cholesterinerniedrigung
  - Lebensalter
  - KHK, Myokardinfarkte bei erstgradigen Familienangehörigen
  - Diabetes mellitus.

Klinik

Die AP manifestiert sich in der Regel ab einer Koronarstenose von ca. 75 %. Die akuten retrosternalen Schmerzen können durch körperliche oder psychische Belastung ausgelöst werden und halten ca. 15 min an. Durch Gabe von Nitraten kann die Dauer auf 1–2 min verkürzt werden.
Formen der Angina pectoris sind:

- **Stabile AP**: wird z. B. durch Anstrengung ausgelöst. Reagiert gut auf Nitrate. Wird nach ihrer Klinik in verschiedene Schweregrade eingeteilt (→ Tab. 1.2)
- **Instabile AP** (**Präinfarktsyndrom**):
  - Jede Erstangina wird als primär instabile AP bezeichnet.
  - Eine sekundär instabile AP bezeichnet eine an Schwere zunehmende Angina (Crescendo-Angina), die evtl. in Ruhe auftritt und schlechter auf Nitrate anspricht.

Sonderformen der AP:

- **Prinzmetal-Angina**: eine AP mit reversibler ST-Hebung, aber ohne Enzymanstieg. Im Bereich von Koronarstenosen kommt es zu passageren Koronarspasmen. Das Risiko für akutes Koronarsyndrom und Herzinfarkt sind stark erhöht!
- **Walking-through-Angina**: eine AP zu Beginn einer Belastung, die durch Freisetzung vasodilatatorischer Metaboliten bei weiterer Belastung wieder verschwindet.
- **Angina Nocturna**: eine aus dem Schlaf heraus auftretende AP und/oder Dyspnoe.

> Das Infarktrisiko der instabilen AP liegt bei 20 %!

Die instabile Angina pectoris zählt zum **akuten Koronarsyndrom** (ACS). Dieses umfasst:

- Instabile AP ohne Anstieg von Troponin T oder I (bei Instabiler AP immer bestimmen!)
- Instabile AP mit Anstieg von Troponin T oder I, aber ohne ST-Streckenhebung. Wird als Nicht-ST-Hebungsinfarkt (**NSTEMI**, → Abb. 1.8) bezeichnet
- Herzinfarkt mit Anstieg von Troponin und Hebung ST-Strecke. Wird als ST-Hebungsinfarkt (**STEMI**, → Abb. 1.4) bezeichnet
- Plötzlicher Herztod durch akutes Koronarsyndrom.

Tab. 1.2 Klinische Schweregrade der stabilen Angina pectoris nach der Canadian Cardiovascular Society

Schweregrad	Klinik
CCS 0	Stumme Ischämie
CCS 1	Keine AP bei normaler körperlicher Belastung, AP bei starker körperlicher Anstrengung
CCS 2	Leichte Beeinträchtigung der normalen körperlichen Aktivität durch AP
CCS 3	Starke Beeinträchtigung der körperlichen Aktivität durch AP
CCS 4	AP-Beschwerden in Ruhe oder bei geringster körperlicher Belastung

Symptome:

- Angina pectoris ist **Leitsymptom** der koronaren Mangelversorgung mit Sauerstoff (Ischämie).
- Patienten klagen über retrosternale Schmerzen, ein Gefühl der Brustenge und Atemnot.

> Bei **Diabetikern** und **Frauen** kann der klassische Brustschmerz fehlen! Es zeigen sich unspezifische Symptome wie Übelkeit, Schwindel und Atemnot.

Diagnostik

Anamnese. Typische Thoraxschmerzen, die ausstrahlen, belastungsabhängig sind und sich bei Nitrat-Gabe bessern. Risikofaktoren, Belastungsdyspnoe, Familienanamnese.

Labor. Kontrolle der Herzenzyme: CK, CK-MB, Troponin T und I.

Ruhe-EKG. Vor dem Infarkt in 50 % der Fälle unauffällig. Verlaufskontrolle und Vergleich mit Vor-EKG.

- R-Verlust, betonte Q-Zacken → abgelaufener Herzinfarkt
- Horizontale oder deszendierende ST-Streckensenkung → nichttransmurale Ischämie
- ST-Streckenhebung → frischer transmuraler Infarkt, Herzaneurysma
- T-Welle: präterminal negativ, biphasisch, abgeflacht
- Schenkelblöcke, v.a. neu aufgetretene.

Belastungs-EKG. Wird meist auf dem Fahrradergometer abgenommen. Es steigt neben dem HZW auch der Sauerstoffbedarf der Herzmuskulatur. Bei relevanter KHK zeigen sich **Veränderungen der ST-Strecke**: Man erkennt horizontale oder deszendierende reversible ST-Senkungen von minimal 0,1 mV, die überwiegend von einer Innenschichtischämie hervorgerufen werden.
Das Belastungs-EKG muss abgebrochen werden, wenn die ST-Hebung oder -Senkung über 0,2 mV liegt, AP-Beschwerden, ventrikuläre Rhythmusstörungen oder Bradykardie auftreten, der systolische RR über 240 mmHg liegt oder um 20 mmHg abfällt sowie muskuläre Erschöpfung (Ausbelastung).

Bildgebende Verfahren:

- Echokardiografie: In Ruhe oder Belastung durchgeführt, dient sie der Beurteilung systolischer Wandbewegungsstörungen durch Myokardischämien.
- Myokardperfusions-Szintigrafie, SPECT: geschieht unter Ergometerbelastung. So lassen sich inaktive, narbige Myokardbezirke und reversible Aktivitätsminderungen in ischämischen Arealen voneinander unterscheiden.
- PET: nichtinvasive Methode zur Unterscheidung von normalem, hybernating, stunned und nekrotischem Myokard
- Stress-MRT: wird unter pharmakologischer Belastung absolviert. Ist analog zum Stress-Echo
- Koronarangiografie (→ Abb. 1.3): Gold-Standard, um Koronarengpässe nachzuweisen und zu lokalisieren, mit der Möglichkeit zur Intervention in Form einer **Stentimplantation** oder einer **Ballondilatation**.

Cave: Medikamente wie z. B. Digitalis, Chinidin und verschiedene Antidepressiva können ebenfalls eine ST-Senkung hervorrufen und sind, wenn möglich, vor der Ergometrie abzusetzen.

Differenzialdiagnose

Schmerzen im Thoraxbereich. Diese können kardialen wie auch nicht kardialen Ursprungs sein.

Kardiale Ursachen:

- Herzinfarkt, Dressler-Syndrom (Postmyokardinfarkt-Syndrom), hypertone Krise
- Schwere Tachykardie, Aortenvitien, Mitralklappenprolaps
- Hypertrophische Kardiomyopathie, Tako-Tsubo-Kardiomyopathie (stressinduziert).

Nicht-kardiale Ursachen:

- Lungenembolie, Pleuritis, Bronchialkarzinom, Pleurodynie, Mediastinitis
- Aortendissektion, Ösophagusreflux, Mallory-Weiss-Syndrom, Borhaeve-Syndrom
- Vertebragene Thoraxschmerzen, Tietze-Syndrom, Herpes zoster
- Akute Pankreatitis, Gallenkolik, Roemheld-Syndrom, funktionelle Thoraxschmerzen.

Somatoforme Störungen äußern sich oft in Herzsymptomen, so genannte **funktionelle Herzbeschwerden**. Patienten klagen z. B. über Druckgefühl, Brustschmerzen, Beklemmungsgefühl, Herzstolpern und Atemnot und haben oft große Angst vor einem Herzinfarkt. Körperliche Ursachen müssen sorgfältig ausgeschlossen werden. Oft fällt es den Betroffenen schwer, eine psychische Ursache zu akzeptieren. Fast immer ist eine Psychotherapie indiziert.

Therapie

Akuttherapie des AP-Anfalls. Schnell wirksame Nitrate, z. B. Nitroglycerin als Spray oder Zerbeißkapsel.

Cave: Nuitrate sind kontraindiziert, wenn der Patient in den letzten 24 Stunden Sildenafil (Viagra®) eingenommen hat, eine hypertrophische Kardiomyopathie vorliegt, der RR unter 90 mmHg liegt oder der Patient einen Hinterwandinfarkt mit rechtsventrikulärer Beteiligung hat.

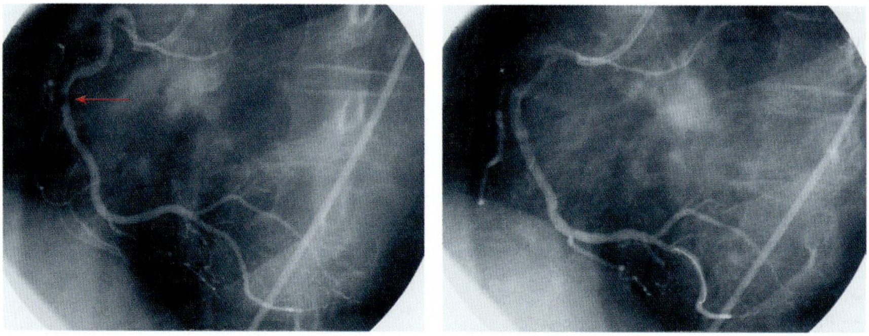

Abb. 1.3 Koronarangiografie mit konzentrischer Stenose der RCA: links vor Intervention, rechts nach PTCA und Stent Implantation [M 183]

Langzeittherapie der KHK:

- Modifizierung der Risikofaktoren: Gewichtsreduktion, Blutdruckeinstellung, Nikotinabstinenz, Diabetes optimal einstellen, regelmäßige körperliche Betätigung.
- Medikamentös mit Thrombozytenaggregationshemmern (ASS 100; Clopidogrel), β-Rezeptorenblockern und Statinen als Basistherapie. Zusätzlich sollten lange wirksame Nitropräparate wie Isosorbitdinitrat (ISDN), Molsidormin oder Kalziumantagonisten gegeben werden.
- Interventionell mittels einer perkutanen transluminalen Koronarangioplastie (PTCA), meist in Folge Stentimplantation.

Prognose

Die Prognose der AP ist von verschiedenen Faktoren abhängig:

- Dem Ausmaß der Linksherzinsuffizienz
- Dem Ausmaß der Nyokardschädigung aufgrund wiederholter AP-Anfälle sowie
- Der Anzahl und Lokalisation der betroffenen Koronararterien.

Die jährliche Letalitätsrate von unbehandelten 3-Gefäßerkrankungen liegt bei 10–13 %, bei einer Hauptstammstenose der LCA (Left coronary artery) über 30 %.

CHECK-UP

- ☐ Was sind die Charakteristika einer stabilen und einer instabilen AP?
- ☐ Erläutern Sie die Entitäten des akuten Koronarsyndroms!
- ☐ Beschreiben Sie die Therapieoptionen der KHK!

Myokardinfarkt

Synonym

Eine Form des akuten Koronarsyndroms, Herzinfarkt (ugs.).

Akutes Koronarsyndrom:

- Instabile AP
- NSTEMI
- STEMI
- Plötzlicher Herztod.

Definition

Irreversibler Untergang von Myokardgewebe durch partiellen oder vollständigen Verschluss einer Koronararterie. Die Ischämietoleranz beträgt 2–4 h.

Ätiopathogenese

Meist eine **vorbestehende KHK**, d. h., der Patient hat bereits arteriosklerotisch veränderte Herzkranzgefäße mit **Plaque-Anlagerungen**. Rupturiert der Plaque, kommt es durch Anlagerung von Gerinnungsfaktoren und Thrombozyten zum thrombotischen Verschluss des Gefä-

ßes. Die atheromatösen Plaques können auch unterblutet werden, wodurch sie abgehoben werden und das Gefäß obturieren. Letztlich führt **Hypoxie** im Versorgungsgebiet der Herzkranzarterie zur **Myokardnekrose** – also zu einem Infarkt.
Eine halbe Million Menschen jährlich erleiden in Deutschland einen Herzinfarkt. Ein Drittel der Infarkte verläuft tödlich.
Man unterscheidet nach dem Ort der Myokardnekrose in:

- **Anteroseptalen Infarkt**
- **Posteroseptalen Infarkt**
- **Lateralen Infarkt**
- Sind alle Schichten des Myokards betroffen, handelt es sich um einen **transmuralen Infarkt**, bei **nicht transmuralem Infarkt** liegt die Nekrose lediglich subendokardial.

Ursachen:

- Blutdruckschwankungen bei Stress und körperlicher Anstrengung
- Instabile Angina pectoris: akutes Risiko bei 20 %
- Zirkadiane Zunahme der Aktivität von Gerinnungsfaktoren und damit einhergehende Häufung der Infarkte (40 %) in den Morgenstunden zwischen 6 und 12 Uhr.

Klinik

> In bis zu 25 % der Fälle verläuft ein Infarkt klinisch „stumm", insbesondere bei Diabetikern (Polyneuropathie) und älteren Menschen. Eine Angina-pectoris-Anamnese fehlt bei ca. 40 % der Infarktpatienten.

- Plötzliche, stärkste, anhaltende (> 30 min) Schmerzen (sog. **Vernichtungsschmerz**), präkordial, retrosternal und Ausstrahlung in Hals und linke obere Extremität oder Epigastrium. Durch Gabe von Nitroglycerin oder durch Ruhe nicht zu beeinflussen
- Vernichtungsgefühl, Angst
- Schwächegefühl, Dyspnoe
- Vegetative Reaktionen sind Schwitzen, Blässe, Übelkeit, Erbrechen und Synkope (Blutdruckabfall)
- Verwirrtheit bei älteren Menschen aufgrund zerebraler Durchblutungsstörungen
- In 95 % der Fälle Herzrhythmusstörungen. Auch ventrikuläre Rhythmusstörungen wie Tachykardie und Kammerflimmern sowie AV-Blockierungen
- Bei rechtsventrikulären Infarkten kommt es zur Halsvenenstauung bei fehlender Lungenstauung. Häufig findet sich eine Bradykardie.

> Die ersten 48 Stunden nach Infarkt sind die kritischsten. 40 % der Patienten überleben diesen Zeitraum nicht!

Komplikationen

Frühkomplikationen: treten bis zu 72 Stunden nach dem Infarktereignis auf. Dazu gehören:

- Herzrhythmusstörungen in 95–100 % der Fälle
  - Ventrikuläre Extrasystolie
  - Ventrikuläre Tachykardien und Kammerflimmern. Treten am häufigsten innerhalb der ersten 4 Stunden nach Infarkt auf und verursachen 80 % der Todesfälle während des Infarkts
  - Vorhofflimmern mit absoluter Tachyarrhythmie. Die Prognose ist ungünstig.
  - Bradykarde Herzrhythmusstörungen: Sinusbradykardie und AV-Blockierung. Treten besonders bei inferiorem Infarkt auf
- Linksherzinsuffizienz bei ein Drittel der Patienten: führt zu Lungenstauung, Lungenödem und in 10 % der Fälle zu kardiogenem Schock.

Komplikationen durch Nekrose:

- Herzwandruptur mit Herzbeuteltamponade
- Ventrikelseptumruptur: neu auftretendes Systolikum
- Papillarmuskelnekrose mit akuter Mitralinsuffizienz: neu auftretendes Systolikum.

Spätkomplikationen:

- Herzwandaneurysma
- Arterielle Embolien
- Frühperikarditis bei Herzinfarkt
- **Dressler-Syndrom** = **Postmyokardinfarktsyndrom**: In 3 % der Fälle kommt es 1–6 Wochen nach Infarkt zu einer Spätperikarditits oder-pleuritis.
- Arrhythmien
- Herzinsuffizienz.

Diagnostik

Anamnese. Vorbestehen einer KHK, AP oder anderen Herzerkrankungen. Frage nach früheren Infarkten und der Medikation. Vorliegen relevanter Grunderkrankungen wie Diabetes oder Hypertonie. Rauchen, Allergien, Antikoagulation.

Körperliche Untersuchung Suche nach Arrhythmien z. B. bei der Auskultation von Herz und Lunge. Lungenödem vorhanden?

Technische Untersuchung. EKG, Laboruntersuchung, Herzecho.

Das **Elektrokardiogramm** (EKG) kann Informationen über Ausmaß, Lokalisation und Alter des Infarkts geben. Da der erste EKG-Befund noch bis 24 Stunden nach Infarktgeschehen negativ sein kann, schließt erst ein zweites EKG nach 24 Stunden einen Infarkt aus. Es wird unterschieden zwischen direkten Infarktzeichen, die durch Abgriff direkt über dem Infarktareal entstehen, und indirekten Infarktzeichen, die auf spiegelverkehrte Veränderungen in den gegenüberliegenden Ableitungen zurückzuführen sind.

Infarktlokalisation:

- **Großer Vorderwandinfarkt**: betrifft den Ramus interventricularis anterior → direkte Infarktzeichen in V1–V6, aVL, I, indirekte Infarktzeichen (II), III, aVF
- **Anteroseptaler Infarkt**: betrifft RIVA nach Abgang der Diagonaläste → direkte Infarktzeichen in V1–V4, aVL, I, indirekte Zeichen (II), III, aVF
- **Lateralinfarkt**: betrifft den Diagonalast → direkte Zeichen in aVL, I, V5–V7
- **Posterolateralinfarkt**: betrifft den Posterolateralast → direkte Zeichen in II, III, aVF, V5–V6, Indirekte Zeichen in I, aVF, V1–V3
- **Posteriorer Hinterwandinfarkt**: betrifft RCX → direkte Zeichen in V7–V9, aVF, III, indirekte Zeichen in V1–V2
- **Inferiorer Hinterwandinfarkt**: betrifft RCA → direkte Zeichen in II, III, aVF, V3r–V6r, V1, indirekte Zeichen in V1–V3.

EKG-Veränderungen bei einem STEMI)

Im Akutstadium. Die kurzfristige T-Überhöhung, das sog. **Erstickungs-T** (→ Abb. 1.4, Initialstadium) wird häufig nicht erfasst, da sie nur im ersten akuten Stadium vorhanden ist. Die ST-Strecke geht vom absteigenden R ab und verschmilzt mit der T-Zacke zu einer Kuppelform (**T-en-dome**, → Abb. 1.4, Stadium 1).

Im Zwischenstadium. Die T-Überhöhung nimmt ab und der R-Verlust wird sichtbar. Außerdem treten ein QS-Komplex oder eine breite, tiefe Q-Zacke (**pathologisches Q** oder **Q-Pardee.** → Abb. 1.4, Stadium II) auf. Eine terminal negative T-Zacke bildet sich aus.

Im chronischen Stadium. (→ Abb. 1.4, Stadium III) Das terminal negative T bleibt bestehen oder normalisiert sich. Eine kleine R-Zacke kann sich wieder aufbauen. Das tiefe Q bleibt meist bestehen.

Cave:

- Ein vorbestehender Linksschenkelblock kann zur **Maskierung** der Infarktzeichen im EKG führen.
- Ein **neu aufgetretener Linksschenkelblock** entspricht einem STEMI.

Kriterien:

- ST-Hebung > 0,1 mV in mindestens 2 aufeinander folgenden Extremitätenableitungen
- Oder > 0,2 mV in mindesten 2 folgenden Brustwandableitungen
- Und/oder ein neu aufgetretener Linksschenkelblock.

EKG-Veränderungen bei einem NSTEMI)

Es gibt keine pathologische Q-Zacke (→ Abb. 1.5). Die R-Zacke kann leicht reduziert sein. ST-Streckensenkung ist normal, das terminal negative T ist gleichschenklig. Die **positive Serologie** ist alleiniger Infarkthinweis!

Labordiagnostik in der Infarktdiagnostik

Siehe → Tabelle 1.3.

- Grundlegende Bestimmung: Gerinnung, Hb, Elektrolyte, Blutglukose
- Unspezifischer Anstieg von: Leukozyten, BZ, BSG und CRP
- Anstieg von Myoglobin schon 2 Stunden nach dem Infarkt. Nicht beweisend, da unspezifisch
- Früher Anstieg von Troponin I und T. Die Werte sind herzmuskelspezifisch und daher sehr sensitiv.

Steigen bei instabiler Angina pectoris Troponin I oder T an, **ohne** dass sich Veränderungen im EKG – als ST-Anhebung – zeigen, spricht man von einem NSTEMI (Nicht-ST-Hebungsinfarkt, Non-ST-segment elevation myocardial infarction).

Initial-stadium	Beträchtliche T-Überhöhung *(Erstickungs-T);* meist bei Klinikeinweisung nicht mehr nachweisbar	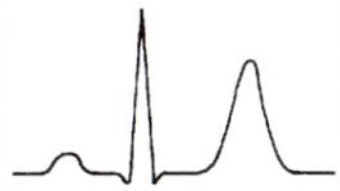 Erstickungs-T
Stadium I (frisches Stadium)	ST-Hebung mit Abgang aus dem absteigenden QRS-Schenkel, evtl. in den gegenüberliegenden Ableitungen spiegelbildliche Senkung	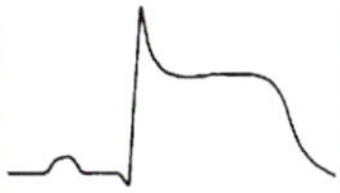
Zwischen-stadium	ST-Hebung, Auftreten pathologisch tiefer Q-Zacken, evtl. R-Verlust, terminal spitznegative T-Welle. ST-Hebung > 6 Wo.: an Aneurysma denken!	
Stadium II (Folge-stadium)	Rückbildung der ST-Hebung, T-Welle wird tiefer, spitzer, evtl. Aufbau einer kleinen R-Zacke, pathologische Q-Zacke persistiert *(Pardée-Q)*	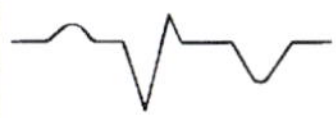
Stadium III (End-stadium)	Pathologische Q-Zacke, ST-Hebung nicht mehr nachweisbar, T-Welle positiv, R-Zacke nimmt wieder an Höhe zu	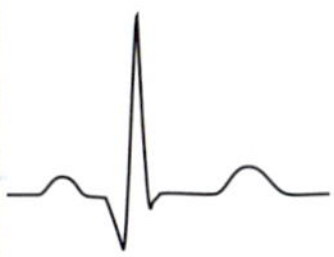

Abb. 1.4 EKG-Stadien des transmuralen Infarkts (STEMI) [A 300]

Positive Troponin-T- und -I-Werte findet man auch bei schweren Lungenembolien, Myokarditis, nach Herzoperationen und bei perkutaner transluminaler koronarer Angioplastie (PTCA). Bei **Niereninsuffizienz** ist nur Troponin T erhöht, Troponin I also zur Diagnostik geeignet.

Differenzialdiagnose

- Angina pectoris, Myokarditis
- Thorakales Aneurysma
- Lungenembolie, Pleuritis
- Ulcus ventriculi, duodeni.

Therapie

Akut. V. a. bei Myokardinfarkt **sofortiger Transport in eine geeignete Klinik** unter Arztbegleitung! Keine i. m. Gabe von Medikamenten, da sonst keine Lysetherapie mehr durchgeführt werden kann.

Allgemein:

- EKG, Monitorüberwachung
- Oberkörper in 30°-Winkel hochlagern, Bettruhe
- O_2 per Nasensonde (4 l O_2/min), Defibrillationsbereitschaft, großlumiger Zugang.

Medikamentös:

- Gabe von Nitraten
- Sedierung und Analgesie, z. B. mit Morphin oder Benzodiazepin
- Unfraktioniertes Heparin (70 IE/kg), Ziel partielle Thromboplastinzeit (PTT) 50–60 s
- 250–500 mg Aspisol i. v.
- β-Rezeptorenblocker: senken das Risiko von Kammerflimmern und den O_2-Verbrauch
- Lysetherapie mit Streptokinase, Alteplase oder Reteplase.

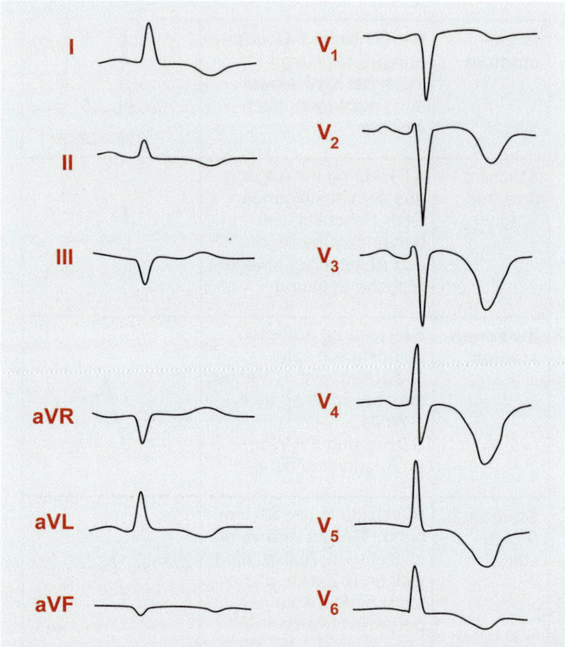

Abb. 1.5 EKG beim nicht transmuralen Infarkt (NSTEMI, Non-Q-Wave-Infarkt) [A 300]

Tab. 1.3 Laborparameter der Infarktdiagnostik, Merkmale und diagnostischer Wert

Parameter	Anstieg in Stunden	Maximum nach Stunden	Normalisierung in Tagen	Bemerkungen
h-FABP	0,5	Schnelltest gibt keine quantitativen Ergebnisse		Heart fatty acid binding protein (Schnelltest)
Myoglobin	2–3	Nach ca. 4	24	Nicht herzmuskelspezifisch
Troponin	3–4	20	7–14	• Herzmuskelspezifisch • Sehr sensitiv
CK-MB	4–8	12–18	2–3	• Anteil von 6–20 % der Gesamt-CK nach Infarktsymptomen lässt auf Untergang von Herzmuskelzellen schließen • Anteil korreliert mit Infarktgröße
Gesamt-CK	4–8	16–36	3–6	• Leitenzym für Untergang von Herz oder Skelettmuskulatur • Steigt auch an nach Trauma, OP, bei Muskelerkrankung, Alkoholismus, nekrotisierender Pankreatitis, Malignom, endokriner Erkrankung
ALT	4–8	16–48	3–6	Quotient CK/ALT bei • Herzinfarkt $<$ 10 • Muskelerkrankung $>$ 10
LDH	6–12	24–60	7–15	• Unspezifischer Parameter • Wichtig für Spätdiagnose • LDH-1 kommt im Herzmuskel vor
a-HBDH	6–12	30–72	10–20	Herzmuskelspezifischer Anteil von LDH

Interventionell. Herzkatheterisierung: PTCA, Stent- oder Bypass-OP.

Cave: **Keine** Nitroglyzeringabe, falls der Patient in den letzten 24 Stunden PDE-5-Hemmer (Sildenafil, Viagra®) eingenommen hat!

Lysetherapie und **Katheterintervention** sind die beiden konkurrierenden rekanalisierenden Verfahren. Beide müssen wenige Stunden nach Verschluss geschehen.
Die Lyse ist zu erwägen, wenn kein Katheterlabor zur Verfügung steht, wie es in ländlichen Regionen der Fall sein kann.
Die Lyse kann **nicht** durchgeführt werden, wenn u. a. schwere Blutungen drohen, z. B. postoperativ oder bei vorbestehenden Hirnblutungen.

Prognose
Die höchste Sterblichkeitsrate findet sich am ersten Tag nach dem Myokardinfarkt (40 % der Patienten). Kammerflimmern ist die häufigste Todesursache. Die Überlebenschance lässt sich durch rasche und optimale Therapie deutlich verbessern. Dank systemischer Thrombolyse beträgt die Kliniketalität nur ca. 10 %. Wird akut eine PTCA durchgeführt, sinkt die Letalität auf 5 %.

Prophylaxe
- Einstellen von Risikofaktoren in Form von Rauch-Stopp und Gewichtsreduktion, Treiben von Koronarsport
- Einstellen des Blutdrucks auf niedrig normale Werte mittels β-Rezeptorenblocker, ACE-Hemmer, AT_1-Blocker oder Diuretika
- Therapie von Hypercholesterinämie mit Statinen etc.
- Thrombozytenaggregationshemmung mit Azetylsalizylsäure (100 mg) oder Clopidogrel
- Ggf. Implantation eines Kardiodefibrillators.

CHECK-UP
- ☐ Welche typischen EKG-Veränderungen in der frühen und späten Phase des Myokardinfarkts gibt es?
- ☐ Beschreiben Sie konservative, medikamentöse und interventionelle Therapieprinzipien des Myokardinfarkts!
- ☐ Was sind mögliche Differenzialdiagnosen des Myokardinfarkts?
- ☐ Nennen Sie Argumente für und gegen eine Lysetherapie!

Kardiomyopathien

Definition
Kardiomyopathien sind Erkrankungen der Herzmuskelzellen, die mit einer messbaren kardialen Funktionseinschränkung einhergehen. Die **Hauptformen** sind:
- Dilatative Kardiomyopathie
- Hypertrophische Kardiomyopathie
- Restriktive Kardiomyopathie
- Arrhythmogene rechtsventrikuläre Kardiomyopathie
- Nichtklassifizierbare Kardiomyopathie.

Dilatative Kardiomyopathie

Definition
Die dilatative Kardiomyopathie (DCM) kennzeichnet eine systolische Pumpstörung mit Kardiomegalie und eine reduzierte EF bei Dilatation des linken und/oder beider Ventrikel. Die diastolische Funktion ist häufig ebenfalls eingeschränkt: Die Relaxation ist inkomplett, und das Myokard ist zunehmend steif. Die DCM ist die häufigste Kardiomyopathie und betrifft überwiegend Männer im 20. bis 40. Lebensjahr (♂ : ♀ 2 : 1). Sie kann angeboren oder erworben sein.

Ätiopathogenese

Die Ursachen der DCM sind multifaktoriell. Histologisch liegt eine Myozytenhypertrophie mit interstitieller Fibrose vor. Verschiedene Ursachen sind bekannt:

- **Genmutationen bzw. erbliche Faktoren**:
  - Chromosomal-rezessiv durch Mutation des Dystrophin-Gens: Duchenne-Muskeldystrophie
  - Autosomal dominant: Sick-Sinus-Syndrom, Erregungsleitungsstörungen
  - Autosomal rezessiv durch Mutation der Gene der Fettsäureoxidation
  - Mutation der mitochondrialen DNA
- **Inflammatorische oder autoimmune Prozesse**:
  - Virusinfektionen durch Enteroviren, Coxsackie-Viren, Adenoviren, Parvovirus B19, Herpesviren, EBV, CMV oder HCV
  - Postvirale Autoimmunität, die durch eine virusinduzierte Immunantwort ausgelöst wurde
- Toxine: dazu zählen Alkohol und Medikamente
- Andere Faktoren: postpartale DCM und DCM bei endokrinen Erkrankungen.

Klinik

- Zeichen der Linksherzinsuffizienz
- Belastungsdyspnoe
- Rhythmusstörungen
- Ventrikuläre Tachykardien
- Palpitationen
- Komplikation: Thrombenbildung im Ventrikel, was zu Embolien führen kann.

Diagnostik

Klinik. Es lassen sich Zeichen der HI und Rhythmusstörungen feststellen.

Auskulatation. Systolikum P.m. Herzspitze, 3. Herzton.

Labor:

- Herzinsuffizienz-Marker BNP erhöht
- Immunhistologie, Virusdiagnostik, Auto-Antikörper-Nachweis.

EKG. Zeigt unspezifische Zeichen: Linksherzhypertrophiezeichen, Linksschenkelblock, AV-Block 1. Grades.

Bildgebende Verfahren:

- Echokardiografie: Dilatation beider Ventrikel sowie Wandbewegungsstörung der Ventrikel (Hypokinesie). Mittels TEE lassen sich Thromben nachweisen.
- Röntgen-Thorax: zeigt eine Kardiomegalie, evtl. mit Zeichen pulmonaler Stauung.

Invasiv:

- Myokardbiopsie mit Histologie
- Herzkatheter-Untersuchung zur Messung von linksventrikulärem und pulmonal-arteriellem Druck.

Therapie

Allgemein. Die Patienten sollen sich körperlich schonen und kardiotoxische Noxen weglassen.

Kausal:

- Behandlung der möglichen Viruserkrankung (Viruselimination) oder der Autoimmunerkrankung mit Immunsuppressiva
- Therapie der Herzinsuffizienz (→ Herzinsuffizienz)
- Thrombembolieprophylaxe.

Operativ. Implantation eines Kardioverter-Defibrillators (ICD), wenn eine Gefährdung durch Kammerflimmern besteht. Die Ultima Ratio ist eine Herztransplantation.

Prognose

Abhängig vom Grad der Herzinsuffizienz liegt die 10-Jahres-Überlebensrate bei 10–20 %. Ab NYHA 3 ist die Prognose deutlich schlechter.

■ Hypertrophische Kardiomyopathie

Definition

Die hypertrophische Kardiomyopathie (HCM) ist gekennzeichnet durch eine angeborene pathologische Hypertrophie der Herzwand, besonders im Bereich des Septums. Es wird unterschieden zwischen:

- **Hypertrophischer nicht obstruktiver Kardiomyopathie** (HNCM) und
- **Hypertrophischer obstruktiver Kardiomyopathie** (HOCM).

Ätiopathogenese

Die HCM ist eine genetisch bedingte Erkrankung, die in über 50 % der Fälle familiär auftritt. Der Vererbungsmodus ist autosomal dominant mit inkompletter Penetranz.

> Die **HNCM** ist der häufigste Grund für einen plötzlichen Herztod bei jungen Sportlern.

Klinik

Die Patienten sind häufig beschwerdefrei. Die HCM ist oft ein Zufallsbefund, besonders bei auskultatorisch stummer HNCM. Mögliche Symptome sind AP-Anfälle, Dyspnoe, Schwindel, Synkopen, supraventrikuläre und ventrikuläre Tachykardien, Herzschmerzen und plötzliche Todesfälle.

Diagnostik

Klinik. Gelegentlich auskultatorisch dritter oder vierter Herzton. Bei HOCM kann ein spindelförmiges Systolikum zu hören sein, das sich bei Belastung verstärkt.

EKG. Es zeigen sich Linkshypertrophiezeichen (pos. Sokolow-Lyon-Index), linksanteriorer Hemiblock in 25 % der Fälle, Repolarisationsstörung mit T-Negativierung und pathologischen Q-Zacken. Bei Verdacht auf Rhythmusstörungen (ventrikuläre Tachykardien) sollte ein Langzeit-EKG durchgeführt werden.

Bildgebende Verfahren:

- Echokardiografie: Typisch bei HOCM ist eine asymmetrische Hypertrophie, vor allem des Septums: SAM-Phänomen (systolic anterior movement), d. h., während der Systole lagern sich anteriore Anteile des Mitralsegels an die Septumwand an, und die Aortenklappe schließt vorzeitig.
- MRT: zum Nachweis einer Fibrose. Zur Beurteilung von Funktion und Anatomie.

Linksherzkatheter. Hypertrophie und Strukturverlust der Myozyten und Myofibrillen, interstitielle Fibrose. Die Z-Streifen sind verbreitert, und es sind vermehrt Mitochondrien vorhanden.

Therapie

Konservativ:

- Meiden schwerer körperlicher Belastung
- Kalziumantagonisten vom Verapamil-Typ oder β-Rezeptorenblocker – **nicht beides**!
- Antikoagulanzien bei Vorhofflimmern.

Interventionell, operativ:

- Perkutane transluminale septale Myokard-Ablation: Auslösung einer lokalisierten septalen Myokardnekrose durch Alkoholinjektion in einen Septalast der LCA
- Transaortale subvalvuläre Myektomie
- Herztransplantation bei dilatativem Verlauf.

Prognose

Die Sterberate bei unbehandelten Erwachsenen liegt bei 1 % pro Jahr. Bei Kindern und Jugendlichen sterben bis 6 %. Die meisten Todesfälle sind Folgen schwerer ventrikulärer Arrhythmien.

■ Restriktive Kardiomyopathie

Definition

Die restriktive Kardiomyopathie (RCM) ist eine seltene Erkrankung und führt zu einer Verminderung der diastolischen Dehnbarkeit, meist des linken Ventrikels. Die systolische Funktion ist dabei in frühen Stadien weitgehend erhalten, was ein Abgrenzungskriterium zur DCM ist. Die Wände sind kaum verdickt – ein Abgrenzungskriterium zur HCM. Im späten Stadium kommt es zur Verdickung des Endokards mit Thrombenbildung, therapieresistenter Rechtsherzinsuffizienz und Einflussstauung vor dem rechten Herzen.

Ätiopathogenese

Myokardiale Formen:

- Nichtinfiltrative Formen: idiopathische und familiäre RCM, RCM bei Sklerodermie
- Infiltrative Formen: bei Amyloidose, Sarkoidose
- RCM bei Speichererkrankungen wie Morbus Fabry oder Hämochromatose.

Endomyokardiale Formen:

- Löffler-Endokarditis (Hypereosinophilie)
- Endomyokardfibrose
- Als Spätfolge des Karzinoidsyndroms kommt es zu einer Endomyokardfibrose besonders des rechten Herzens (Hedinger-Syndrom).

Klinik

Zeichen der meist rechtsführenden Herzinsuffizienz. Aufgrund der Thrombenbildung kommt es zu thrombembolischen Komplikationen (Lungenembolie, arterielle Embolien). Angina-pectoris-Beschwerden finden sich hier weit seltener als bei der hypertrophischen Kardiomyopathie.

Diagnostik

Bildgebende Verfahren:

- Echokardiografie mit Doppler: zeigt vergrößerte Vorhöfe. Die Ventrikel sind normal.
- MRT: zum Ausschluss einer Pericarditis constrictiva

- Röntgen, CT: zum Ausschluss einer Perikardverdickung.

Invasiv:
- Rechts- oder linksventrikuläre Druckmessung mittels Herzkatheter-Untersuchung
- Endomyokardbiopsie.

Differenzialdiagnose
Konstruktive Perikarditis, Speicherkrankheiten wie Amyloidose oder Hämochromatose.

Therapie
Kausal. Therapie von Grunderkrankungen.

Symptomatisch:
- Therapie der Herzinsuffizienz
- Einstellen der Herzfrequenz mit dem Ziel einer langen Diastolendauer
- Thrombembolieprohylaxe.

Operativ. Herztransplantation bei terminaler Herzinsuffizienz.

Prognose
Die Prognose ist ungünstig. Die Herztransplantation ist die Ultima Ratio.

Arrhythmogene rechtsventrikuläre Kardiomyopathie

Definition
Bei der arrhythmogenen rechtsventrikulären Kardiomyopathie (ARVCM) handelt es sich um eine Erkrankung des rechtsventrikulären Myokards mit fibrolipomatöser Degeneration und Dilatation.

Ätiopathogenese
Die ARVCM ist eine seltene Erkrankung. Eine familiäre Häufung besteht in 40 % der Fälle. Männer erkranken doppelt so häufig wie Frauen. 10–20 % der plötzlichen Herztodesfälle bei Männern sind auf eine ARVCM zurückzuführen.

Klinik
- Synkopen
- Kammertachykardie: in der EKG-Morphologie wie Linksschenkelblock
- Manifestation meist um das 30. Lebensjahr.

Diagnostik
EKG. Nachweis einer ε-Welle am Ende des verbreiterten QRS-Komplexes in 10 % der Fälle, evtl. T-Negativierung, evtl. Rechtsschenkenkelblock.

Bildgebende Verfahren:
- Echokardiografie: zur Suche nach Wandbewegungsstörungen und Hypokinesie des rechten Ventrikels sowie Dilatation
- MRT: zum Nachweis von rechtsventrikulären Fetteinlagerungen und Aneurysmen.

Differenzialdiagnose
- Morbus Uhl: Aplasie des rechtsventrikulären Myokards
- Brugada-Syndrom
- Long-QT-Syndrom
- Myokarditis.

Therapie
Allgemein. Die Patienten sollen sich körperlich schonen und keinen Sport treiben.

Medikamentös. Mit Antiarrhythmika, β-Rezeptorenblockern.

Operativ. ICD-Implantation, Herztransplantation bei Rechtsherzversagen.

Prognose
Unter Therapie ist die Prognose günstig, ohne Therapie beträgt die 10-Jahres-Letalität 30 %.

CHECK-UP
- ☐ Was sind mögliche Ursachen einer dilatativen Kardiomyopathie?
- ☐ Welche Erkrankungen können eine restriktive Kardiomyopathie auslösen?
- ☐ Nennen Sie mögliche Symptome der hypertrophischen Kardiomyopathie!

Entzündliche Herzerkrankungen

Infektiöse Endokarditis

Definition

Meist durch Bakterien bedingte Infektion des Endokards, die sich an den Herzklappen, an einem bestehenden Ventrikel-Septum-Defekt oder an den Chordae tendineae manifestieren kann.

Ätiopathogenese

Risikofaktoren:

- Vorschädigungen der Klappe:
  - Durch sklerotische Veränderungen in Folge eines rheumatischen Fiebers
  - Bei angeborenen Herzfehlern, v. a. bei Mitralprolaps mit Mitralinsuffizienz
  - Nach Herzklappenersatz oder abgelaufener Endokarditis im Vorfeld
- Geschwächte Immunkompetenz, z. B. in Folge von:
  - Chronischen Infektionen, wie HIV
  - Diabetes mellitus
  - Alkoholabusus
  - Terminale Niereninsuffizienz
- Keimbelastung des Blutes durch:
  - Dauerhafte Belastung aufgrund infizierter zentraler Venenkatheter
  - Venöse Zugänge
  - Häufige Venenpunktionen, z. B. bei i. v. Drogenabusus.

> Besonders gefährdet, eine bakteriellen Entzündung der Trikuspidalklappe zu bekommen, sind Menschen mit häufigen Bakteriämien und Abwehrschwäche, z.B. bei i.v. Drogenabusus, Dialysepatienten und Alkoholiker.

An vorbestehenden Endokardläsionen lagern sich thrombotische Auflagerungen (**thrombotische Vegetationen**) ab, auf die sich bei einer Bakteriämie wiederum Erreger ablagern und zu einer Infektion führen können. Die angewachsenen Vegetationen können sich ablösen und zu septischen Embolien in Gehirn, Nieren und Koronararterien führen.
An den Klappen führen die Bakterien zur Zerstörung des Klappenapparats und des umgebenden Klappenrings (**paravalvuläre Abszesse**). Am häufigsten ist die Mitralklappe, gefolgt von Aorten- und Trikuspidalklappe betroffen. Von den infizierten Herzklappen aus gelangen Keime in die Blutbahn und unterhalten hierdurch wiederum eine Bakteriämie.
Immunkomplexe aus bakteriellen Antigenen und korrespondierenden Antikörpern können sich in Gelenken, Gefäßen und Nieren ablagern und dort Entzündungen verursachen.

Erregerspektrum:

- **Akute Endokarditis**:
  - Staphylococcus aureus,
  - β-hämolysierende Streptokokken
  - Pneumokokken
  - Gonokokken
  - Gramnegative Bakterien
- **Subakute Endokarditis**:
  - Streptococcus viridans
  - Nichthämolysierende Streptokokken
  - Enterokokken
  - Seltener Pilze (ca. 1 %)
- Bei Zustand **nach Herzklappenersatz**: Keime der normalen Hautflora, z. B. Staphylococcus epidermidis, Corynebakterien, Staphylococcus aureus, Pilze.

> In 10 % der Fälle sind die Erreger nicht nachweisbar, d. h., die Blutkultur bleibt steril!

Klinik

Nach dem Verlauf werden zwei Endokarditis-Formen unterschieden:

- **Akute Endokarditis**: Krankheitsbild einer Sepsis. Fulminanter Verlauf mit hohem Fieber, Schüttelfrost und Tachykardie, renale und kardiale Insuffizienz bis zu Multiorganversagen.
- **Subakute Endokarditis** (**Endocarditis lenta**):
  - Allgemeine Symptomatik mit Fieber, Nachtschweiß, Gewichtsverlust
  - Septische Embolien: Apoplex, Nierenabszess, Milzabszess, Hautabszess, Osteomyelitis
  - Herzgeräusch, Zeichen der Herzinsuffizienz, evtl. Klappenperforation oder Abriss eines Klappensegels
  - Hauteinblutungen (Petechien) und schmerzhafte rötliche Knötchen (**Osler-Knötchen**), die sich vor allem an Händen und Füßen befinden
  - Arthralgien infolge von Immunkomplexablagerungen.

Nichtinfektiöse Endokarditis:
- **Degenerative Endokarderkrankungen**: fortschreitende fibrodegenerative Klappendestruktion, die an der Klappenbasis beginnt und meist durch Verkalkungen hervorgerufen wird. Es handelt sich um eine Erkrankung des älteren Menschen, die im fortgeschrittenen Stadium einen Klappenersatz notwendig macht.
- **Endocarditis verrucosa rheumatica**: Folgeerscheinung des rheumatischen Fiebers, das meist 2–3 Wochen nach Infektion mit β-hämolysierenden Streptokokken der Gruppe A auftritt. Vor allem an den Schließflächen von Aorten- und Mitralklappe bilden sich warzenartige Auflagerungen.
- **Endokarditis Libman-Sacks**: Als Manifestation des systemischen Lupus erythematodes mit Bildung großer Fibrinthromben auf Mitral-, Aorten- und Pulmonalklappe. Klinisch verläuft die Erkrankung am Herzen symptomlos.

Diagnostik

Labor:
- Erhöhte Entzündungsparameter (CRP, BSG, Leukozytose), Nierenfunktionsstörung, Makrohämaturie und Proteinurie
- Blutkulturen: Vor Beginn der antibiotischen Therapie müssen Blutkulturen zur Identifizierung des Erregers angelegt werden.

Bildgebende Verfahren. Echokardiografie und transösophageale Echokardiografie (TEE) zur Darstellung von Klappenvegetationen. Zusätzlich können Funktionsstörungen des Ventrikels und der Klappen (Klappeninsuffizienz) sowie paravalvuläre Abszesse gesehen werden.

Suchdiagnostik:
- Suche nach einem möglichen Ursprungsherd für die initiale Bakteriämie: z. B. Zahnextraktionen, Operationen und Infektionen im HNO-Bereich, Hautinfektionen oder Infektionen im Urogenitalbereich
- Suche nach Folgeerkrankungen mittels Sonoabdomen (Splenomegalie), EKG (AV-Blockierung bei paravalvulärem Abszess), Augenspiegelung zum Nachweis möglicher Abszesse oder Einblutungen in die Retina.

Therapie

Medikamentös. Nach Anlegen von Blutkulturen Beginn mit einer kalkulierten, hoch dosierten kombinierten Antibiose: bei akuter Endokarditis Therapie z. B. mit Vancomycin und einem Aminoglykosid, bei Endocarditis lenta z. B. mit Penicillin und einem Aminoglykosid. Nach erfolgtem Antibiogramm muss die Therapie gegebenenfalls entsprechend umgestellt werden. Die Therapiedauer sind meist 4–6 Wochen.

Operativ. Bei schwerwiegenden Funktionseinbußen der Klappen, großen Vegetationen über 10 mm (erhöhtes Embolie-Risiko) sowie rezidivierenden oder persistierenden Klappenvegetationen muss ein operativer Klappenersatz geplant werden.

Prognose

Die Prognose hängt von der Abwehrlage des Patienten, dem Erregerspektrum, der Sensitivität gegenüber der Antibiose sowie dem Grad der Herzvorschädigung ab. Bei frühzeitiger, optimaler Behandlung überleben eine Endokarditis 70 % der Patienten. Häufigste Todesursache ist die kardiale Dekompensation infolge von Klappendestruktion und Schädigung des Myokards. Ohne adäquate Therapie ist die Prognose infaust.

Myokarditis

Definition

Entzündliche Herzerkrankung, das Myokard, das Interstitium und die Herzgefäße betreffend.

Ätiopathologie

Infektiöse Myokarditiden:
- Viren: HPV 6, Parvovirus B19, Coxsackie A und B, ECHO-Viren, Influenza A und B, Polioviren, Herpesviren, Hepatitisviren, Adenoviren und HIV
- Bakterien: Staphylokokken, Enterokokken (bakterielle Endokarditis), β-hämolysierende Streptokokken der Gruppe A (Scharlach, Erysipel, Angina tonsillaris), Borrelia burgdorferi (Lyme-Erkrankung), Diphtherie, seltener: Typhus, Tbc, Lues
- Pilze: z. B. Candida albicans (bei Abwehrschwäche AIDS oder infolge von Zytostatikatherapie)
- Protozoen: Trypanosoma cruzi (Chagas-Krankheit in Südamerika), Toxoplasma gondii (Toxoplasmose)
- Parasiten: Echinokokken, Trichinen.

Nicht-infektiöse Myokarditiden:

- Rheumatoide Arthritis, Kollagenosen, Vaskulitiden
- Nach Bestrahlung des Mediastinums
- Hypersensitivitätsmyokarditis durch Medikamente, z. B. Clozapin
- Idiopathische Myokarditis, z. B. Fiedler-Myokarditis.

Klinik

Müdigkeit, Schwächegefühl, Tachykardie, Rhythmusstörungen (Extrasystolie), AV-Blockierung. Klinische Zeichen einer Herzinsuffizienz.

Diagnostik

Labor:

- Entzündungszeichen im Blutbild erhöht: BSG, CRP, Leukozyten
- Virusserologie positiv bei Virusmyokarditis und Nachweis von antimyokardialen Antikörpern (AMLA)
- Herzenzyme wie CK und CK-MB sowie Troponin T/I können erhöht sein als Zeichen der Muskelzellschädigung.

EKG. Veränderungen sind häufig, aber unspezifisch:

- Sinustachykardie, ventrikuläre Extrasystolen
- Anzeichen eines Innenschichtschadens: ST-Senkung oder -Hebung, T-Negativierung
- Erregungsleitungsstörungen: AV-Block, Schenkelblöcke, SA-Block
- Niedervoltage bei Perikarditis.

Bildgebende Verfahren:

- Röntgenthorax: Zeichen der pulmonalen Stauung
- Echokardiografie:
  - Nachweis und Quantifizierung einer Herzinsuffizienz: vergrößerte Herzhöhlen, globale Hypokinesie mit verminderter Ejektionsfraktion
  - Nachweis eines Perikardergusses bei Perimyokarditis
- MRT: charakteristisch späte Kontrastmittelanreicherung (**Late enhancement**) in entzündeten Myokardanteilen. Zur Primärdiagnostik und Verlaufsbeobachtung geeignet sowie für gezielte Myokardbiobsien aus Late-enhancement-Arealen.

Invasiv. Myokardbiopsie: Goldstandard, mit Möglichkeit zur histologischen Abklärung und Verlaufsbeurteilung bei Myokarditisverdacht und -diagnose.

Differenzialdiagnose

Kardiomyopathien.

Therapie

Kausal. Behandlung der Grunderkrankung (antibakteriell, antimykotisch, antiviral).

Symptomatisch:

- Körperliche Schonung, Bettruhe
- Antikoagulation bei Immobilisation und bei Entwicklung einer dilatativen Kardiomyopathie.

Prognose

Meist vollständige Ausheilung, oft mit Persistenz von harmlosen Rhythmusstörungen. Bei 15 % der Patienten kommt es zu einem chronischen Verlauf mit Ausbildung einer dilatativen Kardiomyopathie.

Perikarditis und Perimyokarditis

Definition

Entzündliche Erkrankung des Perikards (**Perikarditis**), welche die angrenzenden Herzschichten (**Perimyokarditis**) mit betreffen und zur Ausbildung einer Perikardergusses führen kann.

Ätiopathogenese

Infektiöse Perikarditis:

- Am häufigsten Viren. Gleiches Viren-Spektrum wie bei Myokarditis: Coxsackie A und B, Parvovirus B19, Zytomegalievirus, Adeno- und ECHO-Viren, HIV. Bei der idiopathischen Perikaditis gibt es in 85–90 % der Fälle keinen eindeutigen serologischen Nachweis.
- Bakterien sind als Auslöser seltener (1–2 % d. F.). Zu Infektionen kommt es bei Sepsis, Pneumonie oder nach Thorax-OP. Bakterien-Spektrum: Pneumokokken, Haemophilus influenzae, Staphylococcus aureus, Mycobakterium tuberculosis.

Immunologisch bedingte Perikarditis:

- Systemischer Lupus erythematodes, rheumatisches Fieber
- Allergische Perikarditis
- Dressler-Syndrom (Postmyokardinfarktsyndrom), Postkardiotomie-Syndrom 1–6 Wochen nach OP.
  Andere mögliche Auslöser für eine Perikarditis:
- **Pericarditis epistenocardica**: tritt innerhalb einer Woche nach einem Herzinfarkt auf und erstreckt sich über größere epikardnahe Areale.

- Perikarditis bei **terminaler Niereninsuffizienz**: urämische Perikarditis, fibrinös oder hämorrhagisch (Dialyseindikation!).
- Perikarditis bei **Tumorerkrankungen**:
  - Bronchial-, Ösophagus- oder Mamma-Karzinom
  - Leukämien
  - Maligne Lymphome, Metastasen
  - Seltener primäre Herztumoren
- Perikarditis nach **Strahlentherapie**: Auftreten auch Monate nach Bestrahlung möglich.

Klinik

Akut. Bei akutem Verlauf treten retrosternale und linksthorakale Schmerzen auf, die sich durch Bewegung verstärken sowie Husten und tiefes Einatmen und im Liegen.
Des Weiteren Fieber und Tachykardie.
Wenn es zur eingeschränkten Herzfüllung kommt: Zeichen der oberen und unteren Einflussstauung.

Chronisch. Der Verlauf ist oft asymptomatisch. Symptome treten oft erst bei Perikardtamponade oder Pericarditis constrictiva auf.

Diagnostik

> Die Beck-Trias aus Jugularvenen-Stauung, Pulsus paradoxus und Tachykardie weist auf eine kritische Herzbeuteltamponade hin!

Auskultation:
- Ohrnahes, systolisch bis systolisch-diastolisches Reibegeräusch, besondes deutlich nach Exspiration als Zeichen einer trockenen, fibrinösen Perikarditis (am häufigsten bei Urämie)
- Leise Herztöne bei Übergang in eine feuchte, exsudative Perikarditis. Schmerzen und Reibegeäusche können verschwinden, am häufigsten bei Tbc, Virusinfekten, rheumatischem Fieber und Urämie der Fall.

Labor. Die Entzündungsparameter sind erhöht. Virusserologie, Blutkultur (Bakterien, Mykobakterien).

EKG. Zeigt Veränderungen vor allem bei akuter viraler Perikarditis:
- Stadienhafter Verlauf mit Zeichen des Außenschichtschadens
- ST-Hebung konkavbogig aus dem aufsteigenden Schenkel der S-Zacke (1. Woche), Ausbildung eines terminal negativen T (2. Woche)
- Niedervoltage bei starkem Erguss.

Bildgebende Verfahren:
- Echokardiografie: Ergussnachweis ab 50 ml. Bei Erguss über 400 ml kann ein pendelndes Herz (Swinging heart) gesehen werden, zum Nachweis von Perikardverdickungen. Bei Herzbeuteltamponade Kompression des rechten Ventrikels und Kollaps des rechten Vorhofs
- Röntgen-Thorax: vergrößerter Herzschatten zu sehen. Bocksbeutelform bei ausgeprägtem Erguss
- MRT, CT: zur Diagnostik der Anatomie und zum Abklären von Funktionseinschränkungen.

Differenzialdiagnose

- Myogene Herzdilatation: keine Niedervoltage, da kein Erguss. Zeichen der Lungenstauung
- Herzinfarkt: im Gegensatz zur Perimyokarditis umschriebene Lokalisation der ST-Hebung, spiegelbildliche ST-Senkung, R-Verlust, Q-Zacke.

Therapie

Kausal:
- Viral: nichtsteroidale Antiphlogistika, evtl. Steroide
- Bakteriell: gezielte Antibiotikatherapie nach Antibiogramm, Erregernachweis durch Perikardpunktion
- Tuberkulose: antituberkulöse Therapie, evtl. Perikarddrainage als Prophylaxe einer konstriktiven Perikarditis
- Pericarditis epistenocardica: hochdosiert ASS, evtl. Kortikosteriode
- Dressler- und Postkardiotomie-Syndrom: nichtsteroidale Antiphlogistika
- Urämisch: Dialyse
- Rheumatisches Fieber: Penicillin und ASS, evtl. Glukokortikoide.

Medikamentös. Antiphlogistische Therapie.

Operativ. Entlastungspunktion bei drohender Herzbeuteltamponade, bei chronisch rezidivierendem Erguss Perikardfensterung zur Pleura oder dem Peritoneum.

■ CHECK-UP

- ☐ Nennen Sie mögliche Symptome bei einer Endocarditis lenta!
- ☐ Welche klinischen Merkmale einer Perikarditis können bei der Diagnosefindung helfen?
- ☐ Wie sieht das Vorgehen zur Diagnosesicherung bei Verdacht auf Myokarditis aus?

Perikarderguss

Ursachen

Perikardergüsse sind eher selten. Häufigste nachweisbare Ursache sind Metastasen. Der früher häufige tuberkulöse Perikarderguss ist selten geworden. Ursachen:

- Metastasen von Malignomen
- Infektiöse Perikarditis: Bakterien, Viren, Pilze
- Rheumatische Perikarditis
- Urämische Perikarditis
- Nach einem Herzinfarkt: in ca. 5 %, fibrinöse Perikarditis über Infarktareal
- Posttraumatische, postoperative Perikarditis
- Iatrogen: Herzschrittmacherimplantation, Perforation bei interventionellen Eingriffen, Therapie mit den Anthracyclinen Daunorubicin oder Doxorubicin
- Perforierende Verletzungen.

Klinik

Solange der Erguss die Füllung des Herzens nicht behindert, kaum Symptome.

Herzbeuteltamponade. Bei kritischer Exsudatmenge von 300–400 ml kann es zur Behinderung der diastolischen Ventrikelfüllung und damit zu einer Einflussstauung mit Rückstau des Blutes vor dem rechten Herzen kommen. Die Folge sind die Abnahme des Schlagvolumens, Stauung in den Jugularvenen, Tachykardie, Blutdruckabfall, körperliche Schwäche, Belastungsdyspnoe, Pulsus paradoxus (inspiratorische Abnahme der Blutdruckamplitude um mehr als 10 mmHg) und Schwindel.

Cave: Es besteht die Gefahr des kardiogenen Schocks!

Diagnostik

Das Ausmaß kann echokardiografisch bestimmt werden. Bei unklarer Ursache kann selten eine diagnostische Punktion indiziert sein.

Therapie

Meistens steht die Behandlung der Grunderkrankung im Vordergrund.

Große, hämodynamisch wirksame Perikardergüsse werden punktiert. Bei rezidivierenden Perikardergüssen kann eine transkutane Perikardiotomie – unterhalb des Sternums wird ein Ballonkatheter eingeführt und ein Loch in das Perikard gesprengt – dafür sorgen, dass ein Erguss ständig ablaufen kann.

■ CHECK-UP

- ☐ Welche Ursachen eines Perikardergusses gibt es?
- ☐ Welche Folgen kann ein Perikarderguss haben?

Bradykarde Herzrhythmusstörungen

Zu bradykarden Herzrhythmusstörungen zählen folgende Erkrankungen:

- Sinusknotenerkrankung
- AV-Block
- Intraventrikuläre Blockierung
- Bradyarrhythmia absoluta
- Karotissinus-Syndrom.

Zur Lokalisierung der verschiedenen Erkrankungen siehe → Abbildung 1.6.

Sinusknotenerkrankung

Synonym
Sick-Sinus-Syndrom, Sinusknoten-Syndrom.

Definition
Störung im Sinusknoten bei der Erregungsbildung und Überleitung auf den Vorhof. Die Erkrankung wird unterteilt in:
- Persistierende Sinusbradykardie mit Beschwerden
- Intermittierender Sinusarrest oder sinuatrialer (SA-)Block
- Tachykardie-Bradykardie-Syndrom.

Einteilung der SA-Blöcke:
- I°: Leitungsverzögerung vom Sinusknoten zum Vorhof, jeder Impuls wird übergeleitet, im Oberflächen-EKG nicht zu erkennen
- II° Typ 1 (Wenckebach-Typ, Mobitz Typ 1): Abstände zwischen P-Wellen werden stetig größer, bis ein QRS-Komplex und damit ein Herzschlag ausfällt
- II° Typ 2 (Mobitz Typ 2): regelmäßige P-Wellen, ab und zu fällt ein Herzschlag aus, gelegentlich relativ festes Verhältnis von 2 : 1 oder 3 : 1
- III°: kompletter Block.

Ätiopathogenese
Ursachen sind Funktionsstörungen der Schrittmacherzellen im Sinusknoten oder eine Blockierung der Weiterleitung in den Vorhof (sinuatrialer Block, SA-Block). Betroffen sind meist ältere Patienten mit **kardialen Vorerkrankungen** wie:
- KHK, Kardiomyopathie, Myokarditis (Autoantikörper gegen Sinusknoten möglich)
- Idiopathischer Degeneration der Leitungsbahnen, z. B. bei Morbus Lev oder Morbus Lenègre
- Angeborenen Störungen der Ionenkanäle.

Auch bradykardisierende Medikamente wie β-Rezeptorenblocker, Digitalis und Antiarrhythmika oder ein Schlaf-Apnoe-Syndrom können eine Sinusknotenerkrankung verursachen.

Klinik
In **bradykarden** Phasen: Schwindel und Synkopen.
In **tachykarden** Phasen: Herzklopfen, Dyspnoe, Angina pectoris.

Diagnostik
Anamnese. Medikamentenanamnese: β-Rezeptorenblocker, Digitalis, Antiarrhythmika.

Langzeit-EKG. Weist eine bradykarde Herzrhythmusstörung mit tachykarden Phasen (Bradykardie-Tachykardie-Syndrom, → Abb. 1.7) nach.

Belastungs-EKG. Zum Nachweis eines ausbleibenden Frequenzanstiegs unter Belastung. Die **Sinusknotenerholungszeit**, d. h., die Zeit bis zum Wiedereinsetzen des Sinusrhythmus nach schneller Vorhofstimulation mit einem Schrittmacher, ist verlängert und liegt bei ≥ 1,5 msec.

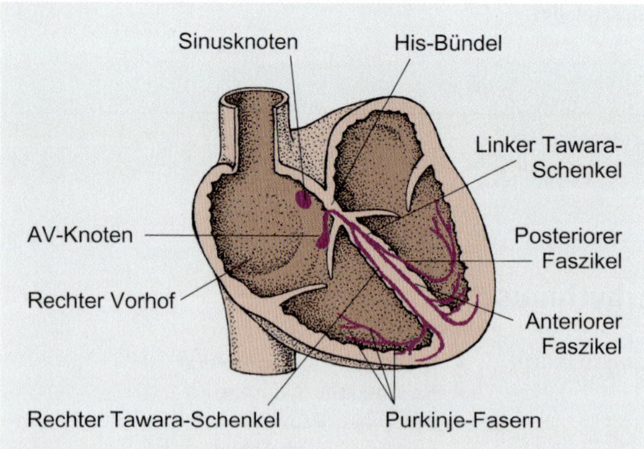

Abb. 1.6 Schema Reizleitungssystem [A 400-190]

Atropin-Test. Fehlender Frequenzanstieg nach i. v. Gabe von 1 mg Atropin.

Therapie

Akute Sinusbradykardie. Unter Monitorüberwachung Gabe von Parasympatolytika oder Sympatomimetika. Bei Nicht-Ansprechen auf die medikamentöse Therapie ist eine Schrittmachertherapie angezeigt.

Stabile Sinusbradykardie. Ausschalten möglicher auslösender Faktoren. Bei Persistenz: Schrittmachertherapie.

Prognose

Die Prognose ist gut. Die Lebenserwartung der Patienten ist gewöhnlich abhängig von der vorliegenden kardialen Grunderkrankung. Das Einsetzen eines Schrittmachers lindert die Symptome, erhöht jedoch nicht die Lebenserwartung.

Atrioventrikuläre Blockierung

Synonym

AV-Block.

Definition

Störung der Reizweiterleitung im AV-Knoten.

Ätiopathogenese

Ursachen:

- Erhöhter Vagotonus: AV-Block 1. Grades bei Sportlern, der bei Belastung verschwindet
- KHK und Myokardinfarkt, Kardiomyopathien, Myokarditis, angeborener Herzfehler
- Posttraumatisch nach kardiochirurgischen Eingriffen
- Medikamentös-toxisch durch die Einnahme von Digitalis oder Antiarrhythmika; Hyperkaliämie
- Idiopathische Degeneration der Reizleitungsbahnen oder idiopathische Sklerose des bindegewebigen Herzgerüsts.

Die Erkrankung wird nach ihrem Schweregrad in drei Formen unterteilt (→ Tab. 1.4).

Klinik

Bei Auftreten von **Morgagni-Adams-Stokes-Anfällen** – länger dauernde Asystolie bei totalem Block, bis ein Kammerersatzrhythmus einsetzt – kann es je nach Ausprägung zu Schwindel, Bewusstseinsverlust, Krampfanfällen, Atemstillstand und Tod kommen. Bei starker Bradykardie entwickelt sich eine Herzinsuffizienz.

Diagnostik

Anamnese. Vor allem Medikamentenanamnese.

EKG. HIS-Bündel-EKG, um die Lokalisation der Blockierung zu finden. Zu den unterschiedlichen Formen der AV-Blöcke siehe → Abbildung 1.8.

Therapie

Kausal. Weglassen auslösender Medikamente.

Symptomatisch:

- Bei AV-Block 1. wird Atropin gegeben, bei 1. und 2. Grades **Wenckebach** kann neben kausalen Maßnahmen Orciprenalin gegeben werden. Bei unzureichender Wirkung transkutaner Schrittmacher
- Bei AV-Block 2. Grades **Mobitz** besteht relative Schrittmacherindikation. Atropin ist kontraindiziert, da ein totaler Block droht.
- Bei AV-Block 3. Grades Schrittmachertherapie.

Prognose

Die Prognose richtet sich nach der Lokalisation der Blockierung (→ Abb. 1.6). Blockierungen im AV-Knotenbereich haben eine günstige Prognose, da ein Übergang in eine komplette Blockierung sehr selten ist. Liegt die Blockierung unterhalb von AV-Knoten oder HIS-Bündel, ist die Prognose ungünstig, da durch die Gefahr einer kompletten Blockierung Lebensgefahr besteht (→ Klinik).

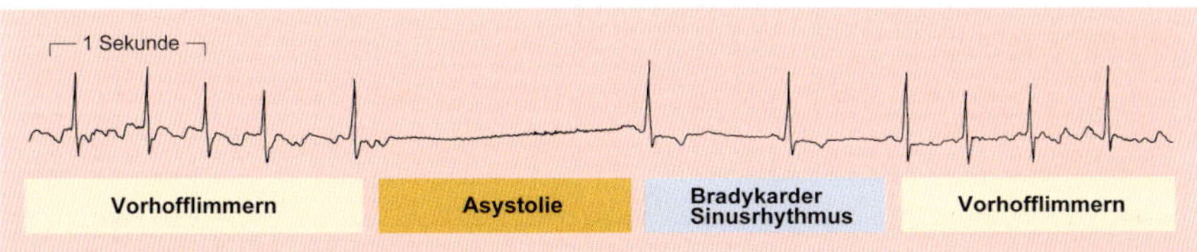

Abb. 1.7 EKG-Befund bei Sinusknoten-Syndrom: Bradykardie-Tachykardie-Syndrom mit Wechsel zwischen Sinusbradykardie und tachykarden supraventrikulären Arrhythmien [L 157]

Intraventrikuläre Blockierung

Synonym

Schenkelblock, faszikuläre Blockierung.

Tab. 1.4 Schweregrad-Einteilung bei AV-Block

Schweregrad	Klinik
AV-Block 1. Grades (verzögerte Erregungsleitung)	Klinisch meist nicht bedeutsam, nur im EKG erkennbar: • PQ-Zeit > 0,2 s • Kein Absinken der Kammerfrequenz • Bei stark verlängerter PJ-Zeit kann die P-Welle in die Repolarisationsphase des vorangegangenen Schlags fallen
AV-Block 2. Grades (intermittierende Leitungsunterbrechung)	• **Typ-1-Wenckebach-Periodik**: Die Blockierung liegt oberhalb des HIS-Bündels. PQ-Zeit verlängert sich mit jedem Schlag bis ein QRS-Komplex ausfällt • **Typ-2-Mobitz**: Die Blockierung liegt unterhalb des HIS-Bündels. Die PQ-Zeit bleibt konstant, es kommt jedoch in Intervallen zu einer kompletten Blockierung und damit zum Ausfall eines ganzen QRS-Komplexes
AV-Block 3. Grades	• Keine Überleitung der Vorhofaktion auf die Kammer • Komplette Dissoziation von Vorhof- und Kammeraktion

Definition

Erregungsausbreitungsstörung des intraventrikulären Reizleitungssystems, welche zu unifaszikulären, bifaszikulären oder trifaszikulären Blockierungen führt.

Ätiopathogenese

Ursachen:

- KHK, Herzinfarkt, Kardiomyopathien, Myokarditis
- Linkshypertrophie: → Linksschenkelblock
- Rechtsherzbelastung: → Rechtsschenkelblock
- Idiopathische Degeneration oder Fibrose der Erregungsleitungen: Morbus Lev, Morbus Lenègre.

Formen der Blockbilder:

- **Rechtsschenkelblock** (→ Abb. 1.9): Blockierung im rechten Tawara-Schenkel
  - Komplett: QRS-Zeit > 0,12 s. Typische M-förmige Konfiguration des QRS-Komplexes in der zum rechten Ventrikel gerichteten Ableitung V_1 mit positiv terminalen Ausschlag (R‘).
  - Vorkommen bei Zustand nach Infarkt, Kardiomyopathien, Cor pulmonale und Rechtsherzbelastung
  - Inkomplett: QRS-Zeit 0,10–0,11 s. R‘ in V1–2.
  - Vorkommen bei Sportlern, Trichterbrust, Vagotonus, Kindern und Jugendlichen
- **Linksanteriorer Hemiblock**: Blockierung im vorderen Tawara-Schenkel. Ist die häufigste Form der Schenkelblockierung. Im EKG

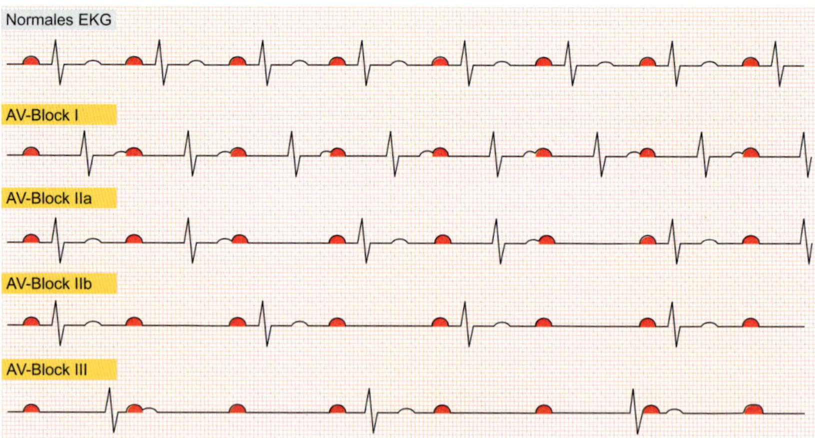

Abb. 1.8 EKG mit verschiedenen AV-Block-Formen (P-Welle rot markiert) [L 157]

überdrehter Linkstyp erkennbar, später R/S-Umschlag in V_6, tiefes S in $V_{5\text{-}6}$.
- **Linksposteriorer Hemiblock**: Blockierung im hinteren Tawara-Schenkel. Im EKG zeigt sich ein Rechtstyp oder überdrehter Rechtstyp, die QRS-Zeit ist normal.
- **Linksschenkelblock** (→ Abb. 1.9): uni- oder bifaszikuläre Blockierung im linken Tawara-Schenkel
  - Komplett: QRS-Zeit > 0,12 s. Linkspräkordiale Repolarisationsstörung
  - Vorkommen nach Infarkt und bei dilatativer Kardiomyopathie
  - Inkomplett: QRS-Zeit 0,10–0,11 s.

Klinik
Uni- und bifaszikulärer Block führen nicht zu einer klinisch fassbaren Herzrhythmusstörung und können nur im EKG erfasst werden.
Der trifaszikuläre Block gleicht im EKG einem totalen AV-Block und führt klinisch zu Schwindel, Palpitationen und Synkopen.

Diagnostik
EKG. EKG und Langzeit-EKG. QRS-Komplex ist verbreitert. HIS-Bündel-EKG zur genauen Lokalisierung bei Gefahr eines trifaszikulären Blocks.

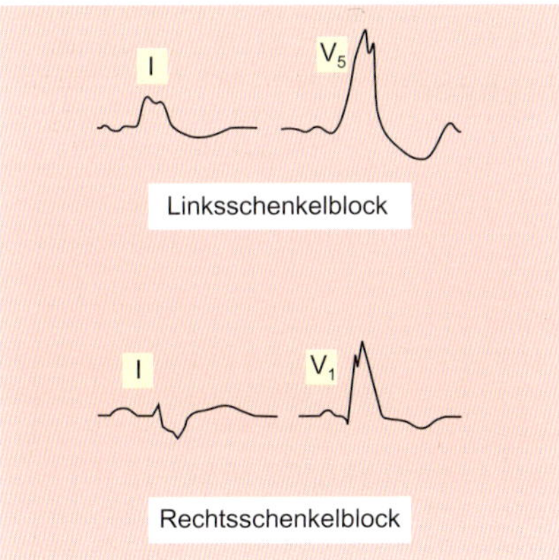

Abb. 1.9 EKG-Befund mit Links- und Rechtsschenkelblock [L 157]

Therapie
Kausal. Behandlung der Grunderkrankung und regelmäßige Kontrolle.

Operativ:
- Die **Schrittmacherindikation** ist zu prüfen bei bifaszikulärem Block und AV-Block 1. Grades und/oder Schwindel und Synkopen in der Anamnese.
- Die Indikation ist gegeben bei trifaszikulärem Block, bifaszikulärem Block mit AV-Block 2. Grades Wenckebach oder Mobitz.

Prognose
Die Prognose richtet sich nach den kardialen Begleiterkrankungen und der Ursache der intraventrikulären Blockierung.

Bradyarrhythmia absoluta

Definition
Vorhofflimmern mit bradykarder Überleitung auf die Kammern.

Ätiopathogenese
Ursache ist eine Störung der Reizweiterleitung im AV-Knoten bei gleichzeitig bestehendem Vorhofflimmern.

Klinik
Zeichen der Förderinsuffizienz: Synkopen und Schwindel.

Diagnostik
EKG. Zeigt Vorhofflimmern. Unregelmäßige Überleitung auf die Kammer mit Frequenz der Kammer ≤ 60/min.

Therapie
Kausal. Weglassen bradykardisierender Medikamente.

Symptomatisch. Frequenzanhebung mit Atropin.

Operativ. Herzschrittmacher indiziert bei anhaltend symptomatischen Patienten: VVI-Herzschrittmacher zur Kammerstimulation.

Prognose
Unter Therapie mit einem Herzschrittmacher ist die Prognose günstig.

Karotissinus-Syndrom

Definition
Überempfindlichkeit der Barorezeptoren im Bereich der Karotisgabel, woraus eine abnorme Re-

aktion auf eine Kompression des Karotissinus resultiert.

Ätiopathogenese

Meist ist die Erkrankung arteriosklerotisch bedingt. Sie ist oft mit KHK vergesellschaftet. Häufig sind ältere Menschen betroffen, 90 % sind beschwerdefrei. Man unterscheidet drei klinische Typen:

- **Kardioinhibitorischer Typ**: Frequenzabfall, höhergradiger AV-Block oder Asystolie nach Vagusreizung
- **Vasodepressorischer Typ**: RR-Abfall > 50 mmHg infolge von Vasodilatation
- Mischform.

Klinik

Schwindel, Synkopen und Asystolie nach Reizung der Karotisgabel, z. B. bei Druck durch zu engen Hemdkragen oder auf spontane Kopfdrehung hin.

Diagnostik

Anamnese. Schwindel, Synkopen.

Karotisdruckversuch. Einseitige Druckmassage auf den Karotissinus: positiv bei RR-Abfall ≥ 50 mmHg und oder Asystolie ≥ 3 s. Da der Versuch bei 25 % der über 65-Jährigen positiv ausfällt, ist die Aussagekraft im Zusammenhang mit der Anamnese zu bewerten.

Therapie

Operativ. Schrittmachertherapie bei symptomatischen Patienten mit typischer Anamnese (Synkopen, Schwindel evtl. bei Kopfdrehung).

Prognose

Günstige Prognose unter Therapie mit Herzschrittmacher.

CHECK-UP

- ☐ Beschreiben Sie die EKG-Befunde der unterschiedlichen Blockierungen im AV-Knoten!
- ☐ Welche Symptome sind typisch für das Karotissinus-Syndrom?
- ☐ Beschreiben Sie die Symptome eines Morgagni-Adams-Stokes-Anfalls!

Tachykarde Herzrhythmusstörungen

Unter der Bezeichnung tachykarde Herzrhythmusstörungen werden folgende Erkrankungen zusammengefasst:

- Supraventrikuläre und ventrikuläre Extrasystolen
- Sinustachykardie
- Vorhofflimmern
- Vorhofflattern
- AV-Knoten-Reentry-Tachykardie
- WPW-Syndrom (Wolff-Parkinson-White-Syndrom).

Supraventrikuläre Extrasystolen

Definition

Einzelne, in den Sinusrhythmus einfallende Extrasystolen mit Ursprung im Vorhof.

Ätiopathogenese

Ursächlich sind **vorzeitige Depolarisationen** einzelner Zellen im Vorhof. In einem geschädigten Herzen können einzelne Extrasystolen zu anhaltenden Rhythmusstörungen führen, die sich auf Vorhof oder Kammerebene ereignen können, meist durch aktivierte Reentry-Kreisläufe.

Klinik

Meist asymptomatisch. Die Extrasystolen können als Herzstolpern oder Herzklopfen auffallen.

Diagnostik

EKG, Langzeit-EKG, Belastungs-EKG. (→ Abb. 1.10) Beim EKG ist die P-Welle meist abnormal konfiguriert, gefolgt von schmalen QRS-Komplexen mit normaler Konfiguration. Im Anschluss folgt eine nichtkompensatorische postextrasystolische Pause, wodurch der Takt des Sinusrhythmus durch die passive Depolarisation des Sinusknotens verschoben wird. Die vorzeitige Vorhoferregung trifft auf den Sinusknoten, bevor dieser mit der Depolarisation begonnen hat, und depolarisiert ihn „passiv".

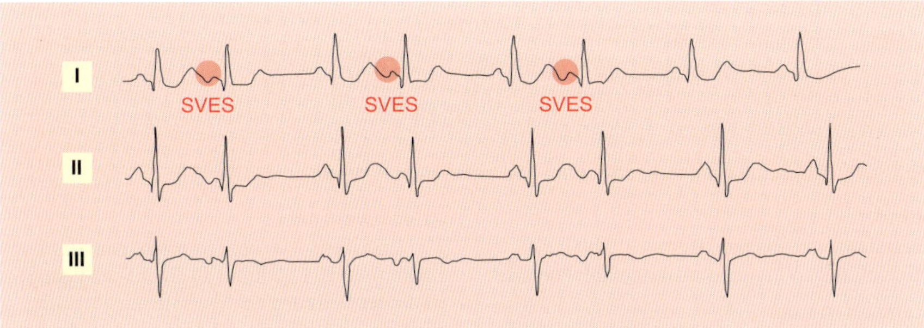

Abb. 1.10 EKG-Befund mit supraventrikulärer Extrasystolen (SVES) [L 157]

Therapie
Die Indikation zur Therapie ist erst bei symptomatischen Patienten angezeigt, da die Medikamente die Lebensqualität der Patienten einschränken.

Medikamentös. Membranstabilisierende Medikamente wie Kalium-Magnesium-Präparate, alternativ β-Rezeptorenblocker.

Prognose
Sehr günstige Prognose, da keine Komplikationen zu befürchten sind.

Sinustachykardie

Definition
Die Sinusknotenfrequenz liegt im Ruhezustand bei über 100/min.

Ätiopathogenese
Ein erhöhter Sympathikotonus wird ausgelöst durch z. B.:
- Herzinsuffizienz, Schock, Fieber, Anämie, Hyperthyreose, Phäochromozytom
- Alkohol, Nikotin, Koffein
- Medikamente wie Sympathomimetika oder Parasympatholytika; Benzodiazepinentzug.

Klinik
Meist asymptomatisch. Langsamer Beginn und ausschleichendes Ende der tachykarden Phasen, die regelmäßig auftreten können.

Diagnostik
Verschiedene EKGs:
- EKG: zeigt einen regelmäßigen Rhythmus mit einer Frequenz > 100/min
- Langzeit-EKG: Es kommt zu einem nächtlichen Frequenzabfall, der bei der Reentry-Tachykardie fehlen würde.

Therapie
Kausal. Weglassen der tachykardisierenden Medikamente. Therapie der Grundkrankheit (Hyperthyreose, Phäochromozytom).

Medikamentös. β-Rezeptorenblocker (Propranolol).

Prognose
Die Prognose richtet sich nach der auslösenden Grunderkrankung (siehe dort).

Vorhofflimmern

Definition
Anhaltende supraventrikuläre Tachykardie mit chaotischer, ineffektiver Vorhofaktion bei Vorhofflimmerfrequenzen zwischen 300–600/min.

Ätiopathogenese
Ursachen:
- Idiopathisch bei Herzgesunden
- Mitralvitien, KHK und Herzinfarkt, Kardiomyopathie
- Arterielle Hypertonie
- Hyperthyreose
- Lungenembolie
- Alkoholtoxisch (holiday-heart-syndrome), medikamentös toxisch.

Eine ungeordnete langsame Erregung kreist im Vorhof und trifft immer wieder auf erregbares Gewebe. Es kommt zu einer hohen Flimmerfrequenz von 350–600/min, sodass eine hämodynamisch effektive Vorhofkontraktion nicht mehr möglich ist. Durch die fehlende Pumpfunktion des Vorhofs kommt es zu einem Abfall des Herzzeitvolumens um 15 %. Liegt zusätzlich eine Linksherzinsuffizienz vor, kann das HZV um 40 % sinken.

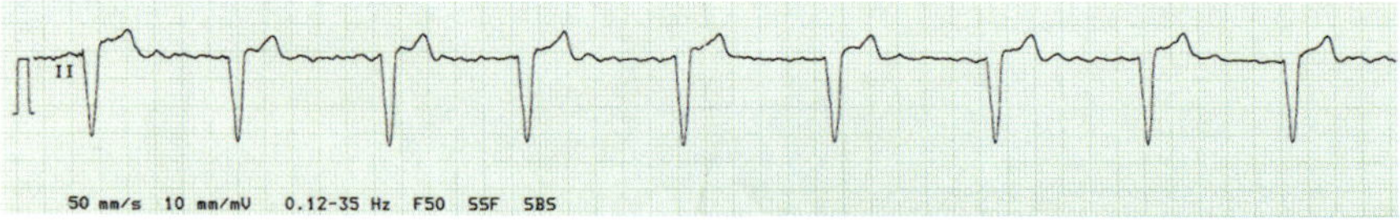

Abb. 1.11 EKG-Befund mit normofrequent übergeleitetem Vorhofflimmern [M 181]

Klinik
Herzklopfen, Synkopen, Dyspnoe, Abfall des Herzminuten-Volumens, Angstgefühl, Polyurie.

Komplikationen
- Akute Linksherzinsuffizienz
- Bildung von Thromben im Vorhof mit der Gefahr von arteriellen Embolien, v. a. im großen Kreislauf, was zu Hirnembolien führt.

Diagnostik
Anamnese und Klinik.

Körperliche Untersuchung. Unregelmäßiger Puls (Arrhythmia absoluta), Pulsdifizit.

EKG und Langzeit-EKG. Beim EKG Nachweis eines Vorhofflimmerns mit unregelmäßigen Kammerkomplexen und fehlender P-Welle (→ Abb. 1.11). Beim Langzeit-EKG Feststellung der Dauer des Vorhofflimmerns und ob es permanent oder paroxysmal ist.

Therapie
Kausal. Falls der Auslöser bekannt ist.

Tachyarrhythmia absoluta:
- Frequenzkontrolle: Digitalis senkt die Frequenz durch negativ dromotrope Wirkung. Antiarrhythmika, z. B. Verapamil oder β-Rezeptorenblocker
- Rhythmuskontrolle: Überführung in einen Sinusrhythmus
- Thrombembolieprophylaxe

Prognose
Die Prognose richtet sich nach der auslösenden Grunderkrankung und dem dadurch gegebenen Risiko für Embolien. Die Gabe von Antikoagulanzien reduziert das Risiko für einen Schlaganfall um 60 %.

Vorhofflattern

Definition
Vorhoftachykardie mit meist regelmäßigem Rhythmus und Frequenzen von 250–350/min.

Ätiopathogenese
Das Ursachenspektrum entspricht dem des Vorhofflimmerns. Es kommt zu einer Schädigung und/oder Dehnung der Vorhöfe. Auslöser des Flatterns ist ein Reentry-Kreislauf im rechten Vorhof mit kreisender Vorhoferregung, der durch einen zwischen Trikuspidalklappe und Mündung der V. cava inferior gelegenen Myokardstreifen aufrechterhalten wird.

Klinik
Symptome und hämodynamische Auswirkungen gleichen denen des Vorhofflimmerns. Der Herzschlag ist meist regelmäßig, dabei aber tachykarder als bei einem Vorhofflimmern. Die Ausbildung von Thromben ist seltener.

Diagnostik
Anamnese und Klinik.

EKG und Langzeit-EKG. Im EKG zeigt sich charakteristischerweise eine sägezahnartige Flatterwelle, vor allem in den Ableitungen 2, 3 und aVF (→ Abb. 1.12).

Therapie
Kausal. Sofern der Auslöser bekannt ist.

Medikamentös. Zur Frequenzkontrolle können die gleichen Medikamente wie bei Vorhofflimmern eingesetzt werden.

Interventionell. Eine **elektrische Kardioversion** wird angestrebt. Dabei kann mit einer Stimulationselektrode im rechten Vorhof eine Überstimulation erzeugt werden. Diese Methode ist für die Patienten weniger belastend als eine externe elektrische Kardioversion.

Kurativ. Für eine kurative Behandlung steht die Vorhofablation zur Verfügung. Dabei wird der Reentry-Kreislauf durch einen longitudinalen Einschnitt zwischen Trikuspidalklappe und V. cava inferior unterbrochen.

Prognose
Gute Prognose nach kurativer Intervention oder unter optimaler medikamentöser Einstellung der Herzfrequenz.

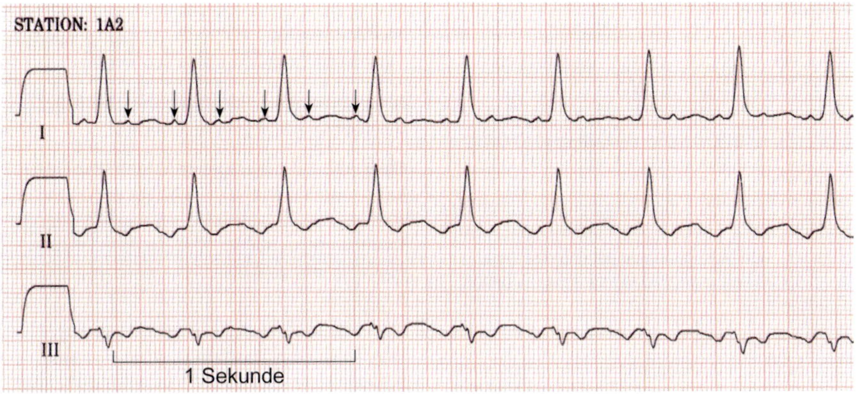

Abb. 1.12 EKG bei Vorhofflattern mit Überleitung der Flatterwellen auf die Kammern im Verhältnis 2 : 1 [L 157]

AV-Knoten-Reentrytachykardie

Mit > 60 % aller paroxysmalen Rhythmusstörungen häufigste supraventrikuläre Tachykardie bei Erwachsenen.

Definition

Paroxysmale, regelmäßige, supraventrikuläre Tachykardie durch kreisende Erregung im und um den AV-Knoten. Im AV-Knoten existieren bei Betroffenen zwei Bahnen:

- eine schnelle (fast pathway): kann antegrad und retrograd leiten
- eine langsame (slow pathway): kürzere Refraktärzeit.

Ätiopathogenese

In 95 % blockiert eine frühe Extrasystole im Vorhof den Fast pathway. Der Slow pathway leitet die Erregung zum Ventrikel und erregt dort das kammerseitige Ende des Fast pathway. Die Erregung läuft zurück zum Vorhof, um wiederum über den Slow pathway Richtung Ventrikel zu laufen.
In 5 % kann auch der Slow pathway die Erregung retrograd leiten. Eine ventrikuläre Extrasystole blockiert den Fast pathway, die Erregung läuft über den Slow pathway zum Vorhof und über den Fast pathway wieder zum Ventrikel.

Klinik

Anfallsweise Herzrasen. Beginn meistens 20.–30. Lj.

Diagnostik

EKG. Tachykardie von 180–200/min, regelmäßig, schmale QRS-Komplexe, P-Wellen im QRS-Komplex verborgen oder als Pseudo-Q- oder -S-Zacke zu sehen (→ Abb. 1.13).

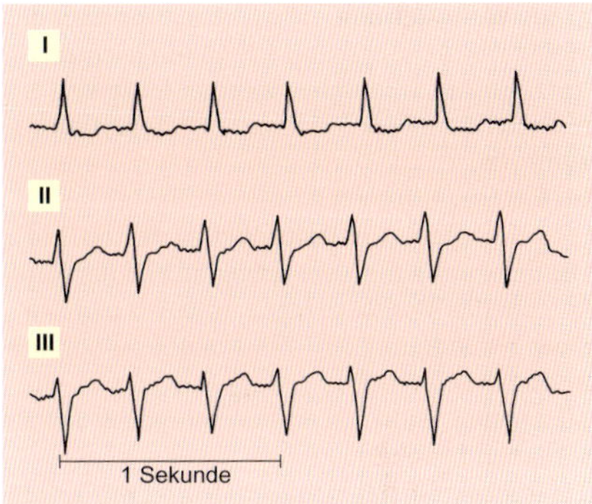

Abb. 1.13 AV-Knoten-Reentrytachykardie [L 157]

Therapie

Bei einem Anfall kann versucht werden, die AV-Überleitung zu verlangsamen:

- Vagusstimulierung, z. B. mit Valsalva-Versuch oder kaltes Wasser trinken
- Medikamentös ist Adenosin Mittel der Wahl – es blockiert den AV-Knoten wenige Sekunden –, ansonsten Verapamil
- Elektrisch mit Vorhofstimulation oder externer Elektrokardioversion.

Bei häufigen Tachykardien, die mit vagusstimulierenden Maßnahmen nicht beendet werden können, wird eine Rezidivprophylaxe mit Katheterablation des Slow pathway durchgeführt, der Fast pathway nur bei Unwirksamkeit.

Prognose
In ca. 1 % verursacht die Katheterablation einen AV-Block 3. Grades, der einen dauerhaften Herzschrittmacher erfordert.

Wolff-Parkinson-White-Syndrom

Definition
Beim Wolff-Parkinson-White-Syndrom (WPW) handelt es sich um eine paroxysmale supraventrikuläre Tachykardie, ausgelöst durch eine akzessorische Leitungsstruktur zwischen Vorhof und Kammer.

Ätiopathogenese
Ursächlich ist eine angeborene akzessorische atrioventrikuläre Leitungsstruktur (**Kent-Bündel**), was zu paralleler Überleitung der atrialen Aktivierung über den AV-Knoten und die akzessorische Leitungsbahn in die Kammer führt (**antegrade Weiterleitung**). Die Überleitung über die zusätzliche Leitungsbahn erfolgt mit leichter Verzögerung, wodurch es zu einer leicht verfrühten Kammeraktion kommt (**Präexzitationssyndrom**).
Im EKG zeigt sich ein vorzeitiger Beginn des QRS-Komplexes mit **Delta-Welle** (→ Abb. 1.14). Die Erregung kann auch retrograd von der Kammer auf den Vorhof erfolgen, wobei es nicht zu einer Veränderung des QRS-Komplexes kommt und auch keine Delta-Welle im EKG erscheint. Man spricht dann von einer verborgenen akzessorischen Leitungsbahn.
Typischerweise treten antegrade und retrograde Leitungseigenschaften parallel auf.

Klinik
Anfallartiges Herzrasen und Palpitationen, Synkopen, seltener Vorhofflimmern mit Überleitung auf den Ventrikel. Viele Patienten sind asymptomatisch, da keine paroxysmalen Tachykardien auftreten.

Diagnostik
EKG. EKG und Langzeit-EKG. Intrakardiale EKG-Ableitung zur Lokalisation der akzessorischen Bahn. Es gilt, die Patienten zu identifizieren, die bei einer sehr kurzen Refraktärzeit der akzessorischen Leitungsbahn durch einen plötzlichen Herztod (kardiogener Schock bei Tachykardie) gefährdet sind.

Therapie
Medikamentös. Gabe von Ajmalin i. v., alternativ kann Propafenon gegeben werden.

Interventionell. Elektrokardioversion bei drohendem kardiogenem Schock.

Operativ. Bei therapierefraktären Patienten kann mittels selektiver Hochfrequenz-Katheterablation die akzessorische Leitungsbahn durchtrennt werden. In über 95 % der Fälle ist diese Methode erfolgreich.

Prognose
Die Prognose ist gut. Es besteht ein geringes Risiko für einen plötzlichen Herztod als Folge schneller Überleitung von Vorhofflimmern über die akzessorische Leitungsbahn.

Torsade-de-Pointes-Tachykardie

Definition
Ventrikuläre Tachykardie, die im EKG wellen-, schrauben- oder spindelförmige QRS-Komplexe zeigt. Herzfrequenz > 150/min. Kommt nur bei verzögerter Repolarisation vor, sichtbar an einer QT-Verlängerung von > 500 ms (→ Abb. 1.15).

Ätiopathogenese
Voraussetzung ist eine verzögerte Repolarisation. Dann können frühe Nachdepolarisationen zu ständigen Extrasystolen mit einer Frequenz > 150/min führen. Ursachen einer verlängerten QT-Zeit:
- Long-QT-Syndrom, z. B. Romano-Ward-Syndrom: autosomal-dominant vererbte Störung des K^+- und Na^+-Kanals
- Medikamente: v. a. Klasse-I- (Chinidin, Ajmalin, Disopyramid) und -III-Antiarrhythmika (Amiodaron, Sotalol)
- Bradykardie: QT-Zeit physiologisch verlängert
- Hypomagnesiämie, Hypokaliämie
- Herzinsuffizienz, Herzmuskelhypertrophie
- Hypoxämie.

Auslöser der Tachykardie ist meistens eine Extrasystole.

Klinik
Schwindel, Schwächeanfall, Synkope. Potenziell lebensbedrohlich, da die Tachykardie in ein Kammerflimmern übergehen kann.

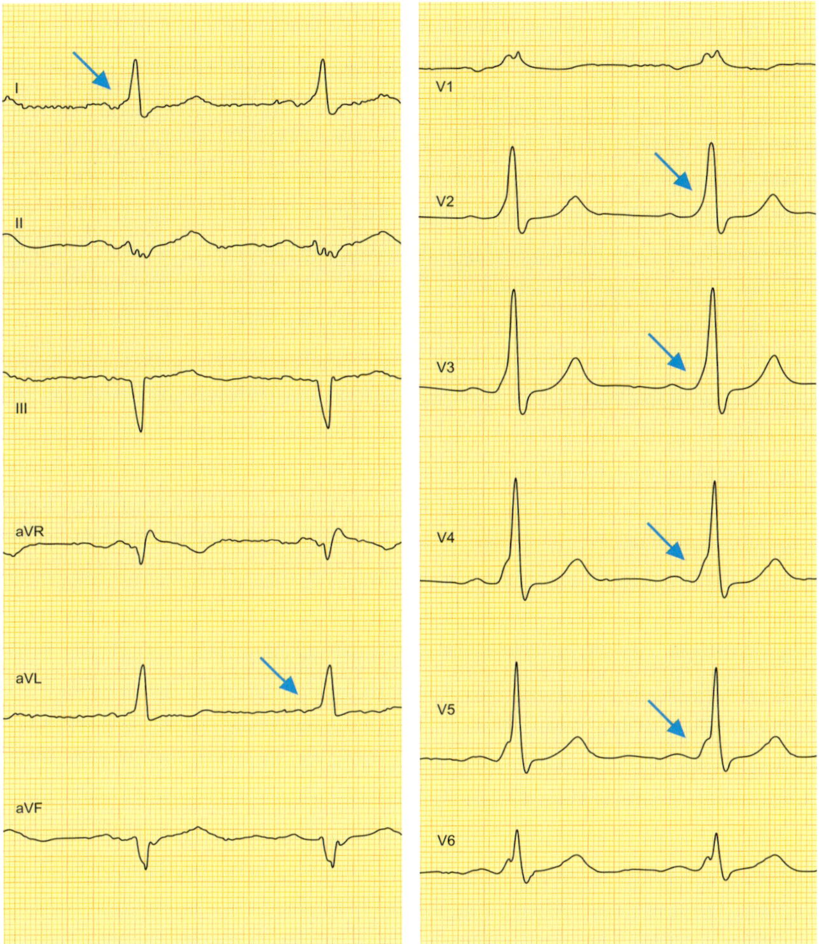

Abb. 1.14 EKG bei WPW-Syndrom: Sinusrhythmus, verkürzte PQ-Zeit < 0,12 s (normal 0,12–0,20 s), Verbreiterung und träger Anstieg des QRS-Komplexes (typische Deltawelle, ➔). Bei einem Drittel der WPW-Patienten ist das EKG jedoch normal! Die „verborgene" Deltawelle kann in diesen Fällen mittels Karotissinus-Druckversuch oder Adenosin-Gabe demaskiert werden [O 525, O 526]

Diagnostik

EKG. Außerhalb eines Anfalls ist QT-Zeit auf > 500 ms verlängert. Während einer Tachykardie:

- Herzfrequenz > 150/min
- Breite QRS-Komplexe, deren Achse sich ständig dreht. Die Höhe v. a. der R-Zacke nimmt daher regelmäßig zu und ab und führt zum spindelförmigen Aussehen: „Spitzenumkehr-Tachykardie"
- Manchmal U-Wellen.

Therapie

Akut. Elektrokardioversion, anschließend Mg^{2+} i. v., evtl. auch K^+. Bei Bradykardie < 60/min Herzschrittmacher.

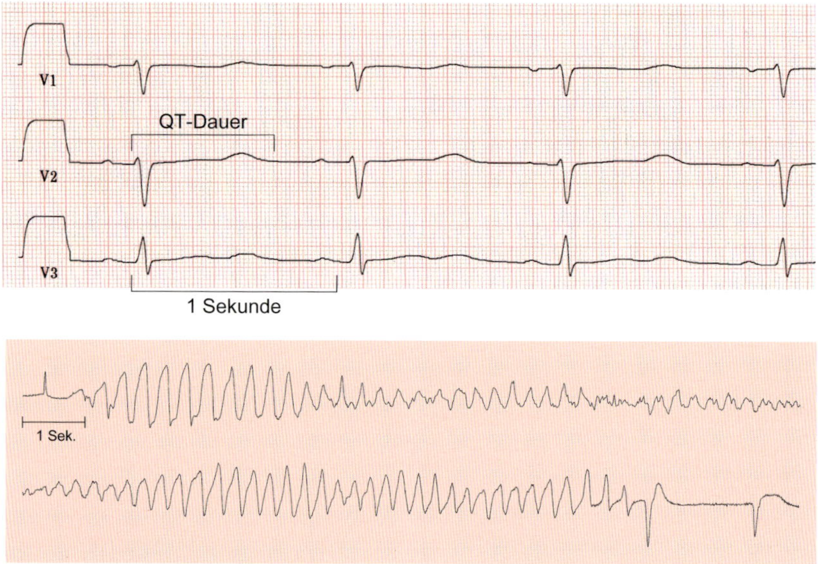

Abb. 1.15 EKG bei Long-QT-Syndrom und Torsade-de-Pointes-Tachykardie [L 157]

Rezidivprophylaxe. β-Rezeptorenblocker bei angeborenem Long-QT-Syndrom. Nach reanimationspflichtigem Ereignis oder plötzlichem Herztod und Reanimationen in der Familienanamnese Implantation eines Kardioverter-Defibrillators (ICD). Medikamente, die die QT-Zeit verlängern, weglassen. Bei Bradykardie Herzschrittmacher.

Prognose

Häufige Ursache eines plötzlichen Herztods.

Kammerflattern, Kammerflimmern

Definition

- Die Übergänge von Kammertachykardie zu Kammerflattern und -flimmern sind fließend:
- Kammerflattern: Frequenz > 200/min
- Kammerflimmern: unregelmäßige, völlig unkoordinierte Aktionen, Frequenz > 300/min.

Ätiopathogenese

Alle Veränderungen, die die Struktur oder Funktion so verändern, dass die elektrische Erregungsleitung gestört wird, können Kammerflattern und -flimmern auslösen. z. B.:

- Ventrikelhypertrophie, -dilatation
- Infarktnarben
- Myokarditis
- Ischämie, Hypoxie
- Elektrolytentgleisungen
- Medikamente.

Bei Kammerflattern und -flimmern fällt die Pumpleistung des Herzens sofort gegen Null.

Klinik

Bewusstlosigkeit innerhalb von Sekunden. Ohne sofortige Reanimation und/oder Defibrillation kommt es fast immer zum plötzlichen Herztod.

Diagnostik

EKG:

- Kammerflattern: Frequenz ca. 200–300/min, QRS-Komplexe breit, regelmäßig bis bizarr geformt, keine Nulllinie erkennbar
- Kammerflimmern: Frequenz > 300/min, chaotisches Bild, QRS-Komplexe streckenweise nicht mehr zu identifizieren (→ Abb. 1.16).

Therapie

Akut. Reanimation, Defibrillation. Nach dreimaliger, erfolgloser Defibrillation Adrenalin und Amiodaron i. v. und erneute Defibrillation.

Rezidivprophylaxe. Rezidivrisiko ist im Rahmen eines behandelten Herzinfarkts gering. Ansonsten hohes Rezidivrisiko und Indikation zur Implantation eines Kardioverter-Defibrillators.

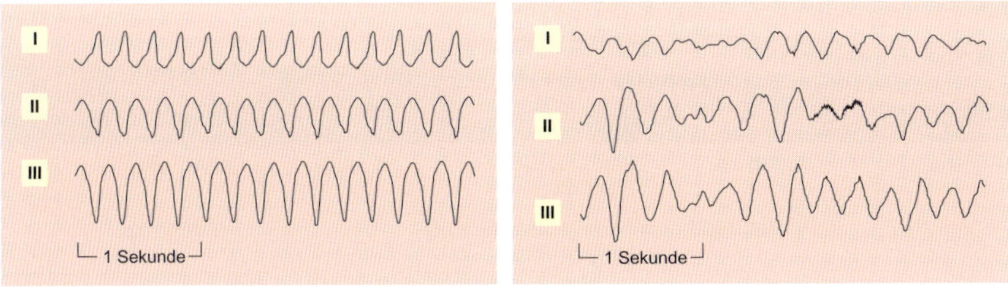

Abb. 1.16 EKG bei Kammerflattern (links) und Kammerflimmern (rechts) [L 157]

Prognose

Wenn nicht sofort reanimiert wird, sterben fast alle Betroffenen. Bei erfolgreicher Reanimation bestimmen bei Auftreten im Rahmen eines Herzinfarkts die Folgen des Herzinfarkts die Prognose, ansonsten ist sie abhängig von der Grunderkrankung.

CHECK-UP

- ☐ Beschreiben Sie mögliche Symptome, die bei einem WPW-Syndrom auftreten können!
- ☐ Welche charakteristische Auffälligkeit findet sich beim WPW-Syndrom im EKG?
- ☐ Nennen Sie Auslöser für eine Sinustachykardie!
- ☐ Was ist eine Torsade-de-Pointes-Tachykardie? Was löst sie aus?

Schrittmachertherapie

Einteilung

Nach dem **Ort der Stimulation**:

- Transkutan: externer, nichtinvasiver Schrittmacher. Über großflächige, auf die Haut geklebte Elektroden werden Stromstöße gegeben. Da der Abstand zum Herz groß ist, sind große Stromstärken notwendig, die auch Skelettmuskeln stimulieren.
  Einsatz: im Notfall unter Analgosedierung
- Ösophagus: Eine Elektrode wird im Ösophagus bis zur Höhe des Herzens geschoben. Stimulation ist schmerzhaft.
  Einsatz: selten, zu diagnostischen Zwecken
- Extrakardial: anfangs wurde die Elektrode außen am Herzen fixiert.
  Einsatz heute: nach kardiochirugischen Eingriffen. Die Elektroden werden unter dem Sternum nach außen geführt.
- Intrakardial: Der Herzschrittmacher wird rechts oder links unter der Klavikula subkutan, manchmal auch submuskulär implantiert. Die Elektroden werden transvenös im rechten Vorhof und/oder rechten Ventrikel platziert. Beim biventrikulären Schrittmacher wird eine dritte Elektrode über den Koronarvenensinus in der posterolateralen Wand des linken Ventrikels platziert.
  Einsatz: Dauer-Herzschrittmachertherapie.

Intrakardialer Herzschrittmacher. Die Einteilung erfolgt nach **Lokalisation** der Elektrode oder Elektroden und der **Funktionsweise**:

- Einkammer-Herzschrittmacher: Die Elektrode liegt entweder im rechten Atrium („A") oder im rechten Ventrikel („V"), registriert dort mögliche Spontanerregungen („A" bzw. „V") und gibt dann einen Impuls, wenn die Spontanerregung nicht in der gewünschten Zeit erfolgt. Da der Schrittmacherimpuls durch Spontanerregungen unterdrückt – inhibiert („I") – wird, handelt es sich um AAI oder VVI (→ Tab. 1.5).
- Zweikammer-Herzschrittmacher: Die Elektroden liegen im rechten Atrium und im rechten Ventrikel (dual: „D"). Registriert wird ebenfalls in beiden Kammern („D"). Entweder werden die Impulse inhibiert oder getriggert („T"), meistens aber beides (dual: „D"): Typ meistens DDD. Folgt z. B. auf eine Vor-

Tab. 1.5 Herzschrittmacher-Nomenklatur (revidierter NASPE/BPEG-Code)

1. Buchstabe Stimulationsort (Pacing)	2. Buchstabe Registrierungsort (Sensing)	3. Buchstabe Funktionsart	4. Buchstabe Frequenzadaption	5. Buchstabe Multifokale Stimulation
A: Atrium	A: Atrium	I: Inhibierung durch Eigenrhythmus	R: aktiv	A: Atrium
V: Ventrikel	V: Ventrikel	T Triggerung durch Eigenrhythmus		V: Ventrikel
D: dual, Atrium und Ventrikel	D: dual, Atrium und Ventrikel	D: dual, Inhibierung und Triggerung durch Eigenrhythmus		D: dual, Atrium und Ventrikel
S: single, Atrium oder Ventrikel	S: single, Atrium oder Ventrikel			
0: keine Stimulation	0: keine Registrierung	0: weder Inhibierung noch Triggerung	0: inaktiv	0: keine

hoferregung eine Ventrikelerregung, wird der Impuls inhibiert, verzögert sich die Ventrikelerregung oder fällt aus, triggert dies einen Impuls.

- Dreikammer-, biventrikulärer Herzschrittmacher: zusätzliche Elektrode im linken Ventrikel, um z. B. bei einem Linksschenkelblock die beiden Ventrikel zu koordinieren. Modus meistens DDD.

Indikationen

Grundsätzlich nur bei symptomatischen Patienten, z. B.

- Sinusknotensyndrom
- Karotissinussyndrom
- Bradyarrhythmia absoluta
- AV-Block II. Grades Typ II
- SA- und AV-Block III. Grades
- Wechselnder Schenkelblock
- Bradykardie unter notwendiger Medikation, z. B. unter Digitalis.

Schrittmachersyndrom

Definition. Durch einen Herzschrittmacher im VVI-Modus verursachte **retrograde Vorhoferregung** v.a. bei Patienten mit Sinusknotensyndrom oder AV-Blockierungen, die zeitweise noch Vorhoferregungen haben.

Ätiopathogenese. VVI-Herzschrittmacher nehmen Vorhofaktionen nicht wahr. Erfolgt eine natürliche Vorhofkontraktion nach Beginn einer durch den Schrittmacher initiierten Ventrikelkontraktion, sind die AV-Klappen bereits geschlossenen und das Blut wird in die Vv. pulmonales bzw. V. cava gepumpt (Vorhofpfropfung). Der nachfolgende diastolische Einstrom in die Ventrikel ist geringer, das Herzzeitvolumen sinkt.
Die Kontraktion der Vorhöfe gegen geschlossene AV-Klappen überdehnt die Vorhöfe, das Risiko von Vorhofflimmern steigt.

Klinik. Palpitationen, Schwindel und Bewusstseinsstörungen bis zur Bewusstlosigkeit.

Therapie. Wechsel auf Schrittmacher, das auch Vorhofaktionen erkennt, z.B. DDD.

Zusatzwissen

Bei rezidivierenden Tachykardien kann ein **ICD** (implantable cardioverter defibrillator) als antitachykarder Herzschrittmacher indiziert sein, der allerdings bei 10 % auch unnötige Stromstöße abgibt.

CHECK-UP

- ☐ Wie werden Herzschrittmacher eingeteilt?
- ☐ Wo liegen die Elektroden bei einem biventrikulären Herzschrittmacher?
- ☐ Erklären Sie den Modus DDD!

Plötzlicher Herztod

Definition

Unerwarteter Tod mit kardialer Ursache innerhalb 1 Stunde nach Beginn von Symptomen. Häufige Todesursache bei und nach Myokardinfarkt.

Ätiopathogenese

In > 4/5 sind Kammerflattern und -flimmern die Ursache, in 1/10 Bradykardien. Nur scheinbar sind viele Betroffene herzgesund, meistens sind die Koronarien krankhaft verändert.

Risikofaktoren für einen plötzlichen Herztod sind:

- Erfolgreiche Reanimation 48 h nach Myokardinfarkt
- KHK, Z. n. großem Myokardinfarkt mit ventrikulären Arrhythmien
- Kardiomyopathien und Myokarditis mit Arrhythmien
- Anomalien des Reizleitungssystems, z. B. Wolff-Parkinson-White-Syndrom
- Long-QT-Syndrom
- Herzfehler.

Klinik

Plötzliche Bewusstlosigkeit mit Zeichen des Herzstillstands: kein Puls, im EKG keine Aktivität, Kammerflattern oder -flimmern. In einigen Fällen Zeichen des Myokardinfarkts oder von Rhythmusstörungen, bis dann das Herz „aussetzt".

Therapie

Bei Risikofaktoren: Therapie der Grunderkrankung. Evtl. ICD.

CHECK-UP

☐ Nennen Sie Risikofaktoren für einen plötzlichen Herztod.

Arterielle Hypertonie

Definition

Der Blutdruck liegt über der Norm, was zu verschiedenen Zeiten wiederholt festgestellt wird. Voraussetzung für die Diagnose einer Hypertonie und deren Schweregrad sind mindestens 3 Messungen an 2 verschiedenen Tagen, wobei der Patient sitzt und sich im Ruhezustand befindet. Die Hypertonie wird nach der Höhe des Blutdrucks in Stadien eingeteilt (→ Tab. 1.6).

Epidemiologie

Die Prävalenz liegt in den westlichen Industrienationen bei ca. 25 %, am häufigsten in Nordjapan. Die Zunahme der Häufigkeit ist abhängig von Geschlecht, Gewichtsverhalten und sozioökonomischem Status.

Ätiopathogenese

Die Hypertonie kann die Folge eines erhöhten peripheren Gefäßwiderstands und/oder einem erhöhten Herzzeitvolumen sein. Eingeteilt wird sie in essenzielle (ca. 90 %) und sekundäre (10 %) Hypertonie.

Eine Sonderform der Blutdruckerhöhung ist der sog. **Weißkittelhochdruck**, bei dem die Blutdruckwerte eines Patienten beim Messen in der Arztpraxis oder Klinik erhöht sind, bei Selbstmessungen oder 24-h-Messungen jedoch im Normbereich liegen.

Essenzielle Hypertonie. Auch primärer oder idiopathischer Hypertonus genannt.

- Hoher Blutdruck ohne sekundäre Ursachen
- **Multifaktorielle Erkrankung**, hervorgerufen durch Übergewicht, Insulinresistenz, Alkoholkonsum, vermehrte Kochsalzausnahme, Rauchen, Stressfaktoren, höheres Alter so-

Tab. 1.6 Einteilung der Hypertonie nach der European Society of Hypertension

Kategorie	RR systolisch	RR diastolisch
Optimal	≤ 120	≤ 80
Normal	120–129	80–84
Hochnormal	130–139	85–89
Hypertonie • Stadium 1 • Stadium 2 • Stadium 3	 • 140–159 • 160–179 • ≥ 180	 • 90–99 • 100–109 • ≥ 110

wie erniedrigte Kalium- und Kalziumaufnahme
- Manifestation nach dem 30. Lebensjahr.

Sekundäre Hypertonie:
- **Renale Hypertonie**: parenchymatöse Ursachen wie Glomerulonephritis oder polyzystische Nephropathie oder renovaskuläre Ursachen wie Nierenarterienstenose
- **Endokrine Hypertonie**: zurückzuführen auf Conn-Syndrom, Cushing-Syndrom, Phäochromozytom, adrenogenitales Syndrom oder Akromegalie
- Andere Ursachen können sein:
  - Aortenisthmusstenose, Schlaf-Apnoe-Syndrom
  - Medikamenteninduziert durch Östrogene, Kontrazeptiva, Glukokortikosteroide oder nichtsteroidale Antiphlogistika
  - Schwangerschaftsinduziert
  - Lakrizabusus (> 500 g/d).

Gestationsinduzierte Hypertonie (SIH)
Eine Hypertonie, die erstmals in der Schwangerschaft auftaucht. 10 % der Schwangeren sind davon betroffen Die Gestationshypertonie ist meist temporär. Sie beginnt in der 22. Schwangerschaftswoche und klingt 6 Wochen nach der Geburt wieder ab.
Klassifizierung der SIH in:
- **Isolierte Gestationshypertonie**
- **Präeklampsie** = Gestationshypertonie mit Proteinurie und Ödemen.

Komplikationen sind **HELLP-Syndrom** und **Eklampsie** mit neurologischen Symptomen.

Klinik
- Schlafstörungen, morgendlicher Kopfschmerz (besonders im Hinterkopfbereich), Schwindel
- Ohrensausen, Nervosität, Nasenbluten
- Herzklopfen, Belastungsdyspnoe, Präkordialschmerz.

Komplikationen
- Hypertensive Krise
- Erkrankungen des Gefäßsystems, Arteriosklerose
- Hypertensive Retinopathie
- Hypertensive Herzkrankheit: Druckhypertrophie des linken Ventrikels, hypertensive Kardiomyopathie
- KHK (Angina pectoris, Myokardinfarkt, Linksherzinsuffizienz), koronare Mikroangiopathie
- Zerebrale Ischämie, TIA, Apoplex, hypertonische Massenblutung
- Hypertensive Nephropathie
- Bauchaortenaneurysma bei 10 % der männlichen Hypertoniker über 65 Jahre, Aortendissektion (80 % sind Hypertoniker)
- Maligne Hypertonie: RR diastolisch > 120–130, Aufhebung des Tag-Nacht-Rhythmus, Veränderungen des Augenhintergrunds, Entwicklung einer Niereninsuffizienz.

Diagnostik
Anamnese:
- Familienanamnese zu Hochdruck, Nierenkrankheiten, Schlaganfall, Herzinfarkt und Diabetes mellitus
- Ernährungsgewohnheiten, Rauchgewohnheiten
- Medikamenteneinnahme
- Besteht eine Schwangerschaft?

Körperliche Untersuchung:
- Blutdruckmessung an beiden Armen im Sitzen und Liegen. 24-Stunden-Messung und Selbstmessung durch den Patienten. Pulsstatus
- Inspektion: Übergewicht, Habitus
- Palpation: Herzspitzenstoß, Abdomen
- Auskultation von Herz und Karotiden
- Augenhintergrund.

Labor:
- Blutbild: Kreatinin(-clearance), Elektrolyte (Kalium), Cholesterin, HDL und LDL, Triglyzeride, Albumin, Blutzucker
- Dexamethason-Hemmtest, Clonidin-Hemmtest (bei Verdacht auf Phäochromozytom)
- Urinstatus: Mikroalbumin.

EKG. Hypertrophiezeichen.

Sonografie. Bauchaorta, Nieren (Schrumpfniere, Tumor).

Therapie
Allgemein:
- Gewichtsreduktion!
- Kochsalzarme Diät, Bewegung, dynamisches Ausdauertraining
- Kaffee- und Nikotinabstinenz, Vermeiden hypertoniebegünstigender Pharmaka.

25 % der Hypertonien 1. Schweregrads lassen sich durch Allgemeinmaßnahmen normalisieren.

Medikamentös. Für die Hypertonie gibt es mehrere medikamentöse Therapiestrategien, die sich nach der Schwere der Erkrankung und dem Ansprechen auf das Therapieschema richten (→ Tab. 1.7, → Tab. 1.8). 5 Medikamentengruppen der ersten Wahl senken die kardiovaskuläre Morbidität und Mortalität:

- Thiazide
- ACE-Hemmer
- Angiotensin-Rezeptorblocker
- Lang wirksame Kalziumantagonisten
- β-Rezeptorenblocker.

Prognose

Die Prognose ist von mehreren Faktoren abhängig: von der Höhe des Blutdrucks wie auch von weiteren Risikofaktoren, Endorganschäden und Begleiterkrankungen (→ Tab. 1.9). Patienten mit dauerhaften wiederholten hypertensiven Krisen haben eine hohe Mortalität von 20 % nach einem Jahr.

Tab. 1.7 Therapiestrategien zur Therapie der Hypertension

Therapieform	Behandlungsstrategie
Monotherapie	Mit einem Medikament der 1. Wahl (s. o.)
Zweifachtherapie	• Diuretikum + β-Rezeptorenblocker oder langwirksamer Kalziumantagonist oder ACE-Hemmer, AT_1-Blocker • Lang wirksamer Kalziumantagonist + β-Rezeptorenblocker oder ACE-Hemmer, AT_1-Blocker **Cave**: β-Rezeptorenblocker dürfen nicht mit Kalziumantagonisten vom Verapamil- oder Diltiazem-Typ kombiniert werden!
Dreifachtherapie	Bei ausbleibender Blutdrucknormalisierung nach Versuchen mit Zweifachkombinationen wird ein drittes Antihypertensivum zugefügt: z. B. Diuretikum + β-Rezeptorenblocker + ACE-Hemmer
Therapieresistenz	Bei ausbleibender Blutdrucknormalisierung trotz Dreifachtherapie überprüfen von: • Compliance, Weißkittelhypertonie • Übersehener sekundärer Ursache für Hypertonie, falscher Messmethode, Missachtung von Allgemeinmaßnahmen • Kokainkonsum, Medikamenteninteraktionen • Maligne Hypertonie

Tab. 1.8 Differenzialtherapie der Hypertonie

Substanzgruppe	Gut geeignet bei ...	Schlecht geeignet bei ...
ACE-Hemmer, Angiotensin-Rezeptorblocker	• **Diabetes**, diabetischer Nephorpathie • Herzinsuffizienz • nach Herzinfarkt	• Hyperkaliämie • Beidseitige Nierenarterienstenose • Schwangerschaft
β-Rezeptorenblocker	• KHK • Herzinsuffizienz • Einige Herzrhytzhmusstörungen	• Asthma bronchiaole • AV-Block ≥ II. Grades • **Diabetes**
Kalziumantagonisten	Stabile Angina pectoris	• Instabile Angina pectoris • Herzinfarkt • Verapamil, Gallopamil, Diltiazem: AV-Block • Dihydropyridine ("-dipine"), z.B. Nifedipin: Ödeme
Thiaziddiuretika	Herzinsuffizienz	• **Diabetes** • Hypokaliämie • Hyperurikämie

Tab. 1.9 Risikostratifikation der arteriellen Hypertonie in Abhängigkeit mehrerer Faktoren nach der WHO und der Deutschen Hochdruckliga e. V.

Blutdruck		Risikofaktoren			
		Keine	1–2	3 oder mehr, Diabetes mellitus oder Organschaden	Begleiterkrankung
normal	**KE**	ø	< 15 %	15–20 %	20–30 %
	KV	ø	< 4 %	4–5 %	5–8 %
hoch-normal	**KE**	ø	15–20 %	20–30 %	> 30 %
	KV	ø	< 4 %	5–8 %	> 8 %
Hypertonie 1	**KE**	< 15 %	15–20 %	20–30 %	> 30 %
	KV	< 4 %	4–5 %	5–8 %	> 8 %
Hypertonie 2	**KE**	15–20 %	15–20 %	20–30 %	> 30 %
	KV	4–5 %	4–5 %	5–8 %	> 8 %
Hypertonie 3	**KE**	20–30 %	> 30 %	> 30 %	> 30 %
	KV	5–8 %	> 8 %	> 8 %	> 8 %

KE = Risiko einer kardiovaskulären Erkrankung innerhalb von 10 Jahren nach dem Framingham-"Risiko-Kalkulator"
KV = Risiko für kardiovaskulären Tod pro 10 Jahre (ESC-SCORE)

CHECK-UP

- ☐ Welche sind die wichtigsten antihypertensiven Medikamente?
- ☐ Nennen Sie drei Ursachen einer sekundären Hypertonie!
- ☐ Definieren Sie Gestationshypertonie!

Hypertensiver Notfall

Synonym
Hypertensive Entgleisung.

Definition
Akuter, meistens plötzlicher Blutdruckanstieg mit lebensbedrohlichen kardialen und/oder neurologischen Symptomen. RR_{sys} meistens > 200 mmHg.

Hypertensive Krise. Hoher Blutdruck ohne Begleitsymptome. Entsteht meistens langsam.

Ätiopathogenese
Tritt bei essenzieller und sekundärer Hypertonie auf. Typische Grunderkrankungen sind z. B. Niereninsuffizienz und Phäochromozytom, seltener Eklampsie, Nierenarterien- oder Aortenisthmusstenose, Conn-Syndrom oder Schädel-Hirn-Trauma.

Auslöser sind z. B. Weglassen von Antihypertonika, Stress, Erregungszustände und körperliche Anstrengung.

Bei Einnahme von **MAO-Hemmern** kann tyraminreiche Nahrung, z. B. Wein, Bier, Käse oder Sauerkraut, einen hypertensiven Notfall auslösen, weil das sympathomimetisch wirkende Tyramin durch die Hemmung der Monoaminooxidasen verzögert abgebaut wird.

Der hohe Druck in den Arterien führt zu fibrinoiden Nekrosen, Thromben und Hämolyse, Sekundär werden v. a. Nieren und Herz geschädigt. Im Gehirn versagt die Autoregulation – die Arterien verengen sich nicht mehr mit zunehmendem Blutdruck –, und es kommt zur **hyper-**

tensiven Enzephalopathie mit Hirnödem, intrazerebralen und subarachnoidalen Blutungen.

Klinik

- Angina pectoris, Dyspnoe, Lungenödem
- Nasenbluten, Schwindel
- Kopfschmerzen, verschwommenes Sehen, Übelkeit, Erbrechen
- Krampfanfälle, Bewusstseinsstörungen.

Es drohen u. a. Myokardinfarkt, dekompensierte Linksherzinsuffizienz, disseziierendes oder rupturierendes Aortenaneurysma, Nierenversagen, Netzhautblutungen, Hirnblutungen, Atemstillstand.

Diagnostik

Blutdruckmessung. Bei Verdacht Ausschluss eines Myokardinfarkts oder Schlaganfalls, die nicht nur Folge, sondern auch Ursache einer hypertensiven Entgleisung sein können.
Nachdem der Blutdruck normalisiert wurde Suche nach der Ursache.

Therapie

Der Blutdruck muss rasch um 25 % gesenkt werden. Dabei sollten er nicht < 170/100 mmHg fallen, um eine zerebrale Minderperfusion zu vermeiden.

- Aufrecht lagern
- Nifedipin oder Nitroglyzerin
- Bei ungenügender Wirkung Urapidil oder Clonidin i. v.
- Bei Überwässerung Furosemid
- Stationäre Überwachung.

Bei einer hypertensiven Krise kann der Blutdruck ambulant normalisiert werden.

Prognose

Nach Überstehen des Notfalls abhängig davon, wie gut der Blutdruck eingestellt werden kann. Bei dauerhaft entgleistem Hypertonus sterben fast 90 % innerhalb eines Jahrs.

CHECK-UP

- ☐ Wie ist eine hypertensive Krise definiert?
- ☐ Welche Symptome weisen auf einen hypertensiven Notfall?
- ☐ Wie sieht die Notfalltherapie aus?

Arterielle Hypotonie, orthostatische Dysregulation

Definition

Arterielle Hypotonie: RR_{sys} < 100 mmHg. Krankheitswert nur, wenn mit Symptomen einhergehend.
Orthostatische Dysregulation: symptomatischer Blutdruckabfall im Stehen oder beim Aufstehen aus dem Liegen oder Sitzen.

Ätiopathogenese

Idiopathisch. Häufig, v. a. junge Frauen.

Sekundär:

- Hypovolämie, z. B. Dehydratation, Blutverlust, schwere Varikose
- Medikamentennebenwirkung, z. B. Antihypertensiva, Antiarrhytmika, Sedativa
- Herzinsuffizienz, Aortenstenose
- Infektionen
- Morbus Addison
- Autonome Neuropathien:
  - Häufig: Diabetes mellitus, Alkoholismus
  - Selten: Shy-Drager-Syndrom, Bradbury-Eggleston-Syndrom.

Klinik

- Schwäche, Müdigkeit, Konzentrationsschwäche
- Beim Aufstehen schwarz werden vor Augen, Schwindel, Synkope
- Kalte Füße und Hände, Frösteln.

Diagnostik

Sekundäre Ursachen ausschließen. Schellong-Test. Bei asympathikotoner Form (→ Kasten): ausführliche neurologische Diagnostik.

Beim **Schellong-Test** wird der Blutdruck und Puls im Liegen gemessen, dann mehrmals nach dem Aufstehen. Physiologisch fällt der RR_{sys} maximal um 20 mmHg, der RR_{diast} um maximal 10 mmHg und steigt der Puls leicht an. Drei Formen der orthostatischen Dysregulation:
- Sympathikoton: Puls steigt > 16/min an, RR_{diast} etwas
- Hyposympathikoton: RR_{diast} steigt etwas an, Puls nicht
- Asympathikoton: Puls und RR_{diast} fallen ab. V. a. bei autonomen Neuropathien.

Therapie

Nur bei Symptomen. Basismaßnahmen:
- Langsam aufstehen und aus der Hocke kommen
- Viel trinken, Kochsalzzufuhr erhöhen
- Regelmäßig bewegen, Hydrotherapie, z. B. Kneippen
- Kompressionsstrümpfe tragen.

Helfen die Basismaßnahmen nicht ausreichend, können Medikamente gegeben werden:
- Sympathikotone Form: Dihydroergotamin
- Hyposympathikoton, asympathikoton: Sympathikomimetika wie Etilefrin
- Asympathikoton: Mineralokortikoide wie Fludrocortison erhöhen die Wasser- und Natriumretention, bei Polyneuropathie α-Rezeptoragonist Milodrin

Bei **orthostatischer Synkope**: flach auf den Rücken legen, Beine hoch. Etilefrin ist selten indiziert.

Prognose

Gut bei der idiopathischen Form.

„Hypertoniker leben besser, Hypotoniker länger."

CHECK-UP

- ☐ Nennen Sie sekundäre Ursachen für eine Hypotonie.
- ☐ Wann und wie wird eine Hypotonie behandelt?

2 Angiologie

Krankheiten der arteriellen Gefäße

Atherosklerose

Definition

Degenerative Veränderung der Gefäßwand, die zur Einengung des Gefäßlumens führen kann.

Ätiopathogenese

Risikofaktoren:

- Hypertonie
- Rauchen
- Hyperlipoproteinämie, Dyslipoproteinämie
- Diabetes mellitus.

Formen:

- **Atherosklerose**: in der Kindheit beginnende Lipidablagerungen in den Intimamakrophagen. Betrifft primär die Bauchaorta und abdominellen Gefäße, sekundär die zerebralen Arterien, Extremitäten- und Koronargefäße
- **Arteriosklerose**: Lipidablagerungen in die Media und Intima kleinster Gefäße in Niere, Nebennieren, Pankreas und Milz
- **Mönckeberg-Sklerose**: Kalzifizierung der Media mit Verkalkung und Degeneration glatter Muskelzellen. Kommt in peripheren Arterien vor. Risikopatientienten sind Diabetiker, Dialysepatienten und Menschen über 50 Jahre.

Verlauf. Die Wanddicke der Gefäße nimmt zu und die Gefäße verlieren ihre Elastizität. Darauf folgen → Mediaverkalkung → Plaquebildung → Lumeneinengung → schließlich Gefäßverschluss.

Klinik

KHK, pAVK, zerebrale und viszerale Durchblutungsstörungen.
Die Ausprägung ist abhängig von der Schwere der Lumeneinengung und der Ausprägung von kollateralen Gefäßen.

Diagnostik, Therapie, Prognose

Die unterschiedlichen Ausprägungen (KHK, pAVK etc.) werden in den entsprechenden Kapiteln behandelt.

Periphere arterielle Verschlusskrankheit

Definition

Bei der peripheren arteriellen Verschlusskrankheit (pAVK) handelt es sich um eine chronische, obliterierende Gefäßerkrankung, vor allem im Bereich der Bauch-, Bein- und Beckenarterien.

Ätiopathogenese

Risikofaktoren:

- Rauchen: 2–4-fach erhöhtes Risiko
- Diabetes mellitus: 2,6-fach erhöhtes Risiko
- Arterielle Hypertonie: Risiko bei Männern 2,5-fach höher, bei Frauen 4-fach
- Hyperlipoproteinämie (LDL-Erhöhung).

Lokalisation:

- **Ein-Etagenerkrankung**:
  - Aortoiliakaler Typ: in 35 % der Fälle
  - Oberschenkeltyp: in 50 % der Fälle
  - Peripherer Typ: in 15 % der Fälle
- **Mehr-Etagenerkrankung**: Mischbild aus verschiedenen Verschlusstypen.

Klinik

Die Symptome hängen vom Stadium der Erkrankung (→ Tab. 2.1) und der Lokalisation der Stenose ab. Die Symptome reichen vom Kälte- und Schwächegefühl in der betroffenen Extremität über intermittierendes Hinken (**Claudicatio intermittens**) aufgrund ischämisch bedingter Muskelschmerzen bis zu schmerzhaften – meistens trockenen – peripheren Nekrosen und trockenem Gangrän.

Tab. 2.1 Stadieneinteilung der pAVK nach Fontaine

Stadium	Klinik
1	Keine Beschwerden
2 • 2a • 2b	Belastungsschmerzen in der distal der Stenose gelegenen Muskulatur • Schmerzfreie Gehstrecke über 200 m • Schmerzfreie Gehstrecke unter 200 m
3	Schmerzen in Ruhe
4	Ischämische Nekrose

Die Bezeichnung **Schaufensterkrankheit** etablierte sich im allgemeinen Sprachgebrauch, da sie treffend die Notwendigkeit beschreibt, aufgrund des Ischämieschmerzes stehenbleiben zu müssen.

Bei einem Verschluss der A. subclavia proximal des Abgangs der A. vertebralis kommt es zum **Subclavian-Steal-Syndrom**. Vor allem bei Arbeit mit dem Arm der betroffenen Seite „zapft" der Arm Blut aus der A. vertebralis ab, sodass es in ihr zur Strömungsumkehr kommt. Die dann fehlende zerebrale Blutversorgung durch die A. vertebralis führt zu Schwindel und Sehstörungen.

Diagnostik

Anamnese. Schmerzen in Ruhe oder bei Belastung, Nekrosen, Schaufensterkrankheit.
Lagerungsprobe. Lagerungsprobe nach Ratschow.

Funktionell:
- Gehtest: Feststellung der schmerzfreien Gehstrecke
- Systolische Dopplerdruckmessung, Werte nach dem Knöchel-Arm-(Ankle-Brachial-)Index:
  - Normal über 0,9–1,2
  - Kritische Werte unter 0,5: kritische Ischämie mit Nekrose- und Amputationsgefahr.

Bildgebung. Messung des Blutflusses Dopplersonografie.

Differenzialdiagnose

- Schmerzen durch Wurzelreiz-Syndrome bei orthopädischen Erkrankungen
- Neurologische Erkrankungen wie Spinalkanalstenose und periphere Nervenläsionen
- Gichtarthritis mit Podagra
- Diabetische Polyneuropathie.

Therapie

Allgemein. Abbau von Risikofaktoren.

Konservativ:
- Physikalische Therapie: Gehtraining, Fußpflege, Ergotherapie
- Medikamentös: Thrombozyten-Aggregationshemmer, Phosphodiesterase-Hemmer, vasoaktive Medikamente, z. B. Prostaglandin E
- Fibrinolysetherapie
- Katheterverfahren zur Revaskularisation: perkutane transluminale Angioplastie und Stent-Therapie, evtl. in Kombination mit lokaler Lyse.

Operativ. Thrombendarteriektomie (Desobliteration), Bypass-Operation, Amputation.

Prognose

Abhängig von Schweregrad, Risikofaktoren und Compliance des Patienten.

50 % der Patienten mit pAVK im Stadium 2 leiden auch unter koronaren Gefäßstenosen. 90 % der Patienten im Stadium 4 haben eine KHK, was ihre Lebenserwartung um ca. 10 Jahre reduziert.

Akuter peripherer Gefäßverschluss

Ätiopathogenese

Häufigste Ursachen sind embolische Verschlüsse. Quellen der Embolien sind z. B. Thromben im linken Vorhof bei Vorhofflimmern, atherosklerotische Plaques und künstliche Klappen. Selten sind Luftembolien oder Traumen die Ursache. Lokalisationen:
- In 45 % A. femoralis
- Jeweils in 15 %: A. iliaca, A. poplitea und ihre Aufzweigungen, Armarterien
- In 10 % Aorta.

Bei einer **paradoxen Embolie** gelangt ein venöser Thrombus über einen Vorhofseptumdefekt, meistens ein anatomisch offenes Foramen ovale (25 % aller Erwachsenen, normalerweise funktionell geschlossen) in die Körperarterien. Vor allem bei Druckanstieg im rechten Herzen, z. B. bei Lungenembolien, kann sich das Foramen ovale auch funktionell öffnen.

Über die Hälfte der arteriellen Embolien gelangen in das Strömungsgebiet der A. caortis interna, ein knappes Drittel in das der Aa. femorales.

Klinik

Die Symptome des plötzlichen Sauerstoffmangels sind die sechs „P" (→ Kasten).

Die 6 P:

1. Pain: plötzlicher, starker Schmerz
2. Paleness: Blässe. Seitenvergleich!
3. Pulslessness: kein Puls
4. Paresthesia: Gefühlsstörung, -losigkeit
5. Paralysis: bewegungslos
6. Prostration: sich entwickelnder Schock.

Bei einer pAVK sorgen oft Kollateralen dafür, dass die Symptome nicht so ausgeprägt sind.

Diagnostik

Anamnese, körperliche Untersuchung. Sechs P.

Bildgebende Verfahren. Doppler-Sonografie, Angiografie.

Therapie

Sofortmaßnahmen:

- Bein tief lagern, warm einpacken und polstern. Keine Wärmflaschen oder Ähnliches → Verbrennungen!
- Heparin zur Antikoagulation
- Bei starken Schmerzen Analgesie, z. B. Morphin
- Transport in Klinik.

In der Klinik schnellstmögliche Wiedereröffnung der Arterie, auf jeden Fall innerhalb 6 h. Je nach Lokalisation, Ausmaß und Ursache mit Embolektomie oder lokaler Lyse über Katheter, offene Embolektomie, Thrombarterioektomie, Bypass. Perioperative Antikoagulation mit Heparin, anschließend je nach Ursache Fortführung mit Cumarinen.

Prognose

Bei schneller Wiedereröffnung gut. Insgesamt abhängig von der Grunderkrankung.

Mesenterialarterienverschluss

Synonym

Mesenterialinfarkt.

Definition

Akuter oder sich chronisch entwickelnder Verschluss, in 90 % A. mesenterica superior betroffen. Meistens arterielle Thrombose oder Embolie, selten Mesenterialvenenthrombose.

Ätiopathogenese

Akut. Fast immer durch arterielle Embolien oder Embolien aus dem linken Vorhof:

- Thrombotisch: Atherosklerose
- Embolisch: Vorhofflimmern, Herzwandaneurysma, Aortenaneurysma, Herzklappenfehler
- Non-okklusiv: Mikroangiopathie (z. B. Diabetes mellitus), Linksherzinsuffizienz
- Venös: portale Hypertonie, Entzündungen oder Tumore in dem Bereich

Chronisch. Meistens arteriosklerotisch.

Klinik

Akut. Typische Phasen:

- Abdominelle Schmerzen bis 6 h
- Für 6–12 h symptomloses Intervall: Wandnekrose, „fauler Friede"
- Dann akutes Abdomen mit Durchwanderungsperitonitis.

Gelegentlich blutiger Stuhl. Vorhofflimmern als Hinweis auf eine Emboliequelle.

Chronisch. Angina intestinalis mit Bauchschmerzen eine halbe Stunde nach dem Essen. Gewichtsverlust durch

- Vermeiden von Essen wegen der Schmerzen
- Resorptionsstörung aufgrund der Minderdurchblutung.

Häufig zusätzlich ischämische Kolitis.

Diagnostik

Akut. Sofort bei Verdacht Doppler-Sono, Angiografie oder explorative Laparotomie.

Chronisch. Abdomen auskultieren: Strömungsgeräusche? Doppler-Sonografie, MR-, CT-Angiografie, DSA.

Therapie

Akut. Schnellstmögliche Embolektomie, bei nekrotischem Darm Segmentresektion.

Chronisch. Embolektomie, Ballondilatation oder Bypass.

Prognose

Akut. Nur < ⅓ überleben. Komplikationen: Darmnekrosen, Kreislaufversagen bei Durchwanderungsperitonitis und/oder Sepsis.

Chronisch. Abhängig von der Grunderkrankung, meistens schon fortgeschrittene generalisierte Atherosklerose.

Aortenaneurysma, -dissektion

Definition

Aortenwandveränderungen mit Erweiterung des Lumens > 3 cm. Formen:

- Aneurysma **verum** (echtes Aneurysma): Aussackung der gesamten Gefäßwand, 80 % der Fälle
- Aneurysma **dissecans** (Aortendissektion): Intima reißt ein, ein intramurales Hämatom spaltet die Gefäßwand in Längsrichtung. Oft tritt das Blut weiter unten durch einen zweiten Riss wieder ins Gefäß
- Aneurysma **spurium** (falsches Aneurysma): gesamte Arterienwand reißt ein oder wird perforiert, umliegendes Gewebe bildet „falsche" Wand. Häufig ist eine Herzkatheteruntersuchung oder Angiografie der Auslöser.

Eine **Ektasie** beschreibt eine zylindrische Erweiterung der Aorta bis 2,5 cm ohne Wandveränderung, z. B. poststenotisch. Definitionsgemäß spricht man bei einer Aortenerweiterung > 3 cm von einem Aneurysma.
Zystische Medianekrose Erdheim-Gsell

Ätiopathogenese

- Aneurysma verum (echtes Aneurysma): 80 % der Fälle
  - Lokalisation in der Aorta ascendens und im Aortenbogen: meistens **Lues**
  - Meistens arteriosklerotisch bedingt, v. a. infrarenale Aorta und A. poplitea betroffen, oft multilokulär
- Aneurysma dissecans (Aortendissektion): 15 %, Ursache ist in > ⅔ ein Hypertonus bei bestehender Atherosklerose, häufig ist noch die mukoide Mediadegeneration Erdheim-Gsell beim **Marfan-Syndrom** oder erworben, z.B. oft bei bikuspidaler Aortenklappe. V. a. Aorta thorcalis und abdominalis betroffen. Üblich ist auch der Begriff zystische Medianekrose, obwohl histologisch keine Zysten zu sehen sind
- Aneurysma spurium (falsches Aneurysma): Ursachen sind meistens Katheteruntersuchungen oder Traumen wie Messerstich. Selten arteriosklerotisch oder **mykotisch**.

Klassifikationen des Aneurysma dissecans der Aorta nach De Bakey und nach Stanford

De Bakey	Stanford
Typ I: 60 %, Dissektion ab Aorta ascendens bis nach Abgang der A. subclavia	Typ A: Disseketion betrifft Aorta ascendens
Typ II: 15 %, Dissektion von Aorta ascendens und proximalem Aortenbogen	
Typ III: 25 %, Dissektion distal der linken A. subclavia bis a) oberhalb und b) unterhalb des Zwerchfells	Typ B: Disseketion betrifft Aorta descendens

- Stanford Typ A = De Bakey Typ I und II
- Stanford Typ B = De Bakey Typ IIIa und b.

Je größer ein Aneurysma ist, desto schneller wird es größer, da die Wandspannung mit zunehmendem Radius abnimmt (Laplace-Gesetz).

Klinik

Oft lange symptomlos.

- Pulsationen, pulsierende Empfindungen
- Embolische periphere Gefäßverschlüsse.

Je nach Lage und Ausprägung sehr unterschiedliche Symptome. Symptome sprechen oft für eine lebensbedrohliche Entwicklung, z. B. einer beginnenden Ruptur.

Aneurysma in Aorta ascendens, Aortenbogen. Symptome der Syphilis, retrosternale Schmerzen, Dysphagie (Ösophagus eingeengt), Dyspnoe (Trachea eingeengt), Heiserkeit (Druckschaden des N. recurrens), Horner-Syndrom (Druckschaden des oberen Zervikalganglions).

Aneurysma infrarenal. Bauch-, Rückenschmerzen. Schock bei Ruptur. Blutung meistens in den Retroperitonelaraum, selten in Dünndarm, Blase oder V. cava inferior.

Aneurysma in A. poplitea, A. femoralis. 6 P bei akuten Gefäßverschlüssen, z. B. durch Embolien aus dem Aneurysma, Zeichen der pAVK.

Dissektion der Aorta ascendens. Reißender oder schneidender, starker Thoraxschmerz, (Vernichtungsschmerz), wandernd.

Dissektion der Aorta descendens. Reißender oder schneidender, starker Schmerz im Rücken von Brustbereich bis Kreuz, wandernd. Je nach Verschluss von abgehenden Arterien weitere Symptome, z.B. eines Mesenterialarterienverschlusses.

Diagnostik

Bildgebende Verfahren. CT, MRT, transösophageale Echokardiografie.

Therapie

Notfallmäßig den Blutdruck so niedrig wie möglich, z.B. bei 110 mmHg, einstellen. Opiate zur Schmerztherapie.

- Aneurysma dissecans Typ I und II nach de Bakey (= Stanford A): rasch operieren, da hohe Mortalität.
- Aneurysma dissecans Typ III nach de Bakey (= Stanford B): konservativ versuchen, da bessere Prognose
- Infrarenales Aneurysma verum: Operation bei Symptomen, rascher Progredienz oder Durchmesser > 5 cm
- Aneurysma spurium der A. femoralis: Kompression, lokale Thrombininjektion, operativ.

> Thrombozytenaggregationshemmer, z.B. Azetylsalizylsäure, sind kontraindiziert.

Prognose

Rupturen haben eine Mortalität von > 90 %. Da bei arteriosklerotisch bedingten Aneurysmen meistens eine generalisierte Atherosklerose vorliegt, ist die allgemeine und operationsbedingte Mortalität entsprechend hoch.
Aneurysmen nach Punktionen, z. B. im Rahmen einer Katheteruntersuchung, haben eine gute Prognose.

Thrombangiitis obliterans

Synonym

Morbus Winiwarter-Buerger.

Definition

Multilokuläre und chronisch verlaufende Entzündung kleiner und mittlerer Arterien und Venen mit Befall aller Wandschichten. Im Verlauf kann es zum Befall größerer Gefäße und zum Gefäßverschluss kommen.

Ätiopathogenese

Es gibt **3 Hauptfaktoren**:

- Rauchen: 98 % der Patienten mit Thrombangiitis obliterans sind starke Raucher
- Genetische Faktoren wie HLA-A9 und HLAB5
- Immunpathogenese: Antikörperbildung gegen Endothelzellen.

Klinik

- Schmerzen in den Akren, evtl. Fußsohlenclaudicatio
- Zyanose, Kältegefühl, Raynaud-Syndrom
- Sensibilitätsstörungen, Phlebitis migrans und/oder saltans, Nekrosen, Ulzerationen.

Differenzialdiagnose

Periphere arterielle Embolien.

Diagnostik

Anamnese. Junge Raucher: Alter < 50 Jahren.

Klinik. Nekrosen, Schmerzen, Raynaud-Symptomatik.

MR-Angiografie. Multiple Gefäßverschlüsse und korkenzieherartige Kollateralisierung.

Therapie

Allgemein. Raucherentwöhnung, Fußpflege.

Medikamentös. Rheologika, z. B. Prostaglandin.

Operativ. Ultima Ratio ist die Amputation im Endstromgebiet.

Prognose

Nach **absoluter** Rauchentwöhnung sistiert die Krankheit in der Mehrzahl der Fälle. Nach 5 Jahren sind bei 20–30 % der Patienten Amputationen notwendig. Die Raucherkarenz wird oft nicht durchgehalten.

Raynaud-Syndrom

Synonym

Morbus Raynaud.

Definition

Primäres Raynaud-Phänomen. Anfallartige Vasospasmen in den Fingern, mit Ischämieschmerz und phasenhaftem Verlauf. Es wird ausgelöst durch Kälte oder emotionale Belastung. Die Anfälle dauern maximal 30 min an.

Sekundäres Raynaud-Phänomen. Durch eine Grunderkrankung hervorgerufen, die mit Gefäßveränderungen in den Fingern einhergeht. Zu solchen Erkrankungen zählen Kollagenosen, Vaskulitiden, hämatoonkologische Erkrankungen und Vibrationsschäden. Auch Pharmaka gehören zu den Auslösern.

Ätiopathogenese

Bei dem primären Raynaud-Phänomen ist die Ätiologie unklar. Es scheinen neben konstitutionellen Faktoren – v. a. junge, schlanke Frauen sind betroffen – auch emotionale Faktoren wie vegetative Labilität eine Rolle zu spielen.

Klinik

Verlauf in **3 Phasen**:

1. Blässe der Finger durch Vasospasmus der Arterien in den Fingern. Betrifft nicht den Daumen
2. Akrozyanose durch Paralyse der Venolen
3. Hautrötung durch reaktive Vasodilatation.

> Die reaktive Hyperämie mit Rotfärbung der Finger kann bei einem sekundären Raynaud-Phänomen fehlen, da hier die Gefäße fixiert stenotisch sind.

Kriterien für ein primäres Raynaud-Syndrom:

- Symmetrischer Fingerbefall
- Das Fehlen von Nekrosen
- Kälte oder Stress als auslösende Faktoren
- Das Fehlen einer Grundkrankheit bei Symptomen, die seit über 2 Jahren bestehen.

Differenzialdiagnose

Embolie, pAVK.

Diagnostik

Anamnese. Konstitution und Begleiterkrankungen.

Körperliche Untersuchung:

- Kälteprovokationstest: Eiswasser kann einen Anfall auslösen.
- **Allen-Test**: Ausschluss eines isolierten Verschlusses der A. radialis oder ulnaris.

MR-Angiografie. Stenosen und Vasospasmen, die nicht auf die Gabe von α-Rezeptorenblockern reagieren.

Labor:

- Ausschluss eines sekundären Raynaud-Syndroms
- Mikroskopie: Die Mikroskopie der Kapillaren ist v. a. beim sekundären Raynaud-Syndrom angezeigt.

Therapie

Primäres Raynaud-Syndrom:

- Allgemein: Sport, Wechselbäder, Stressvermeidung, Nikotinkarenz
- Medikamentös:
  - Kalziumantagonisten: Amlodipin 5–20 mg/Tag
  - α_1-Rezeptorenblocker: Prazosin 1–5 mg/Tag
  - Nitrate als Salben oder Spray
  - Angiotensin-2-Rezeptorblocker: Lorsartan 25–100 mg/Tag.

Sekundäres Raynaud-Syndrom:

- Kausal: Behandlung der Grunderkrankung
- Medikamentös:
  - Gabe von PGE_1
  - Gabe von Sildenafil: PDE-5-Inhibitor.

Prognose

Beim primären Raynaud-Syndrom: gut.
Beim sekundären Raynaud-Syndrom: von der Grunderkrankung abhängig.

CHECK-UP

- ☐ Welche Formen der Atherosklerose gibt es?
- ☐ Nennen Sie die Stadien der pAVK nach Fontaine!
- ☐ Nennen Sie typische Symptome eines peripheren Gefäßverschlusses!
- ☐ Wie äußert sich ein akuter, wie ein chronischer Mesenterialinfarkt?
- ☐ Nennen Sie Formen und Ursachen von Aortenaneurysmen! Nenne typische Symptome für verschiedene Formen und Lokalisationen!
- ☐ Erklären Sie die typische Klinik des Raynaud-Syndroms!

Krankheiten der venösen Gefäße

Varikose

Synonym

Krampfadern(Varizen).

Definition

Nach der WHO handelt es sich dabei um die Erweiterung der oberflächlichen Venen, die umschrieben ist oder größere Gefäßstrecken umfassen kann.

Ätiopathogenese

Einteilung der Varikose in:

- **Stammvarikose**: folgenschwerste und klinisch bedeutsamste Form. Betrifft die V. saphena magna oder parva. Kann schon in der Leiste beginnen (komplette Form) oder erst weiter distal (inkomplette Form), z. B. in Höhe der Perforansvenen im Oberschenkel (Dodd-Gruppe, → Abb. 2.1). Abhängig davon, wo die variköse Degeneration mit einer suffizienten Venenklappe endet, d. h., wo der sog. **distale Insuffizienzpunkt** liegt, wird die Stammvarikose in Stadien unterteilt (→ Tab. 2.3).
- **Seitenastvarikose**: von geringerer klinische Bedeutung. Die Seitenäste der V. saphena magna et parva sind betroffen.

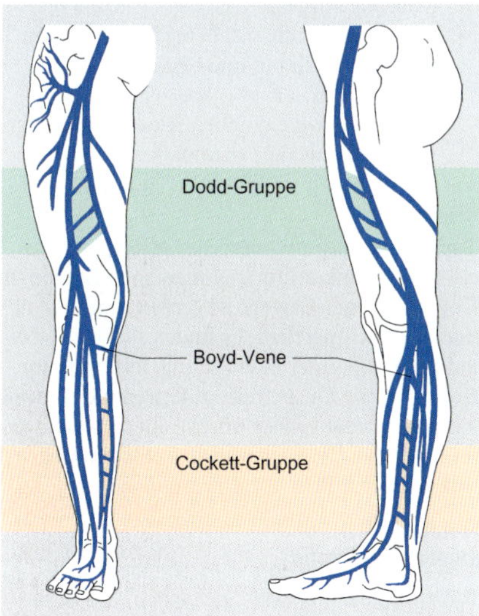

Abb. 2.1 Anatomie der Venen mit Markierung der Perforansvenen im Ober- und Unterschenkel [A 400-215]

- **Perforansvarikose**: klinische Bedeutung richtet sich nach Lage der Venen. Von größter Bedeutung bei der Gruppe der **Cockett-Venen** (→ Abb. 2.1) oberhalb des Innenknöchels. Sind diese insuffizient, kommt es zur Umkehr des Blutflusses von der Tiefe in die oberflächlichen Hautvenen und damit zu trophischen Störungen und Hautveränderungen („**Blow-out**").
- **Retikuläre Varikose**: ohne nennenswerte klinische Bedeutung. Betroffen sind die subkutan gelegenen Nebenastvenen, die sich netzartig erweitern.
- **Besenreiser**: von rein kosmetische Bedeutung. Erweiterung der intradermalen Hautvenen auf einen Durchmesser unter 1 cm.

Klinik

Die Varikose lässt sich nach ihrer Symptomatik in Stadien einteilen (→ Tab. 2.2).

Symptome:

- Unspezifische Beschwerden wie Druck- und Spannungsgefühl in den Beinen, die abends zunehmen
- Nächtliche Krämpfe in Füßen und Waden
- Besserung durch Hochlagern der Beine oder Gehen
- Sitzen und Stehen sind ungünstig.
- Prämenstruell können die Beschwerden zunehmen.

Komplikationen

Chronisch-venöse Insuffizienz, Phlebothrombose, Thrombophlebitis, Varizenruptur.

Diagnostik

Anamnese. Schmerzen in den Beinen, Krämpfe, sichtbare Krampfadern und Besenreiser.

Körperliche Untersuchung. Inspektion, Palpation.

Tab. 2.2 Klinische Stadieneinteilung nach Marshall

Stadium	Klinik
1	Beschwerdefreiheit, nur kosmetische Relevanz
2	Stauungsgefühl, nächtliche Krämpfe, Parästhesien der Beine
3	Pigmentierungen, Ödeme, Hautindurationen, abgeheiltes Ulkus
4	Ulcus cruris venosum (→ Abb. 2.4)

Tab. 2.3 Klinische Stadieneinteilung der Stammvarikose nach Hach unter Berücksichtigung der Ausdehnung nach distal

Stadium	Distale Ausdehnung
1	Nur Mündungsklappen insuffizient
2	Varize mit Reflux bis oberhalb des Kniegelenks
3	Varize bis unterhalb des Kniegelenks
4	Varize bis zum Sprunggelenk

Bildgebende Verfahren:

- Dopplersonografie: Zur Orientierung sollte abgeklärt werden, ob zwischen den oberflächlichen Venen und den tiefen Venen eine pathologische Verbindung besteht.
- Farbkodierte Duplexsonografie: Methode der Wahl. Weist insuffiziente Venenklappen der Stammvenen sowie retrograde Blutströmungen nach und bestimmt den distalen Insuffizienzpunkt zur Stadieneinteilung der Stammvarikose.

Therapie

Konservativ:

- Kompressionsstrümpfe der Kompressionsklasse 2. Diese sind **kontraindiziert** bei pAVK ab Stadium 3, dekompensierter Herzinsuffizienz und septischer Phlebitis.
- Beine hochlagern. Langes Sitzen und Stehen vermeiden.

Operativ:

- **Sklerosierungstherapie**: durch Injektion von sklerosierenden Medikamenten, z. B. Polidocanol, in das betroffenen Gefäß. Dies kann vom Besenreiser bis zur Stammvarikose durchgeführt werden. Indikation vor allem bei älteren Menschen mit Stammvarikose, da das Medikament in den Venen langsam abgebaut wird
- **Venenstripping** (**Varizektomie**): operative Entfernung der insuffizienten Venenanteile unter Belassung suffizienter Anteile, die als Bypass-Venen fungieren sollen
- **Endovaskuläre Obliteration**: durch Einbringen einer Sonde, die Energie in Form von Radiowellen oder Laserenergie ausstrahlt.

Prognose

Rezidive nach Sklerosierungstherapie sind häufig: über 50 % nach 5 Jahren. Nach operativen Verfahren sind Rezidive seltener (unter 5 %).

Thrombophlebitis

Definition

Entzündung der oberflächlich gelegenen Venen mit thrombotischer Verlegung.

Ätiopathogenese

Ursachen:

- Mechanische Reizung der Venenwände durch Verweilkanülen
- Intimareizende Medikamente: Antibiotika, Infusion oder Injektion hyperosmolarer Lösungen
- Bakterielle Entzündung durch Verschleppung der Keime via Venenkatheter, i. v. Drogenabusus oder durch Ausbreitung einer Entzündung nach Operationen, durch Autoimmunkrankheiten, Polycythaemia vera oder Polyglobulie.

Formen:

- Thrombophlebitis der Beine: häufig an vorbestehenden Varizen, selten an gesunden Gefäßen
- Thrombophlebitis der Arme: hervorgerufen durch Venenverweilkanülen oder Injektionen oder Drogenabusus
- Thrombophlebitis saltans sive migrans.

Ursachen einer **Thrombophlebitis migrans**:

- Am häufigsten Thrombangiitis obliterans (Morbus Bürger)
- Paraneoplastisch: v.a. Bronchialkarzinom, Pankreaskarzinom und Leukämie
- Vaskulitiden: z.B. Wegener-Granulomatose, Lupus erythematodes, Riesenzellarteriitis bei Polymyalgia rheumatica.

Klinik

Typischerweise imponiert die betroffene Vene als strangförmige, druckschmerzhafte Erhebung. Das umgebende Gewebe ist gerötet, überwärmt und druckschmerzhaft. Es finden sich die Kardinalsymptome einer Entzündung: **Rubor**, **Calor**, **Dolor**, **Tumor**. Die betroffene Extremität schwillt nicht an, da der venöse Rückstrom durch die tiefer liegenden Venen gewährleistet ist im Gegensatz zur tiefen Beinvenenthrombose.

Diagnostik

Duplex-Sonografie.

Differenzialdiagnose

Phlebothrombose.

Therapie
Kausal:
- Bei **frischer** und ausgedehnter Thrombophlebitis Stichinzision und Entleerung des Thrombus
- Bei **älterer**, über sieben Tage zurückliegender Thrombophlebitis wird ein Kompressionsverband angelegt.

In **beiden** Fällen gilt: Mobilisierung des Patienten erforderlich, um ein appositionelles Thrombuswachstum zu vermeiden.

Allgemein. Beseitigen der auslösenden Faktoren, indem der Venenverweilkatheter, die Infusion etc. entfernt wird.

Medikamentös. Evtl. Schmerztherapie mit NSAR, z. B. Diclofenac. Eine gezielte Antibiose ist notwendig bei Fieber und eitrigen Prozessen.

Prognose
Meist günstiger Verlauf. Selten kommt es zu einer fieberhaften septischen Infektion.

■ Phlebothrombose

Synonym
Tiefe Venenthrombose (TVT).

Definition
Akutes Gerinnsel in einer Vene aufgrund einer lokalisierten Gerinnung von Blutbestandteilen.

Ätiopathogenese
Risikofaktoren:
- Vorherige Venenthrombose
- Immobilisation, Paresen nach Schlaganfall
- Herzinsuffizienz ab NYHA 3, respiratorische Insuffizienz und COPD
- Hyperviskosität durch: Polycythaemia vera, essenzielle Thrombozythämie, Exsikkose durch forcierte Diurese
- Östrogentherapie, hormonelle Kontrazeptiva. Zusätzlicher Nikotinabusus
- Angeborene oder erworbene Thrombophilie: erworbener oder angeborener Protein-C- oder Protein-S-Mangel, APC-Resistenz (aktivierte Protein-C-Resistenz), Faktor-5-Leiden-Mutation, Antithrombin-Mangel, Antiphospholipid-Syndrom.

Klinik
- Druck und Dehnungszeichen (→ Abb. 2.2):
  - **Lowenberg-May-Zeichen**: Wadenkompressionsschmerz durch Blutdruckmanschette um die Wade
  - **Meyer-Zeichen**: Schmerz bei Kompression der Wadenmuskulatur
  - **Homans-Zeichen**: Wadenschmerz bei Dorsalflexion des Fußes
  - **Payr-Zeichen**: Fußsohlenschmerz bei Druck auf die Plantarmuskulatur
  - Druckschmerz entlang der tiefliegenden Venen
- Ödembildung und Überwärmung des betroffenen Beins
- **Pratt-Warnvenen**: Es erscheinen Kollateralvenen an der Schienbeinkante.

Cave: Symptome wie Schmerzen, Spannungsgefühl und Ödem können vor allem bei bettlägerigen Patienten fehlen.
Das Fehlen von Symptomen schließt eine Thrombose **nicht** aus!

Komplikationen
- Lungenembolie
- Postthrombotisches Syndrom
- Rezidivthrombose.

Differenzialdiagnose
pAVK.

Diagnostik
Anamnese. Siehe klinische Symptome.

Labor. D-Dimer-Bestimmung zur initialen Abklärung. Test mit hoher Sensitivität, aber geringer Spezifität. Der Dimer-Titer ist auch bei Entzündungen, Tumoren und Schwangerschaft erhöht.

Bildgebende Verfahren:
- Duplexsonografie. Methode erster Wahl
- Phlebografie bei unklaren Befunden und Rezidivthrombosen.

Therapie
Allgemein. Kompression des Beins, zunächst mit Wickeln, später mit einem Kompressionsstrumpf der Klasse 2. Den Patienten mobilisieren, sobald eine suffiziente Antikoagulation gesichert ist.

Medikamentös:
- **Antikoagulation**:
  - Markumarisierung für 4–6 Monate
  - Heparinisierung bis zum Erreichen des Ziel-Quick oder des INR-Werts: niedermolekulares Heparin s. c. hat ein günstiges Nebenwirkungsprofil. Bei unfraktionier-

tem Heparin i. v. oder s. c. ist die Laborkontrolle des aPTT-Werts notwendig.
- **Lysetherapie**: ist indiziert bei frischer proximaler TVT, Lungenembolie ab Stadium 3, Phlegmasia coerulea dolens.
  Fibrinolytika: Streptokinase, Urokinase, TPA (tissue-type plasminogen activator).

Operativ. Thrombektomie zur Erhaltung der Extremität bei Phlegmasia coerulea dolens oder transfaszialer Thrombose.

Prognose

Die Prognose wird maßgeblich durch das Auftreten von Komplikationen beeinflusst. Ein postthrombotisches Syndrom mit chronisch-venöser Insuffizienz kann sich noch Jahre nach der akuten Thrombose manifestieren.

Postthrombotisches Syndrom (PTS)

Definition

Symptome, die nach tiefer Bein- oder Beckenvenenthrombose bestehen bleiben oder sich, oft erst im Laufe von Jahren, entwickeln.

Ätiopathogenese, Klinik

Stadium I. Postthrombotisches Frühsyndrom, beginnt einige Wochen nach der tiefen Venenthrombose, wenn die tiefen Venen nicht oder nur teilweise durchgängig sind, mit Schwellungen, da der venöse Rückfluss behindert ist. Rekanalisierung und sich bildende Kollateralen können die Beschwerden innerhalb des ersten Jahrs noch verbessern.

Stadium II. Postthrombotisches Syndrom: Das insuffiziente tiefe Venensystem wird teilweise kompensiert durch Ableitung des Bluts über intrafasziale und oberflächige Venen. Klinik: Schwellneigung und zunehmende Varikosis.

Stadium III. Postthrombotisches Spätsyndrom nach Jahren bis Jahrzehnten: chronisch venöse Insuffizienz (→ unten) mit Stammvarikose.

Diagnostik

Anamnese. Tiefe Venenthrombose in der Vorgeschichte, aktuelle Beschwerden.

Bildgebende Verfahren.
- Morphologie: Phlebografie, B-Bild-, Duplexsonografie
- Hämodynamik: Duplexsonografie, Phlebodynamometrie, Venenverschlussplethysmografie, Lichtreflexrheografie.

Therapie

- Kompressionsbehandlung
- Fuß- und Beingymnastik, Kneipp-Anwendungen

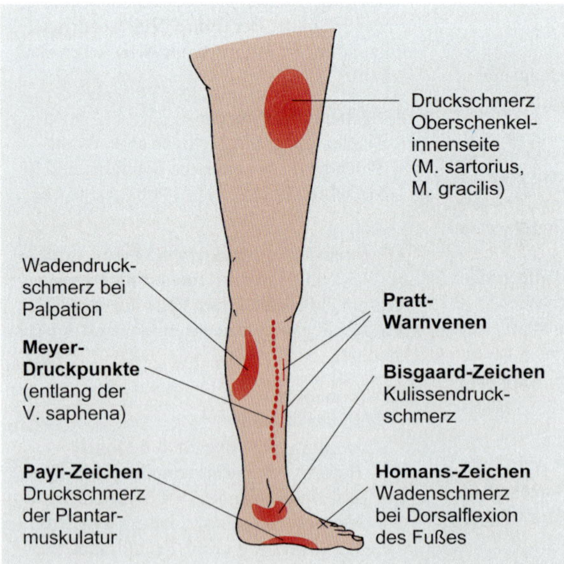

Abb. 2.2 Druck und Dehnungsschmerzzeichen bei tiefer Beinvenenthrombose [L 157]

- Thromboseprophylaxe mit Heparin in Risikosituationen, z. B. Flüge, lange Zug- oder Autofahrten, vorübergehende Bettlägerigkeit, Operation.

Operative Maßnahmen sind selten sinnvoll.

Prognose

Bei konsequenter konservativer Therapie, v. a. Kompressionsbehandlung – die allerdings < 20 % durchhalten –, gut.

Chronisch-venöse Insuffizienz

Synonym

Chronisch-venöses Stauungssyndrom.

Definition

Erhöhter Druck im venösen Gefäßsystem der Beine aufgrund mangelnder Pumpleistung, die mit Veränderungen der Venen und der Haut einhergeht.

Ätiopathogenese

Ursächliche Erkrankungen:

- Primäre Varikose mit sekundärer Insuffizienz der Leitvenen
- Phlebothrombose
- Angiodysplasien
- Angeborene Veränderungen der Venen.

Es gibt zwei Möglichkeiten, wie die Erkrankung entsteht:

- **Insuffizienz der Venenklappen**: führt zur Druckerhöhung in den tiefen Beinvenen, die sich über die Perforansvenen oberhalb des Innenknöchels (Cockett-Venen) auf die oberflächlich gelegenen Hautvenen fortsetzt. Die Druckerhöhung führt dort zu Hautveränderungen bis hin zu Nekrose.
- **Druckerhöhung im Kapillarbett**: führt zur Strömungsverlangsamung bis hin zur Stase. Gleichzeitig erhöht sich die Kapillarpermeabilität und es kommt zu perivaskulärer Ödembildung. Dies führt zu Fibrosierung und behindert den Stoffwechsel- und Sauerstofftransport.

Klinik

Die chronisch-venöse Insuffizienz wird entsprechend ihrer Klinik in drei Stadien unterteilt (→ Tab. 2.4).

Komplikationen

- **Arthrogens Stauungssyndrom**: Indem die kutanen Entzündungen auf den Bandapparat des Sprunggelenks übergreifen, kommt es zur

Tab. 2.4 Stadien der chronisch-venösen Insuffizienz nach Widmer

Stadium	Klinik
1	• Bläuliche Veränderungen der Knöchelvenen (**Corona phlebectatica**) • Reversible Ödeme
2	• Persistierende Ödeme • Rotbraune Hyperpigmentierung der Unterschenkel durch Hämosiderose • Dermatosklerose, Lipodermatosklerose • Atrophische, depigmentierte Haut häufig über den Knöcheln (**Atrophie blanche**, → Abb. 2.3) • Stauungsekzem mit Juckreiz und allergischen Reaktionen
3	**Ulcus cruris venosum** (→ Abb. 2.4) in unterschiedlichen Abheilungsstadien

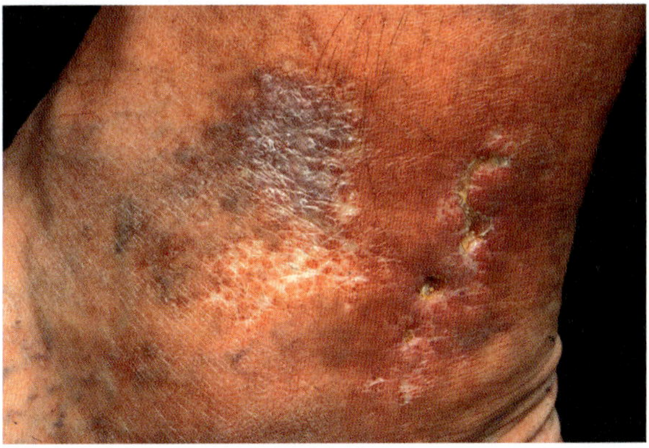

Abb. 2.3 Atrophie blanche [R 179-001]

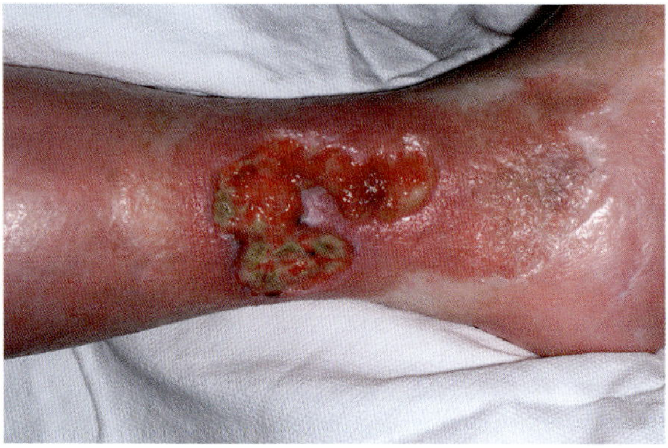

Abb. 2.4 Ulcus cruris venosum [R 179-001]

Bewegungseinschränkung bis hin zur fixierten Spitzfußstellung.
- Chronische Kompression der Muskelfaszien mit narbigen Veränderungen, Druckerhöhung auf das arterielle Gefäßsystem bis hin zu Nekrosen und Glykogenverarmung der Muskulatur
- Rezidivierendes Erysipel.

Diagnostik

Anamnese. Bekannte Varikose, Phlebothrombose.

Bildgebende Verfahren. Farbkodierte Duplexsonografie zur Darstellung der Strömungsverhältnisse und Klärung der Ursache (Phlebothrombose oder Varikose).

Differenzialdiagnose

- Ödeme anderer Genese
- pAVK.

Bei persistierenden Ulzera ist eine Karzinomabklärung mittels einer Hautbiopsie angezeigt.

Therapie

Kausal. Behandlung der ursächlichen Erkrankung.

Konservativ. Suffiziente Kompressionsbehandlung der Beine unter Berücksichtigung eventueller Ulzera, die mit Watte oder Schaumgummi gepolstert werden. Regelmäßige Wundhygiene und Nekrosenabtragung.

Operativ. Chirurgische Maßnahmen sind angezeigt bei persistierenden Ulzera über 6 Monate. Dazu zählen Hauttransplantation, Nekrosenabtragung und Faszienspaltung zur Entlastung des arteriellen Gefäßsystems.

Prognose

Bei guter Compliance und Einhalten der Kompressionstherapie ist die Prognose günstig.

CHECK-UP

- ☐ Was sind die Therapieoptionen der Varikosis?
- ☐ Was ist das postthrombotische Syndrom?
- ☐ Welche Stadien gibt es bei der chronisch-venösen Insuffizienz?
- ☐ Beschreiben Sie mögliche Komplikationen der chronisch-venösen Insuffizienz!

Krankheiten der Lymphgefäße

Lymphangitis

Definition
Akute oder chronische Entzündung eines Lymphgefäßes mit oder ohne Entzündung der regionären Lymphknoten.

Ätiopathogenese
Eine Lymphangitis wird durch das Übergreifen einer lokalen Entzündung verursacht. D. h., dass Bakterien in das Einstromgebiet eines Lymphgefäßes eindringen. Nach Abheilen der Lymphangitis kommt es zur Obliteration des Gefäßes.

Klinik
Über dem betroffenen Gefäß zeigt sich ein roter Streifen. Der zugehörige Lymphknoten ist druckdolent und geschwollen. Häufig tritt Fieber auf.

Komplikationen
Sepsis, Abszess des betroffenen Lymphknotens, Lymphödem.

Diagnostik
Suche nach einem peripher gelegenen Entzündungsherd. Suche nach druckdolenten Lymphknoten.

Therapie
Allgemein. Immobilisation der betroffenen Gliedmaße. Sanierung der Eintrittspforte.

Medikamentös. Bei systemischen Entzündungszeichen, ausgedehnten Befunden und vorgeschädigter Haut systemische Antibiose mittels staphylokokken-wirksamer Penicilline und antiseptische Umschläge.

Prognose
Die Prognose wird von den möglichen Komplikationen bestimmt. Ohne Komplikationen günstige Prognose.

Lymphödem

Definition
Lymphstau und Schwellung des subkutanen Gewebes. Wird ausgelöst durch Obstruktion, Hypoplasie oder Zerstörung der Lymphgefäße.

Ätiopathogenese
Primäres Lymphödem. Seltene Form (10 % der Fälle). Entsteht durch eine Entwicklungsstörung der Lymphgefäße, wie es beim Meige- und Nonne-Milroy-Syndrom der Fall ist.

Sekundäres Lymphödem. Häufige Form. Verursacht durch Entzündung, Infektion, Tumor, Trauma oder Operation.

Klinik
Schmerzloses, teigiges Ödem, das sich nicht eindrücken lässt. Da die Fußzehen mit betroffen sind kommt es zur Ausbildung einer Kastenform (**Kasten-Zeichen**) und tiefen Einschnürungen der Haut. Über den Zehen lässt sich die Haut nicht mehr abheben (**Stemmer-Zeichen**). Im Spätstadium kommt es zur monströsen Deformierung mit maßiver Schwellung der gesamten Extremität (**Elefantiasis**) und warzenartigen Auswüchsen (Papillomatosis cutis carcinoides Gottron). Zur Stadieneinteilung siehe → Tabelle 2.5.

Diagnostik
Klink. Abgrenzung zu anderen Formen des Ödems. Beim Lymphödem sind die Zehen mit betroffen.

Bildgebende Verfahren:
- Lymphszintigrafie
- Direkte und indirekte Lymphografie.

Therapie
Allgemein. Gewichtsnormalisierung.

Kausal. Behandlung der auslösenden Grunderkrankung.

Konservativ. Komplexe physikalische Entstauungstherapie (KPE).

Prophylaxe
Keine Blutdruckmessung an der betroffenen Extremität. Keine Blutabnahme und keine Injektionen. Keine einengende Kleidung tragen. Verletzungen vermeiden.

Tab. 2.5 Stadieneinteilung des Lymphödems

Stadium	Klinik
1	Latenzstadium ohne Schwellung
2	Weiche Schwellung: • Reversibel, kein sekundärer Gewebeumbau • Das Gewebe lässt sich eindrücken
3	Fibrosierung: • Ödem ist nicht reversibel • Ausbildung einer Papillomatosis cutis carcinoides Gottron
4	Elefantiasis

CHECK-UP

- ☐ Beschreiben Sie die Klink des Lymphödems!
- ☐ Ab welchem Stadium ist das Lymphödem nicht mehr reversibel?
- ☐ Was sind die Ursachen eines sekundären Lymphödems?

3 Pulmologie

Diagnostik von Lungenerkrankungen

Körperliche Untersuchung

Lungenerkrankungen haben oft typische Befunde, die ohne apparativen Aufwand festzustellen sind. Inspektion, Palpation, Perkussion und Auskultation geben viele Hinweise, z. B.

- Atemfrequenz, Atmungstyp
- Haut: purpurrot bei Polyzythämie, kirschrot bei CO-Vergiftung (aber nur jeder 50.), bläulich-lila bei Zyanose
- **Uhrglasnägel**: bei chronischer Hypoxie, v. a. bei Herzfehler mit Rechts-links-Shunt, paraneoplastisch, biliärer Zirrhose, Morbus Crohn, Colitis ulcerosa
- **Trommelschlägelfinger**: chronische Hypoxie, selten hereditär.

Periphere Zyanose: Ausschöpfungszyanose in der Peripherie → bläuliche Akren, Zunge und Schleimhäute rosig.
Zentrale Zyanose: verminderte O_2-Sättigung des Blutes, Haut, Schleimhat und Zunge bläulich.
Cave: Ab Hb < 8 g/dl ist eine Zyanose oft nicht mehr zu sehen, da zu wenig Hb in reduzierter Form vorliegt.

Lungenfunktionsdiagnostik

Wirken Erkrankungen sich auf die physikalischen Eigenschaften der Lunge aus, verändern sich dadurch auch messbare Lungenfunktionen, wie der Luftfluss am Mund oder das maximale Fassungsvolumen der Lunge.

Spirometrie

Misst Volumina beim Ein- und Ausatmen und berechnet den Luftfluss. Parameter (→ Abb. 3.1):

- **Vitalkapazität** (VC): maximales Atemzugvolumen aus Atemzugvolumen, ex- und inspiratorischem Reservevolumen (→ Tab. 3.1 u. 3.2)
- **Einsekundenkapazität** (FEV_1): forciertes exspiratorisches Volumen in der 1. Sekunde. Bezogen auf die Vitalkapazität ergibt sich der **Tiffeneau-Wert**: $FEV_1 \div VC \times 100$ [%].
- **Peak Flow** (PEF): maximaler exspiratorischer Luftfluss. Lässt sich mit kleinen Geräten messen und ist daher zur Eigenkontrolle gut geeignet.

Die Werte werden bei der Messung auf einer Zeitachse aufgetragen (→ Abb. 3.1). Daraus lässt sich auch ein **Fluss-Volumen-Diagramm** erstellen (→ Abb. 3.2). Dort abzulesende Parameter sind u. a.:

- Maximaler oder forcierter exspiratorischer Fluss bei 50 % VC (MEF_{50}, FEF_{50})
- FEF_{25-75}: misst gut Obstruktion der kleinen Luftwege

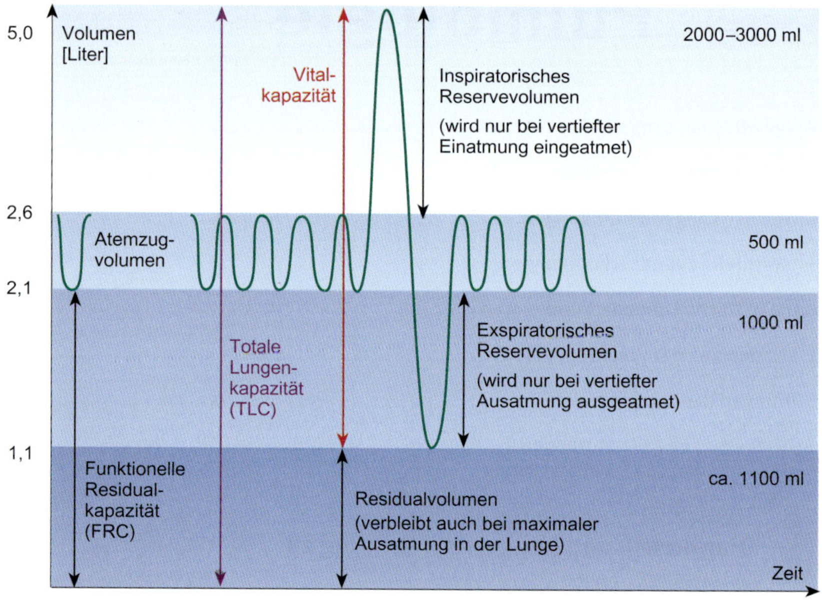

Abb. 3.1 Spirometrie: Atemvolumina und -kapazitäten des Gesunden bei Ruheatmung und vertiefter Ein- und Ausatmung (Atemkapazität = Summe aus mehreren Atemvolumina) [A 400]

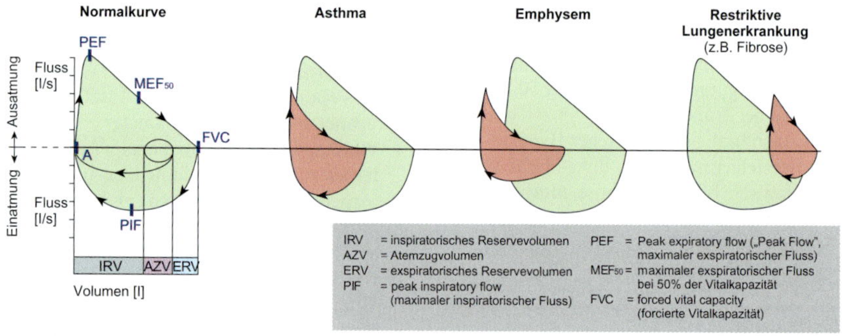

Abb. 3.2 Fluss-Volumen-Kurven

Bodyplethysmografie

Ganzkörperplethysmografie. Während der Messung sitzt die Person in einer luftdicht verschlossenen Kammer und atmet über ein Mundstück, das mit der Außenwelt verbunden ist. Dabei wird das Mundstück kurzzeitig verschlossen und man atmet gegen den Widerstand ein und aus. U. a. unter Verwendung des Boyle-Mariotte-Gesetzes lassen sich berechnen:

- Thorakales Gasvolumen (TGV), funktionelle Residualkapazität (FRC) am Ende einer Exspiration
- Residualvolumen (RV): TGV – spirometrisch gemessenes exspiratorisches Reservevolumen
- Totale Lungenkapazität (TLC, Totalkapazität): RV + VC

Tab. 3.1 Parameter bei Lungenfunktionstests, Normwerte und Abweichungen

Parameter	Normalwert	Bedeutung von Abweichungen
Vitalkapazität	ca. 4 l	↓: Restriktion, vergrößertes Residualvolumen
FEV_1	≥ 75 % von der VC	↓: Obstruktion und Restriktion
Tiffeneau-Wert	≥ 75 % Im Alter ≥ 70 %	↓: Obstruktion Bei sehr starker Obstruktion sinken Vitalkapazität und FEV_1 → Tiffeneau ↔
Peak Flow	400–700 l/min	↓: Obstruktion
• FEF_{50} • FEF_{25-75}	• ♂ › 2,5 l/s, ♀ ›2 l/s • ♂ › 2 l/s, ♀ ›1,6 l/s	↓: Obstruktion
• TGV • RV • TLC	• 2–4 l • 1,2–1,5 l • 5–6 l	↓: Restriktion ↑: Emphysem
Resistance	‹ 0,3 Pa/(l/s)	↓: Restriktion ↑: Obstruktion
Diffusionskapazität	150–250 ml/mmHg/min	↓: • Verdicktes Interstitium, z. B. bei Lungenfibrose • Weniger Alveolen, z. B. bei Emphysem oder Atelektase • Verminderte Perfusion, z. B. bei Lungenembolie, Herzinsuffizienz
Resistance	‹ 0,35 kPa × s/l	↑: Obstruktion

Tab. 3.2 Typische Parameterkonstellationen in der Lungenfunktionsdiagnostik

	VC	RV	FEV_1	Tiffeneau	Resistance
Obstruktion	↔ bis ↓	↔ bis ↑	↓	↓	↑
Restriktion	↓	↓	↓	↔	↔
Emphysem	↔ bis ↑	↑	↓	↓	↑

- Resistance: benötigter Druck, um Atemströmung um 1 l/s zu ändern. Empfindlichster Parameter für Obstruktion.

Diffusionskapazität

Zur Messung wird CO benutzt: Diffusionskapazität der Lung für CO = DL_{CO}. Aus dem Gaskonzentrationsunterschied zwischen ein- und ausgeatmeter Luft lässt sich die Diffusionskapazität berechnen. Jegliche Ventilations- und Perfusionseinschränkung verringert die DL_{CO}.

Blutgasanalyse

Die Blutgasanalyse (BGA) erlaubt Aussagen über die Oxygenierung und die CO_2-Ausscheidung sowie den Säure-Basen-Haushalt (→ Kap. 11) zu. Neben dem Ausmaß der Störung lässt sich zwischen respiratorischen und metabolischen Ursachen unterscheiden

Gemessen wird im arterialisierten Kapillarblut, z. B. aus dem hyperämisierten Ohrläppchen, oder arteriellem Vollblut. Bestimmt werden (Normwerte → Tab. 3.3):

- pH
- pO_2, S_aO_2 (Sauerstoffsättigung), pCO_2
- HCO_3, BE (Basendefizit, base excess) = 0 mval/l (–2 bis +3 mmol/l)

Tab. 3.3 Normwerte der Blutgasanalyse in arteriellem Vollblut, bezogen auf Meereshöhe

Parameter	Normwerte
pH	7,35–7,45
pO_2	71–104 mmHg
pCO_2	Werte sind geschlechtsabhängig: • ♀ 32–43 mmHg • ♂ 36–46 mmHg
S_aO_2	95–99 %
HCO_3	21–26 mmol/l
BE	–2 bis +3 mmol/l

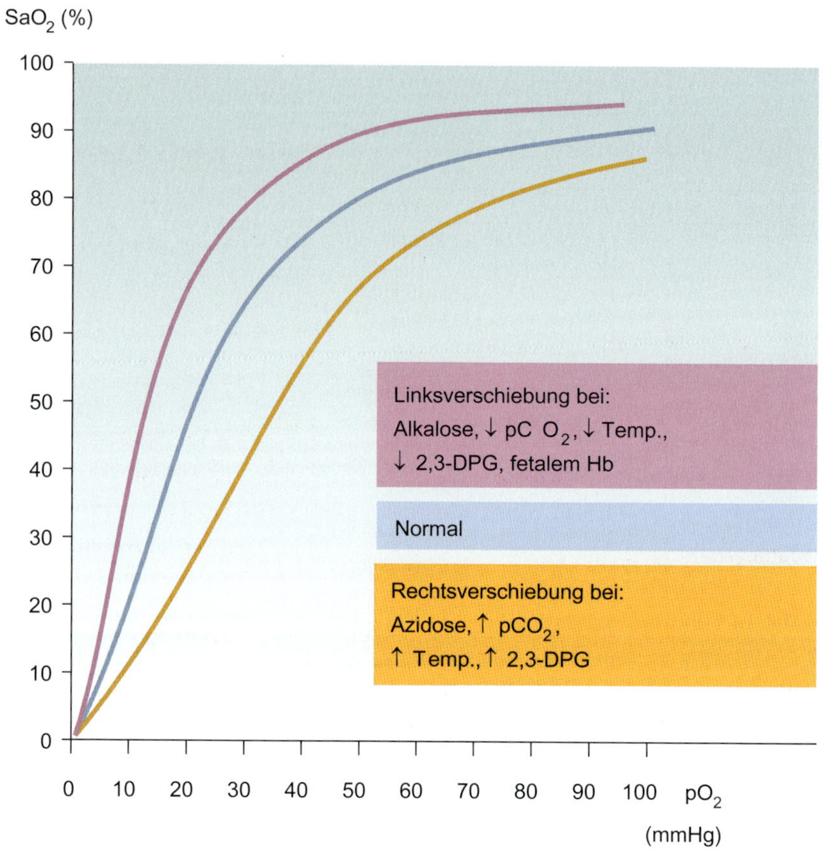

Abb. 3.3 O_2-Sättigungskurve mit Normwerten und Werten bei Rechts- und Linksverschiebung [L 157]

Die O_2-Sättigungskurve spiegelt die Bindungsaffinität von O_2 an Hb in Abhängigkeit des Sauerstoffpartialdrucks wider. Je nach Umgebungsbedingungen verschiebt sie sich (→ Abb. 3.3).

Bildgebende Verfahren

Die Thoraxübersicht im Stehen in 2 Ebenen („Röntgenthorax“) ist eine Standarduntersuchung. Während eine konventionelle Tomografie kaum noch eingesetzt wird, haben CT und MRT, v. a. für Mediastinum und große Gefäße, eine breite Verwendung gefunden, um Strukturen zu beurteilen. Mit dem Spiral-CT mit Kontrastmittel (Angio-CT) werden Lungenembolien nachgewiesen. Bei Pleuraergüssen ist die Sonografie eine einfache Methode, um die Menge abzuschätzen und gezielt zu punktieren. Regionale Perfusions- und Ventilationsstörungen können mit der Lungenperfusions- bzw. Ventilations(Inhalations)szintigrafie sichtbar gemacht und eingeordnet werden.

Tab. 3.4 Typische Befunde für pO_2 und pCO_2

	↓	↑
pO_2	Lungen-, Herzerkrankungen, Schock	Hyperventilation
pCO_2	Hyperventilation: psychogen, metabolische Azidose	Hypoventilation, z. B. Obstruktion

Bronchoskopie

Der besondere Wert liegt nicht nur in der direkten Sicht, sondern auch in der Möglichkeit, zu biopsieren und zu intervenieren, z. B. Fremdkörper zu entfernen, abzusaugen oder Stenosen zu lasern.
Die bronchoalveoläre Lavage hilft bei Keimbestimmungen und bei der Diagnose einer Sarkoidose und von Alveolitiden.

CHECK-UP

- ☐ Nennen Sie Parameter einer Lungenfunktionsuntersuchung. Was sagen diese aus?
- ☐ Was sind typische Befunde einer Restriktion?

Erkrankungen der Atemwege

Akute Bronchitis

Definition

Häufigste Erkrankung der unteren Atemwege. Entzündung der Bronchialschleimhaut, häufig von einer Tracheitis begleitet.

Ätiopathogenese

Die Entzündung der Bronchialschleimhaut kann neben Viren und Bakterien auch durch Reizstoffe, z. B. Ozon oder Zigarettenrauch, und Magensaftaspiration hervorgerufen werden. Die Erreger sind zu 90 % Viren. Die Ansteckung erfolgt über den Schmier-Tröpfchen-Infektionsweg.
Zu den **Pathogenen** zählen:

- Viren:
  - Bei Kindern: Adenoviren, Respiratory-Syncytial-Viren, Coxsackie-Viren, ECHO-Viren
  - Bei Erwachsenen: Rhinoviren, Corona-Viren, Influenza- und Parainfluenzaviren, SARS-Coronaviren
- Weitere Erreger: Mykoplasmen, Chlamydien, Pilze
- Reizstoffe
- Bei **hospitalisierten Patienten** und **sekundären Infektionen**: Pneumokokken, Haemophilus influenzae, Moraxella catarrhalis, Staphylococcus aureus.

Klinik

Hustenreiz, retrosternale Schmerzen beim Husten, Auswurf, Fieber, Kopfschmerzen und Gliederschmerzen.

Diagnostik

Anamnese und Klinik, evtl. Erregernachweis.

Labor:

- Bei **Virusbronchitis** ist das CRP normal bis leicht erhöht, dazu Leukopenie
- Bei **bakterieller Bronchitis** ist das CRP erhöht, dazu Leukozytose.

Auskultation. Sie kann vor allem zu Beginn unauffällig sein. Beidseits sind trockene bis feuchte RG möglich.

Röntgen-Thorax. Zum Ausschluss einer Pneumonie.

Komplikationen

- Bakterielle Superinfektion mit Haemophilus influenzae, Pneumokokken oder Staphylokokken
- Bronchopneumonie (deszendierende Entzündung) oder Bronchiolitis
- Verschlechterung einer vorbestehenden Herzinsuffizienz oder einer respiratorischen Insuffizienz.

Therapie

Allgemein. Vor allem Bettruhe und Schonung.

Medikamentös:

- Antitussiva bei quälendem nächtlichem Husten, z. B. Codein.
- Bei bakterieller Superinfektion: Antibiotikatherapie mit Makroliden, Cephalosporinen oder Aminopenicillinen.

> **Cave**: **Antitussiva**, z. B. Codein, können zu einem Sekretstau führen. Da sie den Hustenreflex unterdrücken, sind sie nur bei nichtproduktivem, trockenem Husten einzusetzen. Eine Förderung der Sekretolyse ist durch ausreichende Flüssigkeitzufuhr zu erreichen. Die Wirksamkeit von **Mukolytika**, z. B. ACC, ist für die Bronchitis nicht ausreichend belegt.

Prognose

Der Husten kann über 3–4 Wochen persistieren. Bleibt er darüber hinaus bestehen, kann dies auf eine Hyperreagibilität des Bronchialtrakts zurückzuführen sein. Eine Therapie mit inhalativen Glukokortikoiden und die zusätzlich Gabe von inhalativen Bronchodilatatoren kann versucht werden.

Chronische Bronchitis und chronisch-obstruktive Lungenkrankheit

Definition

Chronische Bronchitis. Husten und Auswurf an den meisten Tagen von mindestens drei Monaten in zwei aufeinanderfolgenden Jahren. Keine Obstruktion.

Chronisch-obstruktive Lungenkrankheit (COPD). Gesteigerte Entzündungsantwort auf inhalative Noxen mit einer progredienten obstruktiven Atemwegeinschränkung.

Ätiopathogenese

Exogene Faktoren:

- Rauchen ist die Hauptursache! Über 90 % der COPD-Patienten sind oder waren Raucher.
- Luftverschmutzung (Nitrosegase, SO_2), Bergbau
- Häufig wiederkehrende Infekte der Atemwege können zu einer Verschlimmerung und Beschleunigung der Progression führen.

Endogene Faktoren:

- Prädispositionierende Faktoren der Lungenentwicklung wie Ausreifungsstörungen der Lunge, niedriges Geburtsgewicht oder rezidivierende Infektionen
- Antikörpermangel, z. B. IgA-Mangel, α_1-Proteaseinhibitor-Mangel
- Primäre ziliäre Dyskinesie.

Klinik

Chronische Bronchitis:

- Belastungsdyspnoe, Engegefühl, nächtlicher Husten als Zeichen der Atemwegsobstruktion
- Tachypnoe, Dyspnoe, Zyanose als Zeichen der respiratorischen Insuffizienz
- Tremor, Unruhe. Später Somnolenz und Hirndruckzeichen als Zeichen der Hyperkapnie
- Im Spätstadium: Zeichen des Cor pulmonale
- Mögliche Symptome sind auch Fassthorax bei Lungenemphysem und das Einsetzen der sog. **Lippenbremse**, d. h., es wird gegen die geschlossenen Lippen ausgeatmet, um den intrabronchialen Druck zu erhöhen und das Kollabieren der Atemwege beim Ausatmen zu vermeiden.

COPD. Die **Kardinalsymptome** sind Husten, Auswurf und Belastungsdyspnoe.

Pink Puffer und Blue Bloater. Es gibt zwei klinische Extreme, die vor allem im Erscheinungsbild der Patienten auffallen. Das Erscheinungsbild kann unterschiedlich ausgeprägt sein und auf genetische Faktoren zurückgeführt werden:

- **Pink Puffer** (➜ Abb. 3.4): hagerer bis kachektischer Patient mit Atemnot, aber relativ normalen Blutgasen und respiratorischer Partialinsuffizienz (Hypoxämie)
- **Blue Bloater** (➜ Abb. 3.4): zyanotischer, häufig adipöser Patient mit Auswurf. Zwar keine Atemnot, aber mit respiratorischer Globalinsuffizienz: pO_2 erniedrigt, CO_2 erhöht (Hypoxämie und Hyperkapnie).

Komplikationen

- Spätkomplikationen: Cor Pulmonale, respiratorische Insuffizienz
- Begleiterkrankungen: Gewichtsabnahme, Muskelschwäche, Osteoporose
- **Akute Exazerbationen**: Verschlechterung der Symptome über mehr als 24 Stunden
  - Zunehmende Atemnot, Tachypnoe, zentrale Zyanose
  - Vermehrter Husten, Zunahme der Sputummenge, periphere Ödeme
  - Bewusstseinstrübung bis Koma.

Diagnostik

Anamnese. Raucheranamnese.

Auskultation und Perkussion. Hypersonorer Klopfschall bei Lungenüberblähung, trockene RG (Giemen, Brummen).

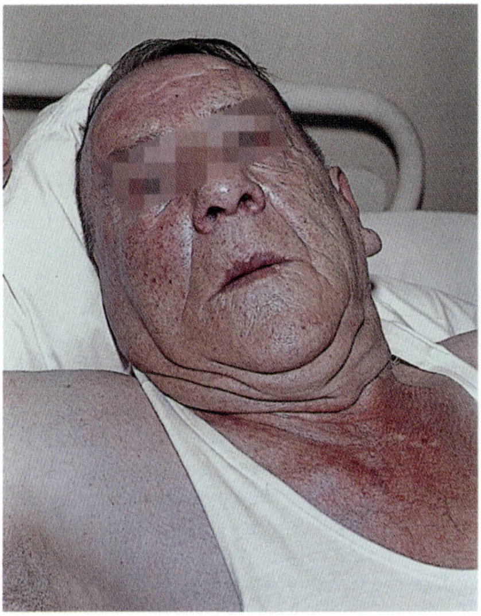
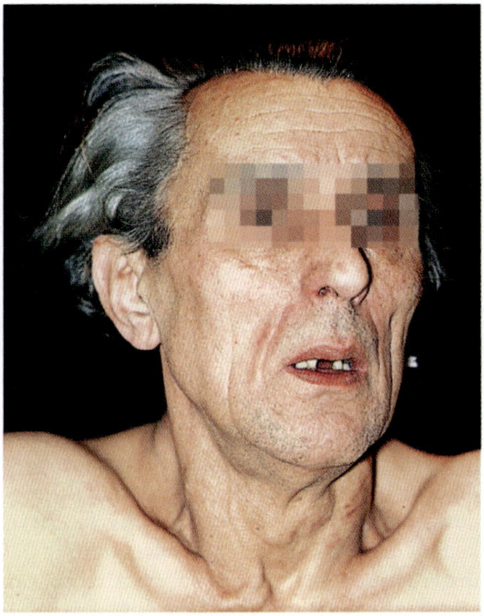

Abb. 3.4 Blue Bloater (links) und Pink Puffer (rechts) [T 209]

Labor. Blutbild, Serumelektrophorese bei Verdacht auf α_1-Antitrypsinmangel, Blutgasanalyse.

Lungenfunktion:

- Bei Obstruktion: Atemwiderstand (Resistance) erhöht, FEV_1 erniedrigt
- Bei Emphysem sind RV und TGV erhöht.

Röntgen-Thorax. Zum Ausschluss von Bronchialkarzinom und Pneumonie.

Therapie

Allgemein. Raucherentwöhnung, Atemtraining.

Immuntherapie. Aktive Immunisierung gegen Pneumokokken und Influenzavirus.

Medikamentös. Siehe → Tabelle 3.5.

Prognose

Gelingt bei der einfachen chronischen Bronchitis eine Raucherentwöhnung, ist die Prognose gut. Die Prognose wird von der FEV_1 und dem Vorliegen einer Hyperkapnie beeinflusst. Die 5-Jahres-Überlebensrate liegt für Patienten mit einer FEV_1 unter 25 % der Norm und zusätzlicher Hyperkapnie bei unter 35 %.

Tab. 3.5 Medikation bei chronischer Bronchitis und COPD nach Stufenschema

Schweregrad	Medikation
Leicht	Bedarfsweise inhalative, kurz wirksame Bronchodilatatoren wie β_2-Sympathomimetika und/oder Anticholinergika
Mittel	Zusätzliche Therapie mit lang wirksamen Bronchodilatatoren
Schwer	Zusätzlich inhalative Glukokortikoide und bei rezidivierenden Exazerbationen evtl. Theophyllin
Sehr schwer	Zusätzliche Therapie mit O_2

Lungenemphysem

Definition

Irreversible Erweiterung der terminalen Bronchiolen und Alveolen infolge einer Destruktion der Alveolarsepten.

- **Zentriazinäres (zentrilobuläres) Emphysem**: meist durch Rauchen verursacht. Tritt bei COPD auf
- **Panazinäres (panlobuläres) Emphysem**: bei angeborenem α_1-Antitrypsinmangel
- **Narbenemphysem**: Überdehnung des Lungengewebes durch narbige Schrumpfung der umgebenden Lungenbezirke

- **Überdehnungsemphysem**: entsteht nach einer Lungenresektion und Ausdehnung der verbleibenden Restlunge oder als Folge einer starken Thoraxdeformierung, etwa bei Skoliose.

> Emphysem und chronische Bronchitis werden häufig unter dem Begriff COPD zusammengefasst.

Ätiopathogenese
Ursache ist ein **Ungleichgewicht** von **Proteasen** und **Antiproteasen** in der Lunge. Proteasen, z. B. Elastase, werden im Fall eines Infekts von neutrophilen Granulozyten freigesetzt und von Antiproteasen, z. B. α_1-Antitrypsin, wieder inaktiviert. Sind die Antiproteasen entweder durch Rauchen oder Noxen vorgeschädigt oder durch einen genetischen Defekt stark erniedrigt, kommt es zu einer überschießenden Aktivität der Proteasen. Diese „verdauen" die Alveolarwände, was zu einem Emphysem führt.

Klinik
Wie bei chronischer Bronchitis und COPD bleibt der Thorax bei einem ausgeprägten Emphysem in der Inspirationsstellung stehen und bildet einen Fassthorax.

Komplikationen
- Respiratorische Insuffizienz
- Pulmonale Hypertonie und Cor pulmonale
- Pneumothorax bei bullösem Emphysem.

Diagnostik
Inspektion. Blähung der Schlüsselbeingruben, periphere oder zentrale Zyanose. Evtl. Uhrglasnägel und Sahli-Venenkranz am unteren Rippenbogen.

Lungenfunktionstest. Totalkapazität erhöht, Vitalkapazität und FEV_1 erniedrigt, Residualvolumen über 40 % der Totalkapazität.

Labor:
- Bestimmung von α_1-Antitrypsin im Serum, reaktive Polyglobulie
- Blutgasanalyse: respiratorische Partial- oder Globalinsuffizienz.

Bildgebende Verfahren:
- Röntgen-Thorax: Erhöhte Strahlendurchlässigkeit des Thorax, Rarifizierung der Lungenstruktur, Gefäßkalibersprünge
- Hochauflösendes CT zur Frühdiagnostik.

Therapie
Allgemein. Raucherentwöhnung, Atemtherapie.

Konservativ:
- Immuntherapie: Infektprophylaxe und Impfung gegen Pneumokokken und Influenzavirus
- Medikamentös: Therapie mit Diuretika bei Patienten mit Rechtsherzinsuffizienz
- Nächtliche Beatmungstherapie ist bei Hyperkapnie angezeigt.

Operativ. Bullektomie, Volumenreduktionschirurgie, Lungentransplantation.

Prognose
Die Prognose hängt maßgeblich von einer frühzeitigen optimalen Therapie und konsequenter Raucherentwöhnung ab. Die häufigsten Todesursachen sind ein Cor pulmonale und eine respiratorische Insuffizienz.

Asthma bronchiale

Definition
Eine chronisch-entzündliche Erkrankung der Atemwege, für die bronchiale Hyperreaktivität und variable Atemwegsobstruktionen kennzeichnend sind. Diese Obstruktionen sind anfangs meistens voll, später oft nur noch eingeschränkt reversibel.

Ätiopathogenese
Allergisches, extrinsisches Asthma. Wird durch allergisierende Stoffe wie Pollen, Hausstaubmilben, Insektenallergene oder Stoffe aus der Arbeitswelt – z. B. Mehlstaub beim Bäcker-Asthma (**Berufsasthma**) – ausgelöst.

Nichtallergisches, intrinsisches Asthma. Als Ursache kommen verschiedene Auslöser in Frage:
- Respiratorische Infekte
- Analgetika: z. B. NSAR können pseudoallergische Reaktionen verursachen
- Gastroösophagealer Reflux oder Inhalationsnoxen wie Zigarettenrauch, Ozon, Nitrosegase, Schwefeldioxid oder chemische irritative Stoffe am Arbeitsplatz
- Körperliche Anstrengung, Stress und emotionale Belastung.

Häufig leiden Patienten an einer **Mischform** und reagieren z. B. neben allergischen Reizen auch auf nicht-allergische Reize wie körperliche Anstrengung mit asthmatischen Symptomen. Nur ca. 30 % der Asthmatiker haben eine rein intrin-

sische oder extrinsische Form: Allergisches Asthma tritt eher im Kindesalter auf, Infektasthma im Alter über 45 Jahre.
Neben den auslösenden Faktoren spielt eine **genetische Prädisposition** eine Rolle. Leiden beide Elternteile an allergischem Asthma, liegt das Erkrankungsrisiko für die Nachkommen bei 60–80 %.
Charakteristika der Erkrankung:

- **Entzündung der Bronchialschleimhaut**: wird durch Allergene oder Infekte ausgelöst. In der Bronchialschleimhaut finden sich dann Entzündungszellen wie Mastzellen, eosinophile Granulozyten, T-Lymphozyten und Interleukin 4 sowie 5
- **Bronchiale Hyperreaktivität**: Es besteht eine Überempfindlichkeit gegen Reize wie kalte Luft, Rauch, körperlicher Anstrengung und Ozon. Welche Stoffe die Hyperreaktivität auslösen, lässt sich mit einem Provokationstest objektivieren.
- **Endobronchiale Obstruktion**: wird durch entzündungsbedingte Schwellungen der Schleimhaut hervorgerufen. Es kommt zur Hypersekretion zähen Schleims und zur Bronchokonstriktion. Zudem können die chronischen Entzündungsprozesse zu Umbauvorgängen bei den Atemwegswänden (**Remodelling**) und damit zur irreversiblen Obstruktion führen.

Churg-Strauss-Vaskulitis. Trias: granulomatöse Vaskulitis, Bluteosinophilie und Asthma bronchiale mit eosinophiler Alveolitis.

> **Metacholin-Provokationstest**: Zum Nachweis einer Obstruktion, z. B. im anfallsfreien Intervall, kann durch ein inhalatives Parasympathomimetikum, z. B. Metacholin oder Azetylcholin, die Bronchialschleimhaut provoziert werden. Dabei wird die Konzentration des Cholinergikums, bei dem die FEV_1 um 20 % fällt, als PC_{20}-Wert angegeben.

Klinik

Zu den **Leitsymptomen** zählen anfallsartig auftretende Atemnot mit exspiratorischem Stridor, welche vor allem nachts und in den frühen Morgenstunden auftritt, des Weiteren Giemen, Engegefühl in des Brust und Kurzatmigkeit.
Weitere Symptome sind:

- Im Anfall Orthopnoe und verlängertes Exspirium
- Tachykardie, evtl. Pulsus paradoxus
- Respiratorische Alternans, d. h., es wird gewechselt zwischen thorakaler und abdomineller Atmung.

Komplikationen

- Status asthmaticus
- Lungenemphysem
- Pulmonale Hypertonie und Cor pulmonale
- Respiratorische Insuffizienz.

Diagnostik im Asthmaanfall

Anamnese. Dyspnoe, respiratorische Insuffizienz (Atemholen zwischen zwei Worten), Angst und Erregungszustände.

Körperliche Untersuchung:

- Perkussion: hypersonorer Klopfschall, Lungengrenzen nach unten verschoben
- Auskultation: Das Exspirium ist verlängert, trockene RG (Giemen, Brummen).

EKG. Elektrische Herzachse → Steiltyp.

Röntgen-Thorax. Zeichen der Lungenblähung, vermehrte Strahlentransparenz und tiefstehendes Zwerchfell. Ausschluss von Komplikationen: Pneumothorax und Pneumonie.

Labor. Die Pulsoxymetrie und die Blutgasanalyse zeigen meist eine pO_2-Erniedrigung. Das pCO_2 ist aufgrund der Hyperventilation meist auch erniedrigt.

Diagnostik im Intervall

Anamnese. Symptome, Dauer der Anfälle, auslösende Faktoren, Medikation und Begleiterkrankungen.

Lungenfunktionstest. Zum Nachweis einer Obstruktion. Diese ist meist zumindest teilweise reversibel, was sich in einem positiven Bronchospasmolyse-Test niederschlägt.

Inhalativer Allergietest. Metacholin-Provokationstest.

Labor. Gesamt-IgE-Bestimmung.

Therapie

Kausal. Allergenkarenz bei allergischem Asthma und/oder Hyposensibilisierung, Vermeidung von Infekten, Behandlung von gastroösophagealem Reflux.

Immuntherapie. Aktive Immunisierung gegen Influenza und Pneumokokken.

Medikamentös. Siehe ➜ Tabelle 3.6.

Tab. 3.6 Stufenplan zur Asthmatherapie nach der Deutschen Atemwegsliga

Stufe	Klinik	Bedarfsmedikation	Dauermedikation
1	Intermittierendes Asthma	Inhalatives, kurz wirksames β_2-Sympathomimetikum	Keine
2	Geringgradig persistierendes Asthma	Inhalatives, kurz wirksames β_2-Sympathomimetikum	Niedrig dosiertes inhalatives, kurz wirksames β_2-Sympathomimetikum
3	Mittelgradig persistierendes Asthma	Inhalatives, kurz wirksames β_2-Sympathomimetikum	• Mittel bis hoch dosiertes inhalatives Glukokortikoid + • Lang wirksames β_2-Sympathomimetikum oder Theophyllin
4	Schwergradig persistierendes Asthma	Inhalatives, kurz wirksames β_2-Sympathomimetikum	• Hoch dosiertes inhalatives Glukokortikoid + • Lang wirksames β_2-Sympathomimetikum oder Theophyllin oder Leukotrien-Rezeptor-Antagonist

Therapie des Asthmaanfalls

Allgemein. Aufrechte Lagerung.

Apparativ. O_2-Gabe über eine Nasensonde.

Medikamentös:
- **Glukokortikoide** i. v. bis 4-mal täglich: 25–50 mg Prednison im mittelschweren Anfall, 50–100 mg im schweren Anfall. Inhalation wirkungslos!
- **Bronchodilatatoren**, bevorzugt inhalativ und in hoher Dosierung: Salbutamol 2–4 Hübe aus einem Dosieraerosol. Zusätzlich kann ein systemisches β_2-Sympathomimetikum (z. B. Terbutalin subkutan) gegeben werden.
- **Theophyllin**-Gabe bei mangelndem Ansprechen auf bronchodilatatorische Initialtherapie
- In schweren Fällen Gabe von **Magnesiumsulfat**: 2 g i. v.

Vorsicht bei der Therapie mit **β_1-Sympathomimetika**! Da eine **Überdosierung** u. a. zu tachykarden Rhythmusstörungen und Hypokaliämie führen kann, muss eine Vormedikation mit β_2-Sympathomimetika durch den Patienten berücksichtigt werden!
Cave:
- Keine Gabe von β-Rezeptorenblockern, Antitussiva, Parasympathomimetika, ASS und anderen NSAR!
- Sedativa sind möglichst wegen ihrer atemdepressiven Wirkung zu vermeiden.

Prognose

Bei Kindern heilt Asthma in ca. 50 % der Fälle aus, bei Erwachsenen in ca. 20 %. Bei 40 % der Erwachsenen stellt sich mit zunehmendem Alter eine Verbesserung ein.

Bronchiektasen

Definition

Irreversible sack- oder zylinderförmige Ausweitung der Bronchien mit bronchialer Obstruktion.

Ätiopathogenese

Erworbene Ursachen:
- Rezidivierende bronchopulmonale Infekte
- Nach bakterieller Pneumonie, Masernpneumonie, Keuchhusten, Tuberkulose, Bronchitis
- Interstitielle Lungenerkrankungen, Aspiration.

Angeborene Ursachen sind selten. Dazu zählen Mukoviszidose, ziliäre Dyskinesie und IgA-Mangel.

Klinik

Produktiver Husten mit süßlich riechendem Sputum, das oft **dreischichtig** ist und sich aus Schaum, Schleim und Eiter zusammensetzt. Morgens und nach Lagerungswechsel kommt es zu großvolumigem Auswurf („maulvolle Expektoration“) und feuchten Rasselgeräuschen bei der Auskultation.

Diagnostik

Anamnese und Klinik.

Labor. Sputumdiagnostik mit Antibiogramm.

Bildgebende Verfahren. Röntgen-Thorax, hochauflösendes CT und evtl. Bronchoskopie vor Resektionen zum Ausschluss eines Immundefektsyndroms, von Mukoviszidose und Ziliendyskinesie.

Therapie

Konservativ:

- Atemgymnastik, morgendliches Abhusten z. B. in Knie-Ellenbogen-Lage, Abhusten physikalisch unterstützen, z. B. Klopfmassage
- Inhalationstherapie
- Medikamentös: Antibiotikatherapie nach Antibiogramm. Evtl. bronchospasmolytische Therapie.

Immuntherapie. Aktive Immunisierung gegen Influenza und Pneumokokken.

Mukoviszidose

Synonym

Zystische Fibrose (CF).

Definition

Autosomal rezessive Erbkrankheit, bei der defekte Chloridkanäle in den Epithelzellmembranen aller exokrinen Drüse zu zähem Schleim führen, was konsekutiv zum zystisch-fibrotischen Umbau der jeweiligen Organe führt.

> Die zystische Fibrose ist die häufigste zum Tode führende Erbkrankheit der weißen Bevölkerung Europas und der USA.

Ätiopathogenese

Ein Gendefekt auf dem langen Arm von **Chromosom 7** führt zu einem defekten Regulator-Protein, dem Zystische-Fibrose-Transmembran-Regulator-Protein (**CFTR-Protein**), und damit zu defekten Chloridkanälen. Die Folge ist eine abnorme Salz- und Wasserkonzentration im exokrinen Sekret besonders von Lunge, Leber und Pankreas, aber auch Dünndarm, Gonaden und Schweißdrüsen. Das Sekret ist abnormal zäh und kann deshalb nicht hinreichend abtransportiert werden. Auf dem zurückbleibendem Sekret siedeln sich leicht Keime an, was die Infektanfälligkeit erhöht. Die Ausprägung der Erkrankung variiert ja nach Mutation im CFTR-Protein.

Klinik

Generelle Syptome:

- Chronischer Husten, zäher Auswurf
- Dyspnoe, Zyanose
- Rhinorrhö, Sinusitis.

Darm. Frühestes Leitsymptom ist ein Mekoniumileus bei der Geburt, das 10 % der erkrankten Kinder aufweisen, und das distale intestinale Obstruktionssyndrom bei 20 % der erkrankten Kinder und Jugendlichen.

Lunge. Symptome sind eine chronische Bronchitis und rezidivierende Infekte, v. a. durch Pseudomonas aeruginosa, aber auch durch Staphylococcus aureus und andere gramnegative, schwer zu behandelnde Keime. Folge oder Komplikation sind respiratorische Insuffizienz und pulmonale Hypertonie, Pneumothorax (in 10 % der Fälle) und Hämoptysen.

Pankreas. Es findet ein fibrotischer Umbau des Pankreas mit exokriner Insuffizienz statt. Es kommt zu chronischen Durchfällen, Maldigestionssyndrom und evtl. pankreatogenem Diabetes mellitus.

Leber. Biliäre Zirrhose bei Erwachsenen (10 %), Cholelithiasis.

Azoospermie. Infertilität beim Mann. Bei Frauen ist die Fertilität vermindert.

Gedeihstörung. Mangelhafte Gewichtszunahme.

Diagnostik

Labor:

- **Pilocarpin-Iontophorese-Test**: Bestimmung des Chlorgehalts im Schweiß nach Stimulierung der Sekretion am Unterarm. Bei Erwachsenen liegt der Wert bei ≥ 60 mmol/l, bei Neugeborenen bei ≥ 90 mmol/l.
- Bestimmung des CFTR-Gens
- Neugeborenen-Screening auf erhöhte Trypsinogenwerte im Blut (kein Routinetest).

Therapie

Allgemein. Atemgymnastik (Lagerungs- und Klopfdrainage), hochkalorische fettreiche Kost, Substitution fettlöslicher Vitamine, evtl. nächtliche Sondenernährung.

Konservativ:

- Medikamentös:
  - Mukolyse durch Inhalation von rekombinanter humaner Desoxyribonuklease
  - Tobramycin-Inhalation zur Prophylaxe und Therapie von Pseudomonasinfektionen
  - Antibiotische Therapie von Bronchialinfekten

  - Spasmolytika (inhalative Sympathomimetika)
  - Ursodesoxycholsäure bei biliärer Zirrhose
- Hyperosmolare Einläufe bei intestinaler Obstruktion
- O_2-Langzeittherapie bei respiratorischer Insuffizienz.

Operativ. Lungentransplantation.

Gentherapie. In Erprobung ist eine somatische Gentherapie durch Transfer von CFTR-Genen.

Prognose

Die mittlere Lebenserwartung liegt bei ca. 32 Jahren.

CHECK-UP

- ☐ Beschreiben Sie das Stufenchema der Therapie bei Asthma bronchiale!
- ☐ Was ist das Leitsymptom der Mukoviszidose im Säuglingsalter?
- ☐ Benennen Sie die Symptome der Mukoviszidose im fortgeschrittenen Stadium (Erwachsenenalter)!
- ☐ Nennen Sie für die akute Bronchitis die Haupterregergruppe und zwei ihrer Vertreter!
- ☐ Was ist die Hauptursache für eine COPD?
- ☐ Erläutern Sie die Bezeichnungen Pink Puffer und Blue Bloater!
- ☐ Erläutern Sie den Pathomechanismus der Emphysementstehung!
- ☐ Was ist ein Fassthorax?
- ☐ Was ist im Röntgenbild auffällig bei einem Lungenemphysem?

Infektiöse Lungenerkrankungen

Tuberkulose

Synonym

Morbus Koch.

Definition

Tuberkulose (Tbc) ist eine meldepflichtige bakterielle Infektionskrankheit. Der Befall kann generalisiert oder organbezogen sein.

Ätiopathogenese

Erreger ist meistens **Mycobacterium tuberculosis**, aber auch **Mycobacterium bovis** oder **africanum**. Dabei handelt sich um säurefeste, unbewegliche Stäbchenbakterien, die durch Glykolipide und Wachse in der Zellwand sehr widerstandsfähig sind.
Die Übertragung erfolgt per Aerosol von Mensch zu Mensch. Eintrittspforte ist meist die Lunge. Die Inkubationszeit beträgt 6–8 Wochen. **Disponierende Erkrankungen** sind Diabetes mellitus, HIV, Niereninsuffizienz, Leberinsuffizienz, konsumierende Erkrankungen und Alkoholismus.
Erregerreservoir:
- Mycobacterium tuberculosis: zu 95 % Mensch
- Mycobacterium bovis: Rind
- Mycobacterium africanum: Mensch.

Eine aktive Schutzimpfung mit Lebendimpfstoff ist möglich, jedoch nur bei Personen mit erhöhtem Risiko sinnvoll.

> Erkrankung nach Exposition von Immunkompetenten ca. 5 %, von HIV-Patienten ca. 10 %.

Ätiologie

- **Primärinfektion**: Erstkontakt mit den Erregern
- **Superinfektion**: Infektion mit einem weiteren Mykobakterienstamm bei bestehender Tbc (selten)
- **Exogene Reinfektion**: erneute Infektion nach früherer Tbc
- **Endogene Reinfektion**: Reaktivierung von im Organismus vorhandenen Erregern bei schlechter Immunabwehrlage. Dies ist häufig der Fall.

Stadieneinteilung der Tuberkulose → Tabelle 3.7.
Männer sind doppelt so häufig betroffen wie Frauen. Es besteht eine zunehmende Inzidenz in Deutschland mit bis zu 50 Erkrankungen/10.000 EW.

Tab. 3.7 Stadieneinteilung der Tuberkulose

Stadium	Ätiologie	Beschreibung
Latente tuberkulöse Infektion	Erstinfektion	Erreger erfolgreich eingedämmt. Mit einer Latenz von 6–8 Wochen führt die Sensibilisierung spezifischer T-Lymphozyten zu positiver Tuberkulinreaktion, ohne gleichzeitigen radiologisch nachweisbaren Befall der Lunge
Primär-Tbc	Manifeste Erkrankung	Nachweis von Primärkomplexen, meist in der Lunge → Primärherd in infiziertem regionalem Lymphknoten
Postprimäre Tbc	Organtuberkulose mit zeitlicher Latenz nach Primärinfektion	• 80 % Lunge • 20 % extrapulmonale Lokalisation, z. B. in extrathorakalen Lymphknoten, Pleura, Urogenitaltrakt, Knochen, Gelenken und selten anderen Organen
Tuberkulom	Abgekapselter Tuberkuloseherd	Tuberkulöser Rundherd mit verkäsendem Zentrum und umgebenden Granulationsgewebe (→ Abb. 3.5) ohne Gefahr für den Patienten und ohne Symptome, aber schwierig zu diagnostizieren. DD Bronchialkarzinom

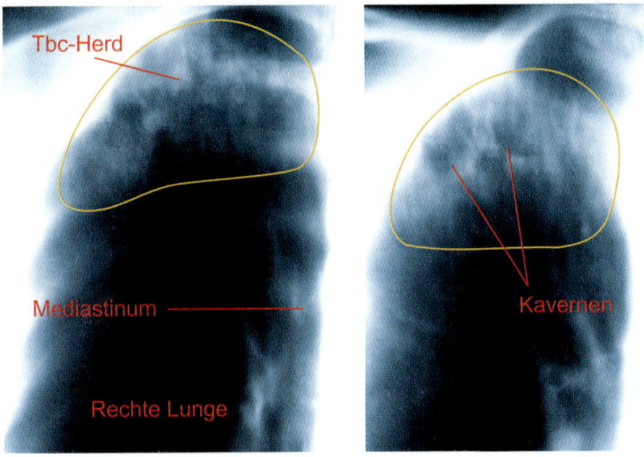

Abb. 3.5 Tuberkuloseherd im Oberlappen mit Kavernenbildung [T 197]

Klinik

- **Allgemein**: Müdigkeit, Gewichtsverlust, subfebrile Temperaturen, Nachtschweiß und Schwäche
- **Bei Lungen-Tbc**: Husten, Auswurf, Dyspnoe, Brustschmerzen und Hämoptysen. Zur Pathogenese der Lungentuberkulose siehe → Abbildung 3.6
- **Bei Organ-Tbc**: Auf dem Blutweg können grundsätzlich alle Organe mit kleinen Organherden (**minimal lesions**) infiziert werden. Am häufigsten sind die Spitzenfelder der Lunge betroffen
- **Miliartuberkulose**: diffuse Aussaat bei abwehrgeschwächten Patienten, entsprechend schweres Krankheitsbild.

Diagnostik

Anamnese. Körperliche Untersuchung.

Röntgen-Thorax. Ist die wichtigste diagnostische Maßnahme bei Verdacht auf Tbc.

Labor:

- Meist unspezifische Entzündungszeichen
- **Positiver Tuberkulin-Test**, ca. sechs Wochen nach Infektion. Der Test bleibt meist positiv und kann deshalb nicht als Verlaufskontrolle, sondern nur als Ausschlusskriterium verwendet werden.
- **Ziehl-Neelsen-Färbung** zum Nachweis säurefester Stäbchen in Sputum (aus Bronchoskopie oder Bronchiallavage), Magensaft oder Urin.
- Bei HIV-Patienten fällt der Tuberkulin-Hauttest häufig falsch negativ aus!

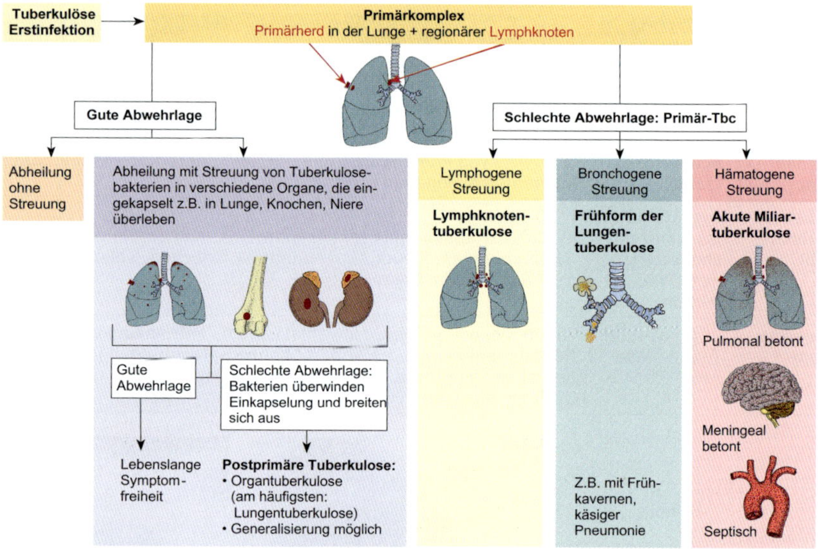

Abb. 3.6 Pathogenese der Lungentuberkulose [L 215]

Differenzialdiagnose

- Pneumonie
- Atypische Pneumonie
- Bronchialkarzinom
- Lungenmetastasen.

Therapie

Medikamentös. Kombinationstherapie mit verschiedenen Tuberkulostatika, um Resistenzen entgegenzuwirken. Für 2–3 Monate **Vierfach-Therapie** mit:

- Isoniazid
- Rifampicin
- Pyrazinamid
- Streptomycin oder Ethambutol.

Anschließend für 4–6 Monate **Zweifach-Therapie** mit Isoniazid und Rifampicin.

Nebenwirkungen der verschiedenen Tuberkulostatika:

- **Isoniazid**: Akne, Transaminasenanstieg, Hepatitis, periphere Neuropathie (→ Vitamin-B_6-Gabe), allergische Hautreaktionen.
- **Rifampicin**: Transaminasenanstieg, Hepatitis, allergische Hautreaktion, thrombozytopenische Purpura.
- **Pyrazinamid**: Hyperurikämie, Anorexie, Brechreiz, Flush, Transaminasenanstieg, Hepatitis, Erbrechen, Arthralgie, allergische Hautreaktion.
- **Streptomycin**: allergische Hautreaktion, Schwindel, Tinnitus, Hörverlust, Ataxie.
- **Ethambutol**: Retrobulbärneuritis, Arthralgien.

Tbc ist meldepflichtig bei Verdacht, Erkrankung und Tod!

Prognose

Tuberkulose ist prinzipiell heilbar, eine rechtzeitige resistenzgerechte Therapie ist jedoch Voraussetzung dafür. Bei eingeschränkter Compliance bezüglich der Einnahme der Tuberkulostatika, bei schweren Begleiterkrankungen sowie hohem Lebensalter verschlechtert sich die Prognose.

Pneumonie

Synonym

Lungenentzündung.

Definition

Akute oder chronische Entzündung des Lungenparenchyms. Die Pneumonie ist die am häufigsten zum Tode führende Erkrankung in den Industrieländern!

Ätiopathogenese

Die Einteilung der Pneumonien erfolgt nach dem Ort der Infektion, nach der Lokalisation in der Lunge (→ Tab. 3.8) und nach den Vorerkrankungen und der Abwehrlage des Patienten (→ Tab. 3.9).

Einteilung **nach dem Ort**, an dem die Infektion erworben wurde:

Ambulant (Community acquired pneumonias):

- Bei Säuglingen:
  - Bakterien: Pneumokokken, Haemophilus influenzae, Staphylococcus aureus, Chlamydia pneumoniae, Mycoplasma pneumoniae
  - Viren: Respiratory-Syncytial-Viren (häufigste nosokomiale Infektionen in Kinderkliniken)
  - Pilze: Pneumocystis jirovecii
- Bei jungen Patienten:
  - Bakterien: Pneumokokken (am häufigsten mit 30–60 %!), Haemophilus influenzae, Chlamydia pneumoniae (ca. 10 %), Legionellen (ca. 5 %), Mycoplasma pneumoniae.
  - Viren: Influenza A und B, Adeno-Viren, Parainfluenza-Viren, Corona-Viren, humanes Metapneumovirus, SARS-Corona-Virus
- Bei älteren Patienten (über 65 Jahre): zusätzlich zu den oben genannten Erregern noch gramnegative Bakterien wie Klebsiella pneumoniae, Enterobacter, E. coli etc.

Nosokomial (Hospital acquired pneumonias):

- Das Erregerspektrum gleicht bis zum 5. Tag der Hospitalisierung dem der ambulant erworbenen Pneumonien. Ausgangsherd ist meist die oropharyngeale Flora. Die Erreger verbreiten sich über Mikroaspiration.
- Nach dem 5. Tag (späte nosokomiale Infektion) erweitert sich das Sprektrum um gramnegative Bakterien: Pseudomonas, Enterobacter, E. coli, Proteus, Serratia, Klebsiella pneumoniae.
- Beatmungsassoziiert: Staphylococcus aureus, Pseudomonas aeruginosa, Klebsiellen, Enterobacter, E. coli.

Tab. 3.8 Einteilung der Pneumonien nach Lokalisation in der Lunge anhand des Röntgenbilds

Bezeichnung	Lokalisation
Lobärpneumonie	Scharf begrenztes, auf einen Lappen beschränktes Infiltrat
Bronchopneumonie	Diffuse, lappenübergreifende Infiltrate
Pleuropneumonie	Infiltrate in der Lunge mit zusätzlichem Pleuraerguss

Tab. 3.9 Einteilung der Pneumonien nach typischen Vorerkrankungen und Abwehrlage des Patienten

Bezeichnung	Vorerkrankung, Abwehrlage
Primäre Pneumonie	Patient ohne Vorerkrankungen
Sekundäre Pneumonie	Erkrankter, abwehrgeschwächter Patient
Opportunistische Pneumonie	HIV-Patienten

Eine Infektion wird als **nosokomial** bezeichnet, wenn sie frühestens **72 Stunden** nach der Hospitalisierung auftritt.

Klinik

Typische Pneumonie. Durch Bakterien wie Pneumokokken. Charakteristisch ist der plötzliche Beginn mit Schüttelfrost, Fieber, Luftnot, Tachykardie, selten Husten und Auswurf. Die Erreger sind oft Pneumokokken. Die Pneumonie ist im Röntgenbild als Lappen- oder Segmentbegrenzung nachweisbar.

Aufgrund der frühen antibiotischen Therapie ist der „typische Verlauf" (→ Tab. 3.10) heute selten geworden.

Atypische Pneumonie. Erreger v. a. Mykoplasmen, Chlamydien, Legionellen und Viren. Langsamer Beginn mit grippeähnlichen Symptomen, Kopf- und Gliederschmerzen, evtl. Reizhusten und leichtem Fieber. Deutlichen Veränderungen im Röntgenbild können unauffällige Auskultationsbefunde gegenüberstehen, da die

Tab. 3.10 Klassischer Verlauf der Lobärpneumonie in vier Stadien

Zeitraum	Stadium	Symptome
1. Tag	Anschoppung	• Dunkelrote, blutreiche Lunge • Crepitatio indux in der Auskultation: ohrnahe RG, einzelne Alveolen enthalten noch Luft
2.–3. Tag	Rote Hepatisation	• Alveolen werden durch fibrinreiches Exsudat ausgefüllt • Gedämpfter Klopfschall und verstärkter Stimmfremitus
4.–8. Tag	Grau-gelbe Hepatisation	Leukozyteninfiltration
nach dem 8. Tag	Lysis	• Lösung des eitrigen Auswurfs, da Fibrin enzymatisch verflüssigt wird • Auskultation Crepitatio redux: Alveolen enthalten wieder Luft

Entzündungsprozesse in der Lunge den Lungenmantel nicht mit einschließen müssen und bei der Auskultation nur Prozesse bis 5 cm Tiefe gehört werden können.

Diagnostik

Anamnese. Fieber, Husten, Auswurf.

Auskultation. Bronchialatmen, positiver Stimmfremitus und Bronchophonie, feinblasige Rasselgeräusche.

Röntgen-Thorax. Vorhandensein von Infiltrat, was das Hauptkriterium zu Diagnosestellung ist.

Labor:
- Blutbild: Antikörper- und Antigennachweis.
- Blutkultur: bei **allen** hospitalisierten Patienten notwendige Maßnahme
- Sputumanalyse: optimal ist die Materialgewinnung aus Bronchiallavage.

Differenzialdiagnose

- Tuberkulose, Bronchialkarzinom, Lungenmykose
- Infarktpneumonie nach Lungenembolie, Sarkoidose
- Exogen-allergische Alveolitis, Lungenödem.

Komplikationen

- Hämotogene oder kontinuierlich Keimverschleppung. Folgen können sein: Otitis media, Meningitis, Endokarditis, Hirnabszess, septischer Schock
- Pleuraergüsse in bis zu 50 % der Fälle, Pleuraemphysem, Pleuritis
- Lungenabszess
- Chronische Pneumonie, wenn sich das Exsudat nicht löst.

Therapie

Allgemein. Bettruhe, symptomatische Therapie des begleitenden Fiebers und ausreichende Flüssigkeitsgabe. Falls nötig, Sauerstoffgabe über Nasenbrille.

Antibiotikatherapie:
- Bei **ambulant erworbener** Pneumonie: Erste Wahl sind β-Lactam-Antibiotika, z. B. Amoxicillin. Wird die Pneumonie stationär behandelt, können Piperacillin + Tazobactam gegeben werden oder Cephalosporine wie Ceftriaxon und Cefotaxim in Kombination mit einem Makrolid-Antibiotikum. Alternativ stehen Levofloxacin oder Moxifloxacin als pneumokokkenaktive Antibiotika zur Verfügung.
- Bei nosokomialer Pneumonie: pneumokokkenaktives Chinolon bei unbekanntem Erreger, z. B. Moxifloxacib oder Levofloxacin, oder Carbapeneme
- Pneumonie bei immunsupprimierten Patienten: Nach Möglichkeit sollte im Vorfeld ein Erregernachweis aus einer bronchioalveolären Lavage versucht werden. Es kann mit einer kalkulierten Kombinationstherapie begonnen werden.

Prognose

Die Letalität der nosokomialen Pneumonien liegt bei ca. 20 %.
Die Prognose von ambulant erworbenen Pneumonien lässt sich anhand des **CRB-65-Scores** einschätzen:
- C = Confusion = Bewusstseinseinschränkung
- R = Atemfrequenz über 30/min
- B = Blutdruck unter 90/60 mmHg
- 65 = Alter über 65 Jahre.

Für das Vorliegen der einzelnen Faktoren wird jeweils ein Punkt gegeben. Für 0 Punkte liegt das

Sterberisiko bei unter 1 %, für 1 Punkt bei 2 %, bei 4 Punkten bei über 25 %.

Lungenabszess

Definition

Nekrotisches Areal in der Lunge mit eitrigem Inhalt.

Ätiopathogenese

Häufig die Folge einer Aspirationspneumonie, wie sie bei Alkoholikern und Patienten mit Schluckstörungen vorkommt. Bei den Erregern handelt es sich um Anaerobier aus der Mundflora. **Seltener** die Folge einer „normalen" Pneumonie mit Staphylokokken, Klebsiellen oder Anaerobiern als Erregern oder die Folge einer Lungenembolie mit sekundärer Infarktpneumonie. Multiple Abszessareale treten bei septischen Embolien nach z. B. i. v. Drogenabusus, Trikuspidalklappenendokarditis oder infizierter Thrombophlebitis auf.

Klinik

- Husten, subfebrile Temperaturen
- B-Symptomatik: Gewichtsverlust, Nachtschweiß, Leistungsknick
- Bei Drainage des Abszesses in einen Bronchus kommt es zu eitrigem, faulig riechendem Auswurf und Foetor ex ore.

Komplikationen

- Durchbruch des Abszessinhalts in die Pleurahöhle → Pleuraemphysem, Pyopneumothorax
- Fistel zwischen Pleuraraum und Luftwegen → Pneumothorax
- Streuung septischen Materials in Lunge und ZNS in Form von Emboli.

Diagnostik

Bildgebende Verfahren. Röntgen- und CT-Aufnahmen sind diagnoseweisend.

- Röntgen-Thorax (→ Abb. 3.7): Nachweis einer Abszesshöhle, häufig mit Spiegelbildung
- Thorax-CT: zum Nachweis von Abszesshöhlen

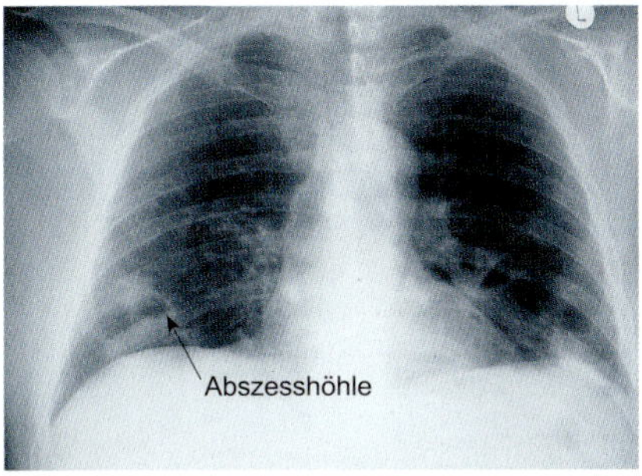

Abb. 3.7 Röntgen-Thorax mit Lungenabszess [M 104]

- Bronchoskopie: Gewinnung von Material zur Erregerbestimmung

Labor:

- Blutbild: Die Entzündungsparameter können unauffällig oder erhöht sein. Das gleiche gilt für die Blutkörperchensenkungsgeschwindigkeit (BSG).
- Blutkultur
- Sputumanalyse
- Erregernachweis zur gezielten Antibiose.

Differenzialdiagnose

Tuberkulöse Kaverne, Bronchialkarzinom, Amöbenabszess.

Therapie

Konservativ. Antibiose für 4–6 Wochen nach Antibiogramm. Behandlung von Anaerobiern z. B. mit Clindamycin oder Chinolonen.

Interventionell. Abszesspunktion unter sonografischer Kontrolle. Eine chirurgische Resektion ist seltener notwendig.

Prognose

Ein milder Verlauf ist möglich. Die Prognose wird durch das Auftreten von Komplikationen bestimmt.

CHECK UP

- ☐ Beschreiben Sie das Erregerspektrum einer Pneumonie bei Kindern und Erwachsenen!
- ☐ Welchen Übertragungsweg hat Mycobacterium tuberculosis!
- ☐ Benennen Sie die Stadien der Pneumonie und ihre Merkmale!
- ☐ Wie sieht die Antibiotika-Kombination zur Tuberkulose-Behandlung aus?

Interstitielle Lungenerkrankungen

Sarkoidose

Synonym
Morbus Besnier-Boeck-Schaumann.

Definition
Akut oder chronisch verlaufende Systemerkrankung, bei der sich nicht-verkäsende epitheloide Granulome bilden.

Ätiopathogenese
Neben einer genetischen Disposition und einzelnen Genmutationen, z. B. das Eiweiß BTNL2 auf Chromosom 6, die das Erkrankungsrisiko erhöhen, ist die Ätiologie weitgehend unbekannt.

Histologie. Es finden sich nicht-verkäsende epitheloide Granulome mit **Langerhans-Riesenzellen** und Lymphozytensaum. In den Riesenzellen erkennt man **Schaumann-Körper** (laminare Kalzium-Protein-Körper) und **Asteroid-Körper** (sternförmige Einschlüsse).
Es liegt eine Störung der T-Zellfunktion vor, was zu einem negativen Tuberkulintest führt, sowie eine Erhöhung der B-Zellfunktion, was eine Hypergammaglobulinämie zur Folge hat.

Klinik
Akuter Verlauf: in 30 % der Fälle. Die akute Sarkoidose wird als **Löfgren-Syndrom** bezeichnet.
- Vor allem junge Frauen sind davon betroffen.
- Typische Trias aus Sprunggelenksarthritis, Erythema nodosum und bihilärer Adenopathie
- Außerdem: Fieber, Husten, erhöhte BSG.

Chronischer Verlauf: in 70 % der Fälle. Der chronische Verlauf zieht sich über mehrere Monate hin, bis erste Symptome auffallen.
- Anfangs oft symptomlos und deshalb häufig ein Zufallsbefund beim Thorax-Röntgen
- Im Verlauf zunehmender Reizhusten und Belastungsdyspnoe.

Early onset sarcoidosis: Die Krankheit manifestiert sich vor dem 5. Lebensjahr mit:
- Uveitis, Arthritis und Exanthem
- Außerdem Müdigkeit, Anorexie, Fieber und Hepatosplenomegalie
- Bei familiärer Häufung spricht man von einem **Blau-Syndrom**.

Manifestationsorte
Haut:
- **Erythema nodosum**: subkutane, rotbläuliche Knoten an den Streckseiten der Unterschenkel, die sehr druckschmerzhaft sind
- **Lupus pernio**: flächenhafte, livide Infiltrationen der Nase und Wangen.

Augen. Uveitis, Iridozyklitis, Befall der Tränendrüsen, Kalkablagerung in Binde- und Hornhaut.

Parotis. Parotitis. **Heerfordt-Syndrom**, wenn mit Uveitis und Fazialisparese kombiniert.

Knochen. Zystische Veränderung der Phalangen der Finger (**Jüngling-Syndrom**).

Nervensystem. Fazialislähmung, Diabetes insipidus, Hypophysenvorderlappeninsuffizienz, granulomatöse Meningitis oder Enzephalitis.

Herz. Granulome im Reizleitungssystem, die für Rhythmusstörungen und den plötzlichen Herztod bei Sarkoidose verantwortlich sind. Myokarditis, Kardiomyopathie.

Lunge. Siehe → Tabelle 3.11.

Komplikationen
Respiratorische Insuffizienz, Cor pulmonale, Bronchiektasen.

Diagnostik
Röntgen-Thorax. Zum Nachweise einer bihilären Lymphadenopathie.

Apparativ. Lungenfunktion zum Nachweis einer restriktiven Ventilationsstörung.

Tab. 3.11 Manifestationsort Lunge: internationale Einteilung der Sarkoidose nach Röntgenthorax-Befund

Typ	Klinik
0	Normalbefund mit Organsarkoidose (selten)
1	Bihiläre Lymphadenopathie: polyzyklisch begrenzte, symmetrische Hilusvergrößerung (reversibles Stadium)
2	Bihiläre Lymphadenopathie + Lungenbefall, der als retikulonoduläre Lungenzeichnung erkennbar ist
3	Lungenbefall ohne Lymphadenopathie
4	Lungenfibrose mit irreversibler Lungenfunktionsminderung

Invasiv:

- **Transbronchiale Biopsie**: histologischer Nachweis nicht-verkäsender Granulome
- **Bronchoalveoläre Lavage**: Zytologie, lymphozytäre Alveolitis, CD4/CD8-Quotient liegt über 5 (normal ist 2).

Hauttest. Tuberkulin-Hauttest ist wegen der T-Helferzellen-Funktionsstörung meist negativ.

Labor:

- BSG bei akuter Form erhöht
- IgG bei 50 % der Patienten erhöht
- Hyperkalzämie und -urie in 15 % der Fälle
- ACE (Angiotensin converting enzym) erhöht. Das ACE kann als Aktivitätsparameter genutzt werden, ist jedoch nicht spezifisch.

Differenzialdiagnose

- In Stadium 1: Tuberkulose, Bronchialkarzinom, mediastinale Metastasen, Morbus Hodgkin, Non-Hodgkin-Lymphom.
- In Stadium 2 und 3: Pneumonie, Miliartuberkulose, Silikose, Lymphangiosis carcinomatosa, Alveolarzellkarzinom.
- In Stadium 4: Lungenfibrose anderer Ursache.

Therapie

Häufig kommt es zu einer Spontanremission, bei akuter Sarkoidose ist dies bei 95 % der Fall. Daher zurückhaltende Indikationsstellung der medikamentösen Therapie mit Kortikosteroiden, da diese sehr viele Nebenwirkungen haben.

Medikamentös. Indikationen für eine **Kortison-Therapie**:

- Stadium 2 mit Verschlechterung der Lungenfunktion
- Hyperkalzämie und -urie
- Organbeteiligung: Augen, Haut, Leber, ZNS, Myokard
- Bei schweren Allgemeinsymptomen, z. B. schwere Arthritis.

Prognose

Bleibende Lungenfunktionseinschränkungen treten in 20–30 % der Fälle auf, in 10 % kommt es zu einer Lungenfibrose. Tödliche Komplikationen treten bei ca. 5 % der Patienten auf.

Pneumokoniosen

Synonym

Staubinhalationskrankheiten.

Definition

Durch Inhalation von anorganischem Staub ausgelöste Lungenerkrankung, die zur Lungenfibrose führt.

- **Silikose**: durch Inhalation von Quarzstaub
- **Asbestose**: durch Inhalation von Asbeststaub.

Ätiopathogenese

Silkose. Nach Inhalation der kristallinen Quarzstaubpartikel werden diese von Alveolarmakrophagen phagozytiert. Nach dem Untergang der Makrophagen werden die Partikel zusammen mit Proteasen und fibroblastenaktivierenden Stoffen freigesetzt. Es kommt zur Ausbildung von bindegewebigen Knötchen, die aus quarzstaubbeladenen Makrophagen mit einer Faserhülle aus Kollagen und einem zellfreien Zentrum bestehen. Durch Konfluieren der Knötchen bilden sich Schwielen mit entsprechender Verformung der Lunge. Durch Schrumpfung entsteht ein perifokales Emphysem.
Vorkommen: Steinbruchindustrie, Metallhütten, Walzwerke, Sandstrahlarbeiten, Glas-Keramik-Porzellanindustrie.

Asbestose. Die Asbestfasern haben eine fibrinogene und karzinogene Wirkung. Die Fibrose entsteht durch das Eindringen der Asbestfasern in den Pleura- und Subpleura-Raum. Es kommt zur frustranen Phagozytose der Partikel und dadurch zur Ausbildung einer Lungenfibrose.
Vorkommen: asbestverarbeitende Industrie – Asbest in Zement, Textilien und Isolierungen.

Klinik

Silikose:

- Kann über Jahre asymptomatisch verlaufen
- Symptome in späteren Stadien:
  - Belastungsdyspnoe, pulmonale Hypertonie und Cor pulmonale, COPD
  - rezidivierende pulmonale Infekte bis zur terminalen respiratorischen Insuffizienz.

Asbestose. Es gibt **keine** spezifischen **Frühsymptome**.

- Im **Spätstadium** Trias aus: Dyspnoe, Fibrose der Lunge im Röntgen-Thorax (bevorzugt in den Unterlappen) und Knistern über der Lunge
- Pleuraplaques können schon vor Aufkommen von Symptomen nachgewiesen werden.
- Weitere Manifestationen: Asbestpleuritis, Mesotheliom, Bronchialkarzinom.

Diagnostik

Silikose:
- Berufsanamnese: Quarzstaubexposition über Jahre
- Röntgen-Thorax: diffuse, netzartige Verschattung in den Mittelfeldern, verkalkte Lymphknoten im Hilusbereich (sog. Eierschalenhilus)
- CT: kleine Knötchen, pleurale Pseudoplaques, zentrilobuläres Emphysem, hiläre Lymphadenopathie (Eierschalen-Kalk)
- Lungenfunktion: restriktive und obstruktive Funktionsstörung
- Bronchoskopie: Nachweis von Silikaten in Alveolarmakrophagen, Nachweis von vernarbenden Granulomen in transbronchialer Biopsie.

Asbestose:
- Berufsanamnese: asbestverarbeitende Industrie
- Röntgen-Thorax: Nachweis von Pleuraplaques, handtellergroßen Pleurafibrosen, Pleuraerguss, Lungenfibrose
- CT: zum Nachweis von pulmonaler und pleuraler Fibrose
- Lungenfunktion: restriktive Ventilationsstörung
- Bronchoskopie: Mikroskopischer Nachweis von Asbestkörperchen, die als proteinumhüllte Asbestfasern zu erkennen sind.

Therapie

Für beide Erkrankungen ist die **Expositionsprophylaxe** am wesentlichsten. Behandlung der obstruktiven und restriktiven Komponenten der jeweiligen Erkrankung. Behandlung eines Bronchialkarzinoms und Raucherkarenz.

Exogen-allergische Alveolitis

Synonym

Hypersensitivitätspneumonitis.

Definition

Hypersensitivitätsreaktion der Lunge nach Inhalation organischer Antigene.

Ätiopathogenese

Vor allem **berufliche Exposition** gegenüber Antigenen:
- Tierische Proteine: Vogelzüchter, Tierhändler, Laboranten
- Mikroorganismen: Farmer, Befeuchter, Käsewäscher, Pilzzüchter, Saunagänger
- Chemische Stoffe: Chemiearbeiter, Epoxidharzlunge. Pyrethrum-Pneumonitis, die durch ein aus Chrysanthemenblüten extrahiertes Stoffgemisch ausgelöst wird.

Die Hypersensitivitätsreaktion erfolgt über Immunkomplex und zellgebundene Reaktionen. Es bilden sich präzipitierende Antikörper vom **Typ IgG**. Prädisponierende genetische Faktoren spielen bei der Ausbildung einer exogen-allergischen Alveolitis eine Rolle.

Klinik

Akuter Verlauf:
- Krankheitsbegin 4–8 Stunden nach Antigenexposition
- Husten, Dyspnoe, Fieber, evtl. Grippesymptome
- Nach Beendigung der Exposition Abklingen der Symptome innerhalb von 24 Stunden.

Chronischer Verlauf:
- Beginn ist schleichend
- Husten und Dyspnoe sind zunehmend, evtl. Müdigkeit und Gewichtsverlust.

Komplikationen

Lungenfibrose, Cor pulmonale.

Diagnostik

Anamnese. Berufsanamnese und Klinik.

Röntgen-Thorax:
- Im akuten Stadium: fleckförmige Infiltrate
- Im chronischen Stadium: retikulonoduläre Infiltrate.

Lungenfunktionstest. Restriktive Ventilationsstörung, verminderte Vitalkapazität, Totalkapazität, Compliance und Diffusionskapazität.

Invasiv. Bronchoalveoläre Lavage zum Nachweis präzipitierender Antikörper.

Labor. Leukozytose, BSG erhöht.

Differenzialdiagnose

Asthma bronchiale, Pneumonie, toxisches Lungenödem.

Therapie

Allgemein. Allergenkarenz. Nach einem Berufswechsel klingen die Symptome meist ab.

Medikamentös. Bei akuten Beschwerden Gabe von Kortikosteroiden.

Prognose

Nach Berufswechsel günstige Prognose.

Idiopathische Lungenfibrose

Definition

Lungenfibrose ohne feststellbare auslösende Grunderkrankung.

Ätiopathogenese

Die Ätiologie ist unbekannt. Seit 2000 gilt die idiopathische Lungenfibrose als eigenständige Lungenerkrankung.

Klinik

Leitsymptome: Belastungsdyspnoe und unproduktiver Husten. Oft weisen die Patienten Uhrglasnägel und Trommelschlägelfinger auf. Dazu kommen Gewichtsverlust und Leistungsknick sowie pulmonaler Hypertonus und Cor pulmonale.

Diagnostik

Anamnese und körperliche Untersuchung.

Apparativ. Lungenfunktion: restriktive Ventilationsstörung, respiratorische Partialinsuffizienz.

Bildgebende Verfahren:
- Röntgen-Thorax lässt eine retikulonoduläre Zeichnungsvermehrung v. a. in den Unterfeldern erkennen, Wabenlunge
- HR-CT: milchglasartige Verschattung, Fibrose-Areale mit Bronchiektasien.

Invasiv:
- Bronchoalveoläre Lavage: Vermehrung von neutrophilen und eosinophilen Granulozyten (unspezifisch)
- Evtl. transbronchiale Biopsie zum Nachweis einer Fibrose.

Therapie

Medikamentös. Glukokortikoide mit Azathioprin oder Cyclophosphamid. Keine Beeinflussung des Verlaufs der Erkrankung durch bekannte Medikationen.

Prognose

Nach Diagnosestellung beträgt die Lebenserwartung nur 3 Jahre. Der Verlauf ist progredient und endet in einer respiratorischen Insuffizienz.

CHECK-UP

- ☐ Beschreiben Sie die charakteristische Histologie der Sarkoidose!
- ☐ Welche Symptome zeigen sich bei einer Lungenfibrose?
- ☐ Wie lautet der histologische Befund zum Nachweis einer Asbestose oder Silikose?

Neoplastische Lungenerkrankungen

Bronchialkarzinom

Synonym

Lungenkrebs.

Ätiopathogenese

Risikofaktoren:
- Karzinogene
  - Rauchen ist für 85 % der Bronchialkarzinome verantwortlich, 40 Package-years führen zu einem 10-fach erhöhten Erkrankungsrisiko. Rauchbeginn im Jugendalter erhöht das Risiko 30-fach. Zusätzliche Exposition gegenüber beruflichen Karzinogenen (Asbest) potenziert das Risiko.
  - Berufliche Karzinogene sind für 5 % der Erkrankungen verantwortlich.
  - Umweltnoxen: Passivrauchen, Radon in Wohnungen, Industrie- und Verkehrsabgase
- Genetische Disposition
- Lungennarben.

Einteilung nach Ausbreitung und Lage:
- **Zentrales Bronchialkarzinom** (70 %): meist kleinzelliges Karzinom oder Plattenepithelkarzinom
- **Peripheres Bronchialkarzinom** (25 %): Rundherd im Röntgenbild zu erkennen
- **Diffus wachsendes Bronchialkarzinom** (3 %): Alveolarzellkarzinom führt zu einer Krebspneumonie.

Histologische Einteilung:
- **Kleinzelliges Bronchialkarzinom** (small cell lung cancer, SCLC.15 %): hat die schlechteste Prognose. In 80 % der Fälle schon Metastasierung bei Diagnosestellung. Ist vorwiegend zentral lokalisiert. Auch **oat cell carcinoma**

Tab. 3.12 Vereinfachte TNM-Klassifikation des kleinzelligen Bronchialkarzinoms

Stadium	Pathogenese
1 – Very limited disease	T_1 oder T_2 ohne ipsilaterale hiläre Lymphknotenmetastasen
1 bis 3 – Limited disease	Bronchialkarzinom begrenzt auf eine Lungenhälfte • Mit oder ohne ipsilaterale hiläre oder mediastinale Lymphknotenmetastasen • Mit oder ohne supraklavikuläre oder Skalenus-Lymphknotenmetastasen und/oder Pleuraerguss
4 – Extended disease	Alle Stadien über Limited disease hinaus

Tab. 3.13 TNM-Stadieneinteilung des nicht-kleinzelligen Bronchialkarzinoms nach der International Union Against Cancer (UICC)

Stadium	Befund
T_X	Positive Zytologie
T_1	≤ 3 cm, keine Invasion von Karina oder Pleura
T_3	≥ 3 cm, Ausdehnung bis zum Hilus
T_4	Infiltration von Brustwand, Pleura, Zwerchfell, Perikard; Vorhandensein von Atelektasen
N_1	Ipsilateraler Hiluslymphknotenbefall
N_2	Ipsilateraler mediastinaler Lymphknotenbefall
N_3	Befall der kontralateralen hilären oder mediastinalen Lymphknoten sowie der supraklavikulären Lymphknoten
M_1	Fernmetastasen, einschließlich extrathorakale Lymphknotenmetastasen
G_1–G_4	Einteilung des Differenzierungsgrads (G_1 gut differenziert bis G_4 undifferenziert)

genannt, da die Zellen Haferkörnern ähneln. Die Karzinome können zu paraneoplastischen Phänomenen führen: Sezernierung der Hormone ACTH und Calcitonin. Zur Stadieneinteilung siehe ➜ Tabelle 3.12
- **Nicht-kleinzelliges Bronchialkarzinom** (non small cell lung cancer, NSCLC. 85 %):
  - Plattenepithelkarzinom (40 %): vorwiegend zentral gelegen
  - Adenokarzinom (35 %): oft peripher gelegen. Häufigste Form bei Nichtrauchern. Zu 40 % Narbenkarzinom
  - Zur Stadieneinteilung (Staging) siehe ➜ Tabelle 3.13
- **Großzelliges Bronchialkarziom** (10 %).

Metastasierung

Regionär:
- Lymphknotenbefall
- Ereignet sich frühzeitig.

Hämatogene Fernmetastasen:
- Häufig in Leber, Gehirn, Nebennieren und Skelett (besonders Wirbelsäule)
- Beim kleinzelligen Bronchialkarzinom sind Fernmetastasen häufig schon bei Diagnosestellung vorhanden.

Klinik

Im **Frühstadium** fehlen typische, diagnoseerleichternde Symptome, sodass die Erkrankung meistens erst spät erkannt wird.

Erste Symptome sind Husten, Hämoptysen, rezidivierende Pneumonien, Atemnot und atemabhängiger Pleuraschmerz sowie Müdigkeit und Gewichtsverlust.

Spätsymptome sind Rekurrenzparese (Heiserkeit), Phrenikuslähmung (Zwerchfellhochstand), Pleuraexsudat (Pleuraerguss, Pleuritis carcinomatosa) und Einflussstauung.

Zusätzlich je nach Art und Ausprägung des Tumors:
- **Pancoast-Syndrom**: Bronchialkarzinom der Lungenspitze, Pleurakuppe und Thoraxwand werden involviert, was zu Nervenschädigung und Destruktion der 1. Rippe und des 1. BWK führen kann. Symptome sind Schmerzen in der Schulter, Interkostalneuralgie, Horner-Syndrom (Miosis, Ptosis, Enophthalmus) und

Armschwellung durch Lymph- und Venenstauung
- **Paraneoplastische Syndrome**: vor allem bei den kleinzelligen Bronchialkarzinomen. Beispiele sind:
  - Syndrom der inadäquaten ADH-Sekretion durch Sekretion ADH-ähnlicher Substanzen
  - Hyperkalzämie durch Sekretion parathormonähnlicher Substanzen
  - Cushing-Syndrom durch ACTH-ähnliche Substanzen
- **Bronchoalveoläres Adenokarzinom**: seltene Form. Diffus lokalisiert und deshalb meist inoperabel. Im Röntgenbild ähnelt es einer chronischen Pneumonie. Symptome sind Reizhusten und schleimig-wässriger Auswurf
- Erstmanifestation als Metastase.

Diagnostik

Vorab ist zu klären: Wo ist der Tumor lokalisiert? Wie ist die histologische Klassifikation. Bestehen Fernmetastasen und wie ist die Operabilität und Behandelbarkeit des Tumors?

Anamnese und Untersuchung. Husten, Gewichtsverlust.

Bildgebende Verfahren:
- Röntgen-Thorax: Verschattungen, Rundherde, Atelektasen, Mediastinalverschiebungen, Pleuraerguss bei Pleuritis carcinomatosa
- CT: Nachweis und Lokalisation von Tumor
- Positronenemissions-Tomografie (PET): hohe Sensitivität und relativ gute Spezifität. Dargestellt werden Zellen mit erhöhter Stoffwechselaktivität, ab einem Durchmesser von 1–2 cm
- Endosonografie: Sonografie durch den Ösophagus. Hochspezifisch und sensibel. Mediastinale Lymphknoten können dargestellt und feinnadelpunktiert werden.
- Fluoreszenz-Bronchoskopie: eignet sich zum Nachweis von Frühkarzinomen. Zellen mit maligner Entartung weisen ein charakteristisches Autofluoreszenzmuster auf.

Apparativ. Lungenfunktion zur Prüfung der Operabilität.

Differenzialdiagnose

Husten und Brustschmerzen anderer Ursache.

> Jeder über 4 Wochen andauernde Husten muss abgeklärt werden und ist karzinomverdächtig, vor allem bei Rauchern ab dem 40. Lebensjahr.

Therapie

Die Therapie ist abhängig von der histologischen Klassifikation:

Kleinzelliges Bronchialkarzinom. Wird primär chemotherapeutisch behandelt. Damit kann eine 60–90-prozentige Remissionsrate für das limited disease und eine 30–80-prozentige Remissionsrate für das extensive disease erreicht werden. Behandlungsdauer: 4–6 Zyklen in 3–4-wöchigem Abstand. Beim limited disease wird meist eine prophylaktische Herd- und Schädelbestrahlung an die Chemotherapie angeschlossen.

Inoperabilität besteht dann, wenn:
- Die Begleiterkrankungen zu gravierend oder die Lungenfunktion zu schlecht ist (**funktionelle Inoperabilität**).
- Fernmetastasen vorhanden sind oder der Tumor sich über die Lunge hinaus ausgebreitet hat (**anatomische Inoperabilität**).

Nicht-kleinzelliges Bronchialkarzinom. Je nach Prüfung der Operabilität kann eine Lobektomie, Pneumektomie oder Segmentresektion vorgenommen werden. Zur Verbesserung der Prognose kann eine adjuvante Chemotherapie durchgeführt werden. Inoperabile Karzinome werden fraktioniert mit 60–70 Gy bestrahlt (palliativ oder kurativ). Komplikationen sind dabei Strahlenpneumonitis oder -ösophaghitis.

Prognose

Die Prognose ist insgesamt schlecht. Bei neu diagnostiziertem Bronchialkarzinom beträgt die 5-Jahres-Überlebensrate nur 5 %. Zwei Drittel der Patienten sind schon bei Aufnahme in die Klinik inoperabel. Die Frühdiagnose ist prognoseweisend!

CHECK-UP

- ☐ Wie wirkt sich die histologische Einteilung des Bronchialkarzinoms auf die Therapie aus?
- ☐ Wie ist das diagnostische Vorgehen bei Verdacht auf ein Bronchialkarzinom?
- ☐ Benennen Sie die Früh- und Spätsymptome des Bronchialkarzinoms!

Erkrankungen der Pleura

Pneumothorax

Synonym

„Pneu".

Definition

Eine Luftansammlung im Pleuraraum mit:

- **offener Pneu** aufgrund einer Öffnung in der Thoraxwand oder durch Verbindung zum Bronchialsystem
- **geschlossener Pneu**, d. h. ohne Öffnung zur Außenluft.

Ätiopathogenese

Pneumothorax. Durch Eröffnung des Pleuraraums und durch bedingten Einstrom von Luft wird der physiologische Unterdruck im Pleuraraum aufgehoben und die Lunge zieht sich, ihrer natürlichen Elastizität folgend, zusammen.

Spannungspneu. Durch einen Ventilmechanismus gerät bei der Inspiration Luft in den Pleuraraum, die nicht wieder entweichen kann. Durch den damit verbundenen Druckanstieg kommt es zur Verlagerung des Mediastinums zur gesunden Seite hin und zur Kompression der gesunden Lunge, was den venösen Rückstrom behindert. Das Herzzeitvolumen sinkt, während der zentrale Venendruck steigt, was zum akuten Kreislaufversagen führen kann.
Generell wird unterschieden in:

- **Spontanpneu**: am häufigsten idiopathisch, vor allem bei jungen, asthenischen Männern, oder sekundär bei vorbestehenden Lungenerkrankungen
- **Traumatisch bedingter Pneu**: durch Rippenfrakturen oder penetrierende Verletzungen
- **Iatrogener Pneu**: nach Pleurapunktion, Subklaviakatheter, Überdruckbeatmung oder Operationen am Thorax.

Klinik

Meist initial stechender Schmerz, dann oft Reizhusten, Dyspnoe, evtl. Tachypnoe.

Diagnostik

Anamnese. Früherer Pneu, Schmerzen, Thoraxtrauma.

Körperliche Untersuchung:

- Auskultation: abgeschwächtes Atemgeräusch (seitenvergleichend auskultieren), fehlender Stimmfremitus
- Perkussion: Hypersonorer Klopfschall.

Bildgebende Verfahren:

- Röntgen-Thorax: Aufnahme im Stehen in Exspiration, um Luftsaum nachzuweisen
- CT-Thorax: zum Nachweis von Emphysemblasen.

Therapie

Kleine Spontanpneus (Mantelpneus). Haben diese im Röntgenbild nur die Größe eines Querfingers, können sie sich innerhalb einiger Tage resorbieren. Bettruhe und flaches Liegen sowie Sauerstoffatmung über eine Maske beschleunigen die Resorption.

Symptomatischer Pneumothorax. Bei größerer Luftansammlung über 15 % des Hemithoraxvolumens müssen die Patienten mit einer Thoraxdrainage behandelt werden.

Spannungspneu. Hier wird notfallmäßig eine Entlastung geschaffen durch Punktion im 2. Interkostalraum (ICR) medioklavikulär mit großlumiger Kanüle, über die ein eingeschnittener Gummifingerling gestülpt ist.

> **Thoraxdrainage** (Pleurasaugdrainage):
> - **Bülau-Saugdrainage**: Durchtrittsstelle ist der 4. ICR in der hinteren Axillarlinie. Die Katheterspitze sollte bis in Höhe des 2. ICR vorgeschoben werden.
> - **Monaldi-Lage**: Durchtrittsstelle ist der 2. ICR in der Medioklavikularlinie.
>
> Nach Anlage der Drainage muss diese fixiert und die Wunde gut abdichtend verbunden werden. Ein Sog von ca. –20 cmH_2O wird angeschlossen.

Prognose

Die Erkrankung neigt zu Rezidiven. Deshalb wird nach erfolgtem Pneu körperliche Schonung über 6 Monate empfohlen. Fliegen und Tauchen sind mit einem erhöhten Pneumothorax-Risiko verbunden.

Pleuraerguss

Definition

Ansammlung von Flüssigkeit zwischen den Pleurablättern.

Ätiopathogenese

Ursachen für die vermehrte Bildung oder den verminderten Abbau und Abtransport von Flüssigkeiten im Pleuraspalt oder dem umgebenden Gewebe sind:

- **Maligne Prozesse** (50 %): Bronchialkarzinom, metastasierendes Mammakarzinom, maligne Lymphome, Nierenzellkarzinom, Ovarialkarzinom
- **Infektiöse Ursachen** (30 %): bakterielle Infektionen, vor allem Pneumonien und Tuberkulose
- **Herzinsuffizienz** (10 %): Stauungsexsudat
- Seltenere Ursachen: Hypoalbuminämie, subphrenischer Abszess, akute Pankreatitis, Erguss bei rheumatischen Systemerkrankungen, Postmyokardinfarkt-Syndrom (Dressler-Syndrom), Postkardiotomie-Syndrom.

Nach **Art der Ergussbildung** wird unterschieden in:

- **Transsudat**: entsteht durch niedrigen kolloidosmotischen Druck des Plasmas. Vor allem bei Leberzirrhose, dekompensierter Linksherzinsuffizienz und Lungenembolie
- **Exsudat**: entsteht durch gesteigerte Kapillarpermeabilität. Vor allem bei Malignomen, Pneumonie und Lungenembolie (letztere kann Trans- und Exsudat verursachen).

Klinik

Dyspnoe, wobei sich der Schweregrad nach der Ergussmenge richtet.

Diagnostik

Anamnese. Vorerkrankungen.

Körperliche Untersuchung:

- Perkussion: Basale Klopfschalldämpfung. Nach lateral aufsteigende Ergusslinie (**Ellis-Darmoiseau-Linie**). Ein Ergussnachweis ist erst ab 300 ml möglich.
- Auskultation: Abgeschwächtes Atemgeräusch.

Bildgebende Verfahren:

- Sonografie: sensitivster Nachweis schon kleiner Ergussmengen (ab 20 ml)
- Röntgen-Thorax: Im Liegen sind Ergüsse ab 100 ml, im Stehen ab 200 ml zu sehen.
- Thorakoskopie: makroskopische Beurteilung, Biopsien.

Invasiv. Pleurapunktion zur Untersuchung der Pleuraflüssigkeit auf Eiweißgehalt, LDH, Bakterien und Zellen.

Differenzialdiagnose Pleuraerguss

Parameter	Transsudat	Exsudat
Spezifisches Gewicht	< 1,016	> 1,016
Eiweiß	≤ 30g/l	≥ 30 g/l
$\text{Protein}_{\text{Erguss}}$/ $\text{Protein}_{\text{Serum}}$	≤ 0,5	≥0,5
Weiter Befunde im Exsudat		
Akute Entzündung		Neutrophilie
Chronische Entzündung, Tbc, abheilende virale Infektion		Lymphozytose
Maligner Erguss		$\text{LDH}_{\text{Erguss}}$/ $\text{LDH}_{\text{Serum}}$ > 1
Blut, Luft in Pleurahöhle, Churg-Strauss-Syndrom, Echinokokken, Asbetose		Eosinophilie
Pankreatits, maligner Erguss		Amylase ↑
Chylothorax		Triglyzeride ↑
Pseudochylothorax		Cholesterin ↑

Therapie

Kausal. Behandlung der Grunderkrankung.

Symptomatisch:

- Pleurapunktion: Abpunktion von max. 1.500 ml, da sonst ein Reexpansionsödem droht
- Anlage einer Drainage bei rezidivierenden Ergüssen
- Pleurodese bei malignen Ergüssen mit Tetracyclin, Fibrin oder Talkum-Puder.

Prognose

Die Prognose ist von der auslösenden Grunderkrankung abhängig.

Pleuritis

Synonym

Rippenfellentzündung, Brustfellentzündung.

Definition

Pleuritis exsudativa: Entzündung der Pleura **mit** Pleuraerguss.
Pleuritis sicca: Entzündung der Pleura **ohne** Pleuraerguss.

Ätiopathogenese

Ursachen:

- Tuberkulose; Coxsackie-B-Virusinfektionen
- Begleitpleuritis bei Pneumonien, Oberbaucherkrankungen, Lungenembolie und Malignomen.

Klinik

Pleuritis sicca. Die trockene Rippenfellentzündung ist häufig Vorläufer der exsudativen Form. Symptome sind starke atemabhängige Schmerzen und trockener Reizhusten.

Pleuritis exsudativa. Die feuchte Rippenfellentzündung ist schmerzlos. Je nach Ergussbildung kann es zu Dyspnoe kommen, evtl. Fieber.

Diagnostik

Anamnese. Atemabhängige Schmerzen, Dyspnoe.

Auskultation:

- Bei Pleuritis sicca: atemsynchrones Pleurareiben (Lederknarren)
- Bei Pleuritis exsudativa: ergussbedingtes abgeschwächtes Atemgeräusch.

Klärung der Ätiologie. Ursächliche Erkrankung, evtl. Ergusspunktion mit Zytologie und Bakteriologie.

Therapie

Therapie der Grunderkrankung und des evtl. vorhandenen Pleuraergusses (s. o.).

Prognose

Die Prognose ist von der auslösenden Grunderkrankung abhängig.

Pleuramesotheliom

Definition

Tumor der parietalen Pleura, der v. a. lokal in andere Gewebe, z. B. Lunge und Thoraxwand, einwächst und spät metastasiert.

Ätiopathogenese

Fast immer gab es in der Vorgeschichte eine **Asbestexposition**.

> Ein Pleuramesotheliom ist als Berufskrankheit anerkannt und meldepflichtig.

Klinik

Meistens erst bei fortgeschrittenem Wachstum: atemabhängige Schmerzen, Gewichtverlust.

Diagnostik

Bildgebende Verfahren. Im Röntgenthorax verdickte Pleura, begleitender Pleuraerguss. Im CT Zeichen der Asbestexposition: Pleuraplaques, Lungenfibrose.

Endoskopisch. Thorakoskopische Biopsie, Asbestfasern in Alveolarmakrophagen in der Bronchiallavage.

Immunhistologie. Vimentin (neuroektodermal), Calretinin, BerEp4, Thrombomodulin, Zytokeratin 5.

Therapie

Eine kurative Operation ist oft nicht mehr möglich. Der Tumor wächst langsam, aber aggressiv und ist weder strahlen- noch chemotherapiesensibel. Erste prognoseverbessernde Ansätze mit einem Folsäureantagonisten (Pemetrexed). Es bleibt eine palliative Therapie. ggf. Pleurodese.

Prognose

Schlecht. Die meisten versterben innerhalb 18 Monaten.

CHECK-UP

- ☐ Nennen Sie die Ursachen für einen Pleuraerguss!
- ☐ Nennen Sie die Ursachen eines Pneumothorax!
- ☐ Beschreiben Sie die Formen einer Pleuritis und ihre Klinik!

Störungen des Lungenkreislaufs

Akutes Lungenversagen

Synonym

Acute respiratory distress syndrome (ARDS).

Definition

Schwerwiegendste Form der akuten alveolären Schädigung einer vorher gesunden Lunge, hervorgerufen durch unterschiedliche Auslöser.

Definierende Parameter:

- Der Beginn ist akut.
- Im Röntgen-Thorax-Bild sind beidseitig diffuse Verschattungen zu sehen.
- Eine Linksherzinsuffizienz ist ausgeschlossen.
- Der Quotient aus arteriellem Sauerstoffpartialdruck und inspiratorischer Sauerstoffkonzentration ist kleiner als 200 mmHg.

Ätiopathogenese

Das ARDS wird ausgelöst durch:

- **Direkte Lungenschädigung**:
  - Durch die Aspiration von Magensaft, Süß- oder Salzwasser (Beinahe-Ertrinken)
  - Durch die Inhalation von toxischen Gasen (NO_2, Rauchgas etc.) oder hyperbarem Sauerstoff (durch maschinelle Beatmung)
  - Pneumonie (bei Beatmungspflichtigen), Lungenkontusion
- **Indirekte Schädigung**:
  - Sepsis, Schock, Traumata wie Polytrauma, Fettembolie, Schädel-Hirn-Trauma oder Verbrennungen
  - Akute Pankreatitis, Verbrauchskoagulopathie, Knochenmark- oder Stammzelltransfusion.

Der Ablauf der Krankheit umfasst 3 Stadien:

1. **Exsudative Phase**: gesteigerte Kapillarpermeabilität und dadurch ausgelöstes interstitielles Lungenödem
2. **Verminderte Bildung von Surfactant factor** durch den Untergang von Pneumozyten, was zum Übertritt von Flüssigkeit in die Alveolen und damit zu einem alveolären Lungenödem führt. Es bilden sich hyaline Membranen, Mikroatelektasen und intrapulmonale Shunts, was Hypoxie zur Folge hat.
3. **Proliferative Phase**: Es kommt zur Lungenfibrose und Endothelproliferation der Alveolarkapillaren und damit zur Verschlechterung der Diffusion.

Klinik

Leitsymptom ist zunächst ist die Hypoxämie. Als Konsequenz kommt es zu Hyperventilation und respiratorischer Alkalose. Im Verlauf nimmt die Atemnot zu und im Röntgenbild sind deutliche Verschattungen beider Lungen zu sehen. Schließlich kommt es zur respiratorischen Globalinsuffizienz und respiratorischer Azidose.

Diagnostik

3 Diagnosekriterien:

- Ein Auslösefaktor, der zu akutem Lungenödem führt, bei ausgeschlossenem Linksherzversagen
- Therapierefraktäre Hypoxämie
- Bilaterale diffuse Verschattungen im Röntgenbild.

Bildgebende Verfahren:

- Echokardiografie: zum Ausschluss einer Linksherzinsuffizienz
- Röntgen-Thorax: zur Verlaufskontrolle.

Funktiosdiagnostik. Der Lungenfunktionstest zeigt frühzeitig, dass Compliance und Diffusionskapazität vermindert sind.

Therapie

Kausal. Schock-, Sepsisbehandlung, Behandlung einer disseminierten intravasalen Gerinnung.

Lungenprotektive Beatmung. Frühzeitig mit BEEP beatmen. Niedrige Sitzendrücke, um eine weitere Schädigung der Lunge zu vermeiden. Eine leichte Hyperkapnie tolerieren und die Lunge nicht erzwungenermaßen voll ventilieren: permissive Hyperkapnie mit tolerierten pCO_2-Werten bis 100 mmHg.

Unterstützende Maßnahmen. Unter anderem niedrig dosierte Heparinisierung, Lagerungwechsel sowie akkurate Flüssigkeitsbilanzierung, um hohe zentralvenöse Drücke zu vermeiden.

Apparativ. In schweren Fällen ist eine **extrakorporale Membranoxygenierung** (ECMO) angezeigt.

Operativ. Die Ultima Ratio ist eine Lungentransplantation.

Prognose
Die Letalität bei Sepsis und Multiorganversagen liegt über 80 %, bei posttraumatischen ARDS ohne Thoraxtrauma bei 10 %.

Lungenembolie

Definition
Embolischer Verschluss einer Pulmonalarterie durch einen Thrombus, meist aus den tiefen Bein- oder Beckenvenen.

Ätiopathogenese
Zu 90 % stammen die Thromben aus einer tiefen Beinvenenthrombose, seltener aus dem rechten Vorhof oder der V. cava superior. Am häufigsten ist die rechte Arteria pulmonalis betroffen.
Auslösende Faktoren sind:
- Aufstehen nach Immobilisation
- Plötzliche körperliche Anstrengung oder Bauchpresse, z. B. Pressen beim Stuhlgang.

Ablauf der Lungenembolie in drei Phasen:
1. Durch die **Verlegung des Pulmonalarterienstamms** kommt es zu einem plötzlichen Anstieg des Lungengefäßwiderstands und damit zur Erhöhung der Nachlast. Der rechte Ventrikel ist akut belastet (**akutes Cor pulmonale**).
2. Die **Totraumventilation** nimmt zu. Die betroffenen Lungenareale sind normal belüftet, nehmen aber nicht mehr am Gasaustausch teil, da sie nicht perfundiert sind. Es kommt zur **arteriellen Hypoxämie** und **Myokardischämie**. Die Hypoxämie bedingt weiter die reflektorische Freisetzung von vasokonstriktorischen Mediatoren, welche zusätzliche **Spasmen der Pulmonalgefäße** bewirken, wodurch die Nachlast weiter steigt.
3. Da das rechte Herz auf die erhöhten Druckverhältnisse nur sehr begrenzt adaptiv – mittels Kontraktilitätssteigerung – reagieren kann, kommt es zu **Insuffizienz** und damit zu einem Unterangebot an das linke Herz. Das Herzzeitvolumen (HZV) fällt ab. Es kann auch durch periphere Vasokonstriktion nicht mehr ausgeglichen werden. Die Folgen sind **Blutdruckabfall** und **Schock**.

Klinik
Die Lokalisation und die Schwere des Gefäßverschlusses sind entscheidend für die klinische Ausprägung (→ Tab. 3.14). **Kleinere rezidivierende Verschlüsse** können zunächst klinisch stumm sein und über Jahre aufgrund der Einschränkung des Gefäßbaums zu einer pulmonalen Hypertonie führen.
Große Hauptstammembolien können zu Herzstillstand und sofortigem Tod führen. Klinik großer Gefäßverschlüsse:
- Plötzliche Atemnot, Synkope
- Atemabhängige Schmerzen im Thorax, oft begleitet von Beklemmungsgefühl
- Tachypnoe und Tachykardie, evtl. blutiger Husten
- Bei maßiven Embolien können zusätzlich Zyanose, Hypotonie und Schock mit Kreislaufversagen hinzukommen.

Tab. 3.14 Schweregrade der Lungenembolie nach Grosser

Schweregrad	Klinik	Gefäßverschluss	Arterieller Blutdruck	Mittlerer Pulmonal-Arteriendruck	pO_2
I – mittelgradig	• Leichte Dyspnoe • Thoraxschmerz	Periphere Äste	Normal	Normal (bis 20 mmHg)	ca. 80 mmHg
II – schwer	• Akute Dyspnoe • Tachypnoe • Thorax-Schmerz	Segment-Arterien	Normal	16–25 mmHg	70 mmHg
III – massiv	• Akute, schwere Dyspnoe • Thoraxschmerz • Synkope • Zyanose • Unruhe	Ein pulmonaler Arterienast	Erniedrigt	25–30 mmHg	60 mmHg
IV – fulminant	Zusätzlich: • Schock-Symptomatik • Evtl. Herz-Kreislauf-Stillstand	Pulmonalis-Hauptstamm oder mehrere Lappen-Arterien	Schock	≥ 30 mmHg	≤ 60 mmHg

Diagnostik

Anamnese und körperliche Untersuchung. Vitalzeichen

EKG. Zeichen der akuten Rechtsherzbelastung, S_1Q_3-Typ, Rechtsschenkelblock, Sinustachykardie, Vorhofflimmern. Ergebnisse mit Vorgänger-EKG vergleichen!

Labor. D-Dimer-Schnelltest: Normwerte machen eine Lungenembolie sehr unwahrscheinlich. D-Dimere entstehen bei der Proteolyse von Fibrin und können als Endprodukt einer Reaktion auf den erfolgten Gefäßverschluss gesehen werden. Ein erhöhter Wert weist eine aktive Fibrinolyse nach.

Blutgasanalyse. Hypoxie bei Hyperventilation führt zu erniedrigtem pO_2 und pCO_2

Bildgebende Verfahren:
- Röntgen-Thorax: zum Ausschluss anderer Ursachen für Dyspnoe. Selten Kalibersprung der Gefäße oder periphere Aufhellung hinter dem Gefäßverschluss (**Westmark-Zeichen**) sichtbar
- **Ventilations-Perfusions-Szintigrafie** und **Spiral-CT**: Beide Verfahren können eine größere Embolie sicher ausschließen oder nachweisen.
- Echokardiografie: zur Suche nach Rechtsherzbelastung zur Einschätzung des Schweregrads
- Sonografie der Beinvenen: zur Suche einer tiefen Beinvenenthrombose als Ursache der Embolie.

Differenzialdiagnose

Aortendissektion, Herzinfarkt, Pneumonie, Pleuritis.

Therapie

Allgemein. Sauerstoffgabe, Sedierung, gegebenenfalls Intubation. Bettruhe für einige Tage.

Medikamentös:
- Vollheparinisierung über 4–10 Tage
- Rezidivprophylaxe über min. 6 Monate mit oraler Antikoagulation
- Überlappend zur Vollheparinisierung mit Markumarisierung beginnen
- Nach Rezidivembolie muss lebenslang antikoaguliert werden.

Prophylaktisch. Zur Prophylaxe einer tiefen Beinvenenthrombose: Bettlägerigkeit meiden, frühe Mobilisation nach Operationen, niedrig dosiertes Heparin schon einige Stunden vor der Operation (s. c.).

Prognose

Ohne Prophylaxe erleiden 30 % der Patienten ein Rezidiv.

■ Pulmonale Hypertonie

Definition

In Ruhe liegt der Druck in der Pulmonalarterie über 25 mmHg, was zu einer Belastung des rechten Herzen führt.

Ätiopathogenese

Schädigung der Widerstandsgefäße der Lunge durch hypoxische Vasokonstriktion, Mikrothrombosen und Remodelling, die durch verschiedene Erkrankungen begünstigt oder hervorgerufen werden können:
- **Pulmonale Erkrankungen**, die mit chronischer Hypoxämie und dadurch Vasokonstriktion der Pulmonalarterien einhergehen. Dazu zählen eine rezidivierende Lungenembolie, fortgeschrittene Lungenfibrose und Lungenemphysem.
- **Kardiale Vorerkrankungen**, die eine Druck- oder Volumenbelastung der rechten Herzens bewirken: Mitralinsuffizienz, Links-rechts-Shunts bis hin zur Druckumkehr und dadurch zur Änderung der Flussrichtung im Lungengefäßsystem (Eisenmenger-Reaktion).
- Seltene Ursachen: Medikamenteneinnahme, Schlaf-Apnoe-Syndrom.

Klinik

Die pulmonale Hypertonie verläuft lange Zeit asymptomatisch. Beschwerden treten erst bei **hämodynamischer Belastung** auf:
- Belastungsdyspnoe, Sinustachykardie, Schwindel
- Evtl. Synkope bei körperlicher Belastung, Schmerzen in der Brust, leichte Zyanose.

Zeichen der manifesten, dekompensierten pulmonalen Hypertonie sind die **Zeichen der Rechtsherzbelastung**:
- Ödeme: können im Liegen als Körperstammödeme (Anasarka) imponieren
- Periphere Zyanose
- Obere und untere Einflussstauung: sichtbarer Puls in den Jugularvenen bei Oberkörper-Hochlagerung sowie Hepatomegalie, Aszites und Stauungsgastritis.

Diagnostik

Auskultation. Lauter 2. Herzton über der Pulmonalklappe, evtl. gespalten. Zeichen der relativen Pulmonal- und relativen Trikuspidalklappeninsuffizienz, wenn der rechte Ventrikel dilatiert ist; dies führt zu einem diastolischen Graham-Steel-Geräusch.

Bildgebende Verfahren:
- EKG: im späten Stadium Zeichen einer Rechtsherzbelastung:
  - Sokolow-Lyon-Index für Rechtshypertrophie: RV1+ SV5 oder 6 ≥ 1,05 mV
  - P-dextroatriale: P in Ableitung 2 ≥ 0,25 mV
  - Drehung der elektrischen Herzachse zum Steil- oder Rechtstyp
  - Unspezifische Zeichen: Rhythmusstörungen, Tachykardie, Rechtsschenkelblock
- Röntgen-Thorax: großer Pulmonalisbogen. Kalibersprung vom Lungenhilus zu der gefäßarmen Lungenperipherie. Im Seitenbild: Rechtsvergrößerung des Herzens mit Ausfüllung des Retrosternalraums
- Echokardiografie: rechtsventrikuläre Hypertrophie. Nachweis einer Trikuspidalinsuffizienz und Abschätzung des Druckgradienten über der Klappe.

Labor. In der Blutgasanalyse meist Hypoxämie feststellbar.

Invasiv. Rechtsherzkatheter zur Messung des Drucks im rechten Ventrikel und in der A. pulmonalis.

Therapie

Allgemein. Nikotinkarenz, Gewichtsreduktion bei bestehendem Übergewicht, körperliche Schonung.

Apparativ. Sauerstoff-Heimtherapie: Eine konsequente Dauertherapie mit Sauerstoff kann den Druck in den Pulmonalarterien etwas senken.

Medikamentös. Therapie der Herzinsuffizienz mit Diuretika. Bei rezidivierenden Lungenembolien orale Antikoagulation mit Markumar.
Medikamentöse Drucksenkung:
- Kalzium-Antagonisten: sind nur bei ca. 20 % der Patienten wirksam
- Prostazyklin-Derivate: inhalativ (Iloprost), oral (Beraprost), intravenös (Epoprostol) oder subkutan (Treprostinil)
- Phosphodiesterase-5-Inhibitor: Sildenafil senkt den pulmonalarteriellen Druck.

Kausal. Therapie der ursächlichen Erkrankungen.

Prognose

Die Prognose ist abhängig vom Ausmaß der alveolären Hypoventilation, der Schwere der bronchialen Obstruktion und dem Kompensationsvermögen des rechten Herzens.
Pulmonalarterieller Druck ≥ 30 mmHg: 5-Jahres-Überlebensrate ca. 30 %.
Pulmonalarterieller Druck ≥ 50 mmHg: 5-Jahres-Überlebensrate ca. 10 %.

CHECK-UP

- ☐ Welche Phasen gibt es bei einer Lungenembolie?
- ☐ Nennen Sie die wichtigsten Vorerkrankungen und Risikofaktoren, die zur Ausbildung einer pulmonalen Hypertonie führen können!
- ☐ Beschreiben Sie die Klinik der dekompensierten pulmonalen Hypertonie!

Schlafbezogene Atemstörungen

Synonym
SBAS, Schlafapnoe-Syndrom.

Definition
Atmungsstörungen im Schlaf.
Apnoe: Atempause über mindestens 10 s.
Hypopnoe: um > 50 % eingeschränkte Atmungsamplitude über mindestens 10 s.
Treten > 5 Apnoen oder Hypopnoen pro Stunde auf, liegt eine SBAS vor.

Ätiopathogenese
Die häufigere Ursache ist eine **Obstruktion**, die zu obstruktivem Schnarchen oder den obstruktiven SBAS führt. Ursache ist ein Tonusverlust der Pharynxmuskeln. Begünstigend sind anatomische Engen, Alkoholgenuss und Adipositas. Trotz Atemanstrengung verschließt sich der Atemweg.
Nicht obstruktive SBAS sind seltener und umfassen **zentrale Schlafapnoen** und **alveoläre Hypoventilationen** bei chronischen Lungenerkrankungen. Bei einer zentralen Schlafapnoe setzt der Atemantrieb immer wieder kurz aus, am häufigsten bei einer Herzinsuffizienz; Cheyne-Stokes-Atmung.
Bei einer Apnoe steigt der pCO_2 und fällt der pO_2. Der verstärkte Atemantrieb löst eine verstärkte Atemarbeit aus, die jedoch den Widerstand nicht überwinden kann. Erst eine sympathikotone Aufwachreaktion (Mikro-Arousal) unterbricht den Tiefschlaf und sorgt für eine von Schnarchern begleitete Atmung. Dadurch wird der Schlaf, meistens unbewusst, wiederholt unterbrochen.
Die **sympathikotonen Reaktionen** führen zu einem arteriellen Hypertonus und fördern nächtliche hypoxiebedingte Herzrhythmusstörungen. Außerdem fördern die Hyperkapnie und Hypoxie die Entwicklung eines pulmonalen Hypertonus.

> Die obstruktive Schlafapnoe ist die häufigste Ursache einer sekundären arteriellen Hypertonie.

Klinik
- Schnarchen, Apnoen oder Hypopnoen
- Tagesmüdigkeit, Konzentrationsschwäche
- Oft Übergewicht, depressive Verstimmung, Impotenz, Kopfschmerzen.

Häufige **Begleiterkrankungen**: Hypertonie, KHK, Herzinsuffizienz, Herzrhythmusstörungen.

Diagnostik
Die Anamnese ergibt den Verdacht. Der Ausschluss ist mit ambulantem Monitoring möglich, Nachweis und Zuordnung nur stationär im Schlaflabor mit einer **Polysomnografie**. Die HNO untersucht auf eine mechanische Obstruktion.

Therapie
Am Wichtigsten ist die Anpassung der **Lebensgewohnheiten**:
- Abnehmen
- Meiden: Alkohol, Rauchen, Sedativa
- Schlafhygiene: regelmäßiger Rhythmus, geeignete Umgebung, Seitenlage
- Körperliche Aktivität.

Engen im HNO-Bereich werden operativ beseitigt. Sie spielen aber selten eine Rolle.
Ist oder bleibt der Apnoe-Hypopnoe-Index bei > 10/h und fällt der pO_2 um > 4 % ab, ist ein **CPAP** (continuous positive airway pressure) über eine Nasenmaske indiziert. Ein kontinuierlicher Druck um die 8 mbar hält die Atemwege offen.

> - nCPAP: der nötige Druck zur Schienung der Atemwege wird automatisch angepasst
> - BiPAP (bi-level ...): Druck wird der Atemphase angepasst, kann z. B. bei Herzinsuffizienz sinnvoll sein
> - PPAP (proportional ...); Druck wird an Atemanstrengung angepasst.

Neben Druckstellen durch die Maske ist eine fehlende Compliance oft schwierig.
Gebissschienen – verhindern Zurücksinken des Unterkiefers – können versucht werden, helfen aber oft nicht.

Prognose
Gut. Die systolischen Werte sinken und das erhöhte kardiovaskuläre Risiko sinkt.

Pickwick-Syndrom

Synonym
Obesitas-Hypoventilations-Syndrom.

Ätiopathogenese

Eine Adipositas drückt das Zwerchfell stark nach oben und behindert thorakale Atembewegungen. Folge ist eine schwere nächtliche Hypoventilation mit und ohne obstruktiver Schlafapnoe.

Klinik

Respiratorische Globalinsuffizienz mit Polyglobulie und Schläfrigkeit: Betroffene sind den Großteil des Tages sehr schläfrig oder schlafen.

Therapie

Gewichtsreduktion und nächtliche Beatmung.

CHECK-UP

- ☐ Welche Formen der SBAS gibt es?
- ☐ Welche Folgen hat das SBAS?
- ☐ Wie sieht die Therapie aus?

4 Rheumatologie

Rheumatoide Arthritis

Synonym
Chronische Polyarthritis.

Definition
Entzündliche Systemerkrankung, bei der es durch Entzündung der Synovia zu Arthritis, Gelenkdestruktion und dem Befall weiterer synovialer Strukturen kommen kann.

Epidemiologie
Häufigste Arthritisform der westlichen Industrieländer, mit einem Altersgipfel zwischen dem 35. und 50. Lebensjahr. Frauen erkranken dreimal häufiger als Männer.

Ätiopathogenese
Die Ursache ist unbekannt. Es wird ein Autoimmunprozess angenommen, der bei disponierten Menschen zur Entzündung der Gelenkflüssigkeit führt.

Klinik
Allgemeine Symptome:
- Myalgien, nächtliches Schwitzen, evtl. subfebrile Temperaturen
- Nagelveränderungen, Pigmentverschiebungen im Bereich der Handrücken, Palmarerythem.

Polyarthritis, evtl. **Tendovaginitis** und **Bursitis**:
Beginn der Symptome meist **symmetrisch** an den kleinen Gelenken, z. B. der Finger, mit spindelförmigen Schwellungen und Bewegungsschmerz der Grundgelenke und proximalen Interphalangealgelenke. Der Händedruck kann schmerzhaft sein (**Gänsslen-Zeichen**). An den Grundgelenken von Zehen und Händen kann ein Kompressionsschmerz ausgelöst werden. Die Patienten leiden unter morgendlicher Steifigkeit der Gelenke und evtl. Ergussbildung.

Extraartikulärer Befall von Herz, Lunge, Nieren, Augen, Leber und Gefäßen:
- **Organmanifestation**:
  - Veränderungen an den Herzklappen und Perikarditis (ca. 30 %), granulomatöse Myokarditis. Häufig Pleuritis, die aber oft asymptomatisch ist
  - Lungenfibrose, Lungenknötchen, Bronchiolitis
  - Unspezifische Erhöhung der Leberenzyme, periportale Fibrose (selten), leichte Glomerulopathie (selten)
  - Vaskulitis der Finger und der Vasa nervorum mit Polyneuropathie, vorzeitige Atherosklerose. Das kardiovaskuläre Risiko ist deutliche erhöht!
  - Keratoconjunctivitis sicca (30 %)
- **Rheumaknoten**: finden sich in 20 % der Fälle. Betreffen die Sehnen und Subkutis, vor allem von den Streckseiten der Gelenke
- **Nagelveränderungen**: rötliche Halbmonde im Nagelbett bei einem akuten Schub. Subunguale Blutungen als Zeichen einer Vaskulitis und Wachstumsstörung der Nägel

- **Sicca-Syndrom** (s. u.): In 30 % der Fälle tritt ein sekundäres Sjögren-Syndrom mit Xerostomie und Xerophthalmie auf.

Häufig kommt es zu einem **Karpaltunnelsyndrom** und **Baker-Zysten**, einer Kniegelenkaussackung, meistens in die Kniekehle, durch rezidivierende Ergüsse.

Bei fortschreitender Gelenkzerstörung kommt es zu typischen Veränderungen:

- Geschädigte bis zerstörte Handwurzelknochen und Subluxationen in den Fingergrundgelenken führen zur **Ulnardeviation**.
- Bei der **Schwanenhalsdeformität** sind die Finger im Mittelgelenk überstreckt und im Endgelenk gebeugt.
- Bei einer **Knopflochdeformität** sind dagegen die Finger im Mittelgelenk gebeugt und im Endgelenk gestreckt oder überstreckt.
- Immobilität hat die **Atrophie** der Mm. interossei und der Daumenballenmuskeln zur Folge mit eingesunkenen Bereichen zwischen den Mittelhandknochen und atrophischem Ballen.

Bei Befall der oberen **HWS-Gelenke** doht eine Luxation des Dens mit tödlichen Folgen.

Sonderformen der rheumatoiden Arthritis

Juvenile idiopathische Arthritis. Krankheitsbeginn ist vor dem 16. Lebensjahr. Die Rheumafaktoren sind meist negativ, häufig kommen Augenbeteiligung, z. B. Uveitis, und positive antinukleäre Antikörper (ANA) vor. Es werden oligoartikuläre, polyartikuläre und systemische Verläufe unterschieden.

Still-Syndrom. Bezeichnet die juvenile systemische Form der seronegativen Arthritis. Sie tritt in 40 % der Fälle vor dem 4. Lebensjahr, selten im Erwachsenenalter – dann als adulter Morbus Still – auf. Die häufigsten Symptome sind Arthritis, Hepatosplenomegalie, intermittierend hohes Fieber, makulopapulöses Exanthem, Myokarditis, Polyserositis und seltener Nephropathie.

Felty-Syndrom. Systemische Verlaufsform mit stark erhöhtem Rheumafaktor, Lymphknotenschwellung, Neutropenie und Hepatosplenomeglie durch Sequestrion der Granulozyten in der Milz. Bei 95 % der Patienten ist das HLA-DR 4 positiv. Typischerweise können granulozytenspezifische ANAs nachgewiesen werden.

Caplan-Syndrom. Rheumatoide Arthritis und Silikose bei Grubenarbeitern.

Komplikationen

- Fehlstellungen der Gelenke, die zu Funktionsverlust bis hin zur Invalidität führen können
- Organ- und Knochenschäden als Nebenwirkung der antirheumatischen Therapie
- Reaktive sekundäre Amyloidose vom Typ AA.

Diagnostik

Das American College of Rheumatology (ACR) hat eine Reihe von Kriterien (➜ Tab. 4.1) aufgestellt, die der Diagnosesicherung dienen. Eine rheumatoide Arthritis liegt dann vor, wenn 4 der 7 Kriterien erfüllt sind und die Kriterien 1–4 seit mindestens 6 Wochen bestehen.

Labor:

- BSG und CRP erhöht, chronische Entzündungsanämie, meist Leuko- und Thrombozytose im Blutbild. CRP als Verlaufsparameter
- Bei 70 % der Patienten ist der Rheumafaktor nach einem Jahr Erkrankungsdauer positiv. Allerdings ist dieser Wert unspezifisch, da er auch bei anderen Erkrankungen erhöht ist.
- Schon ab dem Frühstadium der Erkrankung bilden sich Antikörper gegen citrulliniertes zyklisches Peptid. Die Spezifität liegt hier bei 95 %.

Tab. 4.1 Kriterien der rheumatoiden Arthritis nach dem American College of Rheumatology

Kriterium	Klinik
1	Morgensteifigkeit über mindestens 1 Stunde
2	Arthritis und Ergussbildung in mehr als 3 Gelenkbereichen
3	Arthritis, Schwellung und Schmerzen der Hand- und Fingergelenke
4	Symmetrischer Befall des gleichen Gelenkbereichs beider Körperhälften
5	Rheumaknoten
6	Nachweis von Rheumafaktoren im Serum
7	Röntgenologisch nachweisbare Veränderungen der Hände über Zeichen von Osteoporose und/oder Erosionen

Rheumafaktor (RF):
- Autoantikörper verschiedener Subklassen (IgM, IgG, IgA, IgE) gegen das Fc-Fragment des IgG, daher auch oft im Plural gebraucht, Rheumafaktoren
- Erhöht auch bei
  - 5 % gesunder Menschen, 10 % > 60 Jahren
  - Sjögren-Syndrom und anderen Kollagenosen
  - Lebererkrankungen, chronischen Infektionen

ACPA (Antikörper gegen citrullinierte Peptid-, Protein-Antigene):
- Natürlichen Antigene im entzündeten Synovialgewebe und in der Synovialflüssigkeit bei rheumatoider Arthritis
- Antikörper wird mit künstlichen zyklische citrullinierte Peptide (CCP) nachgewiesen → Anti-CCP-Antikörper
- Diagnose früher Stadien möglich
- Nicht als Verlaufsparameter geeignet

Anti-MCV-Antikörper:
- Neuer Test mit mutiertem citrulliniertem Vimentin (MCV)
- Scheint besser mit Aktivität und Schweregrad zu korrelieren.

Bildgebende Verfahren:
- Konventionelle Röntgendiagnostik wird zur Diagnosebestätigung und Verlaufskontrolle genutzt. Im Frühstadium zeigt sich in 80 % der Fälle noch eine Normalbefund und es kann neben einer Weichteilschwellung nur eine gelenknahe Osteoporose gesehen werden. Zu späteren Zeitpunkten sind besonders an Händen und Füßen Zeichen maßiver Knorpel- und Knochenschädigung zu sehen wie Erosionen, Grenzlamellenschwund, Gelenkspaltunregelmäßigkeiten, Zysten, Periostreaktionen und Dissektionen. Bei lange bestehender Erkrankung kommt es zu Deformierungen und Fehlstellungen der Gelenke an Händen und Füßen in Form von Ankylosen, Subluxationen oder Mutilationen.
- Arthrosonografie zur Frühdiagnostik
- MRT: frühzeitiger Nachweis von Knochenerosionen und Knochenödem
- Knochenszintigrafie: pathologisch vermehrte Anreicherung in den betroffenen Gelenken, noch bevor eine Weichteilschwellung sichtbar wird oder Veränderungen auf den Röntgenbildern erkennbar sind.

Invasiv. Gelenkpunktion: Die Untersuchung des Synoviapunktats kann zwischen entzündlichem Erguss mit hoher Leukozytenzahl und degenerativem Erguss mit niedriger Leukozytenzahl differenzieren.

Therapie

Es steht keine kausale Therapie zur Verfügung. Therapieziele sind Schmerzlinderung, Unterdrückung von Entzündungen und Gelenkdestruktion sowie Erhalt oder Wiederherstellung der Gelenkfunktion.

Medikamentös:
- **Nichtsteroidale Antirheumatika**: wirken über die selektive oder nicht-selektive Hemmung der Cyclooxygenase (COX). **Nicht-selektiv**, d. h. COX-1- und COX-2-hemmend, wirken Azetylsalizylsäure, Diclofenac, Ibuprofen, Indometacin und Piroxicam. **Selektiv** COX-2-hemmend wirken Celecoxib und Eterocoxib.
- **Kortikosteroide**: zur Besserung von Gelenkschmerzen, -schwellung und -steifigkeit
- **Basistherapie** (krankheitsmodifizierende Antirheumatika): umfasst Medikamente, welche die Entzündungsreaktion hemmen, vor allem auf Ebene der Lymphozytenproliferation. Die Wirkung tritt verzögert ein. Die Medikation ist auch im entzündungsfreien Intervall weiter einzunehmen.

Cave: Unter **COX-2-Inhibitoren** wurde ein leicht erhöhtes kardiovaskuläres Risiko nachgewiesen. Deshalb dürfen diese Medikamente nicht an KHK-Patienten und Patienten mit einem erhöhten kardiovaskulären Risiko ausgegeben werden. Vermutlich ergibt sich das Risiko aus der fehlenden Gerinnungshemmung und der Hemmung der Prostaglandin-Synthese, was gefäßerweiternd wirkt.

Klassen der Basistherapeutika:
- **Immunsuppressiva**: Methotrexat, Leflunomid, Azathioprin, Cyclophosphamid, Ciclosporin
- **Sulfasalazin**: nur bei leichtem, nicht-erosivem Verlauf wirksam

- **Hydroxychloroquin**: nur bei 50 % der Patienten wirksam. Ebenfalls nur bei leichtem Verlauf geeignet
- **Goldpräparate**: wird wegen der oft schwerwiegenden Nebenwirkungen nur selten eingesetzt
- **Zytokin-Antagonisten** (**Biologika**): sind Antikörper, Antikörperfragmente oder Fusionsproteine, die spezifisch und zielgerichtet entzündlich-immunologische Prozesse blockieren können. Beispiele sind die Anti-TNF-α-Therapie, z.B. Infliximab und Etanercept, und Interleukin-1-Rezeptorantagonisten. Hauptnebenwirkung der Biologika ist eine erhöhte Infektanfälligkeit, eine Tuberkulose ist z.B. eine Kontraindikation für TNF-α-Antikörper.

Adjuvante Therapie:

- Krankengymnastik
- Ergotherapie
- Kryotherapie.

Operativ. Radiosynoviorthese oder Synovektomie.

Prognose

Bei 15 % der Patienten kommt es nach dem ersten Schub zu einer spontanen Remission. 70 % der Patienten leiden unter einem schwerwiegenden Verlauf mit Gelenkdestruktion, die oft zur Erwerbsunfähigkeit führt (50 % nach 10 Jahren). Prognostisch ungünstig ist der initiale Befall mehrerer Gelenke und stark erhöhte Entzündungsparameter oder Rheumafaktoren im Serum.

CHECK-UP

- ☐ Was sind die charakteristischen Symptome der rheumatoiden Arthritis?
- ☐ Wie sieht der radiologische Spätbefund der rheumatoiden Arthritis aus?
- ☐ Welche Komplikationen gibt es bei rheumatoider Arthritis?

Arthritiden

Morbus Bechterew

Synonym

Spondylitis ankylosans, ankylosierende Spondylitis.

Definition

Chronisch-entzündliche Erkrankung der Wirbelsäule, die zur Versteifung führen kann.

Ätiopathogenese

Die Ätiologie ist unbekannt. Es werden durch gramnegative Bakterien ausgelöste Immunprozesse angenommen. Es besteht eine genetische Disposition. 90 % der Patienten sind **HLA-B27**-positiv.
Prävalenz von 1 % in der Bevölkerung. Männer sind dreimal häufiger betroffen als Frauen.

Klinik

Leitsymptom: chronischer Rückenschmerz, der besonders in den frühen Morgenstunden auftritt und sich durch Bewegung bessert.
Weitere Symptome sind:

- **Sakroiliitis**: Kreuz- und/oder Gesäßschmerzen, evtl. Ausstrahlung in den Oberschenkel, Klopf- und Verschiebeschmerz der Iliosakralgelenke
- **Spondylitis**: Schmerzen und zunehmende Bewegungseinschränkung der thorakolumbalen Wirbelsäule
- Befall weiterer Gelenke bei 50 % der Patienten: Oligoarthritis von Knie-, Sprung- und Handgelenk. Dies kann bei jungen Patienten über lange Zeit das einzige Symptom sein.
- **Extraartikuläre Manifestationen**: rezidivierende **Iridozyklitis**, die bei 30–50 % der Patienten im Verlauf der Erkrankung auftritt. Seltener sind kardiale Komplikationen durch Reizleitungsstörungen oder Nierenschäden durch eine Amyloidose. Evtl. Abnahme der Vitalkapazität durch die zunehmende Einsteifung der thorakalen Wirbelsäule.

Diagnostik

Anamnese. Entzündlicher Rückenschmerz.

Funktionsprüfung der Wirbelsäule:

- **Schober-Maß**: Die Distanz vom 5. LWK, 10 cm nach kranial gemessen, muss sich um mindestens 4 cm vergrößern, wenn der Patient sich aus dem Stand nach vorne beugt.

- **Ott-Maß**: Die Distanz vom 7. HWK, 30 cm nach kaudal, muss sich um mindesten 2 cm vergrößern, wenn der Patient den Rumpf maximal beugt.
- **Menell-Handgriff**: In Seitenlage löst eine Retroflexion des Beins einen Schmerz im Sakroiliakalgelenk aus.
- Kinn-Sternum-Abstand beim Kopfbeugen über 2 cm (normal 0 cm)
- Thorax-Umfangsdifferenz in-/exspiratorisch unter 4 cm (normal über 6 cm).

Labor:
- HLA-B27 positiv in 90 % der Fälle
- BSG und CRP erhöht, je nach Entzündungsaktivität.

Bildgebende Verfahren:
- Röntgen: Ankylose, Erosionen, Sklerose
- MRT zur Frühdiagnostik.

Differenzialdiagnose
Osteoporose, Diskusprolaps, Spondylarthritiden andere Art, tuberkulöse und bakterielle Spondylitis.

Therapie
Allgemein. Schulung zu gymnastischen Übungen, regelmäßige Physiotherapie.

Medikamentös:
- Nicht-steroidale Antirheumatika (NSAR)
- Kortikosteroide bei schweren Schüben
- Sulfasalazin bei peripherer Arthritis
- TNFα-Blocker bei schwerer Entzündung oder therapierefraktären Schmerzen (Reservemittel)
- Bisphosphonate, um Mikrofrakturen vorzubeugen.

Operativ. Gegebenenfalls Gelenkersatz oder Aufrichtungsoperation der Wirbelsäule.

Prognose
Häufig schubweiser Verlauf, der bei Frauen oft milder ausfällt. Versteifung und Invalidität können durch konsequente Gymnastik meist vermieden werden.

Reaktive Arthritis

Synonym
Postinfektiöse Arthritis.

Definition
Nicht-infektiöse, entzündliche Gelenkerkrankung als Reaktion auf einen bakteriellen Infekt des Gastrointestinal- oder Urogenitaltrakts.

Epidemiologie
Auftreten bei 2–3 % aller Patienten nach bestimmten bakteriellen Infektionen des Gastrointestinal- oder Urogenitaltrakts. Frauen und Männer sind gleich häufig betroffen.

Ätiopathogenese
- **Posturetrisch** nach Infektion mit Chlamydia trachomatis Serovar D-K und Mykoplasmen (am häufigsten Ureaplasma urealyticum)
- **Postenteritisch** nach Infektion mit Enteritiserregern, z. B. Yersinien, Salmonellen, Shigellen oder Campylobacter jejuni.

Bei 60–80 % der Patienten liegt eine **genetische Prädisposition** vor; sie sind HLA-B27-positiv!

Klinik
2–6-Wochen nach enterischen oder uretrischen Infekten tritt eine Arthritis, evtl. mit Begleitsymptomen, auf. Als **Reiter-Symptom** werden mehrere Hauptsymptome bezeichnet, die bei einem Drittel der Patienten als Vollbild auftreten.

Begleitsymptome können Fieber, Entzündung der Sehnenansätze, Sakroiliitis, seltener Karditis oder Pleuritis sein.

Reiter-Syndrom. Das Vorliege aller vier Symptome wird als **Reiter-Tetrade**, das Vorliegen der ersten drei Symptome als **Reiter-Trias** bezeichnet. Zu den Symptomen gehören:
- Arthritis: Oligoarthritis meist der unteren Extremitäten und der Finger und Zehengelenke, oft symetrisch, evtl. wandernd
- Urethritis
- Konjunktivitis, Iritis
- **Reiter-Dermatose**:
  - Erytheme der männlichen Genitalschleimhaut (Balanitis circinata)
  - Aphthen der Mundschleimhaut
  - Schwielenartige, pustulöse Veränderungen an Fußsohlen und Handflächen (Keratomderma blennorrhagicum, → Abb. 4.1)
  - Psoriasiforme Veränderungen am Körper.

Diagnostik
Anamnese. Vorausgegangener Infekt.

Labor:
- Entzündungsparameter BSG und CRP erhöht. Rheumafaktoren und Autoantikörper sind negativ!
- HLA-B27-positiv bei 80 % der Patienten
- Evtl. Nachweis des auslösenden Erregers mittels PCR.

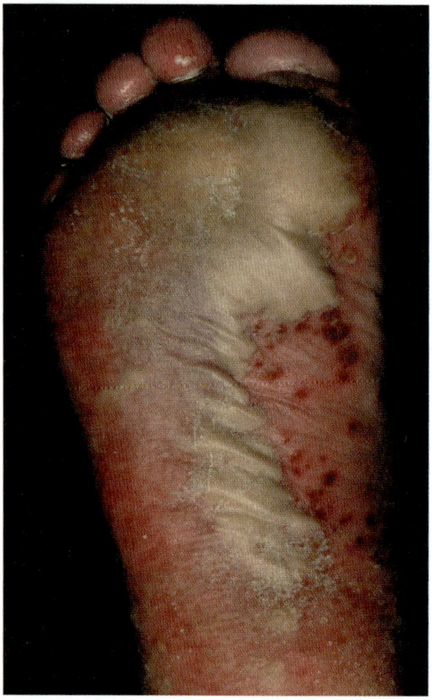

Abb. 4.1 Fuß mit Keratoderma blennorrhagicum bei Morbus Reiter [R 179-001]

Differenzialdiagnose
Andere rheumatische Erkrankungen.

Therapie
Symptomatisch:
- NSAR
- Bei akuter Arthritis evtl. Kryotherapie
- Bei hochakutem Verlauf und/oder Iridozyklitis
- Bei chronischem Verlauf evtl. Gabe von Sulfasalazin.

Prognose
Nach 12 Monaten heilt die Krankheit bei ca. 80 % der Patienten aus.

Psoriasis-Arthritis

Definition
Arthritischer Gelenkbefall bei Psoriasis.

Ätiopathogenese
Die Ätiologie ist unbekannt. Es gibt eine genetische Disposition. Man rechnet die Psoriasis-Arthritis zu den immunvermittelten entzündlichen Erkrankungen. Der Entzündungsprozess schließt auch die Gelenkkapseln und Sehnenansätze mit ein. Hier werden Osteoblasten und Osteoklasten aktiviert, wodurch Verkalkungen und Protuberanzien (Vorsprünge) entstehen. Diese sind im Röntgenbild charakteristisch für die Psoriasis-Arthritis. Vorkommen bei 10–20 % der Psoriasis-Patienten.

Klinik
Arthritis der großen Gelenke, der Akren und der Wirbelsäule. Die Arthritis kann symmetrisch oder asymmetrisch, als Poly- oder Oligoarthritis auftreten (→ Abb. 4.2). Typisch ist der Befall aller Gelenke eines Fingers (**Daktylitits**).

Diagnostik
Anamnese. Vorliegen einer Psoriasis.

Röntgen. Gleichzeitiges Vorliegen von Erosionen und Proliferationen an den Gelenken.

Labor. Entzündungszeichen sind unspezifisch. Die Harnsäure ist aufgrund des erhöhten Zellumsatzes erhöht (**DD Gicht**).

Therapie
Symptomatisch:
- Orale oder intraartikuläre Gabe von NSAR, evtl. Steroiden
- Bei schweren Verläufen Gabe vom Methotrexat oder Sulfasalazin, evtl. Einsatz von TNF-α-Antagonisten (Abwägung von Nebenwirkungen und hohen Kosten).

Prognose
Die Prognose ist günstiger als die der rheumatoiden Arthritis. Risikofaktoren für einen erosiven Verlauf sind Polyarthritis, ausgedehnter Hautbefall, das Vorliegen von HLA-DR3 und ein hohes Entzündungsniveau.

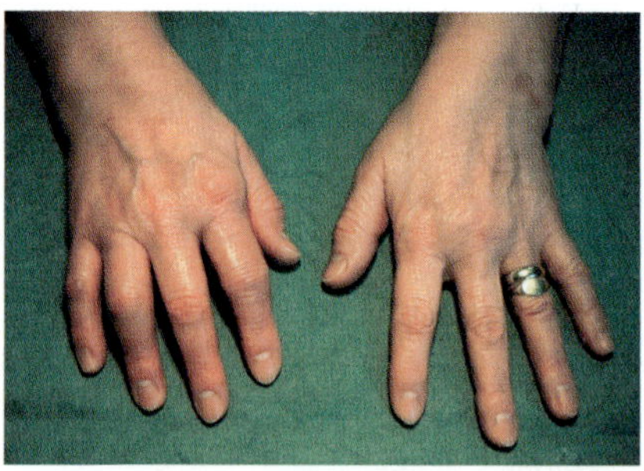

Abb. 4.2 Psoriasis-Arthritis mit typischem Befall aller Fingermittelgelenke (rechte Hand) [M 114]

Enteropathische Arthritis

Definition

Arthritis oder Sakroiliitis bei Morbus Crohn, Colitis ulcerosa oder Morbus Whipple.

Ätiopathogenese

Vorkommen:

- Bei ca. 20 % der Patienten mit Morbus Crohn oder Colitis ulcerosa entwickelt sich eine Arthritis, bei 15 % eine Sakroiliitis.
- Bei ca. 60 % der Patienten mit Morbus Whipple findet sich eine Arthritis, bei 40 % eine Saroiliitis.
- Bei Patienten mit gastrointestinaler Anastomosen-OP mit Blind-loop findet sich häufig eine Polyarthritis.

Klinik

Arthritis vor allem der unteren Extremitäten (Kniegelenk), seltener Sakroiliitis oder Spondylitis ankylosans. Die Arthritis am Achsenskelett kann der Darmerkrankung um Jahre vorausgehen. An den peripheren Gelenken tritt sie erst nach Ausbruch der Darmerkrankung auf.

Diagnostik

Anamnese. Vorliegen einer chronisch-entzündlichen Darmerkrankung.

Röntgen. Arthritis der peripheren Gelenke ohne Erosionen erkennbar.

Therapie

Kausal. Die Therapie der Grunderkrankung bessert auch die Arthritis (→ Kap. 7, Chronisch-entzündliche Darmerkrankung).

Prognose

Abhängig vom Schweregrad der zugrunde liegenden Grunderkrankung und deren Therapieerfolg.

CHECK-UP

- ☐ Beschreiben Sie das Erregerspektrum, das eine reaktive Arthritis auslösen kann!
- ☐ Wie sieht die Klinik des Reiter-Syndroms aus?
- ☐ Nennen Sie typischen Untersuchungsmethoden zur Wirbelsäulendiagnostik!

Arthrose

Definition

Degenerative Erkrankung von Knorpel und weiteren Gelenkgeweben.

Ätiopathogenese

Die Knorpelschädigung führt zur Demaskierung von Kollagenfibrillen, im Spätstadium zur Auffaserung des Knorpels bis zum Knorpelabbau. Es bilden sich Osteophyten am Gelenkrand des knorpelfreien Knochens und fokale Knochennekrosen (**Geröllzysten**).

Man unterscheidet zwei Formen der Arthrose:

- **Primäre idiopathische Arthrose**: ohne erkennbare Ursache, im Alter auftretend, genetische Disposition
- **Sekundäre Arthrose**: Folge von Gelenkfehlstellungen nach Unfällen, Adipositas, dauerhafter einseitiger Belastung oder rheumatischen Erkrankungen.

Klinik

Frühstadium. Belastungs- und Ermüdungsschmerz, Anlaufschmerz, Ausstrahlen der Schmerzen.

Spätstadium:

- Dauerschmerz auch in Ruhe, Nachtschmerz, Muskelschmerzen
- Bewegungseinschränkungen und Krepitationen, Wetterfühligkeit
- Deformierung, asymmetrische Gelenkspaltverschmälerung, Muskelatrophie und Kontrakturen
- Das Gelenk ist bei aktivierter Arthrose überwärmt und sowohl druck- als auch ruheschmerzhaft.

Diagnostik

Röntgen. Aufnahmen des betroffenen Gelenks. Im Spätstadium sind Geröllzysten und Osteophyten, asymmetrische Gelenkspaltverschmälerung, subchondrale Sklerosierung und Deformierungen erkennbar.

Labor. Keine spezifischen Parameter bekannt.

Differenzialdiagnose

Rheumatische Erkrankungen.

Therapie

Bei sekundärer Arthrose. Beseitigung der auslösenden Fehlstellungen, Reduzierung des Körpergewichts und Behandlung einer zugrunde liegenden rheumatischer Erkrankung.

Symptomatisch. Therapie mit NSAR oder Paracetamol, an die Schmerzgipfel angepasst. Evtl. intraartikuläre Injektion von Kortison.

Physikalische Therapie:

- Im **Arthroseschub**: vorsichtiges Kühlen, Elektrotherapie, Ultraschall
- Im **Verlauf**: Warmhalten der Gelenke, Schwimmen im warmen Wasser, Bewegungstherapie, Wärmeanwendungen (Fango).

Prognose

Je nach Verlauf kommt es zur schweren Funktionseinschränkungen der Gelenke, die irreversibel sind.

CHECK-UP

- ☐ Beschreiben Sie Früh- und Spätstadium der Arthrose!
- ☐ Was sind die therapeutischen Ansatzpunkte bei der Arthrose?
- ☐ Worum handelt es sich bei Geröllzysten?

Kollagenosen

Systemischer Lupus erythematodes

Synonym

Lupus erythematodes disseminatus.

Definition

Der systemische Lupus erythematodes (SLE) ist eine entzündliche Systemerkrankung des Bindegewebes von Haut und Gefäßen mit wechselhaftem Organbefall. Die Krankheit geht mit Vaskulitiden und der Ablagerung von Immunkomplexen einher.

Ätiopathogenese

Die Ätiologie ist unbekannt. Auslösende Faktoren können UV-Strahlung, hormonelle Umstellungen und bestimmte Medikamente, z. B. Sulfonamide, sein.

Genetisch prädispositionierend ist die positive Testung auf HLA-DR2 und -DR3. Es bilden sich organunspezifischen Autoantikörper, die sich gegen Zellkernsubstanzen (DNA, RNA, Ribonukleoproteine, Histoneiweiß), Zelloberflächenantigene von Thrombozyten und Erythrozyten sowie Serum-Eiweißkörper (Immunglobuline) richten. Gleichzeitig entstehen Immunkomplexe aus Antikörper und Antigen, welche die Entzündungskaskade auslösen können.

Klinik

Allgemein. Fieber in 95 % der Fälle, Gewichtsverlust, Leistungsknick, seltener Lymphadenopathie

Muskel und Gelenkbeteiligung. Polyarthritis ohne Gelenkdestruktion, aber mit Auftreten von Subluxationen (**Jaccoud-Arthropathie**), Myositis.

Hautmanifestationen:

- Schmetterlingserythem der Wangen mit Aussparung der Nasolabialfalte bei 30 % der Patienten
- Lichtempfindlichkeit (Sonnenallergie)
- Diskoide Hautveränderungen mit Schuppung, follikulärer Hyperkeratose und Überrötung
- Oronasale Ulzerationen

Organmanifestationen:

- **Niere**: Lupusnephritis (Immunkomplexnephritis) mit Proteinurie. Akutes nephritisches Syndrom, nephrotisches Syndrom, Glomerulonephritis, chronische Niereninsuffizienz und renoparenchymatöser Hyperonie
- **Lunge**: Pleuritis (häufig), abakterielle Pneumonitis und progrediente Lungenfibrose (selten)
- **Herz**: Koronaritis mit vorzeitiger Atherosklerose und dadurch stark erhöhtem Infarktrisi-

ko (um das 17-fache). Abakterielle Endokarditis (Libman-Sacks-Endokarditis)
- **ZNS**: Kognitive Störungen, Depression, Status epilepticus und Apoplex. Transitorische ischämische Attacke (TIA) durch Antiphospholipid-Syndrom
- **Blutbildveränderungen**: autoantikörper-induzierte Zytopenie mit Leukozytopenie, Lymphozytopenie, Thrombozytopenie und Coombs-positiver hämolytischer Anämie.

Diagnostik

SLE-Kriterien des American College of Rheumatology. Liegen mindestens 4 der folgenden Kriterien vor, ist ein systemischer Lupus erythematodes wahrscheinlich.
- Schmetterlingserythem
- Diskoider Lupus
- Fotosensibilität
- Ulzerationen der Mundschleimhaut
- Polyarthritis und Serositis
- Nephritis
- ZNS-Beteiligung
- Hämatologische Befunde wie Coombs-positive hämolytische Anämie, Thrombozytopenie, Leukozytopenie
- Immunologische Befunde wie Anti-dsDNS, Anti-Sm, Antiphospholipidantikörper.

Labor:
- Normochrome Anämie, Thrombozytopenie, Leukozytopenie (besonders Lymphozytopenie)
- Immunologische Befunde:
  - Antinukleäre Antikörper (ANA) in 95 % der Fälle nachweisbar
  - Autoantikörper gegen Doppelstrang-DNS (dsDNS) und Sm-Protein sind wenig sensitiv, aber pathognomonisch für die SLE
  - Cardiolipin-Antikörper in 50 % der Fälle nachweisbar, aber nicht spezifisch
  - Rheumafaktor in 30 % positiv
  - Im akuten Schub Erniedrigung von C3, C4 und CH50
  - Direkter Coombs-Test in bis zu 40 % der Fälle positiv.

Invasiv. Biopsie von Haut und Niere:
- Haut: Lupusbande in betroffener und nicht betroffenen Arealen, DD kutaner Lupus mit Lupusbanden nur in betroffener Haut
- Niere: Feststellung, Ausprägung und Form der glomerulären Schädigung.

Therapie

Allgemein. Meiden von auslösenden Faktoren, Lichtschutz für die Haut, nicht in die Sonne gehen.

Medikamentös:
- **Leichte Fälle** können mit NSAR und Chloroquinderivaten behandelt werden.
- **Schwere Fälle** erhalten eine kontinuierliche Steroidgabe mit initialem Bolus im akuten Schub. Bei schwerer Nieren- und Herzbeteiligug wird die Medikation um Cyclophosphamid oder Azathioprin ergänzt. Bei Kontraindikationen oder Nichtansprechen kann mit Mycophenolat-Mofetil behandelt werden.
- Experimentelle Ansätze bei **schwersten Fällen** sind autologe Stammzelltransplantation und Rituximab.
- Kutaner Befall kann mit steroidhaltigen Salben und Chloroquin als Basistherapie behandelt werden.

Prognose

Die 10-Jahres-Überlebensrate liegt bei über 90 %. Bei schweren Verläufen sind die Komplikationen der immunsuppressiven Therapie die zweithäufigste Todesursache.

Antiphospholipid-Syndrom

Synonym

APS, Anticardiolipin-Syndrom, Cardiolipin-Antikörper-Syndrom, Hughes-Stovin-Syndrom.

Definition

Häufige Autoimmunerkrankungen mit 2–5 % der Bevölkerung, ♀ >> ♂. Antikörper gegen verschiedene Phospholipide, z. B. Cardiolipin und Prothrombin, und phospholipidbindende Proteine.
Das sekundäre APS ist häufiger als das primäre und tritt v. a. bei Autoimmunerkrankungen und dabei am häufigsten beim SLE auf. Selten sind Malignome, Infektionen oder Medikamente die Auslöser.

Ätiopathogenese

Die Antiphospholipid-Antikörper hemmen zwar auch die Gerinnung, vor allem aber verstärken sie die Thrombozytenadhärenz am Gefäßendothel. Folge ist eine gesteigerte **Thromboseneigung** mit Embolien, seltener Blutungen v. a. bei Thrombopenie.

Klinik

Die meisten Betroffenen zeigen keine Symptome. Am auffälligsten sind rezidivierende venöse und/oder arterielle Thrombosen und Embolien sowie mehrfache Aborte. Auch Frühgeburten aufgrund einer Eklampsie oder Plazentainsuffizienz kommen vor. Im Labor fällt eine **Thrombozytopenie** auf.
Selten sind akut lebensbedrohliche Thrombosen, z. B. von Leber- (Budd-Chiari-Syndrom) oder Nierenvenen, oft mit Multiorganversagen (katastrophales APS). Hauterscheinungen i. S. einer Mikroangiopathie sind zuweilen Ulzera und eine Livedo reticularis.

Diagnostik

Labor. Lupusantikoagulans und Anti-Cardiolipin-Antikörper im Serum. Isolierte PTT-Verlängerung durch das Lupusantikoagulans.

> Bei Anti-Cardiolipin-Antikörpern ist der **TPHA-Test falsch-positiv**. Bei V. a. eine Syphilis muss in diesem Fall ein Treponema-Immobilisationstest durchgeführt werden.

Therapie

Bei Symptomen oder ausgeprägten Laborveränderungen:
- Azetylsalizylsäure gegen die erhöhte Thrombozytenadhärenz
- Bei venösen Thrombosen: Marcumarisierung
- Bei Thrombosen und einem SLE: alternativ Hydroxychloroquin
- Schwangere mit erhöhten Phospholipid-Antikörpern: Azetylsalizylsäure oder Heparin. **Cave**: Azetylsalizylsäure ist im dritten Trimenon kontraindiziert, spätstens dann auf Heparin umstellen
- Thrombozytopenie: Glukokortikoide oder Immunglobuline, bei nicht ausreichendem Erfolg Anti-CD20-Antikörper Rituximab.

In schweren Fällen können die Antikörper mit einer Plasmapherese entfernt werden und mit einem Zytostatika, z. B. Mycophenolat-Mofetil, die Produktion gehemmt werden.

Prognose

Meistens gut, da nur einige Betroffne Thrombosen oder Embolien bekommen und nur sehr wenige ein katastrophales APS mit hoher Letalität entwickeln. Bestimmend ist oft eher eine bestehende Grunderkrankung.

Sklerodermie

Synonym

Progressive systemische Sklerose.

Definition

Systemische Erkrankung des Bindegewebes von Haut, Gefäßen und Organen mit fibrotischem Umbau.

Ätiopathogenese

Ursachen sind keine bekannt. Die Krankheit wird bei diffusem Verlauf mit HLA-DR5 assoziiert und bei limitierender Verlaufsform mit HLA-DR 1,4,8.
Eine Regulationsstörung der Fibroblasten, ausgelöst durch eine vaskuläre Dysfunktion mit mononukleären Entzündungsreaktionen, führt zur übermäßigen Kollagenproduktion und obliterierender Angiopathie. Durch Intimaproliferation mit Okklusion der Gefäße kommt es zu Infarkten der Niere und Nekrosen von Fingern und Zehen.

Klinik

Man unterscheidet zwei Verlaufsformen:
- **Systemisch**: mit Haut und Organbefall unterschiedlicher Ausprägung
- **Kutan**: umschriebene Sklerodermie, auch als Morphea bezeichnet, die mit Hyperpigmentierung einhergeht und eine gute Prognose hat.

Systemische Sklerodermie:
- **Haut und Extremitäten**: mimische Starre und Mikrostomie des Gesichts, periorale Fältelung (Tabaksbeutelmund), Teleangiektasien, Raynaud-Syndrom mit Nekrosen der Fingerspitzen, Bewegungseinschränkung der Gelenke
- **Gastrointestinaltrakt**: Verkürzung des Lippenbändchens, Störung der Magen-Darm-Motilität mit Schluckstörung und Malabsorption
- **Lunge**: Alveolitis und fortschreitende Fibrose mit Reizhusten, Belastungsdyspnoe und pulmonaler Hypertension
- **Herz**: interstitielle Myokarditis, Perikarditis, Rhythmusstörungen
- **Niere**: nephrogene Hypertonie, multiple Infarkte und Mikroangiopathie mit der Gefahr einer renalen Krise.

> Die Nierenbeteiligung ist für 50 % der Todesfälle verantwortlich!

Diagnostik

Klinik. Meist sind Raynaud-Phänomen und Hautveränderungen richtungsweisend.

Labor. Autoantikörper: ANAs, Zentromer (vor allem bei CREST-Syndrom), Scl-70.

Funktionsdiagnostik:
- Gastrointestinaltrakt: Breischluck und Ösophagusmanometrie
- Lunge:
  - Spiroergometrie: Diffusionskapazität ↓, später Vitalkapazität ↓
  - Röntgen-Thorax und HR-CT: Radiologische Zeichen der Lungenfibrose.

Therapie

Symptomatisch:
- Therapie bei **Raynaud-Phänomen** mit Kälteschutz und nitroglycerinhaltigen Cremes und Gabe von Kalziumantagonisten, evtl. auch systemische Gabe von Prostazyklinen.
- **Immunsuppression** mit Methotrexat und Cyclophosphamid bei schweren Verläufen.
- Die Progredienz der **Lungenfibrose** wird spezifisch mit Bosentan (Endothelin-Rezeptor-Antagonist) gehemmt.

Prognose

Die 10-Jahres-Überlebensrate liegt bei der systemischen Verlaufsform bei ca. 70 % und hängt maßgeblich vom Ausmaß der Organschäden ab.

Sjögren-Syndrom

Definition

Chronische Entzündung exokriner Drüsen, die autoimmun bedingt ist. Vor allem die Speichel- und Tränendrüsen sind davon betroffen.

Ätiopathogenese

Beim Sjögren-Sydrom werden zwei Formen unterschieden:
- **Primäres Sjögren-Syndrom**
- **Sekundäres Sjögren-Syndrom** bei rheumatoider Arthritis, systemischem Lupus erythematodes oder Sklerodermie.

Die Ätiologie ist unbekannt. Es besteht eine Assoziation mit HLA-DR3. Das Epstein-Barr-Virus und Retroviren sind möglicherweise Auslöser. Es besteht eine auffällige Koinzidenz zur primär biliären Zirrhose.

Klinik

Sicca-Syndrom:
- **Xerophthalmie** (trockene Augen) mit Keratokonjunktivitis, da die Lieder auf der trockenen Hornhaut scheuern
- **Xerostomie** (Mundtrockenheit). Durch verminderte und veränderte Speichelsekretion kommt es vermehrt zu Kariesbildung. Schwellung der Parotis
- **Extraglanduläre Manifestationen**:
  - Interstitielle Nephritis, Myositis, Arthralgien und nicht-destruierende symmetrische Arthritis
  - Sensorische Polyneuropathie, Mononeuritis multiplex
  - Interstitielle Pneumonitis (meist blande), Thyreoiditis, Hypothyreose
  - Hypersensitivitätsvaskulitis der Haut und des ZNS: Entwicklung einer Innenohrschwerhörigkeit in 25 % der Fälle
  - Befall des Lymphsystems mit Adenopathie, Splenomegalie und Pseudolymphome: Entwicklung eines Non-Hodgkin-Lymphoms in 5 % der Fälle.

Diagnostik

Klinik. Klassische Symptome des Sicca-Syndroms.

Labor:
- SG Erhöhung, Leukozytopenie, Anämie
- Immunologische Befunde: Gammaglobulinvermehrung, Rheumafaktoren, SS-A- und SS-B-Nachweis.

Invasiv:
- Lippenbiopsie zum Nachweise von Antikörpern gegen interlobuläre Ausführungsgänge
- Lymphknotenbiopsie bei Auftreten einer Lymphadenopathie.

Differenzialdiagnose

- Mundtrockenheit anderer Genese: nach Bestrahlung, hohes Lebensalter, durch Anticholinergika wie Atropin, Spasmolytika, Antihistaminika oder trizyklische Antidepressiva
- Trockenheit der Augen durch Anticholinergika, hohes Lebensalter, Vitamin-A-Mangel oder trockene Luft.

Therapie

Symptomatisch:
- Anregung der Speichelsekretion durch z. B. Kaugummikauen, reichlich Flüssigkeitsaufnahme, regelmäßige Kontrolle des Zahnsta-

tus; künstliche Tränenflüssigkeit, Kontaktlinsen zum Schutz der Hornhaut, Mukolytika zur Verminderung der Viskosität der Sekrete (Bromhexin, Pilocarpin)
- **Therapie von Arthralgien** mit NSAR. Sind Gelenke und Organe befallen, Gabe eines Basistherapeutikums wie Methotrexat oder Chloroquin. Bei schweren Verläufen auch immunsuppressive Therapie mit Cyclophosphamid und Azathioprin.

Prognose
Die Prognose ist gut. Sie verschlechtert sich allerdings, wenn ein Non-Hodgkin-Lymphom auftritt.

Sharp-Syndrom

Synonym
Mixed connective tissue disease.

Definition
Mischkollagenose mit Klinik und Laborkonstellation aus SLE, Sklerodermie, Polymyositis, und rheumatoider Arthritis.

Klinik
Im Vordergrund stehen meist Raynaud-Symptomatik (obligat), Polyarthritis (nicht-destruierend), Myositis, Ösophagusdysfunktion und sklerodermieartige Veränderungen der Hände (puffy hands, Sklerodaktylie). Seltener ist eine Organbeteiligung.

Diagnostik
Labor. Leuko- und Thrombozytopenie, ANA-Nachweis.

Therapie
Die Behandlung richtet sich nach Organbefall und Ausprägung. Meist **symptomatische Therapie** mit NSAR. Erst bei hoher Aktivität und Organbeteiligung **Therapie mit Immunsuppressiva** (Azathioprin, Cyclosporin A).

Prognose
Allgemein günstig. Bei manifester Organbeteiligung mit der Notwendigkeit der immunsuppressiven Therapie ist die Prognose mit derjenigen der SLE vergleichbar.

CHECK-UP

- ☐ Bei welchen Symptomen liegt wahrscheinlich eine SLE vor?
- ☐ Was sind die typischen kutanen und intestinalen Symptome der Sklerodermie?
- ☐ Nennen Sie die typischen Symptome des Sicca-Syndroms!

Polymyositis, Dermatomyositis

Definition
Seltene, entzündliche Systemerkrankung primär der Muskeln. Bei der Dermatomyositis (DM) ist zusätzlich die Haut betroffen. Erkrankungsgipfel 10.–20. und 40.–50. Lj. ♀ > ♂.
Fünf Formen der Polymyositis:
1. ⅓: primäre idiopathische Polymyositis
2. ⅓: primäre idiopathische Dermatomyositis
3. ⅕: Myositis-overlap-Syndrome bei Kollagenosen
4. < ⅒: paraneoplastische Dermatomyositis
5. < ⅒: kindliche Dermatomyositis mit Begleitvaskulitis.

Ätiopathogenese
Ursache unbekannt, möglicherweise virale Infekte. Gelegentlich paraneoplastisch.
Aktivierte $CD8^+$-Lymphozyten und Makrophagen zerstören Muskelzellen.

Klinik
Beginn schleichend, Verlauf schubförmig. Symptome:
- Muskelkaterartige Schmerzen
- oft proximale Muskelschwäche
- Arthralgien, Raynaud-Syndrom, Schluckstörungen.

Bei der **Dermatomyositis** ödematöse, livide Verfärbungen periorbital, an Armen und Beinen, manchmal Erytheme dorsal über Fingergrundgelenken (Gottron-Zeichen) oder ein schuppendes Ekzem.
Organbeteiligungen sind häufig:
- jeder 2.: Alveolitis mit Lungenfibrose: Husten, Dyspnoe
- jeder 5.: Myokarditis: Arrhythmien, Herzinsuffizienz.

Diagnostik
Vier Kriterien:
1. Stammnahe Muskelschwäche
2. Kreatinkinase (CK) erhöht

3. EMG: Reizabschwächung, erhöhte Erregbarkeit und Fibrillationen
4. Histologie: perivaskuläre lymphozytäre Infiltrationen in den Muskeln.

4 Kriterien erfüllt = Diagnose sicher, 2–3 = wahrscheinlich.

Labor:
- CK: korreliert mit Aktivität
- GOT und LDH: ↑ bei Muskelzerfall
- Autoantikörper: spezifisch sind Jo-1 und PM-Scl, unspezifisch ANA und Rheumafaktor.

> Myositis → Malignom ausschließen.

Therapie
Paraneoplastisch. Tumortherapie.

Medikamentös:
- Glukokortikoide
- Immunglobuline
- Basistherapie: Azathioprin, Ciclosporin A, Cyclophosphamid, Methotrexat.

Prognose
¼ stirbt innerhalb 5 Jahren, ¼ hat Beschwerden, ½ ist beschwerdefrei.

Vaskulitiden

Morbus Wegener

Synonym
Wegener-Granulomatose.

Definition
Nekrotisierende Vaskulitis mit Bildung von ulzerierenden, nicht verkäsenden Granulomen der kleinen bis mittleren Arterien und Venen des HNO-Trakts, der Lunge und der Nieren.

Ätiopathogenese
Die Ätiologie ist unbekannt. Eine Triggerung durch virale oder bakterielle Antigene und dadurch bedingte Hypersensitivität der Schleimhäute wird diskutiert.

Da antineutrophile zytoplasmatische Antikörper (**cANCA**) bei den Patienten nachgewiesen werden können und deren Zielantigen die Proteinase 3 in Granulozyten ist, wird als Pathomechanismus eine durch Degranulation hervorgerufene Endothelschädigung vermutet. Der cANCA-Titer im Blut kann als **Aktivitätsparameter** genutzt werden.

Klinik
Initialstadium. Lokal begrenzt auf den Respirationstrakt ohne systemische Vaskulitis und Glomerulonephritis, aber mit:
- Chronischer Rhinitis und Sinusitis mit Borkenbildung, Epistaxis und Dyspnoe
- Ulzerationen im Bereich des Oropharynx
- Lungenbefall mit Rundherden und Pseudokavernen.

Generalisationsstadium. Pulmorenaler Befall mit:
- Allgemeinsymptomen wie Fieber, Gewichtsverlust, Abgeschlagenheit
- Hämorrhagie und Hämoptysen
- Rasch progressive Glomerulonephritis
- ZNS-Symptome, Arthralgien, Myalgien
- Knorpelschäden (Sattelnase).

Diagnostik
Klinik. HNO-Befund und Lungenbefund.

Labor:
- Nachweis von **c-ANCA**: antineutrophile zytoplasmatische Antikörper mit zytoplasmatischem Fluoreszenzmuster
- BSG-Anstieg, Erythrozyturie
- Anstieg des Serumkreatinins.

Bildgebende Verfahren:
- Röntgen von Thorax und Nasennebenhöhlen: zum Nachweis von Verschattungen in den Nebenhöhlen und Rundherden in der Lunge
- CCT und MRT: zum Nachweis von Granulomen in den Nebenhöhlen und intrazerebralen Läsionen
- CT-Angiografie der Nieren: Nachweis von Mikroaneurysmen.

Differenzialdiagnose
Andere HNO-Erkrankungen, Lungenerkrankungen, Vaskulitiden.

Therapie

Im Initialstadium. Gabe von Co-trimoxazol und engmaschige Befundkontrolle.

Im Generalisationsstadium:
- **Remissionsinduktion** mit Prednisolon und Methotrexat. Bei Nierenbeteiligung immer Cyclophosphamid oral oder alle 14 Tage i. v. als Bolus
- Zum **Remissionserhalt** wird auf das weniger toxische Azathioprin, Methotrexat, Leflunomid oder Mycophenolat-Mofetil oral umgestellt. Die Gesamttherapiedauer betrifft ca. 12 Monate.

Prognose

Die 5-Jahres-Überlebensrate beträgt bei optimaler Behandlung 85 %.

Morbus Behçet

Synonym

Morbus Adamantiades-Behçet.

Definition

Systemische Vaskulitis, welche die Venen und Arterien von Schleimhaut, Augen, Gelenken und ZNS befällt.

Ätiopathogenese

Die Ätiologie ist unbekannt.

Klinik

Verlauf **schubweise** und **chronisch** mit:
- Aphthen der Mund und Genitalschleimhaut
- Uveitis anterior
- Oligoarthritis der unteren Extremität
- Selten ZNS-Beteiligung mit Hirnstammsymptomatik oder Vaskultis, Sinusvenenthrombose
- Thrombembolien.

Diagnostik

Die **Klinik** ist wegweisend.

Labor. Kein Nachweis von Autoantikörpern.

Röntgen. Im Röntgenbild zeigt sich eine Arthritis ohne Erosionen.

Pathergie-Test. Pustelbildung nach intrakutanem Einstich mit 20-G-Nadel im 45°-Winkel.

Therapie

Medikamentös:
- Kortikosteroide kommen oral und topisch in Frage
- Colchizin zur Behandlung der Aphthen und Arthritis
- Cyclophosphamid bei lebensbedrohlichen Verläufen
- Bei Augenbeteiligung Gabe von Interferon-α2a.

Polymyalgia rheumatica und Arteriitis temporalis

Synonym

- Polymyalgia rheumatica: Polymyalgie
- Arteriitis temporalis: Arteriitis cranialis, Riesenzellarteriitis, Morbus Horton, Horton-Magath-Brown-Syndrom.

Definition

Granulomatöse Entzündung großer und mittelgroßer Gefäße mit zwei klinischen Ausprägungen:
- **Polymyalgia rheumatica**
- **Arteriitis temporalis**.

Die Erkrankungen können getrennt voneinander auftreten.

Ätiopathogenese

Die Ätiologie ist unbekannt.

Klinik

Polymyalgia rheumatica:
- Muskelschmerzen, vor allem des Schultergürtels. Auch mit Steifigkeit des Beckengürtels und der Oberschenkel, Morgensteifigkeit
- Bursitis subdeltoidea und subacromialis, Fieber, Nachtschweiß.

Arteriitis temporalis:
- Temporale, pochende Kopfschmerzen. Die A. temporalis ist druckdolent.
- Augenschmerzen, Sehstörung
- Amaurosis fugax mit der Gefahr zu erblinden. Verschluss der A. centralis retinae: ist als kirschroter Fleck in der Fovea centralis zu erkennen.

Diagnostik

Die **Klinik** ist richtungsweisend, da es keine beweisenden Marker gibt.

Labor. BSR-Erhöhung meist > 50 mm in der ersten Stunde, CRP erhöht.

Bildgebende Verfahren:
- Farbduplex-Sonografie der A. temporalis zum Nachweis einer Wandverdickung oder Stenosierung des Gefäßes
- MRT bei Verdacht einer Beteiligung der Aorta und ihrer Äste.

Invasiv. Temporalarterien-Biopsie über mehrere Zentimeter, da der Befall segmental ist.

Histologie. Es lassen sich mononukleäre Zellinfiltrate, Granulome und die namensgebenden Riesenzellen nachweisen.

Riesenzellarteriitis vs. Takayasu-Arteriitis: Die histologischen Befunde sind bei beiden Erkrankungen gleich. Die Takayasu-Arteriitis befällt jedoch primär die Aorta und ihre Äste, was bei der Riesenzellarteriitis zwar möglich, aber nicht notwendigerweise der Fall ist.

Therapie

Medikamentös:

- Glukokortikoide sind die **Standardtherapie**: initial 20 mg pro Tag. Führt die Medikation innerhalb von 48 Stunden zu einer deutlichen Besserung, ist sie auch diagnosebestätigend.
- Bei **Verdacht auf Arteriitis temporalis** ist der sofortige Beginn mit einer Steroidbehandlung gerechtfertigt, da die Erblindung droht. Bleibt eine Besserung unter Steroiden aus, muss die Diagnose überprüft werden.

Prognose

Ohne Behandlung erblinden 30 % der Patienten. Bei konsequenter Behandlung über 1–4 Jahre kommt es oft zur Ausheilung der Krankheit.

CHECK-UP

- ☐ Nennen Sie einen Aktivitätsparameter für Morbus Wegener!
- ☐ Nennen Sie typische Symptome beim Antiphospholipid-Syndrom? Wie entstehen sie?
- ☐ Wie äußern sich eine Polymyositis und eine Dermatomyositis? Wie wird therapiert?
- ☐ Welche diagnostischen Möglichkeiten gibt es, um eine Arteriitis temporalis zu erkennen?
- ☐ Was sind mögliche Symptome von Morbus Behçet?

Hyperurikämie und Gicht

Definition

Hyperurikämie. Der Serumharnsäurespiegel liegt über 6,4 mg/dl.

Gicht. Uratausfällung in verschiedenen Geweben mit lokaler Entzündungsreaktion bis hin zur Bildung von Knoten (**Tophi**) und chronischer Schädigung der Gelenke (**Kristallopathie**).

Ätiopathogenese

Harnsäure fällt als Endprodukt des Purinstoffwechsels aus den Nukleotidbasen Guanin und Adenin an. Hinzu kommen über die Nahrung aufgenommene Purine.

Primäre Hyperurikämie:

- In 95 % der Fälle genetisch bedingte verminderte Harnsäuresekretion in den Nierentubuli. Der Harnsäurespiegel kann bei purinarmer Ernährung durchaus im normalen Bereich liegen, da die Eliminationskapazität nur eingeschränkt und nicht aufgehoben ist. Zum **Gichtanfall** kommt es bei purinreicher Ernährung.
- Überproduktion von Harnsäure aufgrund eines genetischen Defekts, z. B. Lesch-Nyhan-Syndrom mit einem Hypoxanthin-Guanin-Phosphoribosyl-Transferase-Mangel, der schwere zerebrale Schäden verursacht.

Sekundäre Hyperurikämie:

- Zelluntergang mit erhöhtem Purin-Stoffwechsel bei hämolytischer Anämie, Tumorlyse-Syndrom, myelo- oder lymphoproliferativen Erkrankungen
- Verminderung der renalen Harnsäureausscheidung bei Nierenerkrankungen, Laktatazidose oder Ketoazidose durch Fasten oder Diabetes mellitus sowie durch Intoxikation mit CO_2 oder Blei oder durch Medikamente (Saluretika, Diuretika, Ciclosporin, Ethambutol).

Klinik

Die Erkrankung verläuft in vier Stadien (→ Tab. 4.2).

Klink des akuten Gichtanfalls:

- Ausgelöst durch raschen Anstieg des Harnsäurespiegels durch Fasten, Alkoholkonsum

Tab. 4.2 Stadien der Hyperurikämie

Stadium	Klinik
1	Asymptomatische Hyperurikämie
2	Akuter Gichtanfall (Erstmanifestation)
3	Symptomloses Intervall zwischen zwei Gichtanfällen. Das erste Rezidiv entsteht in 60 % der Fälle im ersten Jahr
4	Chronische Gicht mit Bildung von Gichttophi und irreversiblen Gelenkveränderungen

und purinreiches Essen – „Fasten und Feste" – kommt es, häufig nachts, zu schmerzhafter Monarthritis, in 60 % der Fälle am Großzehengrundgelenk (Podagra). Das Gelenk ist gerötet, überwärmt und geschwollen.
- Weitere Manifestationsorte: Sprunggelenk und Fußwurzel, Kniegelenk (Gonagra), Zehengelenke, Fingergelenke und Daumengrundgelenk (Chiragra).
- Häufig: Fieber, BSG-Erhöhung und Leukozytose.

Nach einigen Tagen bis 3 Wochen klingt der Anfall ab. Eine Hyperurikämie muss im akuten Anfall **nicht** vorliegen.

Klinik der chronischen Gicht:
- Uratablagerungen in Form von Tophi in Weichteilgeweben wie Ohrmuschel, Ferse, Olekranon, Sehnenscheiden und Schleimbeuteln.
- Im Knochen führen die Tophi zu rundlich geformten, gelenknahen Knochendefekten, die im Röntgenbild als Usur imponieren. An gelenkbildenden Knochen können becherförmige Veränderungen zu Verformung führen.
- Renale Beteiligung in Form von:
  - **Uratnephropathie**: nur bei exzessiv hoher Harnsäurekonzentration, z. B. beim Tumorlyse-Syndrom, mit Uratablagerungen in den Tubuli, was zur Obstruktion führt. Die Folge sind Oligurie, Anurie, Erbrechen und akutes Nierenversagen. Seltener sind interstitielle Uratablagerungen mit milder Proteinurie und geringer Niereninsuffizienz.
  - **Uratnephrolithiasis**: Uratsteine entstehen bei hoher Uratausscheidung und herabgesetzter Löslichkeit der Harnsäure bei saurem Urin. 80 % sind reine Uratsteine und im Röntgenbild nicht zu sehen. Es entstehen aber auch gemischte Kalziumoxalat- oder Phosphatsteine.

Diagnostik

Anamnese und Klink. Familiäre Häufung, Fasten, Feste.

Labor. Harnsäure im Serum erhöht.

Medikamentös. Gabe von Colchizin bei unklarer Monarthritis, da die Patienten sehr schnell darauf ansprechen.

Röntgen. Aufnahmen von den betroffenen Gelenken.

Funktionell. Bestimmung der Nierenfunktion.

Differenzialdiagnose

- **Pseudogicht** (**Chondrokalzinose**): Ablagerung von Calciumpyrophosphat-Dihydrat-Kristallen, die zur Synovitis führen kann
- Sekundäre Hyperurikämien
- Aktivierte Arthrose, eitrige Arthritis durch bakterielle Infektionen, reaktive Arthritis.

Therapie

Allgemein. Gewichtsreduktion, purinarme Kost (unter 300 mg Purin/Tag), hohe Flüssigkeitszufuhr. Verzicht auf Alkohol. Harnsäure-erhöhende Medikamente vermeiden.

Medikamentöse Therapie des Gichtanfalls. NSAR, bei Nichtansprechen oder Kontraindikationen Prednisolon. Dazu Kühlen und Ruhigstellen der betroffenen Extremität. Wegen seiner Nebenwirkungen ist Colchizin nur Reservemedikament. Es wird bei unklaren Fällen als diagnostisches Mittel eingesetzt, da es den Anfall sehr rasch bessert.

Medikamentöse Dauertherapie der Hyperurikämie. Weitere Behandlung, nachdem es zu einem Gichtanfall gekommen ist, mit:
- **Urikostatika**: Allopurinol hemmt die Xanthinoxidase und ist Mittel der Wahl.
- **Urikosurika**: Benzbromaron und Probenecid steigern die Harnsäureausscheidung, indem sie die tubuläre Reabsorption hemmen.
- **Urikolytika**: Rasburicase (einziges handelsübliche Medikament) wird nur bei Tumorlyse-Syndrom angewandt, da es sehr teuer ist.

Prognose

Der akute Gichtanfall hat eine gute Prognose. Bei der chronischen Gicht wird die Prognose von den Folgeerkrankungen, z. B. akutes Nierenversagen, bestimmt.

■ CHECK-UP

- ☐ Welche Faktoren können einen Gichtanfall auslösen?
- ☐ Wo ist der Hauptmanifestationsort des Gichtanfalls?
- ☐ Welcher Stoffwechselprozess führt zur Bildung von Harnsäure?
- ☐ Welche Erhöhung des Harnsäurespiegels muss medikamentös behandelt werden?
- ☐ Worin liegt der Hauptunterschied zwischen primärer und sekundärer Hyperurikämie?

Fibromyalgie-Syndrom

Definition

Chronisches Schmerzsyndrom, das mehrere Körperregionen betrifft, mit typischen schmerzhaften Druckpunkten (**Tender points**, Trigger-Punkte). Die Fibromyalgie geht mit vegetativen Symptomen und funktionellen Beschwerden einher.

Ätiopathogenese

Die Ätiologie ist unbekannt. Frauen erkranken 6- bis 8-mal häufiger als Männer.

Klinik

Die Patienten leiden unter Schmerzen in mehreren Körperregionen. Zu Diagnosezwecken wurden vom American College of Rheumatology (ACR) Kriterien festgelegt, die sich nach den schmerzenden Körperregionen und Tender points richten.

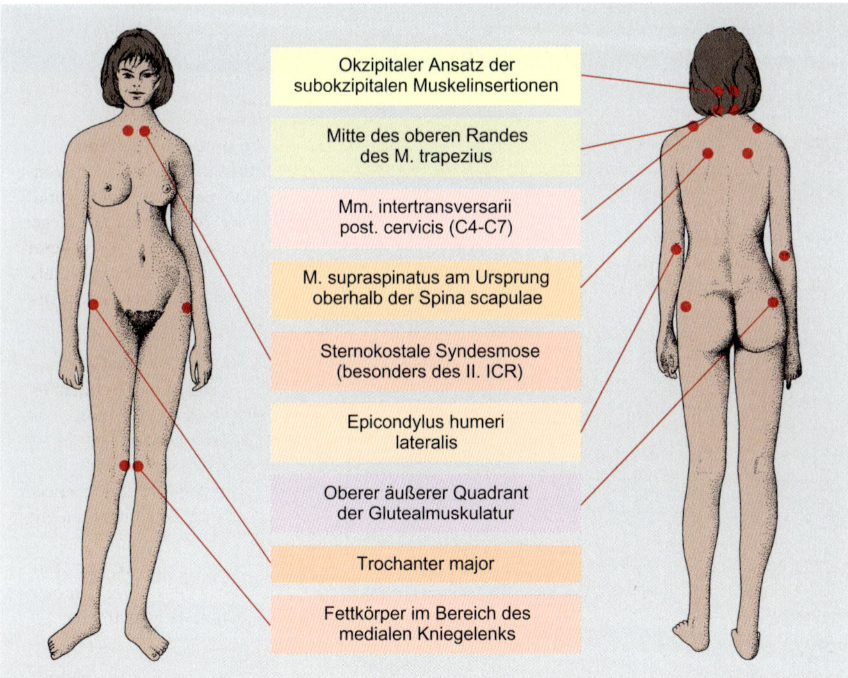

Abb. 4.3 Gelenknahe Sehnenansätze als Druckschmerzpunkte (Tender points) beim Fibromyalgie-Syndrom [L 157]

ACR-Kriterien: Über mindestens **3 Monate** müssen Schmerzen in mindestens **3 Körperregionen** vorhanden sein und **11 von 18 Tender points** müssen druckschmerzhaft sein. Die einzelnen Tender points sind in → Abbildung 4.3 aufgeführt.

Außerdem kommen **vegetative Symptome** und **allgemeine funktionelle Beschwerden** wie Abgeschlagenheit, Migräne, Steifigkeit und Gefühl der Gelenkschwellung, Atembeschwerden sowie thorakale und gastrointestinale Beschwerden hinzu.

Diagnostik

Neben den ACR-Kriterien und der weiteren Klinik gibt es **keinen** richtungsweisenden Befund. Zur Absicherung der Diagnose sollten auch weitere Druckpunkte, die nicht den ACR-Kriterien entsprechen, getestet werden.

Differenzialdiagnose

Entzündliche rheumatische Erkrankungen, Polymyalgia rheumatica, Psoriasis-Arthritis und Polymyositis.

Therapie

Medikamentös. NSAR und Paracetamol. Evtl. Antidepressiva wie Amitriptylin in niedriger Dosierung.

Nicht-medikamentös. Physikalische Therapie, Bewegungstherapie, Akupunktur, Anbindung an eine Selbsthilfegruppe.

Prognose

Bei früher Diagnosestellung können Remissionen innerhalb der ersten 2 Jahre erzielt werden. Ab dem 60. Lebensjahr nehmen die Beschwerden ab. Muskeln und Gelenke nehmen im Verlauf keinen Schaden.

■ CHECK-UP

- ☐ Beschreiben Sie die Klinik des Fibromyalgie-Syndroms!
- ☐ Was versteht man unter Tender points und wo befinden sie sich?

5 Hämatologie, Hämatoonkologie

Anämien

Synonym
Blutarmut.

Definition
Der Hämoglobinwert (Hb), der Hämatokritwert (Hkt) oder die Erythrozytenzahl des Blutes sinkt unter die Norm ab. Bei Männern wird ein Hb unter 14, bei Frauen ein Hb unter 12 g/dl als Anämie bezeichnet.

Ätiopathogenese
Anämien können durch eine Vielzahl an Auslösern hervorgerufen werden. Neben Blutbildungsstörungen und vermehrtem Abbau von Blutzellen entstehen Anämien häufig durch Blutungen – akut oder chronisch – und selten durch Ansammlungen von Blutzellen in einem Organ, z. B. Pooling in der Milz.
Anämien lassen sich nach unterschiedlichen Gesichtspunkten einteilen. Relevant sind dabei vor allem die Ursache der Anämie und ihre Merkmale im Blutbild.

Einteilung nach Merkmalen im Blutbild. Siehe → Tabelle 5.1.
- MCV = mittleres korpuskuläres Volumen = Hkt durch Erythrozytenzahl
- MCH = mittlerer korpuskulärer Hb-Gehalt = Hb durch Erythrozytenzahl.

Aplastische Anämie

Definition
Selten angeborene, meist erworbene Anämie, bei der eine exogene Noxe bei genetischer Disposition zu einer Autoimmunreaktion führt, die sich gegen das hämatopoetische Gewebe richtet.

Ätiopathogenese
Idiopathisch. Aplastische Anämie (70 % der Fälle). Die Ursache ist unbekannt.

Sekundäre Anämie:
- Medikamenteninduziert: nicht-steroidale Antirheumatika, Chloramphenicol, Phenylbutazon, Goldpräparate, Colchicin, Penicillamin, Allopurinol, Phenytoin, Sulfonamide, Thyreostatika
- Toxine: Benzol ist für mindestens 10 % der aplastischen Anämien verantwortlich
- Ionisierende Strahlen
- Virusinfektionen: z. B. Epstein-Barr-Virus, Hepatitisviren, Parvovirus B-19.

Tab. 5.1 Einteilung der Anämien nach Merkmalen im Blutbild

Bezeichnung	Blutwerte	Beispiele
Hypochrome, mikrozytäre Anämie	MCH + MCV erniedrigt	• Eisenmangelanämie • Thalassämie
Normochrome, normozytäre Anämie	MCH + MCV normal	• Blutungsanämie • Hämolytische Anämie • Aplastische Anämie • Renale Anämie
Hyperchrome, makrozytäre Anämie	MCH + MCV erhöht	Megaloblastäre Anämie

Klinik

Mangel an einzelnen Blutelementen führt zu Anämie, Granulozytopenie und/oder Thrombozytopenie. Es können alle Zellreihen betroffen sein (Panzytopenie)!

Diagnostik

Labor. Blutbild zum Nachweis einer **normochromen, normozytären** Anämie.

Histologie. Knochenmarkzytologie: aplastisches Knochenmark mit lymphoplasmozytoider Hyperplasie und vermehrtem Fettgewebe.

Therapie

- Kurativ: Stammzellentransplantation.
- Symptomatisch: Substitution von Erythrozyten, Thrombozyten
- Medikamentös: immunsuppressive Therapie.

> Bei Linksherzinsuffizienz können Bluttransfusionen zum Hirnödem führen.

Prognose

Nach allogener Stammzellen- oder Knochenmarktransplantation von einem nahen Verwandten beträgt die 10-Jahres-Überlebensrate in Gesundheit bis zu 80 %. Ohne Behandlung liegt die Letalität bei 70 %.

Megaloblastäre Anämie

Definition

DNS-Bildungsstörung aufgrund eines Mangels an Vitamin B_{12} (Cobalamin) und/oder Folsäure, wodurch die Myelopoese gestört ist.

Ätiopathogenese

Vitamin-B_{12}-Mangel. Ursachen:

- Zu geringe Zufuhr über die Nahrung
- Mangel an Intrinsic-Faktor
- Malabsorption oder vermehrten Verbrauch durch Fischbandwurm.

Die häufigste Ursache einer megaloblastären Anämie ist die **perniziöse Anämie** (Morbus Birmer), meistens durch eine Atrophie der Magenschleimhaut mit verminderter Sekretion des Intrinsic-Faktors.

Folsäuremangel. Ursachen:

- Mangelernährung (Alkoholiker)
- Erhöhten Bedarf während Schwangerschaft oder bei Hämolyse
- Malabsorptionssyndrom
- Behandlung mit Medikamenten, die die Folsäureabsorption im Dünndarm stören oder sie antagonisieren, z. B. Methotrexat, Pyrimethamin, Trimetoprim oder Triamteren.

Klinik

Ausgeprägter Vitamin-B_{12}-Mangel. Hier kommt es zur Trias aus hämatologischen, neurologischen und intestinalen Störungen, die parallel, aber auch einzeln auftreten können:

- Ein **hämatologisches Syndrom** kann sich in allgemeinen Anämiesymptomen wie Müdigkeit, Blässe oder Leistungsknick zeigen, bis hin zur gelblichen Färbung der Haut (Café-au-Lait-Farbe) durch die intramedulläre Hämolyse von erythropoetischen Zellen.
- Ein **gastrointestinales Syndrom** kann eine Autoimmungastritis (Typ-A-Gastritis mit Achlorhydrie bei perniziöser Anämie) sein und/oder eine atrophische (Hunter-)Glossitis mit glatter, roter, brennender Zunge aufgrund trophischer Schleimhautveränderungen.
- Ein **neurologisches Syndrom** zeigt sich als funikuläre Spinalerkrankung mit Markscheidenschwund bei den Hintersträngen, was zu spinaler Ataxie (Gangunsicherheit) führen kann sowie zu Markscheidenschwund bei der Pyramidenbahn mit Paresen und Pyramidenbahnzeichen. Des Weiteren können Zeichen

einer Polyneuropathie mit Parästhesien an Händen und Füßen, evtl. Areflexie der unteren Extremitäten und auch psychotische Symptome auftreten.

Die **perniziöse Anämie** ist oft vergesellschaftet mit anderen immunologischen Erkrankungen, z.B. Morbus Basedow, Thyreoiditis Hashimoto, Hypoparathyreoidismus und Vitiligo.

> **Cave**: Nach axonaler Degeneration sind die neurologischen Symptome nicht mehr reversibel!

> Bei **Folsäuremangel** kann eine megaloblastische Anämie, aber keine funikuläre Myelose auftreten!

Diagnostik

Anamnese und Klinik.

Labor. Neben Anamnese und Klinik geben ein komplettes Blutbild inklusive Bestimmung von Vitamin B_{12} (< 100 ng/l) und Folsäure (< 4 µg/l) Aufschluss.

Es ist eine **makrozytäre, hyperchrome** Anämie mit Erhöhung von MCH und MCV nachweisbar.

Perniziöse Anämie: Autoantikörper gegen

- Parietalzellen: in 90%, allerdings auch bei 50% mit atrophischer Gastritis anderer Genese, daher unspezifisch
- Intrinsic-Faktor: in 60%, spezifisch.

Knochenmarkbiopsie. Eine Knochenmarkuntersuchung ist dann angezeigt, wenn die Ursache der megaloblastären Anämie nicht geklärt ist, weil z. B. die Werte für Folsäure und Vitamin B_{12} normal sind. Es gilt eine schwerwiegende Erkrankung, z. B. multiples Myelom oder myelodysplastisches Syndrom, auszuschließen.

Therapie

Therapie des Vitamin-B_{12}-Mangels:

- Beseitigung der Malassimilation: Behandlung von Blindloop-Syndrom, evtl. Behandlung einer Fischbandwurmerkrankung
- Und Substitution von Vitamin B_{12}: Es wird parenteral appliziert, da es bei oraler Gabe nur zu 1 % resorbiert wird. Initial 1000 µg pro Woche i. m. bis zur Normalisierung des Blutbilds. Dann alle 6 Monate 1000 µg als Erhaltungsdosis.

Therapie des Folsäuremangels:

- Orale Substitution: 5 mg pro Tag
- Verbesserung der Ernährung, Alkoholabstinenz.

> **Cave**: Folsäuremangel während der Schwangerschaft erhöht das Risiko eines Neuralrohrdefekts beim Embryo stark! Die Gabe von Folsäure senkt dieses Risiko um 70 %.

Prognose

Neurologische Symptome sind nur im Frühstadium und ohne erfolgte axonale Schädigung reversibel. Eine unbehandelte perniziöse Anämie verläuft tödlich.

Eisenmangelanämie

Definition

Anämie durch Eisenmangel. Das Fehlen von Eisen führt zu einer Hb-Bildungsstörung. Mit 80 % weltweit die häufigste Anämie. Zu 80 % sind davon Frauen betroffen.

Ätiopathogenese

- Verminderte Eisenzufuhr: Die empfohlene Tagesmenge liegt für Männer bei 12 mg, für Frauen bei 15 mg und für Schwangere bei 30 mg.
- Ungenügende Einsenresorption nach Magenresektion, durch Malassimilationsyndrom oder Zöliakie
- Eisenverlust durch Blutungen: Menstruation, OP, Blutung im Verdauungstrakt, Blutspende etc.

Klinik

- **Allgemeine Anämiesymptome** wie Blässe der Haut, Schwäche, evtl. Belastungsdyspnoe, evtl. systolisches Strömungsgeräusch über dem Herzen durch die verminderte Viskosität, Konzentrationsschwäche und Kopfschmerzen
- **Neurologie**: unspezifische psychische oder neurologische Störungen wie leichte Erregbarkeit, evtl. Restless-Legs-Syndrom, Pica-Syndrom = abnorme Lust auf ungenießbare Substanzen, z. B. Kalk oder Erde
- **Dermatologie**: Symptome an Haut und Schleimhaut, Rillenbildung und Brüchigkeit der Nägel, diffuser Haarausfall

- **HNO-Befunde**: chronisch-rezidivierende Aphthen in der Mundschleimhaut, Zungenbrennen und schmerzhafte Dysphagie.

Diagnostik

Labor. Im Blutbild hypochrome, mikrozytäre Anämie: Hb, MCV erniedrigt. Ferritin erniedrigt, Transferrin erhöht.

Interventionell. Neben der Suche nach einer Blutungsquelle im Magen-Darm- oder Urogenital-Trakt und dem Ausschluss anderer Ursachen für Blutverluste, kann ein Eisenresorptionstest eine Resorptionsstörung als Ursache ausschließen.

Therapie

Substitutionstherapie. Eisensubstitution und Beheben von eisenmangel-auslösenden Faktoren:

- Orale Eisentherapie mit zweiwertigem Eisen Fe (2): 100–200 mg pro Tag, auf zwei Dosen verteilt für 3–6 Monate
- Parenterale Eisentherapie mit dreiwertigem Eisen Fe (3): Die Therapie ist allerdings reich an Nebenwirkungen und deshalb nur angezeigt, wenn:
  - Die orale Therapie wegen Unverträglichkeit, Malabsorptionssyndrom oder schweren Nebenwirkungen nicht durchgeführt werden kann
  - Gleichzeitig eine renale Anämie mit rhEPO therapiert wird.

Prognose

Bei gutem Ansprechen kommt es innerhalb von 3–4 Tagen zu einem Anstieg der Retikulozyten, und das Serum-Ferritin normalisiert sich. Pro Woche sollte ein Anstieg der Hb-Konzentration um 0,6 mmol/l erfolgen.

Renale Anämie

Definition

Anämie bei Niereninsuffizienz.

Ätiopathogenese

Durch Niereninsuffizienz bedingter Erythropoetinmangel führt zu **normochromer, normozytärer Anämie**.

Klinik

Einerseits Anämiezeichen wie bei der Eisenmangelanämie, andererseits die Symptome der Niereninsuffizienz.

Diagnostik

Anamnese. Chronische Nierenerkrankung oder Niereninsuffizienz.

Labor. Hb erniedrigt bei normochromer, normozytärer Anämie. Retikulozyten erniedrigt. Fe und Ferritin, um einen oft parallel bestehenden Eisenmangel auszuschließen.

Therapie

Medikamentös. Therapie mit rekombinantem humanem Erythropoetin bei Dialyse- und Prädialysepatienten. Außerdem Therapie mit kontinuierlichen Erythropoetinrezeptor-Aktivatoren möglich. Die Wirkung hält bis zu einem Monat an.

> Ein gleichzeitig bestehender **Eisenmagel** muss behoben werden.

Operativ. Nierentransplantation.

Prognose

Da eine Anämie unter Erythropoetingabe und gegebenenfalls Gabe von Erythrozytenkonzentraten zu behandeln ist, ist die Niereninsuffizienz (→ Kap. 6) wichtigster prognostischer Parameter.

Sphärozytose

Synonym

Kugelzellenanämie.

Definition

Durch einen Membrandefekt der Erythrozyten hervorgerufene Störung von Funktion, Lebensdauer und Form der Erythrozyten.

Ätiopathogenese

In Europa die häufigste angeborene hämolytische Anämie. Die Lebensdauer der Erythrozyten ist verkürzt. Durch einen Defekt in ihrer Membran ist ihre Ionenpermeabilität gestört, wodurch der Natrium- und Wassereinstrom in die Zelle erhöht ist. Die Erythrozyten nehmen eine Kugelform an und werden in der Milz retiniert und phagozytiert. Es kann zu lebensbedrohlichen hämolytischen Krisen kommen. Der gesteigerte Abbau defekter Erythrozyten führt zu Bilirubinsteinen in der Galle. Die Milz ist vergrößert (Splenomegalie).

Diagnostik

Labor. Im Labor fallen normochrome Anämie und Hämolysezeichen auf.
Die Kugelzellen haben neben einem geringeren Durchmesser eine erniedrigte osmotische Resistenz.

Laborwerte bei Hämolyse durch den **vermehrten Erythroztenabbau**:
- Im Serum ↑: indirektes Bilirubin, LDH, freies Hämoglobulin
- Im Serum ↓: Haptoglobin
- Im Urin ↑: Urobilinogen
- Im Blutausstrich: Schistozyten.

Zeichen der **Knochenmarkstimulation**: Retikulozyten im Blut ↑, erythroide Hyperplasie.

Therapie

Operativ. Bei rezidivierenden hämolytischen Krisen kann eine **Splenektomie** indiziert sein. Die Kugelzellen bleiben bestehen, können aber nicht mehr von der Milz aus der Blutbahn entfernt werden und haben dadurch eine längere Überlebenszeit.

Cave: Vor einer Splenektomie gegen Pneumokokken und Haemophilus influenzae impfen, um die Sepsisgefahr zu mindern. Schwerste Form der bakteriellen Infektion nach einer Milzexstirpation ist das Postsplenektomie-Syndrom (Overwhelming postsplenectomy infection syndrome, OPSI).

Prognose

Nach einer Splenektomie normalisiert sich die Überlebenszeit der Erythrozyten. Es tauchen Jolly-Körperchen in den Erythrozyten auf, die lebenslang nachweisbar sind.

Glucose-6-Phosphat-Dehydrogenase-Mangel

Synonym

Favismus, Favabohnen-Krankheit.

Definition

Enzymdefekt der Erythrozyten, der zu hämolytischen Krisen führen kann.

Ätiopathogenese

Häufigste Erbkrankheit nach Diabetes mellitus. Es wird abhängig von der Restaktivität des **Enzyms G-6-PD** zwischen zwei Varianten unterschieden:
- **Defektvariante A** mit einer Restaktivität des Enzyms G-6-PD bis 15 % der Norm. In Westafrika und bei Afroamerikanern in den USA.
- **Mediterrane Defektvariante** mit einer Restaktivität des Enzyms unter 1 %.

Klinik

Durch den Mangel an G-6-PD wird reduziertes Glutathion, das die Erythrozyten vor Oxidationsschäden schützt, in zu geringer Menge gebildet. Kommt es durch Infektionen, den Genuss von Fava-Bohnen oder die Einnahme bestimmter Arzneimitteln zu oxidativem Stress, können hämolytische Krisen ausgelöst werden. In den Erythrozyten bilden sich sog. **Heinz-Innenkörper**, Denaturierungsprodukte des Hämoglobins, die im hämolysefreien Intervall fehlen.

Diagnostik

Anamnese. Auffallend sind hämolytische Krisen nach Medikamenteneinnahme.

Labor. Die verminderte Glucose-6-Phosphat-Dehydrogenase in den Erythrozyten kann nachgewiesen werden.

Therapie

Allgemein. Meidung der auslösenden Faktoren und Aufklärung der Patienten. In schweren Fällen Bluttranfusion.

Prognose

Da keine kurative Therapie zur Verfügung steht, ist die Prognose maßgeblich von der optimalen Aufklärung abhängig wie auch von der Compliance der Patienten, auslösende Faktoren zu vermeiden.

Pyruvatkinase-Mangel

Definition

Autosomal-rezessiv vererbte Stoffwechselerkrankung, die zu einer hämolytischen Anämie führt.

Ätiopathogenese

Die Krankheit ist der häufigste vererbte Glykolysedefekt. Die Glykolyse und damit die Energiegewinnung der Erythrozyten ist gestört. Pyruvatkinase (Pk) ist an der ATP-Bildung beteiligt. Durch den Mangel am Pk produzieren die Erythrozyten nicht genügend ATP für ihre Membranpumpen.

Klinik

Im Blutausstrich finden sich **Akanthozyten** (stechapfelförmige Erythrozyten) und **Retikulozyten**. Hämolytische Krisen treten nur bei homozygoten Trägern auf. Häufig liegt eine Splenomegalie vor.

Diagnostik

Labor. Beweisend ist die verringerte Aktivität der Pyruvatkinase der Erythrozyten. Sie liegt bei homozygoten Patienten bei 5–20 %.

Therapie

Konservativ. Während hämolytischer Krisen und Schwangerschaften besteht die Therapie in Bluttransfusionen.

Operativ. Werden die Erythrozyten vorwiegend in der Milz abgebaut, was sich szintigrafisch nachweisen lässt, kann eine Splenektomie notwendig sein.

Prognose

Prognostisch am wichtigsten ist das Ausmaß der Restaktivität der Pyruvatkinase.

Immunhämolytische Anämien

Definition

Durch Allo- oder Autoantikörper verursachte Hämolyse.

Ätiopathogenese

Autoimmunhämolytische Anämien. Auslöser können Infektionen, rheumatische Erkrankungen und Mediakmente sein. Oft idiopathisch.

- Wärmeautoantikörper: IgG, selten IgA, Hämolyse bei > 37 °C, in 50% idiopathisch
- Kälteantikörper (Kryoglobuline): IgM, meistens sekundär, z.B. bei Infektionen, rheumatischen Erkrankungen oder durch Medikamente
- Bithermische Hämolysien: IgG, v.a. Kinder mit Infekten.

Alloimmunhämolytische Anämien. Fremde oder Autantikörper:

- Transfusionsreaktion: Sofortreaktion auf Antigene des AB0-Systems bei Fewhltransfusion
- Allogene Knochenmarktransplantation
- Morbus haemolyticus neonatorum: IgG der Mutter gegen AB0- oder Rh passieren die Plazenta. Häufigste Konstellationen: Mutter Rh-D_{neg} und Kind Rh-D_{pos}, Muter 0 und Kind A.

Klinik

Autoimmunhämolytische Anämien. Chronische Anämie mit Splenomegalie – eher idiopathische Formen – und hämolytische Krisen, ausgelöst z.B. durch Kälte.

Diagnostik

Labor. Nachweis der Antikörper.

Bildgebung. Erythrozytenszintigrafie, um bei Splenomegalie nachzuweisen, dass die Erythrozyten tatsächlich vermehrt in der Milz abgebaut werden.

Therapie

- Wärmeautoantikörper: Glukokortikoide, Immunglobuline
- Kälteantikörper: Kälteschutz, in schweren Fällen Immunsuppressiva, Plasmapherese
- Chronische Hämolyse: Splenektomie.

Transfusionen von Erythrozytenkonzentraten sind nur bei Symptomen wie Angina pectoris oder Dyspnoe indiziert. Um eine weitere Immunisierung zu vermeiden, werden gewaschenen Erythrozyten möglichst von HLA-identischen Spendern genommen.

Prognose

Bei jedem vierten gelingt keine zufriedenstellende Therapie.

Sichelzellenanämie

Definition

Qualitativer Hämoglobindefekt, der durch eine Genmutation ausgelöst wird und zu verformten und in ihrer Funktion beeinträchtigten Erythrozyten führt.

Ätiopathogenese

Häufigste Hämoglobinopathie, vor allem im tropischen Afrika und unter der afroamerikanischen Bevölkerung Amerikas. Die Anämie wird autosomal-kodominant vererbt und führt zu einer qualitativen Hämoglobinveränderung. Ursache ist die vermehrte Bildung von verändertem **Sichelzellenhämoglobin** (HbS), bei dem in Position 6 der Beta-Kette Glutaminsäure durch Valin ersetzt ist. Dies führt zu sichelförmig deformierten Erythrozyten, die verstärkt mit den Endothelzellen in den Kapillaren interagieren und zu Flussstörungen und Verschlüssen führen. Die Folge sind Organinfarkte (**Sichelzellkrise**).

Klinik

Bei homozygoten Trägern führt der Hämoglobindefekt schon im Säuglingsalter zu schweren hämolytischen Anämien und schmerzhaften vasookklusiven Krisen mit Organinfarkten. Heterozygote Träger sind meist beschwerdefrei.

Diagnostik

Sichelzellentest. 1 Tropfen EDTA-Blut wird auf einem Objektträger durch ein Deckglas luftdicht verschlossen. Nach 24 Stunden unter Luftausschluss zeigt sich die typische Sichelform der Erythrozyten.

Therapie

Allgemein. Meiden von Sauerstoff-Mangelzuständen, Behandlung der vasookklusiven Krisen mit Hydrierung.

Kurativ. Bei homozygoten Patienten ist eine allogene Knochenmark- oder Stammzellentransplantation angezeigt.

Medikamentös. Daneben Schutz vor Infekten mit Penicillinprophylaxe.

Prognose

Bei Homozygoten variabler Verlauf mit teilweise kurzer Lebenserwartung: Ungünstige Verläufe zeigen sich im Auftreten von Anfällen von Daktylitis, Leukozytosen ohne adäquate Infektionen und Hb-Werte unter 7 g/dl.

Heterozygote Patienten weisen eine erhöhte Resistenz gegenüber Malariaplasmodien auf!

Thalassämie

Definition

Qualitative Hämoglobin-Synthesestörung mit dadurch bedingter Anämie unterschiedlicher Ausprägung. Ja nach Schädigungsort wird in **Alpha-** und **Beta-Thalassämie** unterschieden.

Ätiopathogenese

Bei der Thalassämie werden die α- oder β-Ketten der Globinketten des Hämoglobins nur vermindert gebildet. Es liegt eine quantitative Störung der Hb-Synthese vor, die bei der heterozygoten Form (**Thalassaemia minor**) geringer ausfällt als bei der homozygoten Form (**Thalassaemia major**).

Klinik

Heterozygote Träger. Sie sind meist beschwerdefrei und bedürfen keiner Behandlung.

Homozygote Träger der Major-Form. Sie haben neben einer Splenomegalie schon ab dem 3. Lebensmonat eine schwere hämolytische Anämie und leiden unter Wachstumsstörungen, Skelettveränderungen durch Knochenmarkhyperplasie (Bürstenschädel, → Abb. 5.1) und Organschäden durch Hämosiderose.

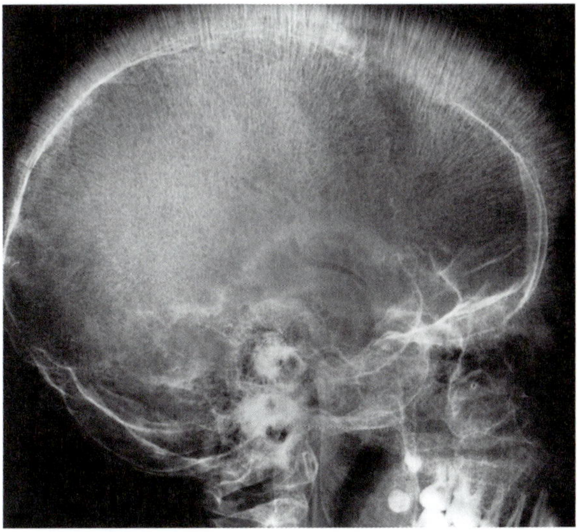

Abb. 5.1 Röntgenbild eines Bürstenschädels [E 348]

Diagnostik
Blutbild: Retikulozytose.
Alpha-Thalassämie: Molekulargenetische Untersuchung.
Beta-Thalassämie: Hb-Elektrophorese.

Therapie
Thalassaemia minor. Da die Patienten asymptomatisch sind, ist keine Therapie notwendig.

Thalassaemia major. Kurative Therapie durch allogene Knochenmark- oder Stammzellentransplantation. Gabe von Erythrozytenkonzentraten alle 3 Wochen und Eisen-Eliminationstherapie mit Chelat-Bildnern.

Prognose
Die Minor-Form hat eine günstige Prognose. Die Major-Form führt unbehandelt aufgrund von Komplikationen, wie Kachexie und Infektionen, zu frühem Tod. Nach Stammzellentransplantation liegt die Heilungsrate bei über 90 %. Symptomatisch behandelte Patienten haben eine Lebenserwartung von über 40 Jahren.

Anämien durch Erythrozytenverlust

Definition
Anämie durch akuten oder chronischen Blutverlust.

Ätiopathogenese
Blutungsanämien durch Traumata, gastrointestinale Blutungen, Blutungen im Urogenitaltrakt, Operationen oder große Hämatome.

Klinik
Wird stark von der Ursache bestimmt. Anämiesymptome sind Blässe, Müdigkeit, Schwäche und Herzklopfen.

Diagnostik
Anamnese. Blut im Stuhl und Urin.

Labor. Normochrome, normozytäre Anämie

Gastroskopie, Koloskopie und Hämoccult®-Test. Zum Nachweis von Blutverlust über den Gastrointestinaltrakt, den Urogenitaltrakt (Makrohämaturie) oder Nachblutung durch Operationen.

CT. Kontrastmitel-CT zum Nachweis einer intraabdominellen Blutung.

Therapie
Symptomatisch. Stillung der Blutung nach Lokalisation der Blutungsquelle. Gabe von Erythrozytenkonzentraten bei symptomatischen Patienten.

Anämien durch Verteilungsstörungen

Siehe auch → Sphärozytose.

Definition
Durch Pooling der Erythrozyten in der Milz verursachte Anämie. Dies führt zu einem Hypersplenie-Syndrom.

Ätiopathogenese
Die Erythrozyten werden durch Sequestration verstärkt in der Milz abgebaut und haben dadurch eine verkürzte Lebensdauer.

Klinik
- Eine sehr große Milz kann auf den Magen oder andere Organe drücken: Oberbauchschmerzen, Übelkeit und Völlegefühl
- Milzschmerzen, die in die linke Schulter ausstrahlen
- Anämiesymptome: Blässe, Müdigkeit, Schwäche, Herzklopfen
- Sind zusätzlich die Thrombozyten verringert: Blutungen, z. B. Nasenbluten.

Diagnostik
Labor. Mittels Isotopenuntersuchung kann die Überlebenszeit und Sequestration der Erythrozyten gemessen werden.

Therapie
Kausal. Behandlung der Grunderkrankung, die zur Vergrößerung der Milz geführt hat.

CHECK-UP
- ☐ Benennen Sie die häufigsten Anämieformen, ihre wichtigsten Blutparameter und die Therapie!
- ☐ Nennen Sie drei Ursachen einer Anämie!
- ☐ Was bedeuten die Begriffe MCV und MCH?

Morbus Hodgkin

Synonym
Hodgkin-Lymphom.

Definition
Von den Lymphknoten ausgehendes malignes monoklonales B-Zell-Lymphom, welches im Verlauf der Krankheit auf Organe, v. a. Leber und Knochenmark, übergreifen kann.

Ätiopathogenese
Die Ätiologie ist unbekannt. Kofaktoren mit einer signifikanten Erhöhung des Erkrankungsrisikos sind das Epstein-Barr-Virus und HIV-Infektionen. Männer sind häufiger betroffen: Verhältnis ♂ : ♀ ist 3 : 2. Es gibt zwei Erkrankungsgipfel, davon der eine um das 30., der andere um das 70. Lebensjahr.

In den Keimzentren der Lymphozyten entwickeln sich monoklonale B-Lymphozyten. Dazu zählen:
- **Reed-Sternberg-Zellen**: multinukleäre Riesenzellen
- **Hodgkin-Zellen**: einkernige Zellen.

Die entarteten B-Lymphozyten machen jeweils nur ca. 0,1–1 % der gesamten Zellpopulation aus. Histologisch werden die Lymphome eingeteilt in:
- **Klassisches Hodgkin-Lymphom** mit Untertypen (95 %):
  - Noduläre Sklerose
  - Gemischtzelliger Typ
  - Lymphozytenreicher Typ
  - Lymphozytenarmer Typ
- **Noduläres lymphozytenprädominantes Hodgkin-Lymphom** (5 %).

Klinik
Lymphknotenschwellung. Zervikale (60 %), mediastinale, axilläre, abdominelle und/oder inguinale Lymphknoten sind angeschwollen. Die Schwellung ist schmerzlos. Oft sind mehrere Lymphknoten miteinander verbacken und erzeugen ein kartoffelsackartiges Tastgefühl.

Allgemein. Juckreiz, schmerzhafte Lymphknoten nach Alkoholkonsum, evtl. Hepatosplenomegalie.

B-Symptome. Fieber, Gewichtsverlust, Nachtschweiß.

Das **Ausbreitungsstadium** ist der wichtigste prognostische Parameter. Der Einteilung der malignen Lymphome erfolgt nach der Ann-Arbor-Klassifikation (→ Tab. 5.2). Es gibt vier Hauptstadien, die mit römischen Ziffern beschrieben werden. An diese können zusätzlich Buchstaben zur präziseren Diagnosebeschreibung angehängt werden:
- **A**: ohne B-Symptome
- **B**: mit B-Symptomen (Allgemeinsymptome)
  - Fieber über 38 °C
  - Nachschweiß
  - Gewichtsverlust: über 10 % des Körpergewichts innerhalb von 6 Monaten
- **E**: Befall extralymphatischer Organe oder Lymphknoten breiten sich ins umliegende Gewebe aus
- **S**: Befall der Milz
- **X**: steht für **Bulky disease**. Disseminierter Befall, d. h., entweder liegt der Tumordurchmesser beim adulten Patienten über 10 cm oder das Mediastinum umfasst beim Röntgen-Thorax mehr als ⅓ des Brustumfangs.

Risikofaktoren unabhängig vom Stadium:
- Großer Mediastinaltumor, der über ⅓ des Thoraxdurchmessers einnimmt. Ann-Arbor-Klassifikation: Zusatz X
- Deutliche BSG-Beschleunigung über 50 mm/h mit B-Symptomen, über 30 mm/h ohne B-Symptome
- Befall von mehr als drei Lymphknotenarealen
- Extranodaler Befall (Ann-Arbor-Klassifikation: Zusatz E).

Diagnostik
Labor. Oft Normalbefund, seltener normochrome Anämie. BSG normal oder beschleunigt.

Klinik. Körperliche Untersuchung insbesondere der Lymphknotenstationen.

Bildgebende Verfahren. Röntgen-Thorax, Abdomen-Sonografie, CT, Skelettszintigrafie zum genauen Staging.

Tab. 5.2 Stadieneinteilung maligner Lymphome nach Ann-Arbor

Stadium	Befallsmuster
I	Befall einer Lymphknotenregion (I,N) oder einer extranodalen Region (I,E)
II	Befall auf einer Seite des Zwerchfells beschränkt: 2 oder mehr Lymphknotenregionen befallen oder Vorliegen einer oder mehrerer lokalisierter extranodaler Regionen (II,E) mit oder ohne Befall einer oder mehrerer Lymphknotenregionen
III	Befall auf beiden Seiten des Zwerchfells: 2 oder mehr Lymphknotenregionen befallen oder Vorliegen einer oder mehrerer lokalisierter extranodaler Regionen mit Befall einer oder mehrerer Lymphknotenregionen
III 1	Befall oberhalb des Truncus coeliacus: Milzhilus, portale und zöliakale Lymphknoten
III 2	Befall unterhalb des Truncus coeliacus: Paraaortale, mesenteriale, iliakale, inguinale Lymphknoten
IV	Diffuser Organbefall mit oder ohne Beteiligung des lymphatischen Systems. Sind die Leber, beide Lungenflügel oder das Knochenmark befallen, wird dies immer als Stadium IV definiert
Zusätze	A: ohne B-Symptome B: mit B-Symptomern X: Bulky disease E: Befall einer benachbarten Region

Invasiv. Knochenmarkbiopsie, Lymphknotenexstirpation zur histologischen Untersuchung.

Differenzialdiagnose

Lymphknotenschwellung anderer Ursache: Non-Hodgkin-Lymphome, Metastasen, Mononukleose, Toxoplasmose, Röteln, HIV-Infektion, Bronchialkarzinom, Hilus-Tbc.

Therapie

Die Therapie richtet sich nach dem Staging der Erkrankung und den vorhandenen Risikofaktoren.

Medikamentös. Es werden Kombinationen von verschiedenen Zytostatika gegeben:

- ACVB-Schema: Doxorubicin, Endoxan, Vindesin und Bleomycin
- BEACOPP-Schema: Bleomycin, Etoposid, Adriamycin, Cyclophosphamid, Vincristin, Procarbazin und Prednisolon
- Einsatz der Zytostatika-Schemata je **nach Stadium**:
  - Lokalisierte Stadien 1 und 2 ohne Risikofaktoren: 2× ACVB-Schema und Bestrahlung
  - Intermediäre Stadien 1 und 2 mit Risikofaktoren: 4× ACVB-Schema und Bestrahlung
  - Fortgeschrittenes Stadium 2 mit Risikofaktoren, Stadien 3 und 4: 8× BEACOPP-Schema und Strahlentherapie der Restlymphknoten.

Zytostatika, Abkürzungen, Indikationen und Nebenwirkungen

Zytostatikum	Abkürzung	Typische Indikationen	Wichtige Nebenwirkungen
Zytostatisch wirksame Alkylanzien			
Busulfan	BUS	• Chronische Myelose • Myeloproliferative Syndrome • Polycythaemia vera	• Hepatotoxizität • Knochenmarktoxizität • Lungenfibrose („Busulfanlunge"). Selten • Myasthenie

Zytostatikum	Abkürzung	Typische Indikationen	Wichtige Nebenwirkungen
Carmustin	BCNU	• AML, ALL • Hirntumoren • Maligne Lymphome • Plasmozytome	• Knochenmarktoxizität • Lungenfibrose • Nephrotoxizität
Chlorambucil	CBL	• CLL • Maligne Lymphome	• Knochenmarktoxizität • Visusminderung
Cyclophos-phamid	CPM, CYT, CTX, EDX	• Karzinome, Sarkome • Leukämien, maligne Lymphome	• Hämorrhagische Zystitis. Antidot: Mesna • Kardiotoxizität bei hohen Dosen
Estramustin		Prostatakarzinom	• Gynäkomastie • Kardiovaskuläre Komplikationen • Libido- und Potenzverlust
Ifosfamid	IFO	• Bronchialkarzinome • Maligne Hodentumoren • Maligne Lymphome • Mammakarzinom • Sarkome • Zervixkarzinom	• Hämorrhagische Zystitis • Reversible Enzephalopathie
Lomustin	CCNU	• Hirntumoren, -metastasen • Kleinzellige Bronchialkarzinome • Morbus Hodgkin	→ Carmustin
Melphalan	MEL, L-PAM, ALK	• Malignes Melanom • Mammakarzinom • Ovarialkarzinom • Plasmozytom	• Hämolyse • Knochenmarktoxizität • Lungenfibrose
Nimustin	ACNU	Maligne Gliome	→ Carmustin
Thiotepa		• Harnblasenkarzinom • Maligne Ergüsse • Mammakarzinom • Meningeosis carcinomatosa • Ovarialkarzinom	• Knochenmarktoxizität • Nephrotoxizität
Treosulfan		Ovarialkarzinom	• Alopezie • Hautpigmentierungen • Hepatotoxizität
Zytostatisch wirksame Antibiotika			
Actinomycin D (Dactinomycin)	ACTD, DACT	• Chorionkarzinom • Ewing-Sarkom • Maligne Hodentumoren • Rhabdomyosarkom • Wilms-Tumor	• Erythem in bestrahlten Gebieten (Recall-Phänomen) • Strahlensensibilisierung

Zytostatikum	Abkürzung	Typische Indikationen	Wichtige Nebenwirkungen
Bleomycin	BLEO	• Maligne Ergüsse • Maligne Hodentumoren • Maligne Lymphome	• Fieberschübe • Hautpigmentierungen • Idiosynkrasie • Interstitielle Pneumonie • Stomatitis
Daunorubicin (Daunomycin)	DAUNO, DNR	Akute Leukämien	→ Doxorubicin
Daunorubicin		AIDS-assoziiertes epidemisches Kaposi-Sarkom mit mukokutanem oder viszeralem Befall	Knochenmarkdepression
Doxorubicin (Adriamycin)	DOX (ADR)	• Akute Leukämien • Ewing-Sarkom • Harnblasenkarzinom • Kleinzelliges Bronchialkarzinom • Magenkarzinom • Maligne Lymphome • Mammakarzinom • Osteogene Sarkome • Ovarialkarzinom • Weichteilsarkome	• Akute Kardiotoxizität • Allergische Sofortreaktion • Erythem in bestrahlten Gebieten (Recall-Phänomen) • Lebertoxizität • Rotfärbung des Urins • Selten Haarausfall • Spätkomplikation Kardiomyopathie
liposomales Doxorubicin	lipDOX	• Kaposi-Sarkom und fortgeschrittenes Ovarialkarzinom • Metastasierendes Mammakarzinom	• Kaum schwere palmar-plantare Erythrodysästhesien • Signifikant niedrigere Kardiotoxizität als Doxorubicin
Epirubicin	EPI, 4'-EPI-DX	→ Doxorubicin	→ Doxorubicin
Idarubicin		AML	• Ausgeprägte Knochenmarkdepression • Hepatotoxizität • Kardiotoxizität • Rotfärbung des Urins
Mitomycin	MMC	• Bronchialkarzinom • Harnblasenkarzinom • Kolonkarzinom • Magenkarzinom • Mammakarzinom • Pankreaskarzinom	• Hämolytisch-urämisches Syndrom (HUS) • Knochenmarktoxizität • Pulmonale Toxizität • Selten nephro- und hepatotoxisch
Mitoxantron		• Akute Leukämien • Mammakarzinom • Non-Hodgkin-Lymphome	• Kardiotoxizität • Blaugrüne Verfärbung des Urins

Zytostatikum	Abkürzung	Typische Indikationen	Wichtige Nebenwirkungen
Zytostatisch wirksame Vinca-Alkaloide			
Vinblastin	VBL	• Bronchialkarzinome • Chorionkarzinom • Harnwegskarzinome • HNO-Karzinome • Kaposi-Sarkom • Maligne Hodentumoren • Maligne Lymphome • Maligne Melanome • Mammakarzinom • Ovarialkarzinom	• Arrhythmien • Bluthochdruck • Inadäquate ADH-Sekretion; selten! • Knochenmarktoxizität • Knochenschmerzen • Neurotoxizität • Paralytischer Ileus • Photoexantheme • Übelkeit und Erbrechen
Vincristin (Oncovin)	VCR, O	• Akute Leukämien • Karzinome und Sarkome • Maligne Lymphome	• Kardiovaskuläre Störungen • Krämpfe • Neurotoxizität • Paralytischer Ileus • Sehnervatrophie
Vindesin	VDS	• Blastenkrise bei chronischer myeloischer Leukämie • Bronchialkarzinome • HNO-Karzinome • Hodenkarzinome • Leukämien • Maligne Melanome • Mammakarzinom	• Kardiovaskuläre Störungen • Knochenmarktoxizität • Krämpfe • Muskel-Gelenk-Schmerzen • Neurotoxizität
Vinorelbin		• Mammakarzinom • Nicht kleinzelliges Bronchialkarzinom	• Neurotoxizität • Neutropenie
Zytostatisch wirksame Antimetaboliten.			
Capecitabin		• Metastasiertes kolorektales Karzinom • Vorbehandeltes Mamma-Karzinom	• Diarrhö und Stomatitis • Hand-Fuss-Syndrom
Cytarabin (Cytosin-Arabinosid)	ARA-C, ARAC	• Akute Leukämien • CML-Blastenkrise • Maligne Lymphome • Meningeosis leucaemica	• Cytarabinsyndrom: Fieber, Rigor, Schwitzen, Myalgie, Arthralgie, Exanthem • Groß- und Kleinhirnfunktionsstörung • Interstitielle Pneumonie • Kolitis, Pankreatitis • Neuropathie • Okulotoxizität bei hoher Dosierung • Paraplegie nach intrathekaler Gabe • Somnolenz

Zytostatikum	Abkürzung	Typische Indikationen	Wichtige Nebenwirkungen
Cladribin		Haarzell-Leukämie	• Fieberanstieg • Knochenmarktoxizität • Opportunistische Infektionen
Dacarbazin	DTIC	Maligne Melanome Weichteilsarkome Maligne Lymphome	• Fieber • Lichtempfindlichkeit • Nausea • Thrombopenie • Venookklusive Lebererkrankung
Fludarabin	F-ara-A	CLL	• Autoimmunhämolytische Anämie • Infektionen • Myelosuppression • Tumorlysesyndrom
5-Fluorouracil	FU, 5-FU	• Karzinome des Magen-Darm-Trakts • Maligne Ergüsse • Mammakarzinom • Ovarialkarzinom • Pankreaskarzinom	• Bewegungsstörungen • Hautpigmentierungen • Kardiotoxizität
Gemcitabin	dFdC	• Bronchialkarzinom • Harnblasenkarzinom • Pankreaskarzinom	• Flu-like-Syndrom • Haut- und Schleimhauttoxizität • Myelosuppression
Mercaptopurin	MP 6-MP	• Akute Leukämien • Blastenschub bei CML	V.a. bei Patienten mit verminderter (10%) oder fehlender (0,3%) Aktivität der Thiopurin-Methyltransferase (TPMT): Leukopenie, Anämie, Thrombopenie
Methotrexat	MTX	• Akute Leukämien • Chorionkarzinom • Karzinome im HNO-Bereich • Kleinzelliges Bronchialkarzinom • Mammakarzinom • Meningeosis leucaemica • Non-Hodgkin-Lymphome • Osteogenes Sarkom • ZNS-Tumoren	• Akkumulation bei Niereninsuffizienz • Hauterythem. Evtl. Lyell-Syndrom • Lebertoxizität • Selten Pneumonitis • Stomatitis
Pentostatin	DCF	Haarzell-Leukämie	Myelosuppression
Thioguanin	TG, 6-TG	• Akute Leukämien • CML-Blastenschub	• Hepatotoxizität → Lebernekrose, venookklusive Erkrankung • Knochenmarktoxizität • Übelkeit und Erbrechen
UFT	UFT	Metastasiertes kolorektales Karzinom	• Diarrhö • Myelosuppression

Strahlentherapie. Bestrahlt werden in den Stadien I bnis IIA und II ohne Risikofaktor die betroffene Region, ab IIB große Lymphome.

Stammzelltransplantation. Wenn keine Vollremission erreicht wird oder ein Frührezidiv auftritt.

Die **Strahlentherapie** setzt Gammastrahlung, Röntgenstrahlung, Elektronen, Neutronen, Protonen und schwere Ionen ein. Direkte „Treffer" sind weniger bedeutsam als die Ionisierung von Wassermolekülen und entstehende freie Radikale. Schäden v.a. an der DNA stören die Mitose oder führen zur Apoptose. Bei einer **Fraktionierung** wird die Gesamtdosis auf tägliche Einzeldosen vun 2,8–2,5 Gy verteilt. Damit steigt die von gesundem Gewebe tolerierte Dosis auf ein Mehrfaches der sonst lokal verträglichen 10 Gy. Lokale Dosen bis 80 Gy sind so möglich. Bei **Akzelerierung** wird 2- bis 3-mal täglich bestrahlt, damit sich keine radioresistenten Tumorzellen selektieren.
Die Kombination mit einer Chemotherapie (Chemoradiotherapie) oder Hyperthermie verstärkt die Wirksamkeit.

Typische **Komplikationen** einer Strahlentherapie sind je nach bestrahlter Region:

- Früh:
  - Hautrötungen und Schleimhautentzündungen, Haarausfall am Kopf
  - Übelkeit, Diarrhö
  - Anämie, Infektanfälligkeit, Blutungen bei großflächiger Bestrahlung
- Spät:
  - Hautverfärbung und -sklerosierung, Xerostomie
  - Knochen-, Zahnschäden
  - Lungenfibrose
  - Infertilität, erhöhte Missbildungsrate bei Kindern. Faustregel: Männer sollen 1 Jahr nach einer Chemo- oder Strahlentherapie der Beckenregion verhüten.
  - Zweittumor: ca. 2% in 10 Jahren.

Prognose

Insgesamt 70 % der Patienten werden geheilt. Bei 90 % erfolgt eine Heilung in limitierten Stadien, bei 50 % in fortgeschrittenen Stadien.
Ca. 20 % der geheilten Patienten entwickeln **Zweitneoplasien**. Eine Nachsorge ist deshalb notwendig.

CHECK-UP

- ☐ Welche Zellreihe ist bei Morbus Hodgkin pathologisch verändert und wie werden die betroffenen Zellen genannt?
- ☐ Nennen Sie Risikofaktoren für einen ungünstigen Verlauf eines Morbus Hodgkin!
- ☐ Was sind mögliche B-Symptome bei Morbus Hodgkin?

Non-Hodgkin-Lymphome

Chronisch-lymphatische Leukämie

Synonym

Chronische Lymphadenose.

Definition

Die chronisch-lymphatische Leukämie (CLL) bezeichnet ein niedrig malignes B-Zell-Lymphom, welches meist leukämisch verläuft. Immuninkompetente B-Lymphozyten vermehren sich klonal in Lymphknoten, Blut, Milz und Knochenmark.

Ätiopathogenese

Die Ätiologie ist unbekannt. Das Erkrankungsrisiko für Kinder von an CLL erkrankten Eltern ist 3-fach höher, was für eine genetische Komponente spricht.
Eine verminderte Apoptose hat die Vermehrung reifer Lymphozyten zur Folge.

Klinik

Frühstadium Keine Symptome im frühen Stadium der Erkrankung. 50 % der Erkrankungen sind Zufallsbefunde.

Im Verlauf:
- Lymphknotenschwellung: mediastinal (25 %) und abdominal (10 %). Die Schwellungen fehlen initial bei 50 % der Patienten, sind im Spätstadium aber immer vorhanden.
- Splenomegalie
- Hauterscheinungen: chronische Hautinfiltrate, chronische Urtikaria und Pruritus, Erythrodermien
- Infektionen: Als Zeichen der Abwehrschwäche – verminderte Granulozytopoese – kommt es zu Candidosen und Herpes-Zoster-Infektionen.

B-Symptome. Nachtschweiß, Gewichtsverlust, Fieber.
Zur Stadieneinteilung der chronisch-lymphatischen Leukämie siehe ➜ Tabelle 5.3.

Diagnostik

Labor. Leukozytose mit hohem Lymphozytenanteil (70–95 %), vermehrte Anzahl an Gumprecht-Kernschatten im Blutausstrich.

Zytologie:
- Knochenmarkzytologie: Über 30 % reife Lymphozyten in den kernhaltigen Zellen (Zellgehalt normal bis erhöht). Die noduläre Ausbreitung hat im Vergleich zur diffusen Knochenmarkinfiltration eine günstigere Prognose.
- Immunzytologie zum Nachweis monoklonaler Lymphozyten mit identischen Oberflächenmarkern in der Immunphänotypisierung: CD5, CD19, CD23.

Differenzialdiagnosen einer **Leukozytose**:
- Bakterielle Infekte
- Rheumatische Entzündungen
- Chronische myeloische Leukämie, myeloproliferative Erkrankungen
- Maligner Tumor
- Blutung, Hämolyse
- Splenektomie
- Epileptische Krampfanfälle
- Rauchen
- Glukokortikoide, gleichzeitig Lymphozytopenie. Katecholamine
- Stress
- Schwangerschaft.

Tab. 5.3 Stadieneinteilung der chronisch-lymphatischen Leukämie nach Binet

Stadium	Klinik
A	• Weniger als 3 Lymphknotenstationen befallen • Hb über 10 g/dl • Thrombozyten über 100.000/µl • → Überlebenszeit › 10 Jahre
B	• Mehr als 3 Lymphknotenstationen befallen • Hb über 10 g/dl • Thrombozyten über 100.000/µl • → Überlebenszeit 5–7 Jahre
C	• Lymphknotenbefall irrelevant • Anämie mit Hb unter 10 g/dl • Thrombozytopenie unter 100.000/µl • → Überlebenszeit ‹ 3 Jahre

Therapie

Da die Erkrankung langsam voranschreitet, ist eine Therapie erst in späten Stadien nötig: symptomatisches Stadium B und in jedem Fall in Stadium C.

Konservativ:
- Chemotherapie mit Chlorambucil und Purinanaloga
- Gabe von Immunglobulinen bei Antikörpermangelsyndrom
- Rezidivtherapie: Gabe von Anti-CD52-Antikörpern
- Strahlentherapie: Bestrahlung großer Lymphome mit niedriger Strahlendosis.

Prognose

Die Prognose ist relativ gut, da der Krankheitsverlauf über Jahre geht. Ungünstig sind ein erhöhtes LDH, hohes β_2-Mikroglobulin und ein hoher Spiegel an löslichem CD23 im Serum, da diese Parameter mit der Tumormasse korrelieren. Eine Heilung durch Chemotherapie gelingt nicht.

Multiples Myelom

Synonym

Morbus Kahler, Plasmozytom.

Definition

Aggressives, malignes B-Zell-Non-Hodgkin-Lymphom, welches durch einen maligne entarteten Klon von Plasmazellen im Knochenmark entsteht und sich in Knochenmark und Knochen ausbreitet.

Ätiopathogenese

Die Ätiologie ist unbekannt. Durch die entarteten Plasmazellen wird die normale Blutbildung reduziert, und die Osteoklasten werden zum Knochenabbau stimuliert, wodurch Osteolysen auftreten. Gleichzeitig werden die Osteoblasten gehemmt, sodass minderwertiger Knochen aufgebaut wird. Zudem bilden die malignen Plasmozytomzellen **monoklonale Immunglobuline** vom Typ IgA, IgG und IgD oder **inkomplette Leichtketten-Immunglobuline** vom κ- oder λ-Typ. Die Leichtkettenproteine können als **Bence-Jones-Proteine** im Urin nachgewiesen werden.

Klinik

Zur Stadieneinteilung des multiplen Myeloms siehe ➜ Tabelle 5.4.

Symptome:
- Knochenschmerzen, die bei Belastung zunehmen. Pathologische Frakturen durch Osteolysen. Hyperkalzämie durch den vermehrten Knochenabbau.
- Niereninsuffizienz: Durch die Ausscheidung von Leichtketten kommt es zur Tubulusschädigung und bei λ-Leichtketten zusätzlich zur AL-Amyloidose der Niere.
- Infektanfälligkeit durch die Bildung inkompetenter Immunglobuline
- Anämie durch Knochenmarkverdrängung.

Verlauf als:
- Progredientes multiples Myelom
- Langsam verlaufendes Myelom (smoldering Myelom, 10 %): ohne Anstieg der monoklonalen Immunglobuline. Verlauf ohne Komplikationen.

Diagnostik

Labor:
- BSG-Erhöhung (Sturzsenkung), evtl. Hyperkalzämie, Kreatininerhöhung, Anämie
- Serum-Eiweiß-Elektrophorese: M-Gradient als Hinweis auf eine monoklonale Eiweißproduktion
- Urin: Eiweißbestimmung und -Elektrophorese.

> Serumeiweiß kann durch erhöhte renale Ausschedung normal sein.
> Urinstreifentests erfassen Bence-Jones-Proteine nicht.

Tab. 5.4 Stadieneinteilung des multiplen Myeloms nach Durie und Salmon

Stadium	Klinik
1	• Geringe Tumormasse • Hb über 10 g/dl, Serumkalzium normal • Geringe Konzentration monoklonaler Immunglobuline: IgG unter 50 g/l, IgA unter 30 g/l • Leichtketten im Urin unter 4 g/Tag • Skelett normal oder einzelne Osteolyse
2	Weder als 1 noch als 3 zu klassifizierender Befund
3	• Hohe Tumormasse • Hb unter 8,5 g/dl, Serumkalzium erhöht • Hohe Konzentration monoklonaler Immunglobuline: IgG über 70 g/l, IgA über 50 g/l • Leichtketten im Urin über 12 g/Tag • Multiple Osteolysen
Zusätze für jedes Stadium	• **A**: Kreatinin unter 2 mg/dl • **B**: Kreatinin über 2 mg/dl

Invasiv:
- Knochenmarkbiopsie zum Nachweis einer Plasmozytose: Plasmazellanteil über 10 %
- Histiobiopsie: zum Nachweis eines Plasmozytoms.

Röntgen Nachweis von Osteolyseherden oder Osteoporose evtl. mit pathologischen Frakturen. Multiple Osteolysen der Schädelkalotte: Schrotschussschädel.

Differenzialdiagnose

Monoklonale Gammopathie anderer Ursache.

Therapie

In Stadium 1. Wenn keine Symptome vorliegen, wird nicht therapiert.

In Stadium 2:
- Medikamentös:
  - Chemotherapie nach dem **Alexanian-Schema** mit Melphalan und Prednison oder nach dem **VAD-Schema** mit Vincristin, Adriamycin und Dexamethason
  - Gabe von Bisphosphonaten zur Hemmung der Osteoklastenaktivität
- Bestrahlung frakturgefährdeter Knochenregionen

- Operativ: chirurgische Therapie pathologischer Frakturen
- Kurativ: autologe Blutstammzellentransplantation bei Patienten unter 65 Jahren. Bei jungen Patienten allogene Stammzellentransplantation
- Supportiv: Schmerztherapie, ausreichende Hydrierung zur Prävention einer Niereninsuffizienz, Bluttransfusion bei Anämie, Therapie von Infekten, Substitution von Immunglobulinen.

> **Cave**: Kontrastmittelgabe kann bei Myelompatienten zu akutem Nierenversagen führen!

Prognose
Bei Stadium 2 und 3 liegt die Lebenserwartung bei ca. 2,5 Jahren.

Immunozytom

Synonym
Morbus Waldenström, Makroglobulinämie, lymphoplasmozytisches Lymphom.

Definition
Seltenes Non-Hodgkin-Lymphom. Malignes B-Zell-Immunozytom, bei dem es zur Bildung von monoklonalen IgM-Globulinen kommt.

Klinik
- Durch die monoklonale Gammopathie kommt es zum Hyperviskositätssyndrom mit Raynaud-Syndrom-artigen Symptomen an Händen, Füßen sowie Sehstörungen.
- Hämorrhagischer Diathese, da die Makroglobuline die Thrombozytenaggregation hemmen und an Gerinnungsfaktoren binden.
- Osteoporose: im Gegensatz zum multiplen Myelom treten keine Osteolysen auf
- Autoimmunhämolytische Anämie durch Kälteagglutinin vom IgM-Typ (Coombs positiv).

Diagnostik
Labor. Immunfixation weist monoklonale IgM-Globuline nach.

Zytologie. Im Knochenmark Nachweis von lymphozytoider Zellinfiltration.

Differenzialdiagnose
CLL, multiples Myelom, monoklonale Gammopathie unbestimmter Signifikanz.

Therapie
Medikamentös:
- In Abhängigkeit der Ausprägung Therapie mit den gleichen Chemotherapeutika wie bei CLL: mit Chlorambucil und Prednisolon
- Rezidivtherapie mit Purinanaloga.

Substitutionstherapie. Plasmapherese bei Hyperviskositätssyndrom.

Prognose
Die mittlere Lebenserwartung liegt bei 5–10 Jahren mit und ohne Therapie, ist aber insgesamt besser als beim multiplen Myelom.

Haarzell-Leukämie

Definition
Seltenes, niedrig malignes Non-Hodgkin-Lymphom der B-Zell-Reihe mit klonaler Proliferation von maligne transformierten lymphatischen Zellen, die charakteristische haarähnliche Zytoplasmaausläufer besitzen.

Ätiopathogenese
Stammzelltransformation der B-Zell-Reihe.

Klinik
- Panzytopenie durch Knochenmarkinfiltration
- Punctio sicca
- Splenomegalie und Hepatomegalie.

Diagnostik
Labor. Blutbild, Haarzellen im Blutausstrich.

Invasiv. Knochenmarkpunktion mit Zytochemie und Immuntypisierung.

Differenzialdiagnose
Andere Ursachen einer Panzytopenie: Myelodysplastisches Syndrom, Osteomyelosklerose, aplastische Anämie.

Therapie
Bei Auftreten von Symptomen:
- Chemotherapie mit Purin-Analoga, z. B. Cladrabin, kann in 80 % der Fälle eine Remission herbeiführen
- Interferon-α bei Nichtansprechen auf die Purin-Analoga
- Im Rezidiv Gabe von Rituximab.

Prognose
Die Erkrankung verläuft langsam. Infektionen sind die häufigste Todesursache.

Cave: T-Zell-Suppression bei Interferon-α-Gabe!

Sézary-Lymphom

Definition und Ätiopathogenese

Seltenes Non-Hodgkin-Lymphom. Niedrig malignes T-Zell-Lymphom der Haut. Beim Sézary-Lymphom handelt es sich um die generalisierte Form der **Mycosis fungoides**.

Klinik

- Starker Juckreiz bei chronischer Erythrodermie und Lymphadenopathie
- Hyperkeratosen an Handflächen und Fußsohlen
- Alopezie und Onychodystrophie
- Leukämisches Blutbild mit Sézary-Zellen (**Lutzner-Zellen**): kleine Lymphozyten mit eingekerbten Kernen.

Diagnostik

Invasiv. Hautbiopsien.

Labor. Histochemie des Bioptats, Immunphänotypisierung.

Therapie

Entsprechend der Therapie der **Mycosis fungoides**:

- PUVA-Therapie
- Photopherese.

Prognose

Die mittlere Lebenserwartung liegt bei 5 Jahren. Langzeitverläufe über Jahre sind möglich.

Burkitt-Lymphom

Definition

Schnell wachsendes, malignes Non-Hodgkin-Lymphom, das mit dem Epstein-Barr-Virus assoziiert ist.

Ätiopathogenese

Dysregulation des c-myc-Gens durch eine Translokation, die in Afrika zu 95 % und in Europa zu 20 % mit dem EBV assoziiert ist.
Am häufigsten sind Kinder und Jugendliche betroffen. Im Erwachsenenalter Assoziation mit HIV.

Klinik

Die Organbeteiligung jedes Organs ist möglich. In Afrika zeigen sich häufig Tumoren und Ulzerationen am Gesichtsschädel; auch das ZNS ist betroffen.

Diagnostik

CT-Schädel und Abdomen, Röntgen des Gesichtsschädels, Knochenmarkpunktion.

Therapie

Medikamentös. Die Chemotherapie ist aufgrund des schnellen Wachstums des Burkitt-Lymphoms die gleiche wie bei einer akuten lymphatischen Leukämie vom B-Tell-Typ (s. u.).

Prognose

Die Chemotherapie führt bei 50 % der Patienten zur Heilung.

CHECK-UP

- ☐ Wodurch ist die Gefahr der Niereninsuffizienz beim multiplen Myelom bedingt?
- ☐ Welche Zellen sind bei einem Immunozytom pathologisch verändert?
- ☐ Beschreiben Sie die Klinik des Immunozytoms!

Akute Leukämien

Akute myeloische Leukämie

Definition

Die akute myeloische Leukämie (AML) bezeichnet eine akute Leukämie, die vor allem im Erwachsenenalter auftritt und auf die Vermehrung entarteter Zellklone von myeloischen Vorläuferzellen zurückzuführen ist.

Ätiopathogenese

Risikofaktoren:

- Genetische Faktoren: Trisomien, Klinefelter-Syndrom
- Umweltfaktoren:
  - Knochenmarkschädigung durch ionisierende Strahlung
  - Exposition gegenüber chemischen Stoffen wie Benzol, Pestiziden oder Zytostatika
- Viren (HTLV-1 und HTLV-2) sind für die in Japan und in der Karibik vorkommende T-Zell-Lymphome mitverantwortlich.

Klinik

Symptome:

- Anämie, Müdigkeit, Leistungsabfall
- Durch die Thrombozytopenie kommt es zu petechialen Blutungen, Schleimhautblutungen und Hämatomen.
- Durch den Mangel an intakten Granulozyten kommt es gehäuft zu Infektionen mit gängigen Keimen, aber auch zu opportunistischen Infektionen und Sepsis (selten).
- Zudem B-Symptome wie Fieber, Gewichtsverlust, Nachtschweiß und Knochenschmerzen.

Diagnostik

Histologie. Im Knochenmark findet sich ein erhöhter Anteil pathologischer, klonaler Zellen bei insgesamt erhöhter Zelldichte. Hiatus leucaemicus, d. h., es fehlen die mittleren Entwicklungsstufen (Myelozyten, Metamyelozyten) innerhalb der Granulopoese.

Labor:

- Hb und Thrombozyten vermindert. Leukozyten können normal, erhöht oder vermindert sein.
- Differenzialblutbild: Hiatus leucaemicus, Auer-Stäbchen bei 25 % der Patienten (→ Abb. 5.2)
- Immunphänotypisierung zur FAB-Klassifizierung (→ Tab. 5.5).

Therapie

Supportiv:

- Gabe von Erythrozyten und Thrombozyten bei schweren Anämien und Thrombozythämie
- Infektprophylaxe
- Vorbeugung eines Tumor-Lyse-Syndroms mittels Gabe von Allopurinol
- Ausreichende Hydrierung. Evtl Alkalisierung des Urins mit Natriumbicarbonat, um Nierensteinen entgegenzuwirken.

Tab. 5.5 FAB-Klassifikation zur zytomorphologischen Einteilung der akuten myeloischen Leukämie. Auch auf die akute lymphatische Leukämie anwendbar

Klasse und morphologischer Subtyp	Morphologie	Häufigkeit in %
M0	Myeloblastäre Leukämie mit minimaler Differenzierung	< 5 %
M1	Myeloblastäre Leukämie ohne Ausreifung	20 %
M2	Myeloblastäre Leukämie mit Ausreifung	30 %
M3	Promyelozytäre Leukämie	10 %
M4	Myelomonozytäre Leukämie	25 %
M4Eo	Mit Eosinophilie	< 5 %
M5a	Monozytäre Leukämie ohne Ausreifung	15 %
M5b	Monozytäre Leukämie mit Ausreifung zu Monozyten	
M6	Erythroleukämie	< 5 %
M7	Megakaryozytäre Leukämie	< 5 %

Chemotherapie. Wird in mehrere Phasen unterteilt.

- **Induktionstherapie** mit dem Ziel einer Vollremission:
  - Vollremission meint einen Blastenanteil von unter 5 % im Knochenmark und **nicht** das komplette Fehlen von Tumorzellen. Die normale Blutbildung ist wiederhergestellt und es bestehen keine extramedullären Manifestationen mehr.
  - Gabe von Anthrazyklin (Doxorubicin, Daunorubicin) mit Cytarabin und 6-Thioguanin. Die Folge sind Knochenmarkaplasie mit Agranulozytose und meist Thrombozytopenie.

- **Konsolidierungsphase**:
  - Stabilisierung der Remission mit intensiver Polychemotherapie oder Stammzellentransplantation zur Vernichtung noch vorhandener Blasten
- **Erhaltungstherapie**:
  - Chemotherapie zum Erhalt der Remision über einen Zeitraum von 2–3 Jahren
- **Rezidivtherapie**: erneuter Beginn einer Induktionstherapie. Eine Remission ist jedoch erschwert erreichbar. Bei jungen Menschen folgt deshalb im Anschluss an die Induktionstherapie eine allogene Stammzellentransplantation.

Stammzellentransplantation. Nach Abtöten der leukämischen Zellen durch eine myeloablative Therapie werden Stammzellen transfundiert, die durch Knochenmarkpunktion, Leukapherese oder Nabelschnurblut gewonnenen wurden, die das Knochenmark besiedeln. Innerhalb von 10–14 Tagen regeneriert sich so die Hämatopoese.
Autologe Stammzellentransplantation. Stammzellen des Patienten werden vor der Zytostatika-Therapie aus dem peripheren Blut oder dem Knochenmark gewonnen. Durch Leukapherese werden die Zellen separiert, um zu verhindern, dass Tumorzellen retransfundiert werden. Um Stammzellen aus dem peripheren Blut zu gewinnen, werden vorher Hämatopoese-Wachstumsfaktoren verabreicht.
Allogene Stammzellentransplantation. Die Stammzellen eines gewebekompatiblen Spenders werden nach Bestrahlung und Abtötung der hämatopoetischen Stammzellen HLA-identisch transplantiert. Man vermeidet damit eine Abstoßungsreaktion (**Graft-versus-Host-Disease**). Aktuell werden immer häufiger Transplantationen ohne vorherige myeloablative Chemotherapie durchgeführt, was das Risiko einer Abstoßungsreation zwar erhöht, dafür aber den günstigen **Graft-versus-Leukämie-Effekt** ausnutzt. Die Stammzellen des Spenders sollen dabei die Leukämiezellen abtöten. Auf diese Weise umgeht man die Komplikationen, die durch eine Ablation entstehen (s. u.).

Komplikationen und Spätfolgen der Stammzellentherapie

- Toxische Effekte der ablativen Therapie mit Stomatitis, hämorrhagischer Zystitis, Kardiomyopathie und hepatischem Venenverschluss
- Graft-versus-Host-Disease: Übertragene immunkompete Zellen reagieren gegen den Empfänger. Akut innerhalb von 3 Monaten oder chronisch frühestens nach 100 Tagen. Mit Hauterscheinungen wie Erythrodermie und Exanthemen, Hepatitis und Enteritis. Therapiert wird mit Glukokortikoiden, T-Zell-Antikörpern und Antilymphozytenserum. Prophylaktisch wird Ciclosporin A und Methotrexat gegeben.
- Infektionen: Mykosen und bakterielle Infektionen. Auch opportunistische Infektionen wegen der Immunsuppresion
- 20 % der Patienten bekommen ein Leukämierezidiv.

Prognose

Langfristige Remission bei jedem dritten Patienten. Die Prognose verbessert sich durch eine Stammzellentransplantation. Bei Rezidiven hat nur jeder zweite Patient eine Chance auf eine langfristige Vollremission.

Akute lymphatische Leukämie

Definition

Akute lymphatische Leukämie (ALL) bezeichnet eine akute Leukämie mit klonaler Vermehrung von lymphozytären Vorläuferzellen.

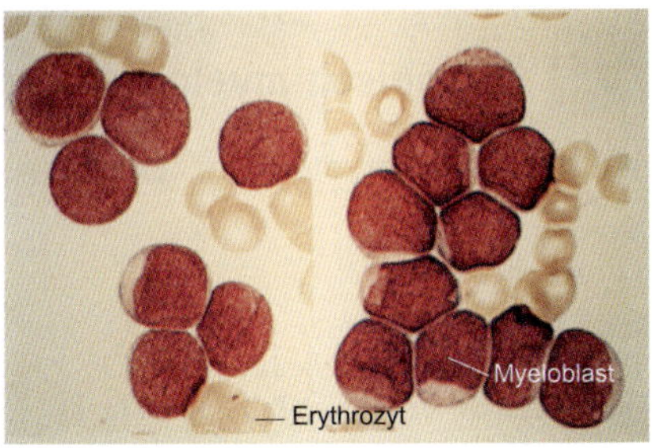

Abb. 5.2 Blutausstrich mit Myeloblasten und Auer-Stäbchen bei AML vom Typ der FAB-M1 [M 104]

Ätiopathogenese

Ähnlich der AML. Sie tritt zu 80 % im Kindesalter auf. In Japan ist die T-Zell-ALL von Viren – HTLV-1, HTLV-2 – beeinflusst.

Klinik

Die entstehende Knochenmarkinsuffizienz führt – vergleichbar der AML – zu:

- Anämie, Müdigkeit, Leistungsabfall
- Durch die Thrombozytopenie kommt es zu petechialen Blutungen, Schleimhautblutungen und Hämatomen.
- Durch den Mangel an intakten Granulozyten kommt es gehäuft zu Infektionen mit gängigen Keimen, aber auch zu opportunistischen Infektionen und Sepsis (selten).
- Eine Hepatosplenomegalie und periphere Lymphknotenschwellungen treten häufig auf.
- Zudem B-Symptome wie Fieber, Gewichtsverlust, Nachtschweiß und Knochenschmerzen.

Diagnostik

Labor:

- Hb erniedrigt, Thrombozyten erniedrigt, Leukozyten meist erhöht
- Differenzialblutbild zum Nachweis von Blasten
- Immunphänotypisierung: Einteilung der ALL nach Differenzierung in B- und T-Zell-ALL und deren Reifegrad
- Liquordiagnostik: zum Ausschluss eines ZNS-Befalls
- Zytochemie zum Nachweis von Chromosomenaberrationen, z.B. Philadelphia-Chromosom (s.u.).

Knochenmark. Anteil der unreifen Blasten, der POS-positiven Lymphoblasten im Knochenmark beträgt über 25 %.

Therapie

Ähnlich der AML:

- Drei-Phasen-Chemotherapie
- Stammzellentransplantation (→ siehe Kasten bei AML)

Prognose

Tritt die Krankheit bei Kindern auf, ist die Prognose gut. Das Auftreten der ALL nach dem 55. Lebensjahr oder der Nachweis des Philadelphia-Chromosoms sind ungünstige Prognosefaktoren.

CHECK-UP

- ☐ Welche Befunde, die auf eine akute myeloische Leukämie hinweisen, lassen sich bei der Knochenmarkhistologie erkennen?
- ☐ Was sind mögliche Komplikationen einer Stammzellentherapie?
- ☐ Beschreiben Sie typische Symptome der CLL, die durch einen Mangel an intakten Blutbestandteilen entstehen können!

Chronisch-myeloproliferative Erkrankungen

Chronische myeloische Leukämie

Synonym

Chronische Myelose.

Definition

Die chronische myeloische Leukämie (CML) äußert sich in der exzessiven Produktion funktionsfähiger Granulozyten aufgrund maligner Entartung einer pluripotenten Stammzelle des Knochenmarks. Die normale Hämatopoese wird dabei unterdrückt. Der Krankheitsverlauf ist phasenhaft.

Ätiopathogenese

Ursächlich ist in 90 % der Fälle die reziproke Translokation eines Teils von Chromosom 9 auf das Chromosom 22. Es entstehen ein verlängertes Chromosom 9 und ein verkürztes Chromosom 22, ein sog. **Philadelphia-Chromosom**. Dieses enthält ein Fusionsgen, welches für eine Proteinkinase mit proliferationsfördernder und apoptose-hemmender Wirkung kodiert, sodass sich die Granulozyten unkontrolliert vermehren. So überwiegen nach Jahren die Philadelphia-Chromosom-tragenden Zellen, während gleichzeitig die normale Blutreifung unterdrückt wird.

Klinik

3-Phasen-Verlauf der CML:

1. **Stabile Initialphase**: weitgehend asymptomatisch. Splenomegalie, Leukozytose, evtl. Leistungsknick und Nachtschweiß
2. **Akzelerationsphase**:
   - B-Symptome, zunehmende Vergrößerung der Milz und Blutbildveränderung
   - Anämie, Leukozytose, Thrombozytopenie
   - Knochenschmerzen bei Expansion des Knochenmarks, Druck- und Klopfschmerz des Sternums
3. **Endphase**: Blastenschub. Verlauf wie bei der akuten Leukämie mit letalem Ausgang. Anämie, Störung der Blutgerinnung mit Blutungen und Thrombosen.

Diagnostik

Labor:

- Leukozytose, pathologische Linksverschiebung mit Nachweis von Vorläuferzellen und Blasten
- Thrombozytose mit evtl. gestörter Thrombozytenfunktion, später Myelofibrose und Auftreten kernhaltiger Vorstufen
- LDH und Harnsäure erhöht bei vermehrtem Zelluntergang
- Genetik: Nachweis des Philadelphia-Chromosoms in über 90 % der Fälle sowie des bcr-abl-Fusionsgens → beweisend für eine CML.
- Zytochemie: alkalische Leukozytenphosphatase erniedrigt
- Knochenmark:
  - Hyperplastische Myelopoese und Megakaryopoese
  - Vermehrung von Promyelozyten und Myelozyten
  - Verhältnis von Granulo- zu Erythropoese zur Seite der Granulopoese verschoben.

Sonografie. Untersuchung des Abdomens zum Nachweis einer Hepatosplenomegalie.

Therapie

Bei CML mit nachgewiesenem bcr-abl-Fusionsgen.

Medikamentös:

- Therapie mit dem Thyrosinkinase-Inhibitor Imatinib. Die Gabe erfolgt oral. In allen drei hämatologischen Phasen kann damit eine Remission erreicht werden: chronische Phase 95 %, akzelerierte Phase 70 %, Blastenkrise 30 %.
- Bei Unverträglichkeit von Imatinib kann mit Interferon-α in Kombination mit Hydroxyharnstoff behandelt werden. Ist in 75 % der Fälle in der chronischen Phase wirksam.

Kurativ. Allogene Stammzellentransplantation, dies aber nur bei jungen Patienten.

Leukozytenapherese. Bei Anzeichen eines Hyperviskositätssyndroms. So kann eine Verringerung der Leukozytenzahl erreicht werden.

Prognose

Durch Imatinib kann in der chronischen Phase bei 90 % der Patienten eine Remission erreicht werden. Durch Interferon-α beträgt das 5-Jahres-Überlebensrate ca. 60 %, nach einer Knochenmarktransplantation liegt die 5-Jahres-Überlebensrate bei 50–70 %.

Polycythaemia vera

Synonym

Polyzythämie.

Definition

Bei der Polycythaemia vera (PV) kommt es zur autonomen Proliferation aller drei Blutzellreihen. Die Krankheit kann erworben oder angeboren sein.

Ätiopathogenese

Die Ätiologie ist unbekannt.

Die **erworbene** Polycythaemia vera wird durch eine Mutation des JAK2-Gens (Janus-Kinase-2-Gens) verursacht. Die **angeborene** Polycythaemia vera ist sehr selten.

Klinik

- Durch die Polyglobulie mit überwiegender Erythrozytose kommt es zu Hautrötung, sog. Plethora.
- Durch stark erhöhten Hämatokrit kommt es zum Hyperviskositätssyndrom mit zentralen und peripheren Mangeldurchblutungen. Ab einem Hämatokrit von 60 % besteht die Gefahr von Thrombembolien.
- Es kann zu Thrombopathien mit hämorrhagischer Diathese kommen.
- Aquagener Juckreiz: verstärkter Juckreiz bei Wasserkontakt
- Erythromelalgie: schmerzhafte Rötung der Hände und v. a. Füße mit Überwärmung.

Komplikationen

Thrombembolische Komplikationen, hämorrhagische Diathese. Entwicklung einer Oteomyelofibrose, eines myelodysplastisches Syndroms (MDS) oder einer akuten Leukämie.

Diagnostik

Labor. Anzahl der Erythrozyten, Thrombozyten und Leukozyten erhöht. Hb, Hkt und Harnsäure erhöht. Erythropoetin erniedrigt.
Die Weltgesundheitsorganisation (WHO) hat Kriterien zur Diagnosesicherung bei PV herausgegeben (→ Tab. 5.6). Beim Patienten liegt dann eine PV vor, wenn:
- In der Kategorie A die Kriterien 1 und 2 oder 1 und 3
- + ein weiteres Kriterium der Kategorie A oder zwei Kriterien der Kategorie B erfüllt sind.

Differenzialdiagnose

Polyglobulie anderer Ursache, z. B. durch:
- Hämokonzentration bei Exsikkose
- Durch externe Zufuhr von Erythropoetin oder physiologische Erythropoetinvermehrung bei länger andauernder Hypoxie
- Durch hormonale Stimulation der Erythropoese, z. B. bei Kortikoidtherapie oder Morbus Cushing.

Tab. 5.6 WHO-Diagnosekriterien zur Polycythaemia vera

Kat.	Kriterien
A	1. Hkt über 25 % erhöht, Hb über 18,5 g/dl bei Männern und 16,5 g/dl bei Frauen 2. Ausschluss einer anderen Ursache für eine Erythrozytose wie – Sekundäre Polyglobulie durch arterielle Hypoxämie – Chronische Lungenerkrankungen – Endokrinologische Erkrankungen – Nierenfunktionsstörungen 3. Nachweis einer JAK2-Mutation in Zellen des Blutes oder Knochenmarks 4. Erythropoetische Koloniebildung in EPO-freiem Milieu (in vitro) 5. Splenomegalie
B	• Thrombozytenzahl über 450.000/µl • Leukozytenzahl über 12.000/µl • Im Knochenmark vermehrte Bildung myelopoetischer Zellen, v. a. von Erythroblasten und Megakaryozyten • EPO erniedrigt oder niedrig normal im Serum

Therapie

Symptomatisch:
- Aderlässe: 500 ml Blut pro Aderlass, bis ein Hkt unter 45 % erreicht ist. Evtl. parallel Volumengabe
- Thrombozytenaggregationshemmer (ASS) zur Vermeidung von Thrombosen
- Behandlung einer Hyperurikämie mit Allupurinol
- Gabe von Interferon-α oder Hydroxyurea, wenn Aderlässe häufiger als alle 4–8 Wochen notwendig oder bei Thrombozytose über 800/nl.

Prognose

Ohne Behandlung beträgt die Lebenserwartung ca. 2 Jahre, mit Behandlung 10–15 Jahre. Haupttodesursache sind Thrombembolien, hämorrhagische Diathese und Osteomyelofibrose. Leukämien entwickeln sich nur in 2 % der Fälle.

Essenzielle Thrombozythämie

Definition

Autonome Proliferation der monoklonalen Thrombopoese.

Ätiopathogenese

Die Ätiologie ist unbekannt.

Klinik

Asymptomatisch bei einem Drittel der Patienten.

Symptome der essenziellen Thrombozythämie:
- Häufig Splenomegalie, evtl. Hepatomegalie
- Thrombosen, Mikrozirkulationsstörungen der Hände und Füße und intrazerebral mit Schwindel, Kopfschmerzen, Sehstörungen
- Hämorrhagische Diathese durch Thrombopathie.

Diagnostik

Labor:
- Thrombozyten über 60.0000/µl
- Histologie: Untersuchung des Knochenmarks zeigt vergrößerte, reife Megakaryozyten. Abgrenzung zur präfibrotischen Osteomyelofibrose.

Die Diagnostik dient auch dazu, eine Polycythaemia vera, Osteomyelofibrose, CML oder reaktive Thrombozytose auszuschließen.

Differenzialdiagnose
Reaktive Thrombozythämie bei Zustand nach Splenektomie, Blutverlust nach Operationen und Traumata. Thrombozythämie durch andere myeloproliferative Erkrankungen.

Therapie
Medikamentös:
- Therapie mit Interferon-α zur Senkung der Thrombozytenzahl
- Chemotherapie mit Hydroxyurea bei Nicht-Ansprechen auf die Interferon-Medikation
- Trombozytenaggregationshemmung mit ASS. Kontraindiziert bei Blutungen wegen Thrombopathie.

Prognose
Langsamer Verlauf der Krankheit. Die mittlere Überlebensdauer liegt bei 10–15 Jahren. In 10 % der Fälle geht die Thrombozythämie in eine akute Leukämie über.

Osteomyelofibrose und Osteosklerose

Synonym
Osteomyelofibrose: chronisch-idiopathische Myelofibrose.
Osteosklerose: Eburnisation, Eburnifikation, Eburneation.

Definition
Seltene myeloproliferative Erkrankungen mit Fibrose des Knochenmarks und Verödung der Blutbildung.

Ätiopathogenese
Entartete Megakaryozyten sezernieren Zytokine, welche die Fibrozyten des Markraums zu verstärkter Fibrose stimulieren. Über eine zunehmende Knochenmarkinsuffizienz bei Marksklerose kommt es letztlich zu einer extramedullären Blutbildung.

Klinik
- Hepatomegalie, Splenomegalie, Gewichtsverlust
- In der **Frühphase** Thrombozytose, in der **Spätphase** Thrombopenie mit Blutungen
- Selten treten Knochenschmerzen, Ikterus und Lymphknotenschwellung auf.

Diagnostik
Labor:
- Zunächst Leuko- und Thrombozytose, später Panzytopenie mit Anämie
- Dakrozyten im peripheren Blutausstrich
- Bei extramedullärer Blutbildung finden sich Vorstufen der roten und weißen Blutreihe – Myeloblasten und Normoblasten – im peripheren Blut.

Invasiv. Knochenmark: Punctio sicca bei Markfibrose macht eine Beckenkammbiopsie mit histologischer Untersuchung notwendig.

Therapie
Kurativ. Allogene Stammzellentransplantation.

Palliativ:
- Gabe von Erythrozyten und Thrombozyten. Interferon-α bei Thrombozytose in der Frühphase
- In der Spätphase Gabe von Thalidomid zur Senkung des Transfusionsbedarfs
- Bei Hypersplenie mit mechanischer Verdrängung evtl. Splenektomie. Vorher muss jedoch ausgeschlossen sein, dass die Milz der Hauptort der Blutbildung ist.

Prognose
Die mittlere Lebenserwartung liegt bei ca. 5 Jahren. 10 % der Patienten entwickeln eine akute myeloische Anämie oder ein myelodysplastisches Syndrom.

CHECK-UP
- ☐ Beschreiben Sie den typischen phasenhaften Verlauf der chronisch myeloischen Leukämie!
- ☐ Welche Symptome sind bei Polycythaemia vera auf die Polyglobulie zurückzuführen?
- ☐ Beschreiben Sie die typischen Symptome bei Osteomyelofibrose!

Myelodysplastische Syndrome

Definition
Ausreifungsstörung von einzelnen oder allen drei Reihen der Hämatopoese.

Ätiopathogenese
Chomosomale Aberrationen, externe Knochenmarkschäden. V.a. alte Menschen sind betroffen.

Klinik
Langsamer Verlauf über Jahre mit Symptomen je nach Ausfall der betroffenen Reihe(n) der Hämatopoese, v.a. Anämie, Infekt- und/oder Blutungsneigung.

Diagnostik
Blutbild. Panzytopenie, Dysmorphien.

Knochenmarkzytologie. Zeichen der Reifungsstörung:
- Erythropoese: Sidero-, Ringsideroblasten, Kernfragmentierungen
- Granulopoese: vermehrt Blasten
- Thrombozytopoese: kleine Megakaryozyten.

Chromosomenanalyse. In 50% Aberrationen.

Therapie
- Junge patienten: allogene Knochenmark- oder Stammzelltransplantation erwägen
- Alte Patienten: symptomatisch mit Transfusionen, Erythropoetin
- Bei hohem Enartungsarisiko: Chemotherapie.

Prognose
Je mehr Blasten im Knochenmark, desto ungünstiger die Prognose. 25% gehen in eine akute Leukämie über. Die Patienten sterben häufig an Infektionen oder Blutungen.

CHECK-UP
- ☐ Wie werden myelodysplastische Syndrome therapiert?
- ☐ Welche Komplikationen drohen?

Amyloidose

Definition
Extrazelluläre Ablagerung von fehlerhaft gefalteten Proteinen, die sich mit Serumglykoproteinen verbinden und sich als unlösliche Aggregate in Gefäßen, Organen und Nerven ablagern.

Ätiopathogenese
Es sind 20 Proteine bekannt, die Amyloidose auslösen. Die Erkrankung wird in verschiedene Typen unterteilt.

Amyloid-Typen:
- Amyloid AA: entsteht aus Serumamyloid A, einem physiologischen Akute-Phase-Protein
- Amyloid AL und AH: entstehen aus Fragmenten von Immunglobulinen entweder der schweren (H) oder der leichten Kette (L).
- Amyloid β_2M: entsteht aus dem β_2-Mikroglobulin
- Amyloid TTR: entsteht aus Transthyretin.

Seltenere **erbliche Amyloid-Typen**:
- Apo Amyloid ½ aus Apolipoproteinfragmenten
- Amyloide aus Lysozym, Gelsolin, Cystatin C, Bri-Gen-Produkt und Amyloid-β-Precursor-Protein.

Klinik generalisierter Amyloidosen
Amyloid-A-Amyloidose. Vorkommen bei entzündlichen Systemerkrankungen, wie:
- Chronischen Entzündungen: rheumatoide Arthritis, Kollagenosen, Morbus Bechterew, Morbus Crohn, Colitis ulcerosa, Bronchiektasen, Osteomyelitis, Lepra, Tbc, Lues
- Tumorerkrankungen: v. a. Morbus Hodgkin
- Familiärem Mittelmeerfieber.

Das Akute-Phase-Protein Serumamyloid A liegt bei Entzündungen im Überschuss vor. Es wird polymerisiert und lagert sich als Amyloidfibrille in Nieren, Leber, Milz und Magen-Darm-Trakt ab.

Amyloid-L-Amyloidose (Leichtkettenamyloidose). Vorkommen bei monoklonalen Paraproteinämien: meist monoklonale Gammopathien unspezifischer Signifikanz (MGUS), Morbus Waldenström, multiples Myelom.
Das Amyloid L bildet sich aus den leichten Ketten von Immunglobulinen und lagert sich in Nieren, Herz, Magen-Darm-Trakt, peripherem Nervensystem und Zunge ab.
Klinik: Makroglossie, Herzinsuffizienz, Abdominalbeschwerden, nephrotisches Syndrom, Hautblutungen und Karpaltunnel-Syndrom.

Amyloidose durch β_2-Mikroglobulin. Vorkommen bei Patienten, die über 5–10 Jahre dialysiert werden. Das entstehende Amyloid β_2M lagert sich in Sehnen, Gelenken, Knochen und Knorpeln ab.
Klinik: Karpaltunnel-Syndrom, Arthropathien mit Erosionen, Zysten und Spondylarthropathie.

Klinik lokalisierter Amyloidosen

Endokrin wirksame Amyloidosen:

- Diabetes mellitus durch Ablagerung des **Islet amyloid polypeptide** (IAPP) in den β-Zellen der Langerhans-Inseln
- Amyloidablagerung aus Procalcitonin (Amyloid Cal) bei medullärem Schilddrüsenkarzinom
- Alzheimer-Plaques aus A-β-Peptiden: aggregierte Spaltprodukte aus dem physiologischen Amyloid-β-Precursor-Protein
- Amyloidablagerung im Myokard bei 70 % alter Menschen durch Amyloid TTR.

Diagnostik

Labor. Nachweis von monoklonalen Gammopathien in Serum und Urin.

Invasiv. Biopsien mit Histologie der betroffenen Organe:

- Schleimhautbiopsien des Magen-Darm-Trakts, insbesondere des Rektums
- Biopsie des subkutanen Fettgewebes, der Nieren, der Haut, des Myokards und des N. suralis.

Therapie

Kausal. Sofern der Auslöser bekannt ist.

- Bei AL-Amyloidose: Chemotherapie mit alkylierenden Substanzen und autologe Stammzellentransplantation
- Bei Amyloid-A-Amyloidose: Gabe von Dimethylsulfoxid.

Symptomatisch. Therapie von Organkomplikationen. Evtl. Lebertransplantation bei TTR-Amyloidose.

Prognose

AL-Amyloidose. Schlechte Prognose. Die mittlere Lebenserwartung beträgt 2 Jahre.

TTR-Amyloidose. Nach Manifestationsbeginn liegt die Überlebensdauer im Mittel bei 10–15 Jahren.

CHECK-UP

- ☐ Welche Erkrankungen führen zu einer Amyloidose vom Amyloid-A- und Amyloid-L-Typ?
- ☐ Wo kommen lokalisierte Amyloidosen vor und durch was werden sie verursacht?
- ☐ Welche Amyloidose kommt häufig bei Patienten unter langjähriger Dialysetherapie vor?

Gerinnungsstörungen

Überblick über die Gerinnung

Gerinnungsstörungen äußern sich in Blutungen – hämorrhagische Diathesen – oder verstärkter Gerinnung mit Thrombenbildung – Thrombophilie.

Einteilung

- Nach betroffenem „Teilnehmer" der Blutgerinnung:
  - Thrombozyten: thrombozytäre Störung
  - Gerinnungsfaktoren: Koagulopathie
  - Gefäßendothel: Vasopathie
- Angeboren oder erworben
- Bildungs- oder Umsatzstörung

- Primäre oder sekundäre (plasmatische) Blutgerinnung.

Primäre und sekundäre Blutstillung

Nach einer Verletzung kontrahiert sich das Gefäß, drosselt den Blutstrom und verringert die Blutung. Thrombozyten und Fibrinogen bilden einen weißen Thrombus.
Die gleichzeitig anlaufende Aktivierung von Gerinnungsfaktoren (➜ Abb. 5.3, ➜ Tab. 5.7) führt zur Bildung von Thrombin und damit unlöslichem Fibrin. Der Thrombus wird fester und zum roten – mit eingeschlossenen Erythrozyten – Thrombus.
Aktivierung der Gerinnungskaskade:

- Extrinsisch (exogen): Aktivierung in Sekunden.
  Gewebeverletzung → Gewebethrombokinase (Faktor III) wird freigesetzt → Faktor VII wird aktiviert → Faktor VIIa, aktiviert mit Ca^{2+} Faktor X
- Intrinsisch (endogen): Aktivierung langsamer, aber empfindlicher.
  Endothelverletzung → aktiviert Faktor XII → Faktor XIIa, aktiviert Faktor XI → Faktor XIa, aktiviert mit Ca^{2+} Faktor IX → Faktor IXa, aktiviert mit Ca^{2+} Faktor VIII → Faktor VIIIa, aktiviert mit Ca^{2+} Faktor X
- Faktor Xa aktiviert mit Ca^{2+}, Faktor V, Faktor VII und Phospholipiden Prothrombin → Thrombin, aktiviert:
  - Fibrinogen → Fibrinmonomere → Fibrinpolymere
  - Faktor XIII → Faktor XIIIa, aktiviert Fibrinpolymere → unlösliches Fibrin.

Intrinsisch: XII–XI–IX–VIII. PTT
Extrinsisch: VII. Quick
Gemeinsame Endstrecke: X–V–Thrombin–Fibrin.

Thrombozyten

Thrombozyten haben vielfältige Funktionen, z. B.:

- Sie heften sich an verletztes Gefäßendothel, direkt durch vom verletzten Gefäßendothel frei gesetztes Kollagen und Proteine oder indirekt über Mittler wie den Von-Willebrand-Faktor.
- Sie geben bei Kontakt mit verletztem Endothel ab:

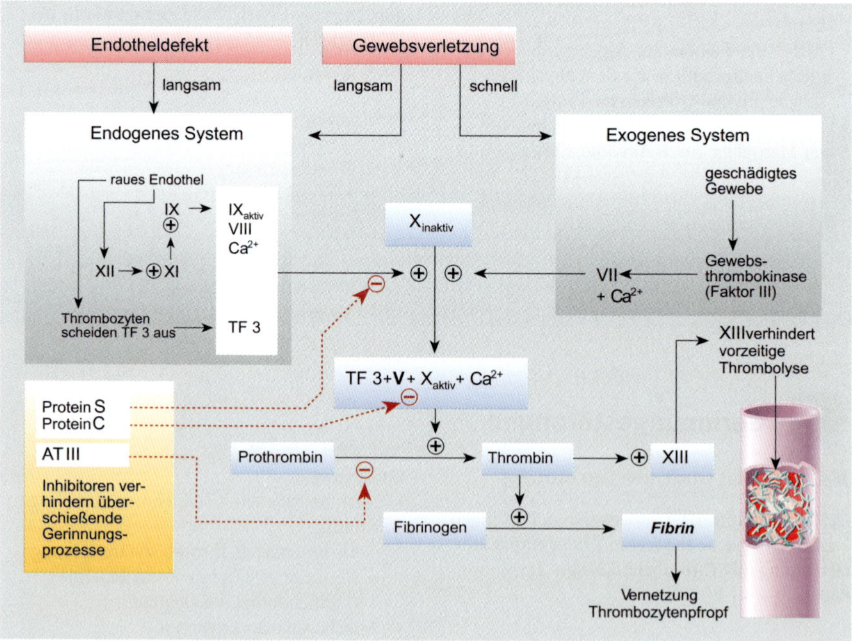

Abb. 5.3 Schema der Blutgerinnung. GT = Gewebethromboplastin [R 149]

- Serotonin, ADP und Thromboxan-A_2 ab → Vasokonstriktion
- Faktor V → Thrombinbildung aus Prothrombin

• Sie bilden mit Fibrinogen den weißen Thrombus.

Inhibitoren

Antithrombin. Früher Antithrombin III. Inaktiviert Faktor IIa Thrombin und Faktor Xa sowie Faktor XIIa, Faktor XIa und Faktor IXa. Heparin potenziert die Wirkung von Antithrombin.

Protein C. Vitamin-K-abhängig. Thrombin aktiviert Protein C → Protein C_a, inaktiviert Faktor VIII, Faktor V und den Plasminogenaktivator-Inhibitor-1 (PAL_1). Letztlich hemmt Protein C also die Gerinnung und startet die Fibrinolyse. **Protein S** ist ein notwendiger Kofaktor und ebenfalls Vitamin-K-abhängig.

Tab. 5.7 Gerinnungsfaktoren

Faktor	Beschreibung
I	Fibrinogen
II	Prothrombin
III	Gewebethrombokinase: startet extrinsisches System
IV	Kalzium
V	Proaccelerin
VI	aktivierter Faktor V
VII	Proconvertin
VIII	Hämophilie-A-Faktor, besteht aus • Faktor VIII:C: aktiviert Faktor X • Faktor VIII:vWF: vermittelt Thrombozytenadhäsion
IX	Hämophilie-B-Faktor
X	Stuart-Prower-Faktor
XI	Rosenthal-Faktor
XII	Hageman-Faktor
XIII	fibrinstabilisierender Faktor: Quervernetzung
Vitamin-K-abhängig, zusätzlich die Inhibitoren Protein C und S	

Fibrinolyse

Extrinsisch. Plasminogenaktivatoren in der Gefäßwand, z. B. Gewebeplasmin-Aktivator (tPA) und Urokinase aktivieren Plasminogen → Plasmin, spaltet Fibrin.

Intrinsisch. Die gleichen Faktoren, die auch intrinsisch die Gerinnung aktivieren.

■ Diagnostik

Blutungstypen

Petechien. Spontane, punktförmige Blutungen. Weisen auf thrombozytäre oder vaskuläre Ursachen. Häufig Autoimmunthrombozytopenie als Ursache.
Rumpel-Leede-Test: Oberarm für 5 min mit 10 mmHg über diastolischen Druck stauen, positiv bei > 5 Petechien in der Ellenbeuge.

Purpura. Petechien und Ekchymosen (kleinflächige Hautblutungen). Weist auf thrombozytäre oder vaskuläre Ursachen.

Ekchymosen, Hämatome. Meistens plasmatische Gerinnungsstörung. Bei Jungen fast immer Hämophilie A oder B, bei alten Menschen Vitamin-K-Mangel.

Schleimhautblutungen, Nasenbluten, Menorrhagie. Weisen auf Von-Willebrand-Jürgens-Syndrom.

Labor

Thrombozyten. Normal 140.000–440.000/μl. Bei normaler Funktion:

• Thrombozytopenie: Blutungszeit verlängert bei < 100.000/μl, spontane Blutungen bei < 50.000/μl
• Thrombozytose: Thromboseneigung.

Blutungszeit. Normal < 6 min. Globaltest.

Thromboplastin-Zeit. Synonym: PT, Prothrombin-Zeit, Quick-Wert. Normwert: PT 11–16 s, Quick-Wert 70–100 %, laborabhängig. Misst extrinsisches System und gemeinsame Endstrecke (→ Abb. 5.4).
↓: **Cumarintherapie**, Mangel an Faktor I, II, V, VII und X, z. B. bei Vitamin-K-Mangel, Lebererkrankungen mit Synthesestörung.
Normal bei Mangel an Faktor VIII, IX, XI und XII.

Der Quick-Wert gibt an, um wie viel Normplasma verdünnt werden müsste, um die gleiche Blutungszeit zu haben wie die Probe: PT auf 28 s verlängert → Normplasma muss 1 : 2 verdünnt werden → Quick 33 %.

INR. International Normalized Ratio. Verhältnis zu normaler Prothrombin-Zeit. Normal 0,9–1,15, labor**un**abhängig. Zielwert bei Thrombosen 2–4,5, je nach Gefährdung.

Partielle Thromboplastin-Zeit. PTT, aktivierte PTT (aPTT). Normwert methodenabhängig. Misst intrinsisches System und gemeinsame Endstrecke (→ Abb. 5.4).
↑: Heparintherapie, Hämophilie A und B (Faktor VIII:C ↓), Von-Willebrand-Jürgens-Syndrom (Faktor VIII:vWF ↓), Antiphospholipid-Syndrom durch Lupus-Antikoagulans, F-XI- oder -XII-Mangel.

Thrombin-Zeit. TZ, Plasmathrombinzeit (PTZ). Normwert laborabhängig, ca. 20–38 s. Misst Umwandlung von Fibrinogen in Fibrin. Überwachung einer Lyse mit Strepto- oder Urokinase, Heparintherapie.
↑: Heparintherapie, Fibrinogenmangel, Fibrin(ogen)-Spaltprodukte, Hypalbuminämie.

Fibrinogen. Normal 2–4 g/l.
↓: angeborener Mangel, Hyperfibrinolyse, Verbrauchskoagulopathie.

Thromboplastin-Zeit (PT, Quick-Wert) und INR messen das Gleiche, verändern sich aber gegenläufig: PT ↓, INR ↑.

Thrombozytäre hämorrhagische Diathese

Durch verminderte Thrombozyten (Thrombozytopenie) oder beeinträchtigte Funktion (Thrombozytopathie) verursachte Blutungen.

Thrombozytopenie. Ursachen:
- Bildungsstörung: Knochenmarkschäden
- Reifungsstörung: Vitamin-B_{12}-, Folsäuremangel, Alport-Syndrom
- Verbrauch ↑:
  - Verbrauchskoagulopathie
  - Medikamente: Antibiotika, Thiaziddiuretika, Chinidin
  - Heparin

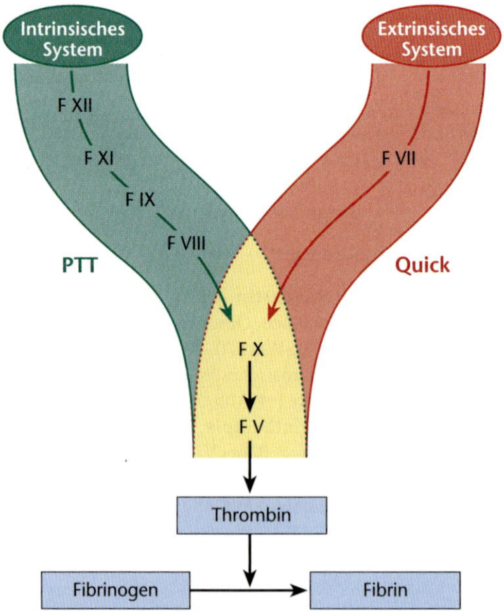

Abb. 5.4 PTT und Quick [L 141]

Tab. 5.8 Laborkonstellationen bei Gerinnungsstörungen im Überblick

<table>
<tr><th>Erkrankung</th><th>Quick</th><th>PTT</th><th>TZ</th></tr>
<tr><td colspan="4">Angeboren</td></tr>
<tr><td>Afibrinogenämie</td><td rowspan="3">↓</td><td rowspan="2">↑</td><td>↑</td></tr>
<tr><td>F-II-, -V-, -X-Mangel</td><td rowspan="9">↔</td></tr>
<tr><td>F-VII-Mangel</td><td>↔</td></tr>
<tr><td>Hämophilie A. F-VIII-Aktivität < 30 % der Norm</td><td rowspan="6">↔</td><td rowspan="6">↑</td></tr>
<tr><td>Von-Willebrand-Jürgens-Syndrom: F-VIII-Aktivität ↓</td></tr>
<tr><td>Hämophilie B. F-IX-Aktivität < 30 % der Norm</td></tr>
<tr><td>Präkallikrein-, Kininogen-Mangel. Gestörte Kontaktphasenaktivierung, normale Faktor XI und XII</td></tr>
<tr><td>F-XI-Mangel. F-XI-Aktivität < 30 % der Norm</td></tr>
<tr><td>F-XII-Mangel. F-XII-Aktivität < 30 % der Norm</td></tr>
<tr><td>F-XIII-Mangel</td><td>↓</td><td>↔</td></tr>
<tr><td colspan="4">Erworben</td></tr>
<tr><td>Hemmkörperhämophilie</td><td>↔</td><td>↑</td><td rowspan="4">↔</td></tr>
<tr><td>Prothrombin-Komplex-Mangel</td><td rowspan="4">↓</td><td rowspan="3">↑</td></tr>
<tr><td>Synthesestörung, Leberfunktionsstörung</td></tr>
<tr><td>Vitamin-K-Mangel, Cumarintherapie</td></tr>
<tr><td>Leberzirrhose</td><td>↔</td><td rowspan="6">↑</td></tr>
<tr><td>Heparintherapie</td><td rowspan="2">↓</td><td rowspan="4">↑</td></tr>
<tr><td>Hyperfibrinolyse</td></tr>
<tr><td>Milde bis mittelschwere Verbrauchskoagulopathie</td><td>↔</td></tr>
<tr><td>Schwere Verbrauchskoagulopathie</td><td rowspan="2">↓</td></tr>
<tr><td>Disseminierte intravasale Koagulation (DIC)</td><td>↔</td></tr>
</table>

Tab. 5.9 Ansatz von Antikoagulanzien

Antikoagulans	Wirkung
Cumarine	• Extrinsische Aktivierung ↓↓ • Prothrombin ↓↓ • Faktor X, intrinsische Aktivierung ↓
Heparine	Aktivierung und Funktion von Thrombin ↓↓
Azetysalizylsäure	Thrombozytenaggregation ↓↓

- Autoantikörper: idiopathische thrombozytopenische Purpura (ITP), SLE, malignes Lymphom
- Sequestration, Zerstörung ↑: Splenomegalie, Mikroangiopathie, künstliche Herzklappen, Dialysefilter.

Eine **Pseudothrombozytopenie** hat jeder 300. Die Thrombozyten verklumpen in EDTA-beschichteten Röhrchen und täuschen eine Thrombozytopenie vor. Diagnose durch gleichzeitige Messung in Zitratblut.

Thrombozytopathie. Fast immer erworben:
- Medikamente (➜ Kasten)
- Niereninsuffizienz
- Paraproteinämien, myelodysplastische Syndrome.

Zahlreiche **Medikamente** stören die Thrombozytenfunktion, z. B. trizyklische Antidepressiva, Antihistaminika, Cephalosporine, Dextran, Glukokortikoide, Heparin, Kalziumantagonisten, Penicillin, Zytostatika.

Therapeutisch eingesetzt, um die Thrombozytenaggregation zu hemmen, werden Azetylsalizylsäure, Clopidogrel, Ticlopidin und Glykoprotein-IIa/IIb-Rezeptorantagonisten, z. B. Abciximab.

Labor. Thrombozytenzahl und Thrombozytengröße:

- ↑: Verbrauch, Sequestration oder Zerstörung ↑
- ↓: Bildungsstörung
- Ungleich groß: myelodysplastische Syndrome.

Vitamin B_{12}, Folsäure.

Idiopathische thrombozytopenische Purpura

Synonym. ITP, Morbus Werlhof.

Ätiopathogenese. Vermehrter Abbau durch Makrophagen durch Autoantikörper auf Plättchenoberfläche. Rolle von Helicobacter pylori unklar.

Klinik. Petechien an Haut und Schleimhaut bei < 10.000 Thrombozyten/µl. Nasenbluten, Menorrhagie und schwere Blutungen, z. B. intrazerebral in schweren Fällen. Bei Kindern oft vorangegangener Infekt.

Diagnostik. Thrombozytopenie, Thrombozytengröße > 10 fl. Autoantikörper gegen Thrombozytenoberflächenantigene. Im Knochenmark vermehrt Megakaryozyten.

Therapie. Oft Spontanremission. Bei bedrohlichen Blutungen oder Thrombozyten < 20.000/µl Glukokortikoide, Immunglobuline, Plasmapherese. Wirken Immunglobuline gut, hilft auch eine Splenektomie. Bei Rezidiven auch Immunsuppressiva oder CD20-Antikörper Rituximab. Eradikation von Helicobacter pylori.

Thrombozytentransfusionen nur bei sonst nicht beherrschbaren Blutungen, da sie häufig den Autoimmunprozess noch steigern.

Prognose. Bei 80 % gut. 5 % sterben, meistens an intrazerebralen Blutungen.

Arzneimittelbedingte thrombozytäre Purpura

Ätiopathogenese. Medikamente verändern die Thrombozytenoberfläche, die dann vermehrt abgebaut werden: z. B. Chinidin, Co-trimoxazol, Diclofenac, Furosemid, Heparin, Hydrochlorothiazid, Paracetamol, Rifampicin.

Heparininduzierte Thrombozytopenie. HIT. Seltener bei fraktioniertem Heparin.
Beim nicht immunologischen **Typ I** steigert v. a. unfraktioniertes Heparin bei bis zu 5 % die Aggregation von Thrombozyten, die dann vermehrt abgebaut werden. Fast immer ohne Blutung und spontane Remission bei Umstieg auf niedermolekulares Heparin.
Der **Typ II mit Autoantikörpern** tritt 5–15 Tage nach Gabe **unfraktionierten** Heparins **i. v.** bei 1 % auf und führt zu ausgeprägter Thrombozytopenie mit arteriellen und venösen Thrombosen. Tritt bei fraktioniertem Heparin i. v. nur in < 0,04 % auf. Bei Verdacht wird Heparin abgesetzt und ein Plättchenaggregationstest (PAT) gemacht.
Alternative zu Heparin ist dann **Hirudin**. Letalität um 20 %!

Hämophilie

Synonym

Bluterkrankheit.

Definition

Erkrankung des Gerinnungssystems, das X-chromosomal rezessiv vererbt wird. Bei der **Hämophilie A** ist die F-VIII:C-Gerinnungsaktivität vermindert. Die Restaktivität des Faktors bestimmt die Schwere der Erkrankung (→ Tab. 5.10). Bei der **Hämophilie B** ist die F-X-Gerinnungaktivität verringert. In 85 % der Fälle handelt es sich um Hämophilie A, in 15 % der Fälle um Hämophilie B.

Ätiopathogenese

Hämophilie A ist mit 1 : 5000 männlichen Neugeborenen der häufigste Gerinnungsdefekt. Frauen sind aufgrund des gonosomalen Vererbungsgangs klinisch nicht auffällig.
Vererbungslinien:

- Männer mit defektem X-Chromoson sind immer Bluter. Alle Töchter eines Bluters sind Konduktorinnen für das defekte X-Chromosom
- Frauen können, auch wenn sie keine Bluterin sind, genetisch krank sein. Eine Trägerin der Genmutation gibt ihr defektes X-Chromosom mit 50-prozentiger Wahrscheinlichkeit an ihre Kinder weiter.

Tab. 5.10 Schweregrade der Hämophilie A, je nach Aktivität des Faktors VIII:C

Schweregrad	Aktivität des Faktors VIII:C
Schwere Hämophilie	‹ 1 %
Mittelschwere Hämophilie	bis 5 %
Leichte Hämophilie	6–15 %
Subhämophilie	16–50 %
Keine Hämophilie	› 75 %

Genetische Ursachen:
- In 30 % Spontanmutationen auf dem Gen für Faktor VIII: in 50 % der Fälle durch Inversion des Intron 21, was zu einer schweren Hämophilie A führt. Spontanmutationen auf dem Gen für Faktor X sind seltener.
- In insgesamt 50 % der Fälle wird die Erkrankung X-chromosomal rezessiv vererbt, in 50 % sind Spontanmutationen auf dem X-Gonosom die Ursache für die Erkrankung.

Klinik

Symptome:
- Blutungen in großen Gelenke, die zu schwerer Arthropahtie führen können
- Blutungen in der Muskulatur, was zu Kompartmentsyndrom bis hin zum Verlust einer Extremität führen kann
- Hämaturie mit Anämie bis zu postrenalem Nierenversagen durch verlegte Harnleiter
- Intrakranielle und intraabdominale Blutungen.

Diagnostik

Familienanamnese und Klinik.

Labor:
- Bestimmung von PTT (verlängert) bei sonst normaler Blutungszeit und normalem Quick-Wert
- Bestimmung der Aktivität von Faktor VIII und Faktor X.

Therapie

Substitutiv. Ersetzen der fehlenden Faktoren (i. m.), falls Blutungen eintreten:
- Leichte Blutungen bei leichter bis mittelschwerer Hämophilie können durch ein Nasenspray mit dem synthetisch hergestellten ADH-Analogon DDAVP behandelt werden.
- Bei häufig auftretenden Blutungen bei schwerer Hämophilie 3-mal wöchentlich prophylaktische DDAVP-Gabe.

Prognose

Da keine kurative Therapie zur Verfügung steht, hängt die Prognose von der Ausprägung der Erkrankung und der medikamentösen Versorgung der Patienten ab.

Von-Willebrand-Jürgens-Syndrom

Definition

Blutungsneigung aufgrund eines Mangels oder Funktionsdefekts des **Von-Willebrand-Faktors** (VWF).

Ätiopathogenese

Vorwiegend autosomal-dominante Vererbung. Es kommt zu einer Störung der humoralen Gerinnung und der Thrombozytenfunktion.

Klinik

Variable Ausprägung:
- Haut- und Schleimhaublutungen und Menorrhagien sind häufig
- Petechien treten eher bei leichten Formen auf.

Oft ist die Erkrankung ein Zufallsbefund nach Operationen, z. B. Zahnextraktionen. Der Schweregrad der Erkrankung kann sich im Laufe des Lebens ändern. Es gibt drei Haupttypen des Von-Willebrand-Jürgens-Syndroms (→ Tab. 5.11).

Diagnostik

Labor. APTT und Blutungszeit verlängert, TPZ und TZ normal, Aktivität von Faktor VIII und Ristocetin-Kofaktor erniedrigt.

Therapie

Therapie bei akuten Blutungen und prophylaktisch vor und nach Operationen indiziert.

Medikamentös:
- DDAVP-Gabe bei leichter Ausprägungsform mit einer Aktivität des VWF über 10 %.
- Bei schweren Formen Gabe von Faktor VIII in hoher Konzentration.

Cave: Vorsicht bei Gabe von DDAVP bei Typ 2B des Von-Willebrand-Syndroms, da eine Thrombozytopenie droht!

Tab. 5.11 Einteilung des Von-Willebrand-Syndroms in drei Haupttypen

Haupttyp	Klinik
Typ 1	Quantitative Verminderung des intakten VWF mit leichter bis mäßiger Blutungsneigung
Typ 2 • 2A • 2B	Qualitativer Defekt mit Störung der Thrombozytenadhäsion • Ohne Thrombozytopenie • Mit Thrombozytopenie
Typ 3	Der VWF fehlt, mit entsprechend schweren Blutungen

Prognose

Da keine kurative Therapie zur Verfügung steht, ist die Prognose davon abhängig, wie der Ausprägungsgrad der Erkrankung und die medikamentöse Versorgung des Patienten sind.

Prothrombin-Komplex-Mangel

Definition

Mangel an Vitamin-K-abhängigen Faktoren VII, IX und X.

Ätiopathogenese

- Lebererkrankungen mit Synthesestörung
- Erhöhter Verbrauch, v. a. bei Verbrauchskoagulopathie
- Vitamin-K-Mangel.

Ursachen eines **Vitamin-K-Mangels**:
- Mangelernährung, z. B. enterale Ernährung ohne Vitamin-K-Zusatz
- Breitband-Antibiotika: zerstören Darmflora, die Vitamin K bilden
- Fettresorptionsstörung, z. B. bei Pankreasinsuffizienz und Gallengangverschluss
- Vitamin-K-Antagonisten: Marcumar, Phenytoin.

Diagnostik

Koller-Test. Quick-Wert vor und nach i. v. Gabe von Vitamin K:
- Anstieg > 30 %: Resorptionsstörung, beeinträchtigte Darmflora
- Kein Anstieg: Synthesestörung.

Therapie

Vitamin K p. o., bei Resorptionsstörungen i. v. Quick-Wert steigt innerhalb 12 h um > 30 %. Bei Blutungen Gerinnungsfaktoren substituieren.

PPSB enthält **P**rothrombin II, **P**rokonvertin VII, **S**tuart-Power-Faktor, antihämophiles Globulin **B**. PPSB führt bei Überdosierung zu Thrombosen!
Fehlen weitere Gerinnungsfaktoren, wird Fresh Frozen Plasma (FFP) gegeben.

Vaskuläre hämorrhagische Diathese

Purpura Schoenlein-Henoch

Definition. Erworbene Hypersensitivitätsvaskulitis.

Ätiopathogenese. Typ-III-Immunreaktion. Auslöser unklar, vermutet werden: Infekt der oberen Atemwege, Influenza A, Medikamente.

Klinik. Meistens Kinder betroffen. 2–3 Wochen nach Infekt makulopapulöse Ekzeme und Hämatome v. a. an den Streckseiten der Extremitäten.
- Oft: Fieber, Gelenkschwellungen, Bauchschmerzen
- Häufig: IGA-Nephritis
- Gelegentlich: Polyserositis, Kopfschmerzen.

Diagnostik. Klinik.

Therapie. Symptomatisch.

Prognose. Bei Nephritis mit Proteinurie entwickelt sich oft eine chronische Glomerulonephritis, sonst gut.

Weitere Ursachen

Kasbach-Merritt-Syndrom. Thrombozytopenie und Verbrauchskoagulopathie, ausgelöst durch große gefäßreiche Tumoren, v. a. Hämangiome, in denen die endogene Gerinnung aktiviert wird.

Medikamente. Sehr viele können eine Purpura hervorrufen, z. B. Allopurinol, Azetylsalizylsäure, Cumarin, Furosemid, Jodid, Penicilline, Östrogene.

Purpura senilis. Blutungen in atrophischer Altershaut.

Vaskulitis. Im Rahmen von Autoimmunerkrankungen, z. B. rheumatoide Arthritis, Sklerodermie, SLE.

Vitamin-C-Mangel. Skorbut. Kollagensynthesestörung führt zu brüchigen Kapillaren.

Hereditäre hämorrhagische Teleangiektasie. Autosomal-dominant vererbt. Teleangiektasien v. a. an Lippe, Zunge, Fingerspitzen, gelegentlich in inneren Organen. Neben mit den Jahren zunehmenden petechialen Blutungen, auch im Magen oder Darm, sind arteriovenöse Fisteln in der Lunge möglich mit entsprechendem Rechts-links-Shunt und Hypoxämie.

Disseminierte intravasale Koagulopathie

Synonym

Disseminierte intravasale Gerinnung (DIC), Verbrauchskoagulopathie.

Definition

Erworbene Gerinnungsstörung mit intravasalen Thromben und hämorrhagischer Diathese.

Ätiopathogenese

Auslöser sind v. a. Situationen, in denen vermehrt **Entzündungsmediatoren** ausgeschüttet werden, z. B. Sepsis oder schwere Traumen. Folgende Vorgänge führen zu Blutungen und Mikrozirkulationsstörungen bis zum Schock:

- Gefäßendothel wird direkt oder über Mediatoren geschädigt und aktiviert Faktor X
  - → aktiviert Fibrinolyse → Hyperfibrinolyse → Blutung durch Verbrauchskoagulopathie
  - → aktiviert endogene Gerinnung
- Thrombokinase wird aktiviert → aktiviert endogene Gerinnung → disseminierte intravasale Gerinnung mit Thromben
  - → Fibrinolyse → Blutung durch Verbrauchskoagulopathie
  - → Mikrozirkulationsstörung bis zum Schock und Multiorganversagen.

Jeder größere Gewebeschaden und Entzündung mit entsprechend massiver Freisetzung von Mediatoren kann eine disseminierte intravasale Koagulopathie auslösen:

- Sepsis
- Traumen, auch geburtshilfliche Komplikationen und Operationen, v. a. an Lunge, Pankreas, Prostata
- Hämolysen, metastasierende Karzinome
- Toxine, Medikamente.

Klinik

Petechiale Blutungen und **Ekchymosen**. Im Verlauf mit zunehmender **reaktiver Fibrinolyse** zunehmend schwerere Blutungen auch innerer Organe.
Waterhouse-Friderichsen-Syndrom: fulminate Purpura bei Meningokokkensepsis.

Diagnostik

Thrombozytopenie, Nachweis von Fibrin-Monomeren und/oder D-Dimere.

Therapie

Basis ist die Behandlung des Auslösers.
Heparin hilft nur in der Aktivierungsphase. Bei Blutungen werden Thrombozyten Gerinnungsfaktoren mit Fresh Frozen Plasma und, in schweren Fällen, Antithrombin substituiert.

Heparin wirkt gut als Thromboseprophylaxe, aber nicht als Prophylaxe einer disseminierten intravasalen Koagulopathie.

Prognose

Abhängig von dem Auslöser und wie gut der therapiert werden kann.

Thrombophilie

Synonym

Thromboseneigung.

Definition

Erhöhte Thromboseneigung durch fehlende Inhibitoren oder gehemmte Fibrinolyse.

Ätiopathogenese

Die bei einer Gefäßverletzung sofort und schnell einsetzende Gerinnung wird v. a. von drei Inhibitoren gebremst: Antithrombin, Protein C und S. Ein nicht ausreichend wirkendes **a**ktiviertes **P**rotein **C** (APC-Resistenz) ist die häufigste Ursache einer Thrombophilie.
Weitere Ursachen:

- Unzureichende Fibrinolyse, z. B. bei Plasminogen-Mangel
- Übermäßige Thrombozytenaktivierung, z. B. Thrombozythämie
- Hyperviskositätssyndrom
- Gefäßwandveränderungen, z. B. bei Vaskulitis, künstliche Herzklappen.

Die ursprüngliche, originale Virchow-Trias – Veränderungen an der Gefäßwand, der Strömungsgeschwindigkeit des Bluts und der Viskosität des Bluts – deckt nicht alle Ursachen ab, v. a. den Mangel an physiologischen Inhibitoren der Gerinnung. Daher wird oft aus „Viskosität des Bluts" die „Zusammensetzung des Bluts".

Häufigste Ursache einer Thrombophilie: APC-Resistenz.

APC-Resistenz. Zur Erinnerung: Das aktivierte Protein C baut Proaccelerin ab und ist so ein wichtiger Hemmer der Blutgerinnung.
- Angeboren: Bei der angeborenen APC-Resistenz (Faktor-V-Leiden-Mutation) ist Proaccelerin (Faktor V) so verändert, dass Protein C es nicht abbauen kann. Erhöhtes Thromboserisiko bei Heterozygoten (jeder 140.), sehr hohes bei Homozygoten (jeder 5000.)
- Erworben: Antikörper hemmen Wirkung von Protein C an Faktoren V und VIII.

Antithrombin-Mangel. Bei Typ I Menge um 50 % verringert, bei Typ II Funktionsstörung. Homozygoter Mangel Typ I: Totgeburt, Thrombembolien im Neugeborenenalter. Heterozygoter Mangel: Thrombosen schon im Jugend- und jungen Erwachsenenalter.

Hyperhomozysteinämie. Homozystein reizt das Endothel. Homozygote haben deutlich erhöhtes Thrombose- und pAVK-Risiko. Herterozygote (jeder 20.) leicht erhöhtes Thromboserisiko.

Protein-C- und Protein-S-Mangel.
- Angeboren
- Erworben: zu Beginn einer Marcumarisierung, DIC.

Zu Beginn einer **Marcumarisierung** wird die zum Teil erhöhte Koagulabilität überlappend mit Heparin ausgeglichen.

Eiweißverlust. Besonders beim nephrotischem Syndrom und einer Enteropathie mit Eiweißverlust, z. B. exsudative Gastroenteropathie (Gordon-Syndrom) z. B. bei Morbus Crohn, Colitis ulcerosa oder Morbus Whipple, ist v. a. das Antithrombin verringert.

Antiphospholipid-Syndrom, Lupus-Antikoagulans. Antikörper hemmen und aktivieren die Gerinnung.

Klinik

Venöse und arterielle Thrombosen. Besonders verdächtig: rezidivierend, in jungen Jahren, an ungewöhnlichen Lokalisationen.

Diagnostik

Eine genaue Abklärung sollte erfolgen, wenn:
- Thrombose < 45. Lj.
- Atypische Lokalisation, Rezidive
- Thrombose in Schwangerschaft oder postpartal, mehrfacher Abort
- Positive Familienanamnese.

Globaltests belegen die Gerinnungsstörung und grenzen den Bereich ein. Dann müssen mit einzelnen Untersuchungen einzelne Störungen untersucht werden.

Therapie

Antithrombin und Protein C kann substituiert werden. Bei einer Thrombophilie mit angeborenem Inhibitormangel ist meistens eine orale Antikoagulation indiziert.

Prognose

Hängt stark von der Ursache und den thrombembolischen Ereignissen ab: von meistens fatal (homozygoter Antithrombin-Mangel) bis nur erhöhtes Risiko in Risikosituationen wie Operationen und schweren Infekten.

Steckbrief **Vitamin-K-Antagonisten**:
- Wirkstoffe: Phenprocoumon, Warfarin
- Wirkweise: hemmen Vitamin-K-abhängige Synthese von Gerinnungsfaktoren in der Leber
- Indikationen: größere oder rezidivierende Thrombosen, Lungenembolien, Emboliegefahr bei Herzerkrankungen, z. B. künstliche Herzklappen, Vorhofflimmern, Kardiomyopathie
- Nebenwirkungen: Blutungen, Allergie, Haarausfall, Wundheilungsstörung
- Kontraindikationen:
  - Absolut: Schwangerschaft, frische Blutungen, postoperativ, Endokarditis
  - Relativ: RR > 200/100 mmHg, fehlende Compliance
- Zu Beginn durch Protein-C- und -S-Mangel (Vitamin-K-abhängig!) verstärkte Thromboseneigung → überbrückend Heparin

- Therapiekontrolle mit Quick-Wert oder INR. INR kann Patienten auch zu Hause kontrollieren. Quick ↓, PTT ↑, TZ ↔.

Steckbrief **Heparin**:
- Körpereigenes Antikoagulans in Mastzellen und basophilen Granulozyten
- Wirkstoffe:
  - Unfraktioniertes Heparin (UFH). Thromboseprophylaxe: Gabe 2×/Tag s. c.
  - Niedermolekulares Heparin (NMH). Thromboseprophylaxe: Gabe 1×/Tag
- Wirkweise:
  - UHP: bildet mit Antithrombin einen Komplex, der sehr viel aktiver als Antithrombin allein ist, die Faktoren IXa, Xa, XIa und XIIa inaktiviert und so die Thrombinbildung verhindert
  - NMH: v. a. Faktor Xa
- Indikationen: Thromboseprophylaxe in Risikosituationen, z. B. Operationen oder Immobilisation, verhindern von Thrombenwachstum, sich entwickelnde DIC
- Nebenwirkungen (UFH > NMH): Blutungen, Thrombozytopenie, Allergie, Haarausfall
- Kontraindikationen:
  - Absolut: heparininduzierte Thrombozytopenie in der Vorgeschichte
  - Relativ: Blutungsneigung, Magen-Darm-Ulzera, Niereninsuffizienz
- Antidot: Protaminsulfat
- Therapiekontrolle: UFH mit PTT und/oder TZ, bei NMH keine notwendig. Quick ↓, PTT ↑, TZ ↑.

Steckbrief **Thrombozytenaggregationshemmer**:
- Wirkmechanismen
  - Azetylsalizylsäure: hemmt die Cyclooxygenase der Thrombozyten **irreversibel** und somit die Thromboxanwirkung
  - Clopidogrel, Ticlopidin, Prasugrel: P2Y-Rezeptorantagonisten, hemmen **reversibel** die Adenosindiphosphat-abhängige Thrombozytenaktivierung.
  - Dipyridamol: hemmt die Adenosinwiederaufnahme und verstärkt so die thrombozytenaggregationshemmende Wirkung des körpereigenen Adenosins.
  - Abciximab, Tirofiban, Eptifibatid: blockierendie Glykoprotein-GPIIb/IIIa-Rezeptoren auf der Thrombozytenoberfläche und hemmen die Thrombozytenaggregation direkt
- Stärke der Hemmung ist individuell verschieden kann mit der Thrombozytenaggregometrie bestimmt werden.

CHECK-UP

- ☐ Was misst welcher Gerinnungstest?
- ☐ Wie unterscheiden sich Blutungen bei thrombozytären Störungen von Blutungen bei einer plasmatischen Gerinnungsstörung?
- ☐ Welche physiologischen Inhibitoren der Blutgerinnung gibt es?
- ☐ Warum sind vor allem Männer von Hämophilie betroffen?
- ☐ Welcher Laborparameter ist bei einer Hämophilie pathologisch verändert?
- ☐ Welche Laborparameter sind beim Von-Willebrand-Jürgens-Syndrom verändert?
- ☐ Welche Ursachen einer Thrombozytopenie gibt es? Wie äußert sie sich?
- ☐ Was kann eine disseminierte intravasale Koagulopathie auslösen? Wie?
- ☐ Was ist eine APC-Resistenz?

6 Nephrologie

Leitsymptome, Diagnostik

Neben der Ausscheidung harnpflichtiger Stoffe kommt der Niere die wichtige Funktion der Rückresorption von für den Körper wertvollen Substanzen (Elektrolyten, Aminosäuren, Glukose, Phosphat) zu. Die in den einzelnen Tubulusabschnitten vorkommenden Prozesse werden in → Abbildung 6.1 schematisch dargestellt. Zusätzlich ist der Angriffsort der unterschiedlichen Diuretika-Klassen veranschaulicht.

Leitsymptome

Polyurie. Harnmenge > 3 l/Tag. Ursachen:
- Polydipsie. Alkohol hemmt zusätzlich ADH-Ausschüttung
- Osmotische Diurese: therapeutisch mit Mannit, durch Hyperglykämie bei Diabetes mellitus
- Diuretika
- Polyurische Phase eines akuten Nierenversagens

Oligurie. Harnmenge ≤ 500 ml/Tag. Ursachen:
- Exsikkose
- Akutes Nierenversagen
- Terminale Niereninsuffizienz.

Anurie. Harnmenge ≤ 100 ml/Tag. Ursachen → Oligurie.

> Bei V. a. eine Oligurie oder Anurie muss ein Harnverhalt ausgeschlossen werden.

Nykturie. Häufiges Wasserlassen in der Nacht. Ursachen:
- Herzinsuffizienz
- Blasenentleerungsstörungen, z. B. bei Prostatahypertrophie
- Nierenerkrankungen mit verminderter Urinkonzentration.

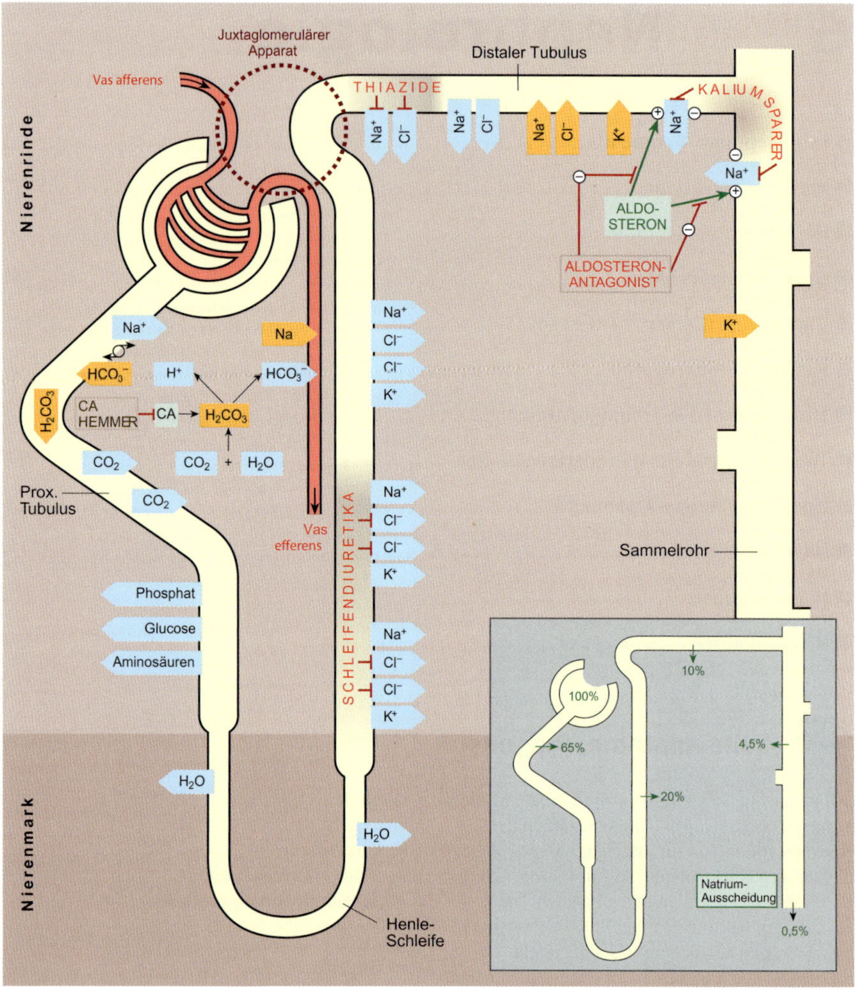

Abb. 6.1 Schematische Darstellung der Tubulusfunktion mit den Hauptorten der Rückresorption bzw. der tubulären Sekretion einzelner Bestandteile des Primärharns sowie den Angriffsorten der verschiedenen Diuretika-Klassen [L 157]

Pollakisurie. Häufiger Harndrang ohne entsprechende Urinmenge, v. a. bei Zystitis, Reizblase.

Dysurie. Störungen beim Wasserlassen. Ursachen:

- Erschwertes Wasserlassen bei Blasenentleerungsstörungen, z. B. bei Prostatahypertrophie
- Schmerzen (Algurie), z. B. bei Zystitis.

Makrohämaturie. Urin sichtbar rot, ab 1 ml Blut/l Urin. Ursachen z. B.:

- Trauma der Niere, des Harntrakts
- Entzündungen im Harntrakt, der Prostata oder der Niere
- Tumoren
- Nieren-, Harnleiter-, Blasenstein
- Gerinnungsstörung.

Mikrohämaturie. Mit dem Auge nicht sichtbar, ab 4 Erythrozyten/ml Urin oder Erythrozytenzylinder. Ursachen z. B.:
- → Makrohämaturie
- Glomerulonephritis.

Pyurie. Weißliche, eitrige Trübung des Urins bei Harnwegsinfekten.

Proteinurie > 150 mg/Tag.

Urge-Inkontinenz. Synonym: Dranginkontinenz. Starker Harndrang ohne entsprechend gefüllter Harnblase. Ursachen: meistens Zystitis oder Urethritis, selten Tumor.

Stressinkontinenz. Unwillkürlicher Harnabgang bei körperlicher Belastung, z. B. Heben, Niesen, Husten. Häufige Ursachen:
- Descensus uteri, Beckenbodenschwäche, z.B. nach Geburten
- Nach Prostata-Operation.

Schmerzhafte(s) Nierenlager.
- Klopfschmerz → Pyelonephritis
- Dumpfer Dauerschmerz → Glomerulonephritis, Harnstau, Karzinom
- Kolik: Nieren-, Harnleiterstein, seltener Blutkoagel oder nekrotische Papille.

Diagnostik

Urin

Gewinnung:
- Spontanurin, am besten den konzentrierten Morgenurin
- Mittelstrahlurin: verringert Kontaminationen aus der Harnröhre und Vagina
- Katheterisierung, suprapubische Blasenpunktion: schließt Kontaminationen aus der Harnröhre und Vagina weitgehend aus
- 24-h-Sammelurin.

Helligkeit und Farbe. Im Gegenlicht:
- Hell, klar: verdünnter Urin, Polyurie
- Dunkel: konzentrierter Urin, z. B. bei Dehydratation
- Rötlich:
  - Makrohämaturie
  - Hämoglobulinurie: z. B. bei Hämolyse
  - Myoglobinurie: z. B. nach Verletzungen, Herzinfarkt, Sport
  - Nahrungsmittel: Brombeeren, rote Bete
  - Medikamente: Methyldopa, Rifampicin, Sulfonamide
  - Porphyrinurie: z. B. Porphyrie, Intoxikation mit Alkohol, Blei, Barbituraten oder Sulfonamiden, Anämie, Hepatitis
- Bierbraun: direkte Bilirubinämie, Porphyrie
- Trüb: Pyurie, riecht oft unangenehm.

Geruch.
- Ahornsirup-Geruch: Ahornsirup-Krankheit
- Moderig oder mausartig: Phenylketonurie
- Ranzig oder nach Fisch: Hypermethioninämie
- Schweflig: Gemüsespargel. Bei vielen spaltet ein Enzym die Asparagusinsäure zu schwefelhaltigen Verbindungen.
- Schweißgeruch: Isovaleriansäure-Azidose
- Stechend: Infektion mit ammoniakbildenden Bakterien
- Süßlich, fruchtig: Ketone.

Urinsediment. → Tabelle 6.1.

Urinanalyse

Zur Orientierung und Verlaufskontrolle reichen oft Teststreifen, die z. B. pH, Protein, Glukose, Nitrit, Erythrozyten und Leukozyten messen.

pH. Normal 4,5–8.
- Sauer, azidotisch, < 4,5: Ketoazidose, fleischreiche Ernährung, Durchfälle
- Basisch, alkalisch, > 8: Harnwegsinfekt mit ammoniakbildenden Keimen, vegetarische Ernährung.

Protein. Quantitative und qualitative Analyse (→ Tab. 6.2).
- Kleine Proteinurie: < 3 g/Tag. Ursachen:
  - Fieber. Bei Orthostase und körperlicher Anstrengung < 150 mg/Tag
  - Pyelo-, Glomerulo-, interstitielle Nephritis
- Große Proteinurie: > 3 g/Tag. Ursache meistens nephrotisches Syndrom:
  - Glomerulonephritis, diabetische Glomerulosklerose
  - Bence-Jones-Proteine bei Plasmozytom
  - EPH-Gestose
- Proteine ≤ 60 kD: tubulärer Schaden
- Proteine > 60 kD: glomerulärer Schaden
- Mikroalbuminurie: 20–300 mg Albumin/Tag. Bei Diabetes mellitus, prognostisch wichtig.

Schäumender Urin ist ein Hinweis auf vermehrte Eiweißausscheidung.

Glukose. Physiologisch ist im Urin keine Glukose. Ursachen einer Glukosurie:
- Renale Glukosurie: angeborene oder erworbene Störung der Rückresorption im proximalen Tubulus

Tab. 6.1 Urinsediment

	Normal	↑, Vorkommen bei
Erythrozyten	≤ 4 μl	Infektion, Glomerulonephritis, Stein, Tumor. Formveränderungen: Glomerulonephritis
Leukozyten	≤ 4 μl	Harnwegsinfektionen
Kristalle	Keine	Nephrolithiasis. Farbe und Form lässt Rückschlüsse auf Zusammensetzung zu
Platten-epithelien	Ja	Große Epithelzellen aus den ableitenden Harnwegen oder periurethral
Tubulus-epithelien	Keine	Kleine runde Epithelzellen. Renale Erkrankungen
Zylinder		
Granuliert	Selten	Zelldetritus, Proteine und Fett. Bei glomerulären und interstitiellen Erkrankungen
Hyalin	Oft	Dehydratation, Proteinurie
Erythrozyten-zylinder	Keine	Pathognomonisch für renale Hämaturie. V. a. bei Glomerulonephritis
Leukozyten-zylinder	Keine	Pyelonephritis, interstitielle Nephritis, seltener Glomerulonephritis
Wachszylinder	Keine	Typisch für chronische Niereninsuffizienz

Tab. 6.2 Qualitative Analyse einer glomerulären Proteinurie

Proteine	Typ	Ursachen
Albumin, Transferrin	Selektiv-glomerulär	Minimal-changes-Glomerulonephritis
α_1-, β_2-**Mikroglobin**	Tubulär	Tubuläre Nephropathie, interstitielle Nephritis
Kleine bis große Proteine	Glomerulär-tubuläre Mischproteinurie	Glomerulopathie mit sekundärer Tubulopathie
Große Proteine inklusive Immunglobuline	Unselektiv-glomerulär	Glomerulonephritis, diabetische Glomerulosklerose, Nierenamyloidose

Tab. 6.3 Signifikant und verdächtige Keimzahlen

	Signifikant [Keime/ml]	Verdächtig [Keime/ml]
Mittelstrahlurin	$\geq 10^5$ (Kass-Zahl)	$\geq 10^2$–10^4
Einmalkatheter	$\geq 10^2$–10^4	$\geq 10^2$
Suprapubische Punktion	$\geq 10^1$	≥ 0
Bei Beschwerden, nach Nierentransplantation und bei Männern wird schon früher, ab 10^2–10^4, von einem Infekt ausgegangen		

- Überschreiten der Nierenschwelle von ca. 180 mg/dl bei Hyperglykämie. Im Verlauf eines Diabetes mit Glomerulosklereose sinkt die Nierenschwelle.

Nitrit. V. a. gramnegative Stäbchen wie E. coli.

Urinkultur

→ Tabelle 6.3. Nachwies von zwei oder mehr Keimarten ist verdächtig auf eine Kontamination.

Blut

Kreatinin. Abbauprodukt aus dem Muskelstoffwechsel. Wird hauptsächlich glomerulär filtriert und etwas tubulär sezerniert.

- Normal: ♀ < 0,9 mg/dl (80 μmol/l), ♂ < 1,1 mg/dl (100 μmol/l)
- ↑ erst ab Nierenfunktionseinschränkung > 50 %
- Falsch ↑: Ketonkörper (laborabhängig), Muskelschäden, Sport, hohe Muskelmasse

- Falsch ↓: geringe Muskelmasse, Hyperbilirubinämie.

Harnstoff. Endprodukt des Eiweißabbaus. Serumspiegel hängt von vielen Parametern ab.
- Normal: 10–50 mg/dl (2–8 mmol/l)
- ↑ erst ab Nierenfunktionseinschränkung > 60–70 %.

Harnstoff korreliert bei fortgeschrittener Niereninsuffizienz besser mit dem Schweregrad als Kreatinin.

Clearance. Plasmavolumen, das pro Zeiteinheit von der Substanz befreit wird. Im klinischen Alltag wird die endogene Kreatinin-Clearance verwendet, die gut mit der **glomerulären Filtrationsrate** (GFR) korreliert. Zur Berechnung braucht man Urin- und Serum-Kreatininkonzentration sowie Urinmenge/24 h als Urin in ml pro Minute (Urinzeitvolumen):
- Normal: 100–160 ml/min
- Zwischen 50 und 100 ml/min steigt das Kreatinin trotz eingeschränkter GFR noch nicht an.

Bildgebung

Sonografie. Form, Größe, Lage, Struktur von Niere, Nebenniere, Retroperitoneum, Blase, Prostata. Farbkodierte Duplex-Sonografie großen Nierengefäße.

CT, MRT. V. a. bei Tumoren, MRT-Angiografie der Nierenarterien.

I. v.Urogramm. V. a. bei urologischen Fragestellungen. Gefahr des Nierenversagens durch das Kontrastmittel v. a. bei diabetischer Glomerulosklerose und Plasmozytom.

Isotopennephrografie. Seitengetrennte Clearance.

Angiografie. Auch als DAS. Nierenarterienstenose und Tumorvaskularisierung.

Biopsie

Zur Beurteilung der Ätiologie und des Schweregrads. Lichtmikroskopie, Immunhistologie und Elektronenmikroskopie. Indikationen:
- Progrediente Glomerulonephritis
- Bei Kindern: steroidresistentes nephrotisches Syndrom
- Andauernde Proteinurie > 1 g/Tag
- Hämaturie und/oder Proteinurie bei Vaskulitis, SLE.

Vor- und Begleiterkrankungen

Anamnese, körperliche und apparative Untersuchungen sollten u. a. folgende Erkrankungen berücksichtigen:
- Analgetika-Missbrauch: NSAR, Paracetamol
- Arterieller Hypertonus
- Diabetes mellitus
- Gicht
- Kollagenosen, v. a. rheumatoide Arthritis, SLE.

$$\text{Clearance} = \frac{\text{Kreatininkonzentration}_{\text{Urin}} \times \text{Urinzeitvolumen}}{\text{Kreatininkonzentration}_{\text{Serum}}}$$

$$\text{Clearance} = \frac{(140 - \text{Lebensalter}) \times \text{Körpergewicht}}{72 - \text{Kreatininnkonzentration}_{\text{Serum}}} - 15\%\ \text{(bei Frauen)}$$

CHECK-UP

- ☐ Nennen Sie Ursachen einer Polyurie!
- ☐ Was sagen Kreatinin, Harnstoff und Kreatinin-Clearance aus?

Harnwegsinfektionen

Akute Zystitis und Pyelonephritis

Synonym

Akute Zystitis: Harnwegsinfekt (HWI).
Pyelonephritis: Nierenbeckenentzündung.

Definition

Entzündung der Harnwege, hervorgerufen durch Bakterien, Viren, Pilze oder Protozoen.

Epidemiologie

50 % der Frauen erkranken mindestens einmal in ihrem Leben an einer Zystitis, begünstigt durch die enge Lagebeziehung der Harnröhrenöffnung und der Analregion. Männer erkranken in höherem Alter, dann meist bedingt durch eine Abflussbehinderung (Prostatahyperplasie).

Ätiopathogenese

Riskofaktoren:

- Harnabflussstörungen: Obstruktionen, anatomische Anomalien, Störungen der Entleerungsfunktion der Blase, angeborener oder erworbener vesikoureterorenaler Reflux
- Analgetikaabusus
- Stoffwechselstörungen: Diabetes mellitus, Hyperkaliämie, Hypokaliämie, Gicht
- Transuretraler Blasenkatheter: nosokomialer HWI
- Abwehrschwäche, Therapie mit Immunsuppressiva
- Gravidität, sexuelle Aktivität, Unterkühlung und Durchnässung, Exsikkose durch Flüssigkeitsverlust oder geringe Flüssigkeitszufuhr.

Bakterien des **Erregerspektrums** in absteigender Häufigkeit:
E. coli, Proteus mirabilis, Staphylokokken (bei Frauen). Komplizierte HWI auch durch Klebsiellen, Enterokokken, Staphylokokken oder Pseudomonas aeruginosa.
Der **Infektionsweg** ist meist aszendierend. Selten hämatogen bei vorgeschädigter Niere.

Klinik

Akute Zystitis:

- Dysurie, Pollakisurie, evtl. Dranginkontinenz
- Die Nieren können, auch ohne Symptome, mitbeteiligt sein (**subklinische Pyelonephritis**).

Akute Pyelonephritis: Zusätzlich zu den Symptomen der akuten Zystitis Fieber, Schüttelfrost, Flankenschmerzen, Klopfschmerz über dem Nierenlager.

Diagnostik

Labor:

- Urinuntersuchung: Leukozyturie, evtl. Leukozytenzylinder, evtl. Erythrozyturie, Bakteriurie. Signifikant ab einer Keimzahl von 105 pro ml Mittelstrahlurin.
- Blutuntersuchung: BSG/CRP, Bestimmung der Retentionswerte (Harnstoff und Kreatinin) und Kreatinin-Clearance.

Therapie

Medikamentös:

- Blinde Anbehandlung mit Antibiotika bei ambulanten, unkomplizierten, erstmalig aufgetretenen HWI. Antibiogramm bei nosokomialen und kompliziert verlaufenden HWI
- Antibiotika: Gyrasehemmer (Fluorchinolone, Chinolone). Bei Schwangerschaft Aminopenicilline oder Ceftriaxon.

Kausal. Beseitigung von Abflussbehinderungen.

CHECK-UP

- ☐ Nennen Sie die häufigsten Erreger eines Harnwegsinfekts und die Therapie!
- ☐ Warum erkranken Frauen häufiger an einem Harnwegsinfekt als Männer?
- ☐ Welche Risikofaktoren für einen Harnwegsinfekt gibt es?

Nephrotisches Syndrom

Definition

Glomuläre Erkrankung. Definiert durch das Vorliegen einer starken Proteinurie, einer Hypoproteinämie und lageunabhängiger Ödeme durch Albuminmangel und Hyperlipoproteinämie.

Ätiopathogenese

Ursachen:

- Glomerulonephritiden:
  - Minimal-changes-Glomerulopathie
  - Fokal-segmentale Glomerulosklerose
  - Membranöse Glomerulonephritis
  - Membranoproliferative Glomerulonephritis
- Diabetische Nephropathie.

Seltenere Ursachen sind Plasmozytom, Amyloidose und Nierenvenenthrombose.

Klinik

- Ödeme
- Hypoproteinämie, Proteinurie, Hyperlipoproteinämie
- Evtl. Infektanfälligkeit durch IgG-Mangel bei starkem Eiweißverlust
- Thrombembolische Geschehnisse durch renalen Verlust an Antithrombin
- Symptome einer Niereninsuffizienz, evtl. Hypertonie.

Diagnostik

Labor:

- Bei Niereninsuffizienz: Harnstoff und Kreatinin erhöht, Kreatinin-Clearance erniedrigt, Triglyzeride und Cholesterin erhöht
- **Serum-Elektrophorese**: typisches Muster, bei dem die Albuminzacke erniedrigt ist, durch gesteigerte hepatische Lipoproteinsynthese sind die α- und β-Zacken hingegen erhöht. Die γ-Zacke ist bei Hypogammaglobulinämie erniedrigt.
- Urinuntersuchung: Proteinurie von > 3 g im 24-Stunden-Sammelurin.

Sonografie. Untersuchung der Nieren.

Invasiv. Eine Biopsie der Nieren mit Histologie ist aus diagnostischen und therapeutischen Gründen bei einem nephrotischen Syndrom indiziert. Bei Kindern mit rapid-progressiver Glomerulonephritits kann sehr gut mit Steroiden therapiert und auf eine Biopsie verzichtet werden.

Therapie

Kausal. Behandlung der zugrunde liegenden Erkrankung.

Allgemein. Bettruhe, Senkung der Proteinurie durch Einhalten einer eiweiß- und kochsalzarmen Diät.

Medikamentös:

- Gabe von ACE-Hemmern zur Senkung des glomerulären Perfußionsdrucks. Sie können die Proteinurie um bis zu ⅓ senken. Evtl. zusätzlich AT-2-Rezeptor-Antagonisten
- Vollheparinisierung
- Gabe von HMG-CoA-Reduktase-Hemmern bei Hyperlipoproteinämie
- Anibiotikatherapie akuter Infekte.

Prognose

Die Prognose richtet sich nach der auslösenden Ursache (s. jeweiliges Kapitel).

CHECK-UP

- ☐ Wie ist das nephrotische Syndrom definiert?
- ☐ Wie sieht die medikamentöse Therapie des nephrotischen Syndroms aus?

Glomerulonephritiden

Definition

Bei den Glomerulonephritiden handelt es sich um immunvermittelte Erkrankungen der Nierenglomeruli, die zu intraglomerulärer Entzündung und zellulärer Proliferation führen.
Dabei wird unterschieden in:

- **Primäre Glomerulonephritiden**: Erkrankung der Glomeruli ohne Sytemerkrankung
- **Sekundäre Glomerulonephritiden**: Nierenbeteiligung bei Systemerkrankungen wie Kollagenosen und Vaskulitiden.

Epidemiologie

Mit 15 % ist die Glomerulonephritis (GN) nach der diabetischen Nephropathie (35 %) die zweithäufigste Ursache für eine Niereninsuffizienz.

Ätiopathogenese
Die genauen immunologischen Auslöser sind – mit Ausnahme der akuten postinfektiösen Glomerulonephritis – für die meisten Formen der Glomerulonephritis ungeklärt.
Nach dem **histologischen Erscheinungsbild** lassen sich folgende Formen unterscheiden:
- Akute Post-Streptokokken-GN, postinfektiöse GN
- Mesangioproliferative GN vom IgA-Typ (Morbus Berger)
- Membranöse GN
- Minimal-changes-GN
- Rapid-progressive GN, nekrotisierende intra- und extrakapilläre GN.

Akute postinfektiöse Glomerulonephritis

Definition
Glomerulonephritis als Folge einer Infektion. Meist liegt einer Infektion mit β-hämolysierenden Streptokokken der Gruppe A vor.

Ätiopathogenese
Ursprungsinfektion. Ist meist eine Pharyngitis oder Tonsillitis mit β-hämolysierenden Streptokokken, Stämme von Streptococcus pyogens mit nephritogenem M-Protein. Seltener und vor allem in Ländern mit schlechten hygienischen Bedingungen kann auch eine Pyodermie der Auslöser sein.
Durch den bakteriellen Infekt bilden sich Antikörper gegen bakterielle Exoenzyme. Die dabei entstehenden Ag-Ak-Komplexe lagern sich an die Basalmembran und das Mesangium des Glomerulums an, was – vermittelt durch Komplement-Zytokin- und Thrombozytenaktivierung – eine Entzündungsreaktion auslöst.

Histologisch. Man kann eine diffuse Proliferation von Mesangium- und Endothelzellen sowie eine Infiltration des Glomerulums mit Granulozyten und anderen Entzündungszellen erkennen. Immunhistologisch lassen sich Ablagerungen von Immunkomplexen an der Basalmembran nachweisen.

Klinik
1–2 Wochen nach einem Streptokokken-Infekt kommt es erneut zu Krankheitsgefühl mit subfebrilen Temperaturen, Arthralgien und dumpfen Schmerzen im Nierenlager.
- Obligates Leitsymptom ist eine **Mikrohämaturie** und eine **Proteinurie** < 3 g/24 h.
- Durch Salz- und Wasserretention kann es zu morgendlichen Lidödemen und Oligo- bis Anurie kommen.
- Durch Wassereinlagerungen in die Lunge können Dys- und Orthopnoe auftreten sowie ein arterieller Hypertonus.

Diagnostik
Anamnese. Abgelaufener Infekt: Tonsillitis, Pharyngitis, Hautinfektion.

Labor:
- Urinuntersuchung: Erythrozyturie, Erythrozytenzylinder, dysmorphe Eythrozyten, unselektive glomeruläre Proteinurie
- Serum: Keatininclearance erniedrigt, Komplement C3 in der ersten Woche erniedrigt, ASL-Titer erhöht. Anti-DNAse-B-Titer ist in über 80 % der Fälle erhöht.

Sonografie. Große, geschwollene Nieren.

Invasiv. Nierenbiopsie bei Anstieg der Retentionswerte zum Ausschluss einer rapid-progressiven GN.
Engmaschige Kontrolle von Gewicht und Labor- und Urinwerten.

Differenzialdiagnose
Rapid-progressive GN, IgA-Nephritis.

Therapie
Allgemein. Körperliche Schonung, kochsalzarme Diät, Beschränkung der Trinkmenge.

Medikamentös. Schleifendiuretika. Einstellung des Blutdrucks, z. B. mit ACE-Hemmern.

Prognose
Heilung bei Kindern in über 90 % der Fälle. Bei Erwachsenen völlige Ausheilung nur in ca. 50 % der Fälle. Um eine chronische Verlaufsform zu erfassen, sind Nachuntersuchungen der Patienten über mehrere Jahre notwendig.

Mesangioproliferative Glomerulonephritis vom IgA-Typ

Synonym
IgA-Nephropathie, Morbus Berger, Berger-Nephritis.

Definition
Diffuse oder fokal-segmentale Glomerulonephritis durch mesangiale Ablagerung von IgA.

Ätiopathogenese

- Idiopathisch.
- Sekundär: chronisch-entzündliche Darmerkrankungen, Erkrankungen der Leber, Sarkoidose, Psoriasis, systemischer Lupus erythematodes, rheumatoide Arthritis.

Klinik

1–3 Tage nach einem unspezifischen Infekt der oberen Luftwege kommt es zu intermittierender Makrohämaturie, die spontan sistiert. Die Mehrzahl der Patienten hat zusätzlich eine Mikrohämaturie mit oder ohne Proteinurie.

Diagnostik

Anamnese. Begünstigende Erkrankungen und kürzlich durchgemachter Infekt der oberen Luftwege.

Labor:

- Urinuntersuchung:
  - Nachweis von Erythrozytenzylindern im Sediment
  - Nachweis von dysmorphen Erythrozyten bei Phasenkontrastmikroskopie
  - Unselektive Proteinurie ≤ 3 g/d
- Serumuntersuchung: erhöhter IgA-Spiegel bei 40 % der Patienten.

Invasiv. Bei einer Nierenbiopsie lässt sich histologisch eine diffuse oder fokal-segmentale mesangiale Proliferationen nachweisen.

Differenzialdiagnose

Akute postinfektiöse Glomerulonephritis.

Therapie

Symptomatisch:

- **Proteinurie**: bei ≥ 1 g/24 h Therapie mit ACE-Hemmern oder AT_1-Blockern. Bei zusätzlicher fortschreitender Niereninsuffizienz Therapie mit Kortikosteroiden, evtl. Azathioprin oder Cyclophosphamid.
- **Hypertonie**: Zielbereich sollten Werte unter 130/80 mmHg sein. Therapie mit ACE-Hemmern oder AT_1-Blockern.

Prognose

25 Jahre nach Diagnosestellung entwickeln 25 % der Patienten eine **terminale Niereninsuffizienz**. Prognostisch wegweisend ist die Schwere der Proteinurie.

Membranöse Glomerulonephritis

Synonym

Perimembranöse GN.

Definition

Chronisch-entzündliche Erkrankung der Nierenkörperchen.

Ätiopathogenese

Auftreten meist primär und ohne erkennbare Ursache. Assoziation zu Tumoren und Hepatitis B sowie zur Einnahme von Gold-Präparaten und Penicillamin.
Histologisch zeigen sich Immunkomplexablagerungen auf der Außenseite der glomerulären Basalmembran.

Klinik

Nephrotisches Syndrom. In einem Drittel der Fälle chronische Proteinurie, bei einem weiteren Drittel kommt es durch progredienten Verlauf zur chronischen Niereninsuffizienz.
Beim restlichen Drittel heilt die Erkrankung spontan aus.

Diagnostik

Bildgebende Verfahren:

- Elektronenmikroskop: Die Immunkomplexablagerungen fallen als Buckel (humps) auf.
- Thorax-CT und Koloskopie: Suchdiagnostik zum Ausschluss eines Tumors.

Therapie

Symptomatische Therapie wie beim nephrotischen Syndrom.

Prognose

S. o. Klinik. Unbehandelt werden 25 % der Patienten nach 5–10 Jahren dialysepflichtig. Weitere 25 % befinden sich in Remission, wobei die Krankheit wieder aufflammen kann. Die übrigen 50 % der Patienten haben eine Proteinurie mit oder ohne nephrotischem Syndrom.

Minimal-changes-Glomerulonephritis

Synonym

Lipoidnephrose.

Definition

Glomerulonephritis ohne immunhistologischen oder lichtmikroskopisch nachweisbaren Befund.

Ätiopathogenese

Meist idiopathisch. Selten sind nichtsteroidale Antirheumatika die Auslöser. Durch eine Schädigung der epithelialen Podozyten verschmelzen deren Fußfortsätze, wodurch vermehrt Eiweiße ausgeschieden werden.

Klinik

Nephrotisches Syndrom mit peripheren Ödemen und Gewichtszunahme, kein großes Krankheitsgefühl.

Komplikationen

Übergang in eine unselektive glomeruläre Proteinurie mit Immunglobulin- und Gerinnungsfaktorenverlust, was zu verstärkter Thromboseneigung und Infektanfälligkeit führt. Daher sollten betroffene Kinder gegen Pneumokokken geimpft werden.

Diagnostik

Labor:

- Proteinurie über 3 g/24-h-Urin, normale GFR
- Evtl. hyaline Zylinder im Urinsediment
- Im Serum Hyperalbumin und sekundäre Hyperlipoproteinurie.

Therapie

Medikamentös:

- Kortikosteroide sind Mittel der Wahl und führen bei einem Drittel der Patienten zu Rezidivfreiheit nach 2 Monaten. Bei Nicht-Ansprechen Therapieversuch mit Immunsuppressiva
- Bei Hypogammaglobulinämie Impfung gegen Pneumokokken, bei ausgeprägter Hypalbuminämie Antikoagulation.

Prognose

Für Kinder ist die Prognose gut. Erwachsene erleiden oft einen Übergang in eine fokal-segmentale Glomerulosklerose mit schlechter Prognose.

Rapid-progressive Glomerulonephritis

Synonym

Nekrotisierende Glomerulonephritis.

Definition

Bei der rapid-progressiven Glomerulonephritis (RPGN) handelt es sich um eine Glomerulonephritis mit rasch progredienter Verschlechterung der Nierenfunktion.

Ätiopathogenese

Symptomatische RPGN. Renale Manifestation einer Vaskulitis, z. B. Wegener-Granulomatose.

Idiopathische RPGN. Einteilung siehe → Tabelle 6.4.

Tab. 6.4 Einteilung der idiopathischen rapid-progressiven Glomerulonephritis

Typ	Pathogenese	Häufigkeit
1	Antibasalmembran-RPGN mit oder ohne Lungenbeteiligung (Goodpasture-Syndrom) • Serologisch können Antikörper gegen glomeruläre Basalmembranen (GBM-Ak) nachgewiesen werden • Histologisch zeigen sich mittels Immunfluoreszenzmikroskopie lineare Ablagerungen an der Basalmembran	10 %
2	Immunkomplex-RPGN mit Ablagerungen von Immunkomplexen an der Basalmembran des Glomerulums	40 %
3	ANCA-assoziierte Vaskulitiden, entweder als: • Renale Verlaufsform der Wegener-Granulomatose oder als • Renale Verlaufsform einer mikroskopischen Polyarthritis	50 %

Klinik

- Hypertonie
- Proteinurie, evtl. mit nephrotischem Syndrom
- CRP und BSG sind erhöht
- Rasch progrediente Niereninsuffizienz.

Diagnostik

Klinik. Rascher Anstieg der Retentionswerte.

Labor. Immunologische Diagnostik des Serums.

Invasiv. Nierenbiopsie mit Histologie als absolute Indikation.

Differenzialdiagnose

Akutes Nierenversagen. Akute abakterielle interstitielle Nephritis → Medikamentenanamnese.

Therapie

Medikamentös. Nach der Nierenbiopsie ist eine rasche Therapie mit Immunsuppressiva prognoseentscheidend.

- Bei **Typ 1 – Anti-GBM-RPGN**: Plasmaaustausch über 2–3 Wochen, Methylprednisolon, zusätzlich Cyclophosphamid

- Bei **Typ 2 – Immunkomplex-RPGN**: Methylprednisolon und Cyclophosphamid
- Bei **Typ 3 – ANCA-assoziierte RPGN**: Je nach Schwere Kombination aus Kortikosteroiden, Methotrexat und Cyclophosphamid. Bei sehr schweren Fällen Plasmapherese.

Prognose
Bei frühzeitiger Behandlung und vorhandener Restfunktion der Niere wird bei 60 % der Patienten eine Besserung der Nierenfunktion erzielt. RPGN Typ 2 und 3 können rezidivieren.

CHECK-UP

- ☐ Welcher Erreger ist am häufigsten für die postinfektiöse Glomerulonephritis verantwortlich?
- ☐ Welche histologischen Befunde weisen auf eine postinfektiöse Glomerulonephritis hin?
- ☐ Nennen Sie die drei unterschiedlichen Typen der rapid-progressiven Glomerulonephritis und ihre Merkmale!

Diabetische Glomerulosklerose

Synonyme
Diabetische Nephropathie, Kimmelstiel-Wilson-Syndrom.

Definition
Spätkomplikation der diabetischen **Mikroangiopathie**, ca. ⅓ nach 15 Jahren. Stadien:
- Stadium I: Mikro- oder Makroalbuminurie (> 200 mg/l) ohne Nierenfunktionseinschränkung
- Stadium II: Nierenfunktionsstörung, im Spätstadium mit abnehmender Albuminurie.

Ätiopathogenese
Genetische Disposition.
Zu Beginn steigt die GFR, da die Hyperglykämie zu einer Hypertrophie der Glomerula führt. Im Verlauf lagert sich diffus, später nodulär Glykoprotein im Mesangium ab. Hyalinose der präkapillären Gefäße. Die Schädigung der glomerulären Basalmambran mit Verdickung führt zur **Mikroalbuminurie**, später zur Proteinurie.
Zusätzlich treten gehäuft Harnwegsinfekte und Pyelonephritiden auf, und die Makroangiopathie kann auch die Nierenarterien betreffen oder sie in ein Aortenaneurysma einbeziehen.

Klinik
Erste klinische Manifestation ist oft erst ein **nephrotisches Syndrom**.
Parallel entwickeln sich oder bestehen weitere diabetestypische Symptome, z. B. arterieller Hypertonus, Fettstoffwechselstörungen und meistens eine **diabetische Retinopathie**, die jeweils Anlass sein sollten, die Nieren genauer zu untersuchen.

Diagnostik
Urin und Blut: Albumin, Kreatinin, Harnstoff, Kreatininclearence.
Bei Hypertonus: Nierenarterienstenose ausschließen.
Biopsie bei V. a. eigenständige primäre Glomerulonephritis.

Therapie
Primärprophylaxe. Im Vordergrund steht die möglichst straffe Blutzuckereinstellung. Des Weiteren Hypertonus einstellen.

Sekundärprophylaxe. Ist schon eine Schädigung der Niere eingetreten, steht die Blutdruckeinstellung im Fokus. Der Blutdruck sollte 125/75 mmHg nicht überschreiten. Besteht trotz guter Blutdruckeinstellung eine Proteinurie, haben ACE-Hemmer und Angiotensin II-Rezeptorantagonisten den Vorteil, dass sie die Proteinurie günstig beeinflussen und damit die Prognose.

Eiweißrestriktion. Ist die Nierenschädigung schon fortgeschritten, sollte die tägliche Eiweißaufnahme bei 0,8–1 g/kg liegen.

Infektionstherapie. Harnwegsinfekte und Pyelonephritiden müssen früh und konsequent antibiotisch therapiert werden.

Prognose
Unter einer konsequenten Blutzucker- und Blutdruckeinstellung ist eine Mikroalbuminurie noch reversibel. Für den weiteren Verlauf sind sämtliche Risikofaktoren für eine Atherosklerose wichtig, v. a. aber der **Hypertonus**.

Liegt eine diabetische Glomerulosklerose vor, steigt auch das kardiovaskuläre Risiko deutlich, ebenso für die diabetische Retinopathie. Aber auch in fortgeschrittenen Stadien wirken sich eine gute Blutzucker- und Blutdruckeinstellung günstig aus.

CHECK-UP

- ☐ Wie schädigt ein Diabetes die Niere?
- ☐ Welche Maßnahmen sollten zur Primär- und Sekundärprophylaxe ergriffen werden?

Vaskuläre Nephropathie

Hypertensive Nephropathie

Synonym
Nephrosklerose.

Definition
Atherosklerose der kleinen Nierengefäße als Folge eines lange bestehenden Hypertonus. Unterschieden wird in **benigne Nephrosklerose** durch Langzeithypertonus und **maligne Nephrosklerose** aufgrund maligner Hypertonie.

Ätiopathogenese
Benigne Nephrosklerose. Durch chronische Druckbelastung hervorgerufene Sklerose der kleinen Nierenarterien und -arteriolen mit Hyalinablagerung. Es kommt zur ischämischen Schädigung von Tubuli und Glomeruli.

Maligne Nephrosklerose. Bei hypertensiver Entgleisung kommt es durch hypertensive Schädigung der Nierengefäße bei den Arteriolen zu fibrinoider Nekrose und bei den größeren Gefäßen zu zwiebelschalenartigen Wandproliferationen und Nekrosen. Sekundär werden dadurch Glomeruli und Tubuli geschädigt. Typischerweise können intravasale Thromben nachgewiesen werden. Die Histologie ähnelt einer postthrombotischen Mikroangiopathie.

Klinik
Benigne Nephrosklerose. Meistens sind die Patienten asymptomatisch. Leitsymptome sind häufig die Hypertonie-Folgen an Herz und Netzhaut (**Fundus hypertonicus**).

Maligne Nephrosklerose. Mikro- und Makrohämaturie, Proteinurie und akutes Nierenversagen.

Diagnostik
Bei der **benignen Form** sind die Befunde meist unspezifisch. Im Frühstadium kann eine Mikroalbuminurie vorliegen.

Sonografie. Eine Untersuchung der Nieren zeigt evtl. verkleinerte Nieren sowie vermehrte Reflexe sklerotisch veränderter kleiner Arterien.

Therapie
Konservativ:
- Konsequente Blutdruckeinstellung: besonders günstig sind dabei ACE-Hemmer und AT_2-Blocker
- Eliminierung weiterer kardiovaskulärer Risikofaktoren.

Therapie der malignen Nephrosklerose entsprechend der Therapie des hypertensiven Notfalls.

Prognose
Schleichende Progression bis hin zur terminalen Niereninsuffizienz. RR-Einstellung ist der wichtigste prognostische Faktor.

Nierenarterienstenose

Definition
Stenose der A. renalis, meist mit sekundärer Hypertonie.

Ätiopathogenese
Goldblatt-Mechanismus: Liegt die Stenose über 60–70 %, führt dies zur Minderdurchblutung der Niere, woraufhin der juxtaglomeruläre Apparat Renin ausschüttet. Dies wiederum aktiviert das Renin-Angiotensin-Aldosteron-System. Die Folgen sind:
- Periphere Vasokonstriktion durch Angiotensin-2-Ausschüttung
- Natrium- und Wasserretention durch Aldosteron-Ausschüttung
- Hypokaliämie (sekundärer Hyperaldosteronismus).

Letztendlich kommt es zur arteriellen Hypertonie.

Klinik

Erhöhung besonders der diastolischen Blutdruckwerte. Hypokaliämie aufgrund des sekundären Hyperaldosteronismus. Evtl. kann ein Gefäßgeräusch über dem Epigastrium oder der betroffenen Flanke zu hören sein.

Diagnostik

Bildgebende Verfahren:

- Duplexsonografie: hohe Sensitivität zur Sicherung der Diagnose
- CT- oder MR-Angiografie: alternativ zur Sonografie
- Isotopennephrografie: seitengetrennte Clearance. Verminderung auf der betroffenen Seite
- Nierenarterien-Angiografie: Methode der Wahl zur definitiven Klärung. Möglichkeit zur therapeutischen Intervention durch perkutane transluminale Angioplastie (PTA).

Therapie

Operativ:

- Perkutane transluminale Angioplastie ist die Methode der Wahl, mit der Möglichkeit der Stent-Einlage.
- Seltener ist eine operative Gefäßrekonstruktion indiziert.

Prognose

Ohne Behandlung kommt es zur Schrumpfung der betroffenen Niere und zur Hyperplasie der kontralateralen Niere.

Bei fibromuskulärer Dysplasie, die meist bei jungen Frauen auftritt, kommt in 80 % der Fälle zur Besserung nach Behandlung und Normalisierung des Blutdrucks.

Je länger eine Hypertonie besteht, desto weniger ist eine PTA erfolgversprechend und der Hypertonus persistiert (**fixierter Hypertonus**). Dies ist auf die hypertensive Schädigung der kontralateralen Seite zurückzuführen.

CHECK-UP

- ☐ Erläutern Sie die Ätiopathogenese (Goldblatt-Mechanismus) der Nierenarterienstenose!
- ☐ Bechreiben Sie die Ätiopathogenese der benignen und der malignen Nephrosklerose!
- ☐ Wie sieht die Klinik der Nierenarterienstenose aus?

Thrombotische Mikroangiopathien

Definition

Wie der Name sagt, handelt es sich um thrombotische Verschlüsse v. a. der Arteriolen mit entsprechenden ischämischen Schäden an den Organen. Zwei Formen:

- **Hämolytisch-urämisches Syndrom** (HUS)
- **Thrombotisch-thrombozytopenische Purpura** (TTP, Morbus Moschcowitz)
  - Idiopathisch: häufigste Form, Autoimmunkrankheit mit Autoantikörpern gegen die Protease ADAMTS13 und möglicherweise gegen CD36, ein Glykoprotein auf der Thrombozytenoberfläche
  - Sekundär: in 15 % wird ein Auslöser gefunden, z. B. Schwangerschaft, Medikamente (Ciclosporin, Cotrimoxazol, Mitomycin, Ovulationshemmer, Ticlopidin), Chinin (Tonic Water, Antimalariamittel), Kokain, Infektionserkrankungen (Bartonellose, HIV), Autoimmunerkrankungen z. B. SLE, Adenokarzinom des Magens, Knochenmarktransplantation.
  - Familiäre TTP (Upshaw-Shulman-Syndrom): Gendefekt am ADAMTS13-Gen. Manche bleiben zeitlebens unauffällig, andere brauchen eine dauerhafte Therapie.

Beim HUS ist der Befall der Nieren führend, bei der TTP das ZNS.

Ätiopathogenese

Toxine oder Medikamente schädigen das Endothel, die zu multiplen Thrombosierungen führen, beim HUS der afferenten Arterien der Glomeruli, bei der TTP zerebraler Arteriolen. Erythrozyten werden mechanisch geschädigt → hämolytische Anämie.

Das EHEC heftet sich an Darmepithelien. Kinder und Säuglinge haben wesentlich mehr Rezeptoren auf den Epithelien als Erwachsene sind daher anfälliger für ein HUS. Die EHEC produzieren das zytotoxische Toxin **Verotoxin** (Shiga-like Toxin, STX2). Es zerstört die Darmepithelien und führt zu Diarrhö. Das Verotoxin tritt dann ins Blut über, wo es Nierenepithelzellen und Zellen des zentralen Nervensystems schädigt. Zusätzlich bildet EHEC ein Hämolysin, das Erythrozyten zerstört.

Klinik

HUS. In erster Linie sind Kinder betroffen, oft schubweise:
- Akutes Nierenversagen
- Hämolytische Anämie
- Thrombozytopenie.

TTP. V. a. Erwachsene:
- Neurologische Ausfälle, epileptische Anfälle
- Hämolytische Anämie
- Thrombozytopenie.

Diagnostik

Verdächtig sind gleichzeitiges Auftreten (maximal 40 %) oder kombiniertes Auftreten von:
- Neurologischer Symptome oder akutem Nierenversagen. Selten beides, bei Erwachsenen
- Thrombozytopenie
- Hämolytischer Anämie mit **Fragmentozyten** im Differenzial-Blutbild. Fragmentozyten sind ein entscheidender Hinweis.

Nierenbiopsie: thrombotische Verschlüsse afferenter Arteriolen.

Therapie

Symptomatisch, Intensivtherapie, notfalls Hämodialyse.
Kortikoide, Plasmapherese.

TTP. Plasmatausch mit Fresh Frozen Plasma.

Prognose

Bei Erwachsenen Letalität bis 20 %. Bei Kindern besser.

CHECK-UP

- ☐ Welche beiden Formen einer thrombotischen Mikroangiopathie gibt es?
- ☐ Wie unterscheiden sie sich?

Tubulointerstitielle Nierenerkrankungen

Akute und chronische interstitielle Nephritis

Definition

Nierenerkrankungen, die zu interstitiellen Entzündungen und renal-tubulären Zellschäden führen.

Ätiopathogenese

Akute tubulointerstitielle Nierenerkrankung:
- Direkt infektiös: Hantaan-Virus, Zytomegalie-Virus
- Parainfektiös: Streptokokken, Leptospiren, Toxoplasmen, Legionellen, Mykoplasmen
- Immunologisch: u. a. systhemischer Lupus erythematodes, Sjögren-Syndrom, Sarkoidose
- Medikamentös-allergisch: u. a. NSAR, Omeprazol, Alopurinol, Methicillin.

Chronische tubulointestinale Nierenerkrankung:
- Medikamentös: am häufigsten Analgetika
- Chemikalien: Cadmium, Blei
- Stoffwechselstörungen: Hyperurikämie, Hyperkalzämie, Hypokaliämie, Oxalatnephropathie, Zystinose
- Hämatologisch und immunologisch: multiples Myelom, Amyloidose
- Angeborene Nierenerkrankungen und Balkannephritis.

Klinik

- Hämaturie (nicht glomerulär), Proteinurie ≤ 1 g/d, seltener ≥ 1 g/d
- Allergische Symptome wie Fieber, Exanthem, Eosinophilie
- **TINU-Syndrom** = tubulointerstitielle Nephritis + Uveitis. Ist eine seltene Komplikation einer Infektion mit dem **Epstein-Barr-Virus** bei Kindern und Jugendlichen.

Komplikationen

Akutes Nierenversagen.

Diagnostik

Anamnese. Medikamenteneinnahme.

Invasiv. Nierenbiopsie zum Nachweis lymphoplasmazellulärer Infiltrate im Interstitium der Niere.

Therapie

Allgemein. Weglassen der auslösenden Medikamente.

Medikamentös. Bei TINU-Syndrom Gabe von Kortikosteroiden.

Prognose

Sind die auslösenden Ursachen beseitigt, heilt die Erkrankung fast immer vollständig aus. Nach chronischer Medikamenteneinnahme, z. B. von NSAR, über Monate oder Jahre hinweg, sind auch Defektheilungen möglich.

Bartter-Syndrom

Definition

Das Bartter-Syndrom umfasst eine Gruppe von Erkrankungen, die mit renaler Tubulusfunktionsstörung und hypokalämischer Alkalose sowie Salzverlust, Hypotonie und Hyperkalzurie einhergehen. Die Krankheit wird autosomal-rezessiv vererbt.

Ätiopathogenese

Mutation in dem Gen, das für den Natrium-Kalium-2-Chlorid-Kotransporter des dicken aufsteigenden Teils der Henle-Schleife kodiert. Es kommt zu verminderter Reabsorption von Natrium und Chlorid und dadurch zu Salzverlust und Hypovolämie. Die reaktive Aktivierung des Renin-Angiotensin-Aldosteron-Systems führt zu hypokaliämischer Alkalose.

Tab. 6.5 Einteilung des Bartter-Syndroms

Typ	Klinik
1 und 2	• Manifestation in den ersten Lebensmonaten mit schwerer Dehydratation • Die Patienten sind frühgeborene Kinder von Frauen mit Polyhydramnion
3	• Auch **klassisches Bartter-Syndrom** genannt • Die Patienten entwickeln keine Nephrokalzinose, aber in 30 % eine Hypomagnesiämie
4	Zusätzlich zum Bartter-Syndrom bestehen Schwerhörigkeit und Niereninsuffizienz
5	Es kommt zur Hypokalzämie bei niedrigem Parathormon

Klinik

Beim Bartter-Syndrom werden fünf verschiedene Typen unterschieden (→ Tab. 6.5). Diese unterscheiden sich in ihrer klinischen Ausprägung und in der zugrunde liegenden Genmutation.

Diagnostik

Die Klinik in den ersten Lebensmonaten ist auffällig und wegweisend.

Therapie

Konservativ:

- Anheben des Natrium-Kalium-Spiegels im Blut durch Infusionen.
- Gabe von Aldosteronantagonisten und Prostaglandin-Synthesehemmern, z. B. Indometacin.

CHECK-UP

- ☐ Beschreiben Sie die Therapie des Bartter-Syndroms!
- ☐ Was sind die Ursachen der akuten tubulointerstitiellen Nephritis?
- ☐ Bei welcher Erkrankung kann ein TINU-Syndrom auftreten und worum handelt es sich dabei?

Zystische Nierenerkrankungen

Kongenitale Zystennieren und Markschwammniere

Synonym

Polyzystische Nierenerkrankung, Zystennieren.

Definition

Multiple Zystenbildung im Nierenparenchym mit Erweiterung der Tubuli und Sammelrohre.

Ätiopathogenese und Klinik

Es gibt verschiedene Formen der Zystennieren, die sich in ihrer Klinik unterscheiden (→ Tab. 6.6).

Tab. 6.6 Ätiopathogenese und Klinik der verschiedenen Formen der Zystennieren

Krankheitsform	Ätiopathogenese	Klinik
Autosomal-dominante polyzystische Nephropathie (ADPKD)	• Mit einer Inzidenz von 1 : 1000 recht häufig • Manifestation ab dem 20. Lebensjahr • Meist beidseitig mit Zysten von mehreren Zentimetern Durchmesser • Häufig zusätzlich Leberzysten (fast 100 %) und Aneurysmen der Hirnbasisarterien (10 %)	• Makrohämaturie • Evtl. Flankenschmerzen • Harnsediment: – Proteinurie und – Erythrozyturie
Autosomal rezessive polyzystische Nephropathie (infantile polyzystische Nierenerkrankung)	• Inzidenz 1 : 20.000 • Auftreten stets doppelseitig • 50 % Sterblichkeit bei Neugeborenen wegen respiratorischer Komplikationen	Auftreten immer in Kombination mit kongenitaler Leberfibrose
Zystische Nierendysplasien	Ein- oder beidseitiges Vorkommen	• Bei einseitiger Ausprägung können Harnwegsinfektionen im Kindesalter auffallen • Bei schwerem beidseitigem Befall kommt es zu angeborener Niereninsuffizienz
Zystische Nephropathien	Bei Fehlbildungs-Syndromen wie dem autosomal-rezessiv vererbten **Meckel-Syndrom**	Oft mit Polydaktylie und Hirnfehlbildung
Juvenile Nephronophthise und **medulläre zystische Nierenerkrankungen**	Symptome der juvenilen Nephronophthise beginnen in der Kindheit und führen früh zur Niereninsuffizienz	Extrarenale Manifestationen: • Tapeto-retinale Degeneration und • Wachstumsstillstand
Markschwammnieren	• Nicht vererbbare Nierenmissbildung mit medullären ektatischen Aufweitungen der Sammelrohre in den Pyramiden • Doppelseitiger Befall in 75 % der Fälle	• Hyperkalzurie • Nephrolithiasis • Koliken und Nephrokalzinose • Niereninsuffizienz als Folge der Nephrokalzinose

Diagnostik

Anamnese. Meist ist die Familienanamnese schon wegweisend.

Bildgebende Verfahren:
- Sonografie: Nachweis multipler Zysten in den Nieren
- CT (→ Abb. 6.2): zur Feststellung der Größe der Nieren. Zum Nachweis, ob evtl. andere Organe, z. B. Leber oder Pankreas, mitbeteiligt sind.

Nierenzysten sind meistens ein sonografischer Zufallsbefund. Häufiger werden sie im Alter und bei chronischer Niereninsuffizienz. Selbst große Zysten verursachen nur gelegentlich Schmerzen, Hämaturie oder infizieren sich. Eine maligne Entartung ist selten. Die Zysten werden nach Bosniak in einfache und komplizierte Zysten klassifiziert:
- Einfache Zysten
  - Typ I: benigne, Flüssigkeitsgefüllt, nicht oder kaum sichtbare Zystenwand, keine Septen, keine Kalzifizierung, keine festen Anteile, im CT keine Kontrastmittelanreicherung

- Typ II: benigne, wenige und dünne Septen, feine Kalzifizierungen in den Septen oder in der Zystenwand, hyperdenser Inhalt, keine Kontrastmittelaufnahme im CT
- Komplizierte Zysten, Verlaufskontrollen erforderlich
  - Typ IIF: leichte Verdickung von Zystenwand oder Septen, stärkere, körnige Verkalkungen, keine Kontrastmittelaufnahme im CT
  - Typ III: verdickte Zystenwand oder Septen, unregelmäßige, körnige, Verkalkungen, gelegentlich mit Kontrastmittelaufnahme im CT. 50% entarten
  - Typ IV: maligne, **Kontrastmittelaufnahme** im CT.

Vorgehen:
- Typ I und II: keine Verlaufskontrollen
- Typ IIF: Verlaufskontrollen
- Typ III und IV: Resektion.

Therapie
Allgemein. Aufklärung und genetische Beratung bei autosomal-dominanter polyzystischer Nephropathie.

Chirurgisch. Laparoskopische Zystostomie zur Druckentlastung des restlichen Nierengewebes.

Konservativ:
- Behandlung einer Hypertonie
- Behandlung einer Harnwegsinfektion
- Behandlung einer Niereninsuffizienz.

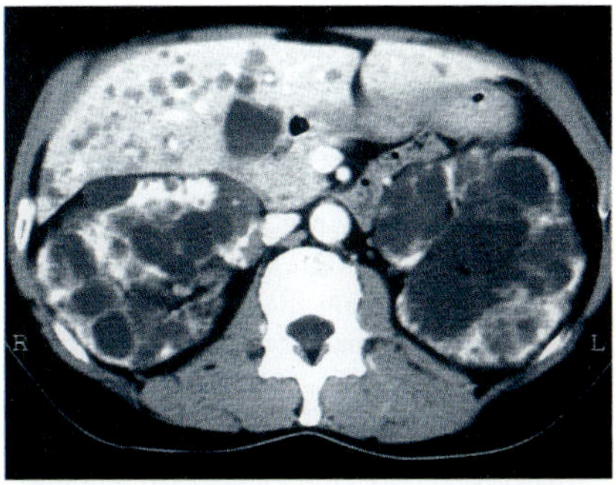

Abb. 6.2 CT-Befund bei kongenitalen adulten Zystennieren: Nierenparenchym fast vollständig aufgebraucht und durch multiple flüssigkeitsgefüllte Zysten ersetzt, Leberzysten [O 158]

Prognose
Die Prognose ist nach Form der Zystennieren sehr unterschiedlich. Je nach Ausprägung kommt es schon früh – innerhalb der 2. oder 3. Lebensdekade – zur Niereninsuffizienz. Im Fall der autosomal-rezessiven polyzystischen Nierenerkrankungen kommt es bei 50 % der betroffenen Kinder zu respiratorischen Komplikationen mit Todesfolge.

CHECK-UP
- [ ] Beschreiben Sie die Klinik bei Markschwammnieren!
- [ ] Auf welche Begleiterscheinung muss bei der autosomal-dominant vererbten polyzystischen Nierenerkrankung geachtet werden?
- [ ] Welche Verfahren zum Nachweis einer zystischen Nierenerkrankung gibt es?

Niereninsuffizienz

Akutes Nierenversagen

Definition
Plötzlich auftretende Verschlechterung der Nierenfunktion mit Abfall der glomerulären Filtrationsrate (GFR) und Oligurie bis Anurie. Letztere ist prinzipiell reversibel.

Ätiopathogenese
Prärenales Nierenversagen. Bei 75 % der Patienten wird das Nierenversagen durch verminderte Perfusion der Nieren bei Kreislaufschock verursacht infolge operativer Einsätze, posttraumatisch, nach kardiogenem Schock, gastrointes-

tinalen Blutungen, Niereninfarkt durch Embolien oder Stenose der A. renalis, Rhabdomyolyse.

(Intra-)Renales Nierenversagen. Verursacht durch glomeruläre Erkrankungen wie rapid-progressive Glomerulonephritis, IgA-Nephritis, durch tubulointerstitielle Erkrankungen wie die interstitielle Nephritis sowie durch die toxische Wirkung von Medikamenten wie NSAR, Antibiotika oder Röntgenkontrastmittel.

Postrenales Nierenversagen. Harnabflussbehinderung durch angeborene Stenosen im Bereich der Niere, Ureter, Blase oder Urethra sowie durch maligne Tumoren, Prostatahyperplasie und Proststakarzinom oder durch gynäkologische Erkrankungen.

Klinik

Phasenhafter Verlauf:

1. **Initialphase**: Symptome des auslösenden Grundleidens. Die Nierenfunktion ist noch normal.
2. **Oligo-, anurische Phase**: Abnahme der glomerulären Filtrationsrate und Anstieg der Retentionswerte. Elektrolytverschiebung (Kaliumerhöhung), Ödeme und Lungenödem
3. **Erholungsphase**, auch **polyurische Phase** genannt, mit Erholung der Tubuluszellen und wiederkehrender Nierenfunktion. Die Harnkonzentrationsfähigkeit der Niere ist noch vermindert, weshalb es zu Elektrolytverlust und Dehydration kommen kann.
4. **Regenerationsphase**: Normalisierung der Nierenfunktion und damit Rückkehr der Diurese.

Komplikationen

Lungenödem durch Hyperhydratation, Hyperkaliämie und metabolische Azidose. Urämie.

Diagnostik

Anamnese. Auslösende Medikamente, Trauma mit Blutverlust, Blutdruckschwankungen.

Einfuhr- und Ausfuhrkontrolle. Zur Bilanzierung.

Labor. Retentionswerte, Elektrolyte, Phosphat, BGA, Blutbild, CK, LDH, Lipase, Urinkultur.

Bildgebende Verfahren:

- Sonografie:
  - Größe der Nieren: im akuten Nierenversagen vergrößert
  - Gefäße, Blase
  - Harnleiter: gestaut bei postrenalem Nierenversagen
- Röntgen-Thorax: zum Ausschluss eines Lungenödems (fluid lung).

Invasiv. Nierenbiopsie bei Verdacht auf rapid-progressive Glomerulonephritis.

Therapie

Kausal. Behandlung der auslösenden Grunderkrankung. Absetzen nephrotoxischer Medikamente.

Konservativ:

- Intensivstation, Flüssigkeitsbilanzierung, Kontrolle und Korrektur der Serumelektrolyte und adäquate Kalorienzufuhr, ggf. parenteral
- Gabe von Schleifendiuretika in hoher Dosierung und ausreichende Hydratation. Bei **Exsikkose** sind Schleifendiuretika **prognoseverschlechternd**!
- Erhöhung des Perfusionsdrucks der Nieren bei arterieller Hypotonie mit Arterenol und evtl. mit Dobutamin.
- Ultima Ratio: Dialyse bei nicht beherrschbaren Komplikationen.

Prognose

Bei intensivpflichtigen Patienten liegt die Mortalitätsrate bei 60 %, was vor allem durch die Schwere der auslösenden Grunderkrankung bedingt ist. Aufgrund der Elektrolytentgleisung und weiterer negativer Einflüsse auf Organfunktionen verschlechter das akute Nierenversagen die Prognose anderer Erkrankungen signifikant. Die Prognose des **primär normurischen Nierenversagens**, ausgelöst v. a. durch nephrotoxische Stoffe wie etwa Aminoglykoside, hat eine günstigere Prognose als das postoperative, septische, oligurische oder anurische Nierenversagen.

Chronisches Nierenversagen

Synonym

Chronische Niereninsuffizienz.

Definition

Irreversible Verminderung der glomerulären, endokrinen und tubulären Funktion der Niere bis hin zum totalen Funktionsverlust.

Ätiopathogenese

Ursachen:

- Diabetische Nephropathie: zu 31 % Typ-2-Diabetes
- Vaskuläre Nephropathie, chronische Glomerulonephritis, interstitielle Nephropathie, chronische Pyelonephritis, Zystennieren

- Erkrankungen anderer Organe mit Auswirkungen auf die Nieren.

Die chronische Niereninsuffizienz lässt sich in 5 Stadien unterteilen (→ Tab. 6.7).

Folgen der chronischen Niereninsuffizienz

Abnahme der exkretorischen Nierenfunktion. Durch den zunehmenden Untergang von funktionsfähigem Nierengewebe steigen die Retentionswerte an. Die Kreatininkonzentration im Serum oder die Kreatinin-Clearance sind Marker für das Glomerulusfiltrat. Weder Kreatinin noch Harnstoff sind an sich toxische Stoffe. Die verbleibenden Glomeruli übernehmen durch intraglomeruläre Drucksteigerung die diuretische Funktion, sodass die Ausscheidung erhalten bleibt. Letztlich ist die Niere aber nur noch vermindert dazu fähig, harnpflichtige Substanzen im Urin zu konzentrieren. Die Urinosmolarität und das spezifische Gewicht sinken. Es kommt zur Isostenurie.

Bei fortschreitendem Untergang der Nephrone nimmt schließlich auch die Diuresemenge ab, bis hin zur Anurie mit der Gefahr der Überwässerung.

Störungen im Elektrolyt- und Säure-Basen-Haushalt:

- **Säure-Basen-Haushalt**: Es kommt zur metabolischen Azidose, da mit Abnahme der glomerulären Filtrationsrate auch die Ausscheidung von H^+-Ionen sinkt. Verstärkt wird die Azidose durch die verminderte Bikarbonat-Rückresoption im proximalen Tubulus.
- **Natrium-Haushalt**: Zunahme des Gesamtkörpernatriums, je nach Diuresemenge und tubulärer Funktion. Dadurch kommt es zur Zunahme des Gesamtkörperwassers und konsekutiv zur Hypertonie. Salzverlust und intravasaler Volumenmangel sind ebenfalls möglich.
- **Kalium-Haushalt**: Vorerst ist die Kaliumausscheidung im distalen Tubulus gesteigert, sodass eine orale Substitution notwendig ist. Mit fortgeschrittener Niereninsuffizienz und eingeschränkter Diurese besteht die Gefahr der Hyperkaliämie.
- **Kalzium- und Phosphat-Haushalt**: Ab einer GFR unter 60 ml/min sinkt die Phosphat-Ausscheidung mit konsekutiver Ausschüttung von Parathormon. Dies führt zu sekundärem Hyperparathyreoidismus. Außerdem lagern sich Kalzium-Phosphat-Produkte in arteriellen Gefäßen ab und rufen so eine Atherosklerose hervor.

Tab. 6.7 Stadieneinteilung der chronischen Niereninsuffizienz

Stadium	GFR	Pathogenese
1	≥ 90 ml/min	Nierenschädigung bei normaler Nierenfunktion
2	60–89 ml/min	Leichte Nierenfunktionseinschränkung, vollkompensierte Niereninsuffizienz
3	30–59 ml/min	Mittelschwere Niereninsuffizienz
4	15–29 ml/min	Hochgradige Niereninsuffizienz
5	≤ 15 ml/min	Terminale Niereninsuffizienz

Klinik

Frühsymptome:

- Polyurie mit hellem, unkonzentriertem Urin (Isostenurie)
- Ödeme der unteren Extremität und Augenlider, Hypertonie.

Spätsymptome:

- Leistungsabfall, Blässe durch renale Anämie
- Appetitverlust und Übelkeit durch urämische Gastroenteropathie
- Hautjucken und Muskelzucken.

Im Endstadium:

- Erbrechen und Gewichtsverlust
- Luftnot durch Lungenödem
- Rückgang der Urinmenge bis zur Anurie
- Urämische Enzephalopathie mit Schläfrigkeit, Krämpfen und Koma
- Vermehrte Blutungsneigung durch Thrombozytopathie.

Diagnostik

Anamnese und Klinik. Foetor uraemicus, Frage nach Medikamenten, Diuresemenge.

Labor:

- Blutuntersuchung:
  - Anstieg von Kreatinin und Harnstoff im Serum
  - Abnahme der glomerulären Filtrationsrate
  - Normochrome, normozytäre Anämie
  - Erhöhtes Parathormon, evtl erhöhte alkalische Phosphatase
  - Hypo- oder Hyperkaliämie.

- Urinuntersuchung: Osmolalität und spezifisches Gewicht sinken bis zur Isostenurie. Evtl. Urinsediment und Biochemie zur Diagnostik der Ursache des Nierenversagens.

Bildgebende Verfahren:
- Sonografie: Untersuchung der Nieren zeigt verkleinerte Nieren (**Schrumpfnieren**) mit schmalem echodichtem Parenchymsaum. Bei diabetischer Nephropathie und Amyloidose sind die Nieren meist normal groß.
- Echokardiografie: Beurteilung der Herzgröße und Ausschluss eines Perikardergusses.

Therapie

Konservativ. Therapie bis zum **Stadium 4** möglich.
- Absetzen nephrotoxischer Medikamente
- Blutdruckeinstellung auf niedrig normale Werte. Zielbereich ab Proteinurie von 1 g/24 h bei 125/75 mmHg. Medikamente der Wahl sind ACE-Hemmer und Angiotensin-2-Rezeptor-Antagonisten.
- Proteinrestriktion über eiweißarme Diät (< 1 g/kg KG). Die **Proteinurie** ist ein entscheidender **prognostischer Faktor**. Durch verminderte Konzentration von Aminosäuren und Peptiden wird die schädliche glomeruläre Hyperperfusion vermindert.
- Blutzuckereinstellung bei Diabetikern. HbA_{1c}-Wert und Abfall der GFR korrelieren miteinander.
- Hohe Trinkmengen von 2–3 l/Tag bei erhaltener Diurese. Dadurch wird der Harnstoffspiegel gesenkt. Der Kreatininspiegel wird hingegen nicht beeinflusst.
- Diuretikagabe (Schleifendiuretika), in Kombination mit Thiaziden als sequentielle Nephronblockade. Ausgleich des Elektrolytverlusts
- **Bei renaler Anämie**: Gabe von Erythropoetin und orale Eisensubstitution. Ein Hb-Wert von 12–13 g/dl wird angestrebt.
- **Bei metabolischer Azidose**: orale Einnahme von Natrium-Bikarbonat-Salz
- **Bei progredientem chronischem Nierenversagen**: Patienten über die Möglichkeit der Nierenersatztherapie (Dialyse) aufklären
- Anlage einer arteriovenösen Fistel oder eines Peritonealdialysekatheters.

Dialyse-Indikationen
- Hyperhydratation mit Fluid lung oder alveolärem Lungenödem
- Urämische Gastritis und/oder Perikarditis
- Anders nicht beherrschbare metabolische Azidose, Hyperkaliämie oder Hyperphosphatämie
- Intoxikation mit dialysierbaren Substanzen, z.B. Lithium
- Relative Indikation bei nicht beherrschbarem Hypertonus und Harnstoff über 40 mmol/l

Dialyse-Verfahren
- Extrakorporal: Hämodialyse (→ Abb. 6.3), Hämofiltration und Hämodiafiltration
- Nicht extrakorporal: Peritonealdialyse

Hämodialyse. Zwischen dem Blut und dem Dialysat befindet sich eine semipermeable Membran. Über Osmose werden dem Blut v.a. Kalium, Phosphat, Harnstoff und Harnsäure entzogen, über einen Druckgradienten Wasser. Allerdings ist limitiert, wie viel Wasser wie schnell ohne gravierende Nebenwirkungen entzogen werden kann. Deshalb muss auch bei regelmäßiger Dialyse die Trinkmenge begrenzt werden, auch wenn die harnpflichtigen Stoff das Durstgefühl verstärken. Das Dialysat wird den Erfordernissen angepasst.

Hämofiltration. Dem Blut wird über einen Druckgradienten an der Filtermembran Plasma und damit auch alle filtergängigen Stoffe entzogen (Ultrafiltration). Die entzogene Flüssigkeit wird durch eine Elektrolytlösung ersetzt.

Hämodiafiltration. Kombination aus Hämodialyse und Hämofiltration, insbesondere bei chronischer Niereninsuffizienz mit Ersatz des Ultrafiltrats durch eine Elektrolytlösung (Diluat).

Peritonealdialyse. Verfahren sind z. B.:
- CAPD (continuously ambulatory peritoneal dialysis, kontinuierliche ambulante Peritonealdialyse)
- CCPD (kontinuierliche zyklische Peritonealdialyse)

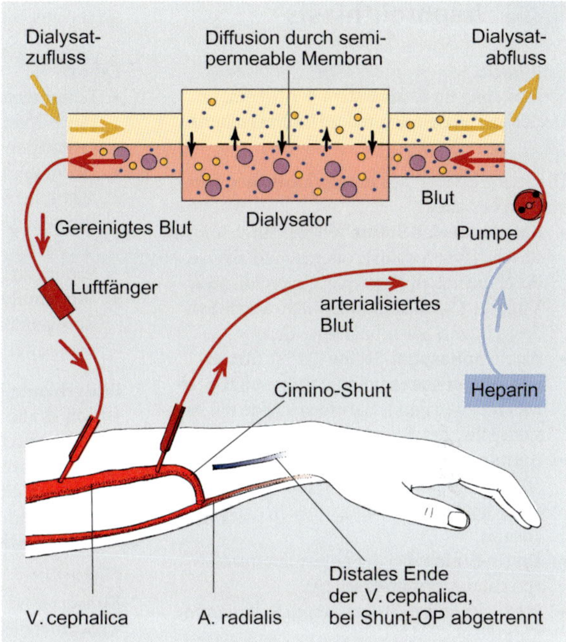

Abb. 6.3 Prinzip der Hämodialyse [A 400-190]

- IPD (intermittierende PD), NIPD (nächtliche intermittierende Peritonealdialyse).

Das Peritoneum wird als Filtermembran genutzt. Über einen peritonealen Katheter wird eine Dialyselösung in die Bauchhöhle gefüllt und je nach Methode 20 Minuten bis mehrere Stunden belassen und dann durch eine frische ersetzt.

Es gehen auch Eiweiße verloren, was i.d.R. über die Ernährung ausgeglichen werden kann. Vorteile: Schonung des Kreislaufs, größere Unabhängigkeit.

Nachteile:

- Erhöhtes Risiko für eine Peritonitis
- Limitierte Kapazität
- Nach Jahren resorbiert das Peritoneum oft vermehrt Flüssigkeit und Natrium, es kommt zu Ödemen und Hypertonus
- Leicht erhöhtes Atheroskleroserisiko, da Eiweiße verloren gehen und so eine Fettstoffwechselstörung begünstigt wird und Glukose aus der Dialyseflüssigkeit resorbiert wird.

Prognose

Ohne Nierenersatztherapie schlechte Prognose.

CHECK-UP

- ☐ Nennen Sie die Ursachen des prä-, intra- und postrenalen Nierenversagens!
- ☐ Beschreiben Sie den charakteristischen phasenhaften Verlauf des Nierenversagens!
- ☐ Nennen Sie drei Indikationen für eine Dialyse!

Nephrolithiasis

Definition

Steinbildung im Kelchsystem der Nieren, im Ureter, der Blase oder in der Urethra (selten).

Ätiopathogenese

Die Steine können aus unterschiedlichen Substanzen bestehen:

- **Kalziumoxalat-Steine** (60 %): durch idiopathische Hyperoxalurie oder Hyperkalzurie, durch primären Hyperparathyreoidismus, Vitamin-D-Intoxikation, Milch-Alkali-Syndrom oder renal-tubuläre Azidose
- **Kalziumphosphat-Steine** (20 %), **Struvit-** oder **Magnesiumammoniumphosphat-Steine**: entstehen durch Harnwegsinfekte mit harnstoffspaltenden Bakterien, z. B. Proteus-Spezies
- **Harnsäure-Steine**: bilden sich bei Gicht (ca. 50 %), dem Lesh-Nyhan-Syndrom (selten), Dehydratation und idiopathischer Hyperurikosurie
- **Zystin-Steine**: bei der autosomal-rezessiv vererbter Zystinurie (selten)
- **Medikamenten-Steine**: durch Sulfonamid-Einnahme.

Entstehungsursache ist die Übersättigung des Harns an steinbildenden Substanzen. Begünstigend wirken dabei Harnwegsinfektionen, Harnstau, Bettlägerigkeit, Dursten, Gewichtsabnahme und eiweißreiche Ernährung.

Klinik

Kleine Steine sind oft symptomlos und werden als Zufallsbefund bei Röntgenaufnahmen oder Ultraschalluntersuchungen gesehen. Kommt es zur Harnleiterobstruktion, hat der Patient sehr starke kolikartige Schmerzen, die je nach Position des Steins im seitlichen Unterbauch oder im Rücken sitzen. Charakteristisch ist die an- und abschwellende Schmerzstärke. Es kommt zur Makro- und/oder Mikrohämaturie, Übelkeit, Erbrechen, Stuhlverhalt und Pollakisurie.

Differenzialdiagnose

- Appendizitis, Divertikulitis, Adnexitis, stielgedrehter Ovarialtumor
- Ileus, Pankreatitis, Gallenkolik, LWS-Syndrom, Hodentorsion
- Nierentumoren, Niereninfarkt, Nierenvenenthrombose, Papillennekrose.

Diagnostik

Anamnese. Familien- und Medikamentenanamnese.

Labor:

- Blutuntersuchung: Phosphat, Kalzium, Harnsäure, Kreatinin, alkalische Phosphatase, Parathormon
- Urinuntersuchung: pH, spezifisches Gewicht, Nitrit, Leukozyten, Erythrozyten, Quantifizierung der Ausscheidung von Harnsäure, Oxalat, Zystin. Kalzium und Magnesium im 24-h-Sammelurin.
- **Steinanalyse**: Infrarotspektrometrie oder Röntgendiffraktometrie abgegangener oder operativ entfernter Steine.

Bildgebende Verfahren:

- Sonografie zum Steinnachweis: Harnstau im Kelchsystem oder Ureterstau. Zeichen der Nierenparenchymveränderung bei chronischem Steinleiden.
- Urogramm i. v.: Durch Kontrastmittelaussparung werden die Steine sichtbar.

Therapie

Konservativ:

- Schmerzbekämpfung mit Analgetika wie Pethidin (50 mg i. v.), Metamizol oder mit Spasmolytika wie Buscopan
- Litholyse: Harnsäuresteine können durch Anhebung des Urin-pH-Werts mittels oraler Citratsalze aufgelöst werden. Zusätzlich sollten die Patienten viel trinken.
- Steinaustreibung: Flüssigkeitszufuhr. Evtl. Gabe von Diuretika oder Spasmolytika. Viel Bewegung. Steine bis zu einem Durchmesser von < 5 mm können so in 90 % der Fälle spontan abgehen.

Chirurgisch. Lithotripsie und operative Entfernung bei Harnwegsobstruktion, therapierefraktären Schmerzen und begleitendem Harnwegsinfekt sowie großen Steinen:

- Extrakorporale Stoßwellenlithotripsie: wird durch die Haut durchgeführt. Auf elektrohydraulische oder piezoelektrische Weise mit einer Erfolgsrate von über 90 %
- Perkutane und endoskopische Ultraschall- oder Laserlithotripsie: durch eine kleine Inzision in der Flanke oder durch ein Zystoskop
- Endosokpische Bergung des Steins mittels Fass-Zange oder (Zeiss-)Schlinge.
- Operative Entfernung der Steine über **Pyelotomie**.

Prognose
60 % der Steine gehen spontan ab. Ohne Steinprophylaxe ist die Rückfallrate jedoch sehr hoch.

Prophylaxe
- Ausreichende Trinkmenge von 2–3 l/Tag
- Selbstkontrolle des spezifischen Harngewichts mit Teststreifen. Das spezifische Gewicht sollte 1010 g/l nicht überschreiten.
- Harnansäuerung bei Infektsteinen
- Reduzierung der Oxalatzufuhr bei Kalziumsteinen. **Keine** Reduktion der Kalziumzufuhr, da sonst Osteoporose droht!
- Purinarme Ernährung bei Harnsäuresteinen und Anhebung des Urin-pH-Werts mit oralen Citratsalzen, evtl. Gabe von Allopurinol.

CHECK-UP
- ☐ Aus welchen Substanzen können Nierensteine entstehen?
- ☐ Welche prophylaktischen Maßnahmen zur Vermeidung von Nierensteinen gibt es?
- ☐ Beschreiben Sie die konservativen Therapiemöglichkeiten bei Nephrolithiasis!

Nierentumoren

Nierenzellkarzinom

Synonym
Grawitz-Tumor, Adenokarzinom der Niere, Hypernephrom (veraltet).

Definition
Maligner Tumor, der von den Zellen der Nierentubuli oder Sammelrohre ausgeht.

Ätiopathogenese
Die Ätiologie ist unbekannt.
Risikofaktoren: Rauchen, Analgetikanephropathie, Cadmium-Exposition (beruflich), erworbene Nierenzysten bei Dialysepatienten.
Histologie: Adenokarzinome mit 80–90 % papillärem Wachstum, zytologisch unterteilt in:
- Klarzellkarzinom
- Chromophobes Karzinom
- Chromophiles Karzinom
- Onkozytom
- Ductus-Bellini-Karzinom.

Einteilung des Nierenzellkarzinoms:
- Stadieneinteilung nach dem Befallsmuster: → Tabelle 6.8
- TNM-Klassifikation: → Tabelle 6.9.

Klinik
Da es **keine** Frühsymptome gibt, wird die Erkrankung erst im fortgeschrittenen Stadium bemerkt oder fällt zufällig bei einer Routinediagnostik auf.
Trias aus Makrohämaturie, Flankenschmerzen und palpablem Flankentumor.
Allgemein: Symptome wie Fieber, Gewichtsverlust bis Kachexie, BSG-Erhöhung.
Durch eine vom Tumor verursachte Hormonproduktion können **paraneoplastische Syndrome** ausgelöst werden:
- Hyperkalzämie durch Parathormon-related-Protein
- Hypertonie durch Reninausschüttung
- Polyglobulie durch Erythropoetinbildung
- Stauffer-Syndrom durch Leberfunktionsstörung mit erhöhter alkalischer Phosphatase.

Diagnostik
Bildgebende Verfahren:
- Sonografie und Farbdoppler-Sonografie der Niere zur Bestimmung der Größe des Tumors und seiner Ausbreitung in die Nierenvene oder die V. cava

Tab. 6.8 Stadieneinteilung des Nierenzellkarzinoms nach Flocks

Stadium	Befallsmuster
1	Tumor innerhalb der Nierenkapsel
2	Tumor durchbricht die Nierenkapsel, aber nicht die Gerota-Faszie
3a	V. cava oder Nierenvene sind infiltriert
3b	Befall regionaler Lymphknoten
4	Benachbarte Organe werden infiltriert oder Fernmetastasen sind vorhanden

Tab. 6.9 TNM-Klassifikation des Nierenzellkarzinoms

Klasse	Befallsmuster
T	**Primärtumor**
T0	Kein Primärtumor nachweisbar
T1	Tumor ≤ 7 cm, Befall begrenzt sich auf die Niere
T2	Tumor > 7 cm, Befall begrenzt sich auf die Niere
T3 **T3a** **T3b** **T3c**	Überschreitung der Niere und Invasion in Gefäße und umliegende Gewebe, ohne die Gerota-Faszie zu überschreiten • Invasion der Nebennieren oder des perirenalen Fettgewebes • Invasion von Nierenvene oder V. cava unterhalb des Zwerchfells • Invasion oberhalb des Zwerchfells
T4	Durchbruch durch die Gerota-Faszie
N	**Lymphknoten**
N0	Keine Lymphknoten befallen
N1	Metastase in solitärem regionalem Lymphknoten
N2	Befall mehrere Lymphknoten
M	**Fernmetastasen**
M0	Keine Fernmetastasen
M1	Fernmetastasen nachweisbar

- CT und MRT zur Bestimmung von Größe und Ausdehnung möglicher Metastasen
- Arteriografie zum Nachweis pathologischer Vaskularisation und zur präoperativen Vorbereitung
- Metastasensuche: Skelettszintigrafie, Röntgen-Thorax, Sonografie, CT der Leber und des Gehirns.

Differenzialdiagnose

Andere Ursachen, die einer Makrohämaturie, Flankenschmerzen, eine Nierenvergrößerung oder einen Tumor (Angiomyolipom) auslösen.

Therapie

Kurativ. Ohne Vorliegen von Fernmetastasen:
- Bei kleinen Tumoren Nephrektomie mit Lymphadenektomie. Dabei wird zuvor die arterielle und venöse Versorgung der Niere unterbunden und die Niere en bloc entfernt (**No-touch-Technik**).
- Bei sehr kleinen Tumoren kann eine organerhaltende Tumorresektion erwogen werden.

Palliativ Bei Vorliegen multipler Metastasen:
- Operative Entfernung kleiner Metastasen aus Leber und Lunge
- Immuntherapie zur Prognoseverbesserung mit Interferon-α und Chemotherapie
- Bei Knochenmetastasen: Gabe von Bisphosphonaten und lokale Bestrahlung.

Prognose

Wie gut die 5-Jahres-Überlebensrate der Patienten ist, hängt davon ab, in welchem Stadium sich das Nierenzellkarzinom befindet.

Stadium	5-Jahres-Überlebensrate
1	70–80 %
2	50–65 %
3a	25–50 %
3b	5–15 %
4	unter 5 %

Nephroblastom

Synonym

Wilms-Tumor.

Definition

Autosomal-dominant vererbter Tumor der Niere, der vor allem im Kindesalter während des 3.–4. Lebensjahrs auftritt.

Ätiopathogenese

Die Ätiologie ist unbekannt. Das Vorkommen ist in 5 % der Fälle bilateral.

Klinik

Bauchschmerzen, tastbarer Abdominaltumor, Appetitlosigkeit, evtl. Hämaturie und Fieber.

Diagnostik

Bildgebende Verfahren. Sonografie, CT und MRT, Angiografie.

Therapie

Je nach Stadium: Chemotherapie, radikale Nephrektomie, Radiotherapie, Resektion von Metastasen.

Prognose

Die 5-Jahres-Überlebensrate beträgt über 90 %.

CHECK-UP

- ☐ Nennen Sie mögliche Symptome beim Nierenzellkarzinom!
- ☐ Welche Faktoren erhöhen das Risiko für ein Nierenzellkarzinom?
- ☐ Welche Symptome treten bei einem Nephroblastom auf?

7 Gastroenterologie

Notfälle

Notfälle in der Gastroenterologie lassen sich – mit Überschneidungen – grob gliedern in:

- Akutes Abdomen
- Blutungen
- Traumen (→ Last Minute Chirurgie).

Offensichtliche Traumen landen bei den Chirurgen, bleiben das akute Abdomen und die Blutungen.

Akutes Abdomen

Definition

> Keine Diagnose, sondern eine klinische Beschreibung.

Eine Formel sähe vielleicht so aus: akut + Symptome, die auf das Abdomen weisen + möglicherweise ohne Therapie lebensbedrohlich.

Bei jedem der folgenden Symptome liegt auf jeden Fall ein akutes Abdomen vor:

- Starke abdominelle Schmerzen
- Abdominelle Abwehrspannung
- Kreislaufdekompensation in Zusammenhang mit abdominellen Symptomen.

Schnell muss erkannt werden, ob eine Operation dringend ist – oder unnötig.

Ätiopathogenese

Es gibt eine Vielzahl von Ursachen, von denen die meisten selten sind (→ Kasten). Die wichtigsten sind aufgeführt.

Intraabdominelle Ursachen:

- Entzündungen im Abdomen, z. B. Appendizitis, Cholezystitis, Pankreatitis, Adnexitis
- Perforation eines Hohlorgans, z. B. Magenulkus, Gallenblase, Darmdivertikel
- Verschluss eines Hohlorgans, z. B. Harnverhalt, mechanischer Ileus, Gallen- oder Nierensteine, Hernieneinklemmung
- Trauma mit Ruptur und/oder Blutung, z. B. Milzriss, Leberriss
- Extrauteringravidität (EUG) z.B. mit Eileiterruptur, Ovarialzyste
- Ischämie, z. B. Mesenterialinfarkt, inkarzerierte Hernie, stielgedrehtes Ovar (Ovarialtorsion)
- Blutungen, z. B. Magenulkus, Aortenaneurysma, Extrauteringravidität
- Colon irritabile.

Extraabdominelle Ursachen:

- Herzinfarkt, v. a. Hinterwandinfarkt, durch Schmerzausstrahlung
- Leberschwellung mit Kapseldehnungsschmerz bei Hepatitis oder Rechtsherzinsuffizienz
- Pseudoperitonitis, z. B. durch diabetische Ketoazidose, Urämie, Porphyrie, Bleiintoxikation
- Hämolytische Krise bei Sichelzellanämie
- Hodentorsion, Epididymitis
- Somatisierung.

„Häufiges ist häufig". Ursachen von akuten Abdomen, die akut und therapiebedürftig sind:
- 55 % Appendizitis
- 15 % Cholezystitis und/oder Gallenkolik
- 10 % mechanischer Ileus
- je 5 % generalisierte Peritonitis und Pankreatitis
- Bleiben 10 % für alle anderen Ursachen…

Über ⅔ werden chirurgisch therapiert.

Diagnostik

Die **Vitalparameter** müssen regelmäßig überwacht werden, um eine plötzliche Verschlechterung nicht zu übersehen.

Anamnese:
- Schmerzen: Art, Lokalisation (→ Abb. 7.2), Ausstrahlung, Verlauf
- Appetit, Unverträglichkeiten, Übelkeit, Erbrechen, Stuhl
- Alkoholkonsum
- Medikamente
- Urogenitaltrakt: z. B. Wasserlassen, Menstruation, Schwangerschaft
- Herz-, Lungenerkrankungen
- Stoffwechselerkrankungen, Entgleisungen
- Psyche
- Vorerkrankungen und Voroperationen.

Körperliche Untersuchung:
- Kreislauf: Zeichen für Hypovolämie, Blutverlust?
- Inspektion:
  - Unruhig, ruhig, bevorzugte Lage, Atmung?
  - Abdomen gebläht, ausladend bei Aszitis?
  - Zeichen der Leberzirrhose, z.B. Ikterus, Spider naevi, Palmarerythem, Gynäkomastie, Albumin-Mangelödeme und/oder Caput medusae?
  - OP-Narben? Herpes Zoster?
  - Sichtbare Peristaltik oder Pulsationen?
- Perkussion und Auskultation:
  - Dämpfung: freie Flüssigkeit (lageabhängig), solider Tumor
  - Tympanischer Klopfschall: Meteorismus, z. B. bei Ileus
  - Totenstille: paralytischer Ileus
  - Hochgestellte Darmgeräusche, evtl. spritzend: mechanischer Ileus
  - Plätschernd: Diarrhö.
- Palpation:
  - Abwehrspannung, Resistenzen?
  - Schmerzen, peritonitische Zeichen, z. B. beim Beklopfen, Loslassschmerz?
  - Leber-, Milzgröße
  - Bruchpforten
  - Rektal: Blut, Druckschmerz, Tumor?
- Gynäkologische und/oder urologische Untersuchung bei Unterbauchschmerzen.

Die Art der Schmerzen gibt erste Hinweise:
- **Viszeraler Schmerz:**
  - Pathogenese: Reizung oder Dehnung viszeraler C-Fasern in Organkapseln und Wand von Hohlorganen
  - Charakter: dumpf, meistens eher diffus, wellenförmig. Bei Verschluss von Hohlorganen kolik-, krampfartig
  - Schlecht lokalisierbar, Ausstrahlung in **Head-Zonen** (→ Abb. 7.1)
  - Patient fühlt sich unwohl und versucht, schmerzfreie Position zu finden. Bei Koliken wälzt sich der Patient oft verzweifelt hin und her und findet keine erträgliche Position
- **Parietaler Schmerz**
  - Pathogenese: Reizung des parietalen Peritoneums und der Mesenterialwurzel
  - Charakter: scharf, andauernd, oft zunehmend
  - Anfangs oft periumbilikal in der Tiefe lokalisiert (mesenteriale Wurzel), im Verlauf genau lokalisierbar
  - Patienten nimmt Schonhaltung ein, z. B. bei Peritonitis angezogene Beine, um Bauchdecke zu entspannen, bewegt sich nicht.

Das Peritoneum viscerale ist nicht sensibel innerviert.

Differenzialdiagnose Abwehrspannung. Ursache sind Reizungen des Peritoneums:
- Lokale bis generalisierte Peritonitis („bretthart"): meistens Appendizitis, Peritonitis, Cholezystitis oder Divertikulitis
- Gummiartig bei akuter Pankreatitis.

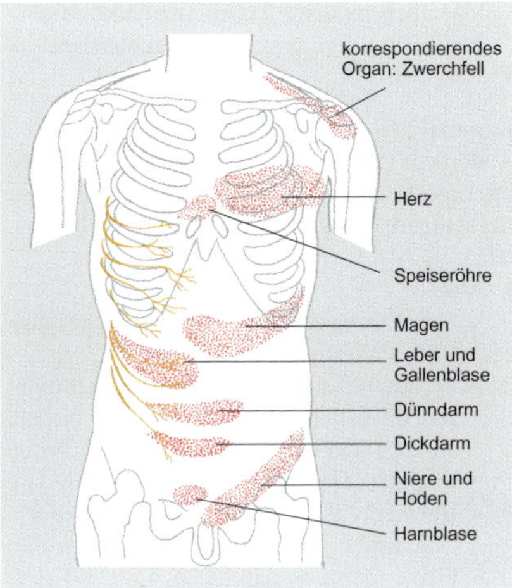

Abb. 7.1 Head-Zonen [A 400-190]

Labor. → Tabelle 7.1

EKG. Ausschluss Herzinfarkt, OP-Vorbereitung.

Bildgebung. Je nach Anamnese und Untersuchungsbefund:

- Sonografie: freie Flüssigkeit, Gallensteine, Leber, Gallenblase, Pankreas, Milz, Niere, Adnexe, Appendizitis, große abdominelle Gefäße?
  Schwierigkeit: „schlechte Sicht" durch Meteorismus, z. B. bei Pankreatitis, Ileus und Adipositas
- Endoskopie: notfallartig nur bei
  - Blutung: Ösophago- oder Koloskopie
  - Choledocholithiasis mit biliärer Pankreatitis: ERCP
- Abdomenübersichtsaufnahme: freie Luft, Darmspiegel, Verkalkungen?

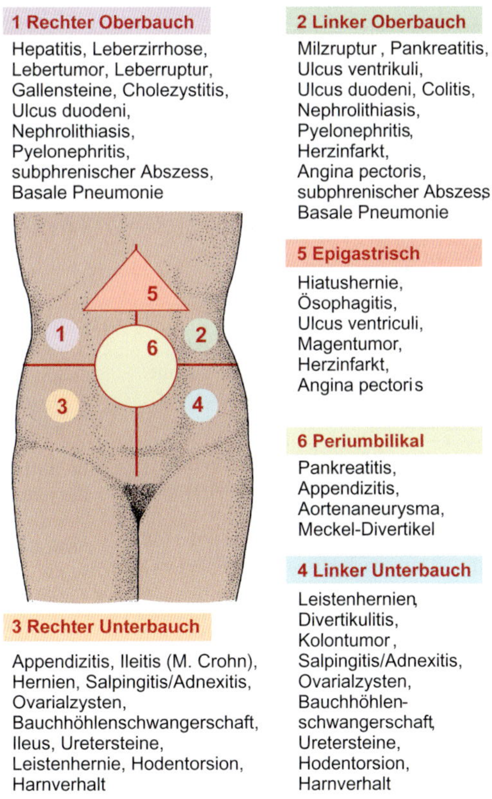

Abb. 7.2 Typische Schmerzlokalisation beim akuten Abdomen [L 157]

Tab. 7.1 Labor bei akutem Abdomen

Laborwert	Fragestellung
Blutbild, Gerinnung	Entzündung, Anämie, Gerinnungsstörung, OP-Vorbereitung
Glukose, Elektrolyte	Entgleisung, OP-Vorbereitung
CRP	Entzündung
Lipase, Amylase	Pankreatitis
Leberwerte, Bilirubin	Leberschaden, Cholestase
Herzenzyme	Herzinfarkt
Blutgruppe	Wenn eine Operation möglich ist. Je nach Verdacht Erythrozytenkonzentrate vorbestellen

- Röntgenthorax: thorakale Ursachen? OP-Vorbereitung
- CT: v. a. bei Adipositas und Meteorismus. Bei Trauma, Verdacht auf Abszess oder unklarer Ursache des akuten Abdomens.

Laparoskopie. Wenn Diagnose weiter unklar bleibt.

Klinik, Therapie, Prognose

Indikationen für eine **sofortige Operation**:

- Akute Appendizitis
- Mesenterialinfarkt
- Anders nicht zu stillende Blutungen
- Mechanischer Ileus
- Perforation eines Hohlorgans
- Organruptur, v. a. wegen der Blutung.

Im Folgenden sind typische klinische Bilder möglicher Ursachen von Adnexitis bis Urämie kurz beschrieben, soweit sie nicht in anderen Kapiteln stehen.

Adnexitis. Oft aufsteigende Infektion (Fitz-Hugh-Curtis-Syndrom), oft durch Chlamydien, aber viele Erreger möglich.

- Klinik: einseitige Unterbauchschmerzen (oft heftig, oft kurz nach Menstruation), Fluor, Fieber, Dysurie
- Diagnostik: Palpation, Portioschiebeschmerz, Sonografie, Abstrich
- Therapie: je nach Ausprägung stationäre i. v. Antibiose
- Komplikationen: Peritonitis, Abszess, nach Jahren mechanischer Ileus durch Briden, gelegentlich verklebte Tuben und dadurch gehäuft Extrauteringravidität oder Sterilität
- Prognose: gut.

Appendizitis. Häufigste Ursache des akuten Abdomens (55 %), fast immer operationspflichtig. Lagevarianten – z. B. Zökum sehr hoch oder tief stehend, retrozökal, Situs inversus – beachten.

- Klinik:
  - Appetitlosigkeit. Bei Appetit ist Appendizitis unwahrscheinlich
  - Periumbilikale oder epigastrische Schmerzen, die in den rechten Unterbauch ziehen, anfangs eher dumpf-diffus, später schärfer und besser lokalisierbar
  - Übelkeit, Erbrechen kommt vor, seltener Diarrhö
  - Fieber meistens < 39 °C
- Diagnostik:
  - Typische Anamnese
  - Typische **Schmerzzeichen**: McBurney (zwischen Spina iliaca ant. sup. und Nabel), Lanz (zwischen 1. und 2. Drittel zwischen Spinae iliacae ant. sup.), Blumberg (kontralateraler Loslassschmerz), Rovsing (retrograder Ausstreichschmerz), Psoasdehnungsschmerz, rektal. Die letzten beiden sind oft einzige Zeichen bei retrozökaler Lage!

Cave: Bei alten Menschen oft wenig Symptome.
  - Labor, Sonografie (Kokarde). CT bei Unsicherheit
- Therapie: Operation
- Komplikationen: Peritonitis, Abszess, Perforation, nach Jahren mechanischer Ileus durch Briden
- Prognose: gut. Führt bei Disposition gelegentlich zu Briden.

Bleiintoxikation, akute. Sehr selten. Blei und Bleiverbindungen werden über Nahrung, Inhalation – Marihuana – oder die Haut aufgenommen, z. B. aus Bleiwasserrohren, Spielzeug, Glasuren.

- Klinik:
  - Akut: Erbrechen (Erbrochenes durch mit der Magensäure gebildetes Blei(II)-chlorid oft weiß), Darmkoliken („Bleikolik"), Verstopfung, spastischer (funktioneller, paralytischer) Ileus
  - Chronisch: blass-grau-gelbes Bleikolorit der Haut, Darmkoliken, diffuse zentralnervöse Symptome (Müdigkeit, Kopfschmer-

zen, Appetitlosigkeit), Lähmungen, blauschwarzer Saum um die Zahnhälse, Enzephalopathie
- Diagnostik: Klinik, Blei im Blut
- Therapie:
  - Erbrechen auslösen und Magenspülung mit Aktivkohle, damit oral aufgenommenes Blei nicht resorbiert wird
  - Blei aus dem Blut entfernen: Chelatbildner, z. B. EDTA, DTPA und/oder D-Penicillamin
- Komplikationen: Blei schädigt Nervensystem, Knochenmark, Magen-Darm und Nieren, Fertilität und scheint kanzerogen zu sein, schwere Vergiftungen führen zum Kreislaufversagen.
- Prognose: je nach Ausmaß und Dauer.

Blutungen. → unten.

Cholezysto-, Choledocholithiasis. → Kapitel 8.

Cholezystitis. → Kapitel 8.

Epididymitis. Oft Kinder, meistens fortgeleitet, selten hämatogen, z. B. Tbc, gelegentlich bei Mumps i. R. einer Orchitis.
- Klinik: langsam zunehmende Schmerzen, bis in Leiste strahlend, Fieber, geschwollener Nebenhoden, gerötetes Skrotum
- Diagnostik:
  - Palpation ergibt schmerzhaften Nebenhoden, kaum von Hoden abgrenzbar, nachlassende Schmerzen bei Hochheben des Skrotums (positives Prehn-Zeichen)
  - Sonografie von Hoden, Blase und Niere
  - Urin, Urinkultur
- Therapie: Antibiose, hochlagern, Bettruhe
- Komplikationen: Urosepsis, Infertilität, Rezidive v. a. bei Obstruktionen
- Prognose: meistens gut, selten Fertilitätseinschränkungen.

Extrauteringravidität. 1–2 % aller Schwangerschaften. Mögliche Lokalisationen: Tube, Ovar, Bauchhöhle, Zervix.
- Klinik: Übelkeit, Erbrechen, Unterleibsschmerzen, v. a. bei Eileiterschwangerschaft krampfartige Schmerzen und Blutungen
- Diagnostik: β-hCG, Sonografie
- Therapie: Operation, ggf. mit Tubenrekonstruktion oder -resektion
- Komplikationen: Ruptur mit Blutung, hämorrhagischer Schock, eingeschränkte Fertilität
- Prognose: bei Ruptur hohe Letalität, sonst gut bis auf erhöhtes Risiko einer erneuten EUG.

Hämolytische Krise. → Kapitel 5 Sphärozytose und → Sichelzellanämie.

Harnverhalt. Wird immer wieder übersehen.
- Ursachen:
  - Harnwegsinfekte
  - Meistens benigne Prostatahyperplasie (BPH)
  - Verlegte Urethra: Steine, Verletzung, Tumor
  - Nervenschaden: Bandscheibenvorfall, MS
  - Postoperativ durch Narkose, v. a. nach einer Spinal- oder Epiduralanästhesie
  - Medikamente: anticholinerg wirkende Substanzen, z. B. Antidepressiva, Benzodiazepine
- Klinik: Harndrang ohne Harnentleerung, zunehmende, schließliche starke Schmerzen durch zunehmende Dehnung der Blasenwand.
  Cave: bei Diabetikern gelegentlich schmerzlos
- Diagnostik: Perkussion, Palpation, Sonografie
- Therapie: transurethraler oder suprapubischer Katheter, maximal 500 ml auf einmal ablassen, da es sonst zu Blutungen aufgrund der zu schnell nachlassenden Blasenwandspannung kommen kann
- Komplikationen: Nierenschaden durch Harnstau, Harnwegsinfekte, die schnell aszendieren
- Prognose: abhängig von der Ursache. Postoperativ: spontan nach einigen Stunden vorbei.

Hernie, inkarzerierte. Typische Bruchpforten sind Leistenkanal, Lücke unter dem Leistenband, Nabel und Narben. Sie sind gut palpabel. Seltener und schwer bis gar nicht zu tasten sind Treitz-Hernie, Hernia obturatoria, Spieghel-Hernie (H. lineae semilunaris, hinteres Blatt der Rektusscheide).
- Klinik: Schwellung, nur oder verstärkt bei erhöhtem intraabdominellem Druck (Husten, Stuhlgang), Schmerzen, bei Inkarzeration Peritonitis und Ileus
- Diagnostik: Inspektion und Palpation, Sonografie, bei versteckten Hernien CT oder MRT

- Therapie:
  - Reponieren nur, wenn keine Inkarzeration vorliegt und es ohne Gewalt geht, und nur als vorübergehende Maßnahme
  - Operativer Verschluss der Bruchpforte
- Komplikationen: Inkarzeration mit Peritonitis und Ileus
- Prognose: meistens gut. Selten ist ein intraabdomineller Tumor Ursache.

Herzinfarkt. V. a. Hinterwandinfarkt, ➜ Kapitel 1.

Hodentorsion. Meistens Kleinkindalter und Pubertät.

- Klinik: plötzlicher, oft nachts einsetzender, starker Schmerz im Hoden, in die Leiste ausstrahlend, Schmerz führt zu Übelkeit und Erbrechen, Skrotum gerötet und geschwollen, Hodenhochstand
- Diagnostik: Klinik, Anheben des Skrotums verstärkt Schmerz oft (negatives Prehn-Zeichen)
- Therapie: sofort operativ Detorquierung innerhalb 5 h mit Orchidopexie beider Hoden
- Komplikationen: ischämischer Infarkt
- Prognose: In > ⅓ ist der Hoden nicht zu retten oder atrophiert im Verlauf.

Ileus, mechanischer. In 10 % Ursache eines Abdomens. Fast immer operationspflichtig.

- Ursachen:
  - Obturation (Verstopfung): Mekonium, Kot, Fremdkörper, großer Gallenstein
  - Obstruktion (Verengung): Darmtumor, Morbus Crohn mit Darmstenose
  - Strangulation (Abklemmung): Briden, Adhäsionen, inkarzerierte Hernien, Volvulus (klemmt auch die Blutversorgung ab)
  - Invagination eines Darmteils in einen anderen: Obturation, Obstruktion und Strangulation der Blutversorgung
- Klinik: krampfartige Schmerzen, Meteorismus, Erbrechen bis hin zum Koterbrechen (Miserere), Wind- und Stuhlverhalt. Weitere Symptome je nach Ursache. Nach einiger Zeit geht der mechanische Ileus in einen paralytischen über.
- Diagnostik: hochgestellte Darmgeräusche.
  - Sonografie: Pendelperistaltik, Meteorismus, Ursachensuche
  - Abdomenübersicht: Spiegel
- Therapie: operative Wiederherstellung der Passage
- Komplikationen: Durchwanderungsperitonitis, Kreislaufversagen, Darmnekrose
- Prognose: wird nicht zu spät operiert, gut. Ansonsten abhängig von der Ursache.

Ileus, paralytischer. Meistens nicht operationspflichtig.

- Usachen
  - Entzündungen: Peritonitis (z. B. nach Darmperforation), Durchwanderungsperitonitis (z. B. bei mechanischem Ileus), Pankreatitis
  - Urämie, Schmerztherapie mit Opiaten
  - Ischämie: Mesenterialinfarkt
  - Hypokaliämie
  - Reflektorisch: Kolik.
- Klinik: Meteorismus. Elektrolyt- und Wasserverschiebungen, Volumenmangelschock. Weitere Symptome je nach Ursache
- Diagnostik: „Todesstille", Plätschern
  - Sonografie: Meteorismus, Ursachensuche
  - Abdomenübersicht: Spiegel
- Therapie: je nach Ursache von dringend erforderlicher Operation beim Mesenterialinfarkt bis zum „einfachen" Elektrolytausgleich oder Schmerztherapie bei einer Kolik
- Komplikationen: Durchwanderungsperitonitis, Kreislaufversagen, Darmnekrose
- Prognose: abhängig von der Ursache.

Ileus, spastischer. ➜ Bleivergiftung.

Ketoazidose, diabetische. ➜ Kapitel 10.

Leberriss. Stumpfes Trauma, gebrochene Rippe oder tiefer Schnitt oder Stich.

- Klinik: Zeichen des Traumas, evtl. dunkles Blut, Volumenmangelschock
- Diagnostik: Sonografie
- Therapie: operativer Verschluss
- Komplikationen: hoher Blutverlust
- Prognose: wird schnell operiert, gut.

Leberschwellung. Kapseldehnungsschmerz bei Rechtsherzinsuffizienz (➜ Kap. 1). Neben Zeichen der Rechtsherzinsuffizienz dumpfe Schmerzen im rechten Oberbauch.

Magenulkus. ➜ unten.

Mesenterialinfarkt. ➜ Kapitel 2.

Milzruptur. Ursachen sind meistens stumpfe Bauchtraumata. Selten: Zug während Operationen, Milzvergrößerungen durch Mononukleose, Tumoren oder Pfortaderthrombose, Koloskopie.

- Klinik: Oberbauchschmerzen, häufig linksseitig atemabhängig, Schmerzausstrahlung in die linke Schulter (Kehr-Zeichen), Schmerzen in der linken Halsseite (Saegesser-Zeichen) durch Reizung des N. phrenicus, bei Blutung Volumenmangelschock.
  Cave: zweizeitige Milzruptur nach Tagen → in Zweifelsfällen kontratsverstärkte Sonografie, auch mehrmals, CT
- Diagnostik: Anamnese, Sonografie
- Therapie ist abhängig vom Ausmaß:
  - Kleine Kapselrisse, stabiles Hämatom: abwarten unter Kontrolle
  - Ausgedehntere Verletzung: möglichst Organerhalt und Verschluss mit Infrarot- oder Elektrokoagulation, Fibrinkleber, Kunststoffnetz
  - Größere Parenchymschäden und/oder Gefäßschäden im Milzhilus: Teilresektion oder Splenektomie. Je älter der Patient, desto eher Splenektomie
- Komplikationen: unerkannte Blutung
- Prognose: gut, nach Splenektomie erhöhte Infektanfälligkeit, gehäuft Thrombembolien durch Thrombozytose.

Nierensteine. ➜ Kapitel 6.

Ovarialtorsion. Die Verdrehung schnürt die Blutversorgung ab. Betroffen sind v. a. vergrößerte Ovarien, z. B. durch Zysten, Tumore. 15 % bei Kindern.
- Klinik: meistens unspezifische Symptome
  - Übelkeit, Erbrechen
  - Plötzlicher, stechender Unterbauchschmerz, der bei jedem 2. in Rücken, Flanke oder Leiste ausstrahlt
  - Intermittierende Torsion: wellenförmiger Verlauf, kolikartig
- Diagnostik: Klinik, Sonografie, Laparoskopie
- Therapie: operative Detorquierung und 24 h abwarten, ob sich das Ovar erholt, dann ggf. Resektion. Oophoropexie beider Ovarien
- Prognose: selbst bei nur teilweisem Erhalt des Ovars bleibt die endokrine Funktion und Fertilität meistens erhalten.

Ovarialzystenruptur. Graaf-Follikel Ende der 1. Zyklushälfte oder Corpus-luteum-Zyste am Ende der 2. Zyklushälfte. Nach EUG zweithäufigste Ursache für akute Unterbauchbeschwerden junger Frauen.
- Klinik:
  - plötzlicher, starker Unterbauchschmerz, Mittelschmerz
  - Peritoneale Reizung durch Zysteninhalt und/oder Blut
- Diagnostik: Sonografie (EUG ausschließen, freie Flüssigkeit)
- Therapie: Operation, wenn instabiler Zustand oder Blutung, sonst kann meistens abgewartet werden
- Komplikationen: Blutung
- Prognose: gut, selten Rezidive.

Pankreatitis. ➜ Kapitel 8.

Porphyrie. ➜ Kapitel 10.

Urämie. Niereninsuffizienz ➜ Kapitel 6. Vielfältige Klinik:
- Therapieresistenter Pruritus
- Übelkeit, Erbrechen
- Perikarditis, Hyperkaliämie, Pleuraerguss
- Renale Anämie, Blutungsneigung
- Enzephalopathie, Polyneuropathie
- Foetor uraemicus.

Blutungen

Synonym
Magen-Darm-Blutung.

Definition
Grenze zwischen oberer und mittler gastrointestinaler Blutung ist die Flexura duodenojejunalis, das Treitz-Band. Obere gastrointestinale Blutungen machen 90 % der gastrointestinalen Blutungen aus.
Mittlere gastrointestinale Blutung: Blutung zwischen Treitz-Band und Ileozökalklappe.
Untere gastrointestinale Blutung: Blutungsquelle in Kolon oder Rektum. Bei den unteren gastrointestinalen Blutungen liegen die Ursachen überwiegend im Sigma und anorektal.

Ätiopathogenese
Je nach Lokalisation der gastrointestinalen (GI) Blutung sind die Ursachen verschieden.

Obere gastrointestinale Blutungen:
- 50 % Magen- oder Duodenalulkus
- Häufig: erosive Gastritis, Ösophagusvarizen, Mallory-Weiss-Syndrom, erosive Ösophagitis
- Selten: Barrett-Ulkus, Magenkarzinom, Boerhaave-Syndrom.

Mittlere gastrointestinale Blutung. Am häufigsten Dünndarmtumoren, sonst Morbus Crohn, Meckel-Divertikel, Angiodysplasien.

Untere gastrointestinale Blutungen:
- Rektum: Hämorrhoiden (80 %), Proktitis, Karzinome
- Iatrogen durch Polypektomie, Biopsie, Hämorrhoidalsklerosierung, Operationen im Analbereich
- Bei jungen Patienten: Colitis ulcerosa, Morbus Crohn und Polypen, Rektumulkus, Analfissuren
- Bei Erwachsenen unter 60 zusätzlich: Divertikulose, Karzinom, infektiöse Kolitis, Angiodysplasie
- Bei Patienten über 60: Chronisch-entzündliche Darmerkrankungen werden seltener.

Heyde-Syndrom: erworbene Aortenklappenstenose und Blutungen aus Angiodysplasien des aufsteigenden Kolons.

Klinik, Diagnostik

Offensichtliches Zeichen ist die Hämatemesis, Hämatochezie oder Meläna:
- **Hämatemesis**:
  - Rotes Blut: keinen oder nur kurzen Kontakt mit Magensäure. **Cave**: wenig Säure z. B. unter Protonenpumpenhemmer-Therapie oder bei atrophischer Gastritis
  - Schwarz-braunes Blut (kaffeesatzartig): Kontakt mit Magensäure
  - Rotes, schaumiges Blut: Hämoptyse
- **Hämatochezie**:
  - Blutauflagerungen: Quelle im anorektalen Bereich
  - Rotes Blut: massive Blutung
- **Meläna** (Teerstuhl): Schwarz, klebrig, längere Zeit im Darm gewesen.

Mit der Blutung direkt in Zusammenhang stehende Symptome sind:
- Schmerzen → eine Organwand ist geschädigt
- Übelkeit und Erbrechen: Blut im Magen wirkt stark emetisch
- Zeichen des Volumenmangels bis zum Schock.

Anamnese:
- Schmerzanamnese, Begleitsymptome
- Blutmenge
- Alkohol, Medikamente
- Gastrointestinale Symptome in der Vergangenheit
- Vor- und Begleiterkrankungen.

Körperliche Untersuchung. In erster Linie wird der Kreislauf beurteilt: Hautfarbe, Puls ↑, RR ↓, ZVD ↓. Bewusstsein.

Zeichen einer Leberzirrhose → Ösophagusvarizen → rasche Diagnostik, Kreuzblut.

Labor. Blutgruppe (immer Erythrozytenkonzentrate bereit stellen), Blutbild (chronische Blutungsanämie?), Entzündungsparameter.

Endoskopie. Je nach vermuteter Ursache Ösophagoduodenoskopie, die 80 % der Fälle klärt und meistens therapiert. Eine Koloskopie ist oft wegen schlechter Sichtverhältnisse bei starker Blutung nicht hilfreich. Möglich sind außerdem intraoperative Endoskopie, Doppelballon-Enteroskopie bei Dünndarmblutungen, Videokapselendoskopie bei unklarer Quelle oder vermuteter Quelle im Dünndarm.

Bildgebung. Bei mittleren und selten unteren gastrointestinalen Blutungen muss gegebenenfalls selektiv angiografiert oder nuklearmedizinische untersucht werden, um eine Blutungsquelle im Dünn- oder Dickdarm zu finden.

Therapie, Prognose

Im Vordergrund stehen:
- Kreislauf stabilisieren
- Gerinnungsstörungen beseitigen
- Blutungsquelle finden
- Blutung stillen:
  - Kann man spontane Blutstillung abwarten? Häufiger bei Blutungen im Dickdarm und anorektalem Bereich
  - Endoskopisch oder operativ.

Wegen Rezidivgefahr müssen die meisten Patienten 2–3 Tage überwacht werden.

Die **Letalität** gastrointestinaler Blutungen liegt bei fast 10 %. Ungünstige Prognosefaktoren sind:
- Hohes Alter: über 65 Jahre
- Begleiterkrankungen
- Maßiver Blutverlust: Hkt initial unter 30 %
- Anhaltender Blutverlust, rezidivierende Blutungen, sekundäre Komplikationen.

Auch hier sind im Folgenden typische klinische Bilder möglicher Ursachen von Analfissur bis Rektumulkus kurz beschrieben, soweit sie nicht in anderen Kapiteln stehen.

Analfissuren. → siehe dort.

Angiodysplasie. Bei zunächst unklarer Ursache liegt in ⅓ der Fälle eine Angioplasie vor. Kommen im gesamten Magen-Darm-Trakt vor: Zökum, Colon ascendens > Colon transversum und descendens > Rektum, Dünndarm > Magen, Duodenum. Als Ursache wird eine Degeneration vermutet.

- Klinik: meistens symptomlos, perianale Blutungen, Teerstuhl, Blutungsanämie, bei großen Dysplasien High-output-Herzinsuffizienz
- Diagnostik: Endoskopie, Angiografie
- Therapie: bei Blutung oder hämodynamischer Belastung endoskopische Verödung, bei sonst nicht beherrschbarer Blutung operatives Abbinden oder Resektion
- Komplikationen: Blutung, Herzinsuffizienz, Anämie
- Prognose: ¼ bekommen eine Rezidivblutung.

Barrett-Ulkus. → siehe dort.

Boerhaave-Syndrom. Sehr selten (aber oft vom IMPP gefragt). Ca. jede 10. Ösophagusperforation, 90 % im unteren Drittel. ♂ > ♀. Ursache ist ein plötzlicher, starker Druckanstieg im Ösophagus, am häufigsten massives Erbrechen. Oft chronischer Alkoholabusus.

- Klinik:
  - Mackler-Trias: plötzliches, heftiges **Erbrechen**, retrosternaler **Vernichtungsschmerz** sowie Haut- und/oder **Mediastinalemphysem**
  - Hämatemesis, Dyspnoe, Zyanose, Schock
- Diagnostik:
  - Röntgenthorax: Luftsichel und/oder Luft im Mediastinum
  - Ösophagografie: Kontrastmittelaustritt. **Cave**: kein bariumhaltiges Kontrastmittel nehmen
  - Ösophagoskopie: gecoverter Stent, endoskopische Naht kaum möglich. Gefahr der Rissvergrößerung
- Therapie: operativer Verschluss, Antibiose
- Komplikationen: Mediastinitis
- Prognose: Letalität ⅓.

Dickdarmdivertikel, -karzinom und -polypen. → siehe dort.

Gastritis, erosive. → siehe dort.

Hämorrhoiden. → siehe dort.

Kolitis. → siehe dort.

Magenfundus-, Ösophagusvarizen. Submuköse Venenerweiterungen im Ösophagus und/oder Magenfundus bei portaler Hypertension.

- Klinik: oft schwere Blutung, oft verschlimmert durch Gerinnungsstörung bei Leberzirrhose
- Diagnostik: Ösophagogastroskopie
- Akuttherapie:
  - Endoskopische Blutstillung mit Gummibandligatur oder Sklerosierung
  - Ist eine Endoskopie nicht möglich: zum Überbrücken Sengstaken-Blakemore- bei Ösophagusvarizen oder Linton-Nachlas-Sonde bei Magenfundusvarizen
  - Medikamentöse Senkung des Pfortaderdrucks mit Terliporessin, Vasopressin oder Somatostatin
- Rezidivprophylaxe:
  - Medikamentöse Drucksenkung im Portalkreislauf: β-Rezeptorenbetablocker, Nitrate, Spironolacton
  - Ligatur oder Sklerosierung von Ösophagusvarizen: umstritten
  - Shunt zwischen Pfortaderkreislauf und dem systemisch-venösen Kreislauf: TIPS (transjugulärer intrahepatischer portosystemischer Shunt), portokavaler oder splenorenaler Shunt
- Komplikationen: Blutung, Enzephalopathie
- Prognose: ⅓ stirbt innerhalb 5 Jahren an einer Blutung.

Magen-, Duodenalulkus. → siehe dort.

Magenkarzinom. → siehe dort.

Mallory-Weiss-Syndrom. Längsrisse in der Mukosa des ösophagokardialen Übergangs oder der Kardia. Ursache ist z. B. starkes Erbrechen. Betroffene sind häufig Alkoholiker.

- Klinik: obere gastrointestinale Blutung, davor Erbrechen oder heftiges Würgen
- Diagnostik: Ösophagogastroskopie
- Therapie: Blutung stoppt oft spontan, sonst endoskopische Blutstillung
- Komplikationen: Volumenmangelschock bei sehr starker Blutung
- Prognose: gut.

Meckel-Divertikel. → siehe dort.

Ösophagitis, erosive. → siehe dort.

Rektumulkus. → siehe dort.

■ CHECK-UP

- ☐ Nennen Sie häufige Ursachen eines akuten Abdomens!
- ☐ Welche Ursachen kann ein Harnverhalt haben?
- ☐ Was sind Ursachen eines Mesenterialinfarkts? Wie ist die Klinik?
- ☐ Wie wird bei einer oberen gastrointestinalen Blutung vorgegangen?
- ☐ Was ist das Mallory-Weiss-Syndrom?

Erkrankungen des Ösophagus

Achalasie

Definition

Fehlende schluckreflektorische Erschlaffung des unteren Ösophagussphinkters aufgrund einer Degeneration des Plexus myentericus (**Auerbach-Plexus**).

Ätiopathogenese

Die Ätiologie ist nicht geklärt. Als Ursache für den Untergang der Ganglienzellen des Plexus myentericus werden familiäre Disposition, Autoimmunprozesse und Infektionen mit Masern-, Herpes-, Varicella-Zoster-Viren oder Mycobacterium fortuitum diskutiert.
Es werden zwei Formen unterschieden:

- **Klassische Achalasie**: Die Speiseröhre ist hypo- bis amotil. Noch vorhandene Kontraktionsamplituden sind herabgesetzt, bis hin zum völligen Stillstand und damit zur Starre des Ösophagus.
- **Vigoröse Achalasie**: Die Speiseröhre ist hypermotil. Die Kontraktionen sind repetitiv, mit erhöhter Amplitude.

Das Endstadium beider Formen ist ein starrer, atonischer Megaösophagus.

Klinik

Leitsymptom sind Dysphagie und Regurgitation von Speisen oder Speichel (auch nachts), retrosternales Völlegefühl und krampfartige Schmerzen bei der vigorösen Achalasie

Diagnostik

Anamnese. Progrediente Beschwerden seit Monaten oder Jahren.

Bildgebende Verfahren:

- Röntgen: Untersuchung mit Kontrastmittelgabe. Bei einem Breischluck zeigt sich ein dilatierter, S-förmig gekrümmter Ösophagus: **Sektglasform** (→ Abb. 7.3). Entsteht durch die prästenotische Weitstellung
- Endoskopie zum Ausschluss eines Karzinoms.

Invasiv. Biopsie zum Ausschluss eines Karzinoms.

Manometrie. Messung der Druckverhältnisse im unteren Ösophagussphinkter und im tubulären Ösophagus. Typischer Befund sind ein erhöhter Ruhedruck, eine fehlende schluckreflektorische Erschlaffung des unteren Sphinkters sowie fehlende oder fehlgeleitete, d. h. simultane statt propulsive, Kontraktionen.

Differenzialdiagnose

- Ösophaguskarzinom, Karzinom der Magenkardia
- Mechanische Obstruktion durch z. B. Pankreaspseudozyste, Sarkoidose, Chagas-Krankheit, eosinophile Ösophagitis, Sklerodermie, Neurofibromatose oder Amyloidose.

Therapie

Konservativ. Therapie mit Kalziumkanalblockern, z. B. Nifedipin, oder Nitraten, die 30 min vor dem Essen eingenommen werden. Die medikamentöse Therapie empfinden die Patienten selten als ausreichend.

Interventionell:

- Ballondilatation
- Endoskopische Injektion von Botulinumtoxin in den unteren Ösophagussphinkter
- Operative oder laparoskopische Spaltung des Sphinkters.

Prognose

Aufgrund der erhöhten Gefahr eines Ösophaguskarzinoms sind regelmäßige Kontrollgastroskopien notwendig.

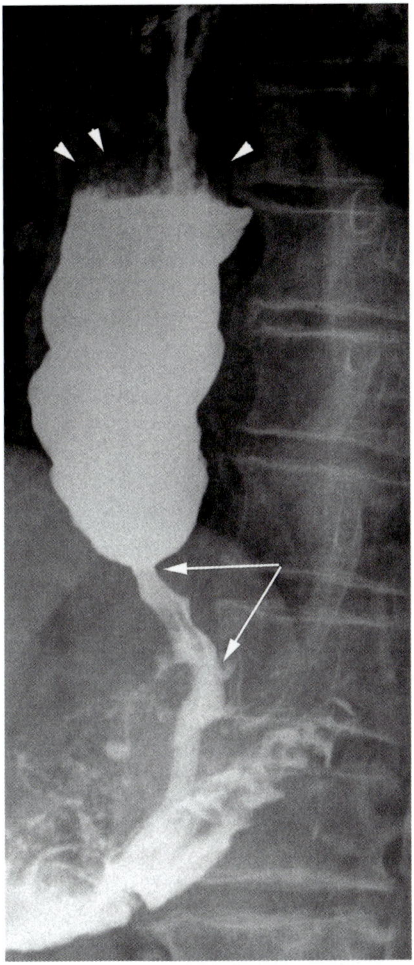

Abb. 7.3 Achalasie: Röntgen-Kontrastmitteluntersuchung (Breischluck) mit Engstellung des Ösophagusausgangs (→), oberem Megaösophagus (typische Sektglasform) und typischer schaumiger Durchmischung des Kontrastmittels mit Nahrungs- und Speichelresten (›) [S 008-3]

Gastroösophageale Refluxkrankheit

Synonym

Refluxösophagitis.

Definition

Bei der gastroösophagealen Refluxkrankheit (GERD) fließt Mageninhalt in die Speiseröhre zurück, verursacht durch eine Insuffizienz des unteren Ösophagussphinkters.

Ätiopathogenese

Meistens besteht das Refluxat aus Salzsäure, seltener aus dem alkalischen Galle- und Pankreassekret, welches besonders aggressiv ist und zu schweren Schleimhautschäden führt.
Hauptursachen sind:

- **Gestörte Verschlussfunktion** des unteren Ösophagussphinkters. Dies kann durch eine ungezielte Erschlaffung des Sphinkters außerhalb des Schluckakts vorkommen oder durch zu geringen Druck im Sphinkter; der normale Druck liegt 10–25 mmHg über dem Magendruck. Meist besteht gleichzeitig eine axiale Hiatushernie, welche die Refluxkrankheit begünstigt.
- **Aggressives Refluat** (Mageninhalt): niedriger pH-Wert des Mageninhalts, begünstigt durch bestimmt Speisen und Alkoholgenuss.

Klinik

Symptome:

- Sodbrennen und retrosternales Druckgefühl, besonders im Liegen und nach den Mahlzeiten
- Schluckbeschwerden, Luftaufstoßen, Luftschlucken, Meteorismus
- Regurgitation von Nahrungsresten
- Extraösophageale Manifestationen wie Reizhusten, Heiserkeit, Globusgefühl oder stenokardische Beschwerden (DD KHK)
- Refluxösophagitis.

Zur Klassifizierung der Refluxösophagitis siehe → Tabelle 7.2.

Komplikationen

- Ulzerationen, Blutungen
- Aspiration von Magensaft (nachts)
- Barrett-Syndrom
- Stenose.

Barrett-Ösophagus

Das Plattenepithel des terminalen Ösophagus wird durch spezialisiertes Zylinderepithel vom intestinalen Typ ersetzt. Die Z-Linie, die den Übergang des Zylinderepithels des Magens zum Plattenepithel des Ösophagus markiert, ist unscharf begrenzt und um Ausläufer von metaplasiertem Zylinderepithel erweitert. Der Barrett-Ösophagus ist eine **fakultative Präkanzerose**. Es besteht die Gefahr, dass sich intraepitheliale Neoplasien bilden. Das 4-Jahres-Risiko für ein Adenokarzinom liegt zwischen 18–34 %.

Tab. 7.2 Klassifikationen der Refluxösophagitis nach Savery und Miller

Stadium	Pathogenese
0	GERD ohne Schleimhautveränderung
1	Isolierte Schleimhauterosionen
• 1a	• Oberflächliche Erosionen
• 1b	• Tiefe Erosionen mit Fibrinbelag
2	Longitudinal konfluierende Erosionen entlang der Schleimhautfalten
3	Zirkulär konfluierende Erosionen im gesamten Bereich des unteren Ösophagus
4	Komplikationen wie Ulzerationen, Strikturen, Stenosen, Zylinderzellmetaplasie
• 4a	• Mit entzündlichen Veränderungen
• 4b	• Narbenstadium (irreversibel), ohne entzündliche Veränderung

Diagnostik

Anamnese. Typische Beschwerden. Evtl. Therapieversuch mit Protonenpumpenhemmern, um die Diagnose zu bestätigen.

Invasiv. Endoskopie und Biopsie zum Ausschluss eine Metaplasie (Barrett-Ösophagus) und zur Stadieneinteilung der Ösophagitis.

Langzeit-pH-Metrie. Zum Nachweis von verlängerten oder nächtlichen Refluxepisoden. Das Ergebnis ist abnorm, wenn der pH in mehr als 7 % der Zeit unter 4 liegt.

Therapie

Allgemein. Änderung der Lebens- und Essgewohnheiten, was bedeutet: keine großen Mahlzeiten vor dem Schlafengehen, Verdauungsspaziergang. Gewichtsreduktion und körperliche Bewegung.

Medikamentös. Gabe von Protonenpumpenhemmern (PPI) zur Säurereduktion. Die Therapie erfolgt über einen längeren Zeitraum.

Operativ. Chirurgische Maßnahmen sind indiziert bei mangelndem Erfolg der konservativen Therapie: z. B. laparoskopische Fundoplikatio nach Nissen-Rosetti.

Prognose

Unter effektiver Therapie mit Säureblockern ist die Prognose gut. Besteht ein Barrett-Ösophagus, ist die Prognose durch das erhöhte Risiko eines Adenokarzinoms schlechter (→ Prognose Ösophaguskarzinom).

Hiatushernie

Definition

Verlagerung von Magenanteilen durch die Zwerchfellöffnung am Übertritt von Ösophagus in den Magen, mit unterschiedlicher Ausprägung.

Ätiopathogenese

Typen der Hiatushernie (→ Abb. 7.4):

- **Gleithernie** (**axiale Hernie**): kommt in 90 % der Fälle vor. Magenkardia und Magenfornix verlagern sich durch den Zwerchfellhiatus in den Thoraxraum.
- **Paraösophageale Hernie**: Magenanteile verlagern sich seitlich durch den Zwerchfellhiatus. Die Magenkardia bleibt in ihrer Position.
- **Mischform**: Verlagerung von Magenkardia und Magenfundus.

Klinik

Gleithernie. Verläuft meist asymptomatisch. Eine Gleithernie kann zur gastroösophagealen Refluxkrankheit führen.

Paraösophageale Hernie. Kann ebenfalls asymptomatisch verlaufen oder sich in Aufstoßen, Druckgefühl in der Herzgegend – besonders nach Mahlzeiten – Erosionen, Ulzerationen und chronischer Blutungsanämie äußern. Komplikation: **Upside-down-Magen** (→ Abb. 7.4).

Diagnostik

Bildgebende Verfahren:

- Röntgen: Untersuchung des Ösophagus mit Breischluck in Kopftieflage und unter Bauchpresse.
- Endoskopie: zum Nachweis einer insuffizienten Magenkardia. Das Endoskop wird nicht dicht umschlossen, es besteht eine Schleimhautlücke.

Therapie

Gleithernie. Therapie erfolgt nur bei Vorliegen eines Refluxes.

Paraösophageale Hernie. Sie wird wegen der Gefahr von Komplikationen auch bei Vorliegen geringer Beschwerden operativ therapiert.

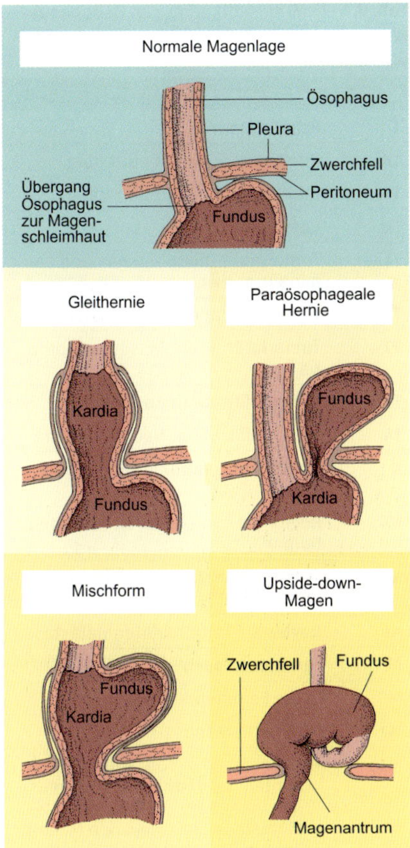

Abb. 7.4 Formen der Hiatushernie [A 400-190]

Divertikel der Speiseröhre

Definition

Ausstülpungen der Ösophaguswand unter Mitnahme aller Muskelschichten (**echte Divertikel**) oder Ausstülpungen der Mukosa durch eine Muskellücke (**Pseudodivertikel**).

Ätiopathogenese

Je nach Lokalisation der Divertikel werden verschiedene Formen unterschieden (→ Tab. 7.3).

Klinik

- Dysphagie
- Regurgitaton von Speiseresten: Speisereste auf dem Kopfkissen
- Druckschmerz: typisch für Zenker-Divertikel
- Foetor ex ore, Hustenreiz bei Nahrungsaufnahme.

Tab. 7.3 Klassifizierung der Divertikel nach ihrer Lokalisation

Form	Lokalisation und Pathogenese	Häufigkeit
Zenker-Divertikel (pharyngoösophageale Pulsionsdivertikel)	• Aussackung der hinteren Hypopharynxwand mit Bildung eines großen Pseudodivertikels • Lokalisation innerhalb des Kilian-Dreiecks an der oberen Ösophagusenge, häufig zur linken Seite hin gelegen	70 %
Bifurkationsdivertikel (epibronchiale Traktionsdivertikel)	Echter Divertikel auf Höhe der Trachealbifurkation	20 %
Epiphrenale Pulsionsdivertikel (parahiatale Pulsionsdivertikel)	• Pseudodivertikel • Oberhalb des Zwerchfells gelegen, häufig mit Hiatushernie oder Achalasie kombiniert	10 %

Diagnostik

Röntgen. Untersuchung des Ösophagus mit wasserlöslichem Kontrastmittel (Aspirationsgefahr).

Therapie

Zenker-Divertikel. Endoskopische Spaltung des M. cricopharyngeus.

Bifurkationsdivertikel. Keine Therapie, da meist symptomlos.

Epiphrenale Pulsionsdivertikel. Bei stärkeren Beschwerden und größeren Divertikeln operative Divertikelresektion.

Ösophaguskarzinom

Definition

Neoplasie in der Speiseröhre, ausgehend vom Plattenepithel oder den Drüsenzellen.

Ätiopathogenese

Ursachen:

- Plattenepithelkarzinom: zurückzuführen auf Alkohol- und Tabakkonsum, heiße Getränke, Nitrosamine, Aflatoxine oder Betelnüsse

- Adenokarzinom: Hauptrisikofaktor ist eine Refluxösophagitis
- Weitere Ursachen sind Achalasie, Strikturen nach Verätzungen, Plummer-Vinson-Syndrom und Papillomaviren (HPV 16).

Lokalisation: Ösophaguskarzinome bilden sich vorwiegend an den drei physiologischen Engen. Diese sind:
- Ösophaguseingang
- Trachealbifurkation
- Zwerchfellenge.

Klinik

- Schleichend beginnende Dysphagie bis hin zur Unfähigkeit, feste Speisen zu schlucken
- Gewichtsverlust, Heiserkeit bei Beteiligung des N. recurrens
- Evtl. retrosternale Schmerzen, Schmerzen in Rücken und Schulter bei Tumorwachstum ins Mediastinum.

Diagnostik

Das Stadium der Erkrankung lässt sich mittels der TNM-Klassifikation des Ösophaguskarzinoms bestimmen (→ Tab. 7.4).

Anamnese. Raucheranamnese, Essgewohnheiten, Vorerkrankung (Refluxösophagitis).

Invasiv. Endoskopie und Biopsie: histologische Auswertung von mind. 10 Biopsien.

Bildgebende Verfahren:
- Endosonografie: zur Feststellung der Infiltrationstiefe. Diese ist prognoserelevant!
- CT, MRT: zur Suche nach Metastasen
- PET: zum Nachweis von Fernmetastasen
- Sonografie: Untersuchung des Oberbauchs.

Therapie

Operativ:
- Nur für frühe Adenokarzinome im Stadium T1a ist eine Therapie durch endoskopische Mukosaresektion möglich. Die Heilungsrate ist hoch.
- Ab Stadium 1 bis 2a der übrigen Karzinome wird eine radikale Resektion unter kurativer Zielsetzung angestrebt. Der Ösophagus wird subtotal entfernt, ebenso die Lymphknoten im Bereich von Mediastinum und Truncus coeliacus. Ersatz der Speiseröhre meist durch Hochziehen des Magens und End-to-end-Anastomosierung.

Tab. 7.4 TNM-Klassifikation des Ösophaguskarzinoms zur Bestimmung des Erkrankungs-Stadiums

Klasse	Befallsmuster
T	**Primärtumor**
TX	Primärtumor nicht beurteilbar
T0	Primärtumor nicht beurteilbar
Tis	Carcinoma in situ
T1a	Tumorinfiltration: Mukosa und Lamina propria
T1b	Tumorinfiltration: Submukosa
T2	Tumorinfiltration: Muscularis propria
T3	Tumorinfiltration: Adventitia
T4	Tumorinfiltration: Nachbarorgane
N	**Regionäre Lymphknotenmetastasen**
NX	Regionäre Lymphknoten nicht beurteilbar
N0	Keine regionären Lymphknotenmetastasen
N1	Regionäre Lymphknotenmetastasen
M	**Fernmetastasen**
M0	Keine Fernmetastasen
M1	Fernmetastasen
M1a	• Metastasen in zöliakalen Lymphknoten bei **distalem** Ösophaguskarzinom oder • Metastasen in zervikalen Lymphknoten bei **proximalem** Ösophaguskarzinom
M1b	Andere Fernmetastasen

Neoadjuvante Radio-, Chemotherapie:
- Vor allem bei Plattenepithelkarzinomen angezeigt
- Ab primär nicht operablen Stadien (Stadium 2b–3) kann durch Radio- und/oder Chemotherapie ein Heruntersetzen in der TNM-Klassifikation und dadurch eine Operation mit kurativer Zielsetzung angestrebt werden.
- Bewährte Medikamentenkombination: 5-FU, Folinsäure und Cisplatin
- Eine perioperative Chemotherapie mit Cisplatin, 5-FU und Epirubicin verbessert das Überleben bei Patienten mit Adenokarzinom am ösophagogastralen Übergang.

Fotodynamische Therapie. Experimentelle Therapie für inoperable Patienten. Nach der Injektion von fotosensibilisierenden Substanzen erfolgt eine Lasertherapie, die den Tumor zerstören soll.

Palliative Therapie:
- Radiochemotherapie
- Implantation eines Kunststoff- oder Metallstents, um die Passage wiederherzustellen und offenzuhalten
- Endoskopische Plasmakoagulation zur Stenosebeseitigung
- Frühzeitiges Legen einer PEG-Sonde bei starkem Gewichtsverlust, um einer Tumorkachexie entgegenzuwirken. Dies verlängert die Überlebenszeit, da die Patienten in der Regel an den Folgen einer Tumorkachexie versterben.

Prognose
Die 5-Jahres-Überlebensrate beträgt insgesamt unter 10 %. Meist ist bei Diagnosestellung bereits Stadium T_3 mit lokaler lymphogener Metastasierung erreicht.

CHECK-UP
- ☐ Was versteht man unter einem Barrett-Ösophagus und welche Therapiemöglichkeiten gibt es?
- ☐ Beschreiben Sie die Klinik und Anatomie der Zwerchfellhernie und nenne mindestens zwei mögliche Therapien!
- ☐ Bei welchen Symptomen sollte man an ein Ösophaguskarzinom denken?

Erkrankungen des Magens

Anatomie des Magens

Magenwandschichten:
- Mukosa mit 3 Laminae: (von außen nach innen) L. epithelialis, L. propria und L. muscularis mucosae
- Submukosa
- Muskularis mit 3 Schichten
- Subserosa und Serosa.

Akute Gastritis

Definition
Akute Entzündung der Magenschleimhaut, ausgelöst durch Stress oder exogene Noxen.

Ätiopathogenese
Exogene Auslöser. Noxen wie exzessiver Alkoholkonsum, Nikotin, Azetylsalizylsäure, nichtsteroidale Antiphlogistika, Kortikosteroide, Zytostatika oder Vergiftung durch toxinbildende Bakterien wie Staphylokokken und Salmonellen.

Endogene Auslöser. Stressoren wie Traumata, Verbrennungen, Schock, Leistungssport (**Runner's stomach**) oder postoperativ.

Klinik
Appetitlosigkeit, Druck- und Völlegefühl, Übelkeit, Erbrechen, Aufstoßen.

Komplikationen
Magenblutung, Stressulkus.

Diagnostik
Anamnese. Schmerzen und dyspeptische Beschwerden mit Übelkeit, Völlegefühl und refluxartigen Beschwerden.

Endoskopie, Biopsie und Histologie. Oberflächliche Leukozyteninfiltrate der Schleimhaut, kleine Epitheldefekte oder größere Erosionen.

Therapie
Allgemein. Ausschließen der auslösenden Faktoren, Nahrungskarenz über kurze Zeit und vorsichtiger Kostaufbau (Tee, Zwieback).

Medikamentös. Therapie des Brechreizes mit Metoclopramid, bei Wirkungslosigkeit mit Antiemetika, z. B. Dimenhydrinat. Protonenpumpenhemmer zur Säurereduktion.

Prognose
Gute Prognose und unter Therapie eine gute Ausheilungstendenz.

Chronische Gastritis

Definition
Chronische Entzündung der Magenschleimhaut.

Epidemiologie
Im Alter von 50 Jahren liegt die Durchseuchung mit HP bei 50 %.

Ätiopathogenese
ABC-Klassifikation nach ätiologischen und histologischen Kriterien:
Typ A – Autoimmungastritis (5 %):
Die genaue Ätiologie ist ungeklärt. Möglicherweise liegt eine Infektion mit Helicobacter pylori (HP) zugrunde. Es bilden sich Antikörper gegen Parietalzellen, H^+K^+-ATPase und Intrinsic-Faktor. Die Gastritis breitet sich von der Kardia auf die Korpusschleimhaut aus. Folge ist eine Achlorhydrie. Durch den Mangel an Intrinsic-Faktor droht ein Vitamin-B_{12}-Mangel, der zu einer pernitiösen Anämie führen kann.
Typ B – Bakterielle Gastritis (80 %):
Ursache ist meist eine HP-Infektion, die eine **Antrumgastritis** auslöst. Diese breitet sich aszendierend aus und verschiebt dadurch die Belegzellgrenze nach oben. Folglich nimmt die Zahl der Belegzellen ab, und es entsteht eine Hypochlorhydrie. Eine intestinale Metaplasie ist möglich.
Typ C – Chemische Gastritis (15 %):
Wird durch chemische Noxen ausgelöst, v. a. nichtsteroidale Antiphlogistika und/oder Gallereflux.
Sonderformen: Crohn-Gastritis, eosinophile Gastritis.

Klinik
Häufig symptomarm. Evtl. Übelkeit und Erbrechen, Abneigung gegen Nahrung. Halitosis bei HP-Besiedlung.

Diagnostik
Gastroskopie und Biopsie. Untersuchung von Antrum und Korpus. Histologische Untersuchung und Feststellung des Gastritis-Grades am Ausmaß der Lymphozyten- und Plasmazellinfiltration der Schleimhaut sowie der Gastritis-Aktivität am Ausmaß der Infiltration mit neutrophilen Granulozyten.

Diagnostik von Helicobacter pylori:
- Bioptisch durch Helicobacter-Urease-Test
- ^{13}C-Atemtest
- HP-Antigennachweis im Stuhl.

Bei Typ-A-Gastritis. Nachweis von Antikörpern gegen Parietalzellen und Intrinsic-Faktor.

Therapie
Typ-A-Gastritis. Eradikationstherapie bei positivem HP-Befund (s. Typ B). Den Mangel an Vitamin B_{12} parenteral substituieren. Regelmäßige Kontrollbiopsien, da das Karzinomrisiko erhöht ist.

Typ-B-Gastritis. Eradikationstherapie mit der sog. **Triple-Therapie**, einer 3er-Kombination aus Protonenpumpenhemmer und zwei Antibiotika. Einnahme über 7 Tage. Clarithromycin – **Cave:** zunehmende Resistenzen – und Amoxicillin sind Mittel der ersten Wahl.

Typ-C-Gastritis. Gabe von Protonenpumpenhemmern und Absetzen von NSAR, wenn möglich. Behandlung der Refluxerkrankung (s. o.).

Therapieform	Protonenpumpenhemmer	Antibiotika	Anmerkung
French triple (PCA)	Pantoprazol	Clarithromycin + Amoxicillin	zunehmende Resistenzen gegen Clarithromycin
Italian triple (PCM)	Pantoprazol	Clarithromycin + Metronidazol	bei Penicillinallergie, Resistenzen gegen Metronidazol und Clarithromycin
Quadruple-Therapie	Protonenpumpenhemmer	Tetrazyklin + Metronidazol + Bismutsalz	Bei Versagen der Triple-Therapien

Ménétrier-Faltenhyperplasie

Synonym
Morbus Ménétrier, hypertrophe exsudative Gastropathie, Riesenfaltengastritis.

Definition
Gastritis mit konsekutiver Faltenhyperplasie der Magenschleimhaut.

Ätiopathogenese
Die Ätiologie ist nicht geklärt. Als Ursache für eine vermehrte Schleimproduktion und verminderte Säureproduktion wird der transforming growth factor-α (TGF-α) diskutiert. Als infektiöse Ursa-

chen spielt bei Kindern wahrscheinlich eine Infektion mit dem Zytomegalievirus, bei Erwachsenen vorwiegend mit Helicobacter pylori eine Rolle.

Klinik

- Übelkeit, Erbrechen, Diarrhö
- Anämie
- Hypoproteinämische Ödeme bei exsudativer Enteropathie mit enteralem Eiweißverlust-Syndrom.

Komplikationen

Es besteht die Gefahr der malignen Entartung.

Diagnostik

Gastroskopie mit Schlingenbiopsie und histologischer Nachweis der Faltenhyperplasie.

Differenzialdiagnose

Gastritis, Magenkarzinom, gastroösophageale Refluxerkrankung.

Therapie

Konservativ:

- Medikamentös: Eradikation der Helicobacter-pylori-Infektion, z. B. mit Clarithromycin + Amoxicillin + Protonenpumpenhemmer
- Kontrollbiopsien in hoher Frequenz zum Ausschluss einer malignen Entartung.

Operativ. Evtl. Gastrektomie.

Prognose

Da das Risiko für ein Magenkarzinom erhöht ist, muss regelmäßig eine Kontrollgastroskopie durchgeführt werden (→ Prognose Magenkarzinom).

Gastroduodenale Ulkuskrankheit

Definition

Gutartiges Geschwür der Magen- oder Duodenalschleimhaut mit umschriebenem Substanzdefekt, das die Muscularis mucosae durchdringt. Im Gegensatz dazu durchdringen Erosionen definitionsgemäß die Muscularis mucosae nicht.

Ätiopathogenese

Als **Ursachen** kommen in Frage:

- Helicobacter-pylori-Infektion: als Folge einer chronischen HP-Gastritis, die das Risiko für ein Ulkus um das 3- bis 4-fache erhöht
- Nicht-steroidale Antirheumatika: sie hemmen die protektiven Prostaglandine
- Akuter Stress: durch lebensbedrohliche Erkrankungen oder Traumata (Stressulkus)
- Begünstigende Faktoren: genetische Disposition (Blutgruppe 0) und Rauchen, Zollinger-Ellison-Syndrom (Gastrinom).

Lokalisation:

- **Magenulzera**: Vorkommen im gesamten Magen. Prädilektionsstellen sind das Antrum und die kleine Kurvatur. Bei älteren Patienten finden sie die Ulcera vor allem in der großen Kurvatur und insgesamt höher sitzend als bei jungen Patienten.
- **Duodenalulzera**: kommen vor allem im Bulbus duodeni vor. Fast immer Helicobacter-assoziiert → Blinderradikationstherapie. Sind die Ulzera weiter distal gelegen, kann dies auf NSAR-bedingte Ulzera oder ein Zollinger-Ellison-Syndrom hinweisen.

Klinik

Die Beschwerden können durch Art und Lokalisation Aufschluss über die Position des Ulkus geben.

- Allgemein: Dyspeptische Beschwerden, epigastrischer Schmerz
- **Ulcus duodeni**: Spät-, Nacht- und Nüchternschmerz im Epigastrium, die sich nach Nahrungsaufnahme bessern.
- **Ulcus ventriculi**: Schmerzen unmittelbar nach der Nahrungsaufnahme. Die Schmerzen können bei einem durch NSAR ausgelösten Ulkus **fehlen**. Blutungen sind häufig.

Komplikationen

- Blutungen: treten bei 20 % der Ulkuspatienten auf. Vor allem bei Ulcera durch NSAR und Stress
- Perforation: bei ca. 5 % der Ulkuspatienten. Mit plötzlich einsetzenden heftigen Schmerzen verbunden. Subphrenische Luftsichel im Abdomenröntgen in Stehen. Perforation ist eine sofortige OP-Indikation.
- Penetration: in ein anderes Hohlorgan, z. B. Pankreas, mit Rückenschmerzen und evtl. Pankreatitis
- Karzinomatöse Entartung: in 3 % der Fälle
- Narbige Stenose des Magenausgangs mit Erbrechen und Gewichtsabnahme.

Diagnostik

Anamnese. Medikamentenanamnese, Dauer und Art der Beschwerden, Korrelation mit der Nahrungsaufnahme.

Endoskopie und Biopsie:

- Gastroduodenoskopie
- Biopsien aus Antrum und Korpus
- Kontrollbiopsien nach der Therapie, um ein Magenkarzinom auszuschließen.

Labor:
- Histologie der Biopsien und HP-Diagnostik
- Ausschluss eines Zollinger-Ellison-Syndroms: Gastrin erhöht, basal und nach Stimulation
- Ausschluss eines primären Hyperparathyreoidismus: Kontrolle von Kalzium und Parathormon im Serum.

Differenzialdiagnose
- Refluxkrankheit, Magenkarzinom
- Reizmagensyndom (Non-Ulcer-Dyspepsie): als Ausschlussdiagnose
- Cholelithiasis, Pankreatitis und Pankreaskarzinom.

Therapie
Konservativ:
- Therapie einer HP-Infektion: Triple-Therapie (➜ chronische Gastritis)
- Symptomatisch: wenn möglich, Vermeiden von Noxen wie NSAR und Glukokortikoiden; Rauchabstinenz und Stressminderung
- Medikamentös: Therapie mit Protonenpumpenhemmern wie Omeprazol (20 mg), Lansoprazol (30 mg) oder Pantoprazol (40 mg).

Endoskopisch. Blutstillung mit Clips, Fibrinkleber, Adrenalinunterspritzung. Kleine Perforationen mit OTSC-Clip.

Operativ. Bei Versagen der endoskopischen Therapie.
- **Operationsindikationen**:
  - Arterielle Blutungen: Gefäßligatur und Ulkusumstechung. HP-Eradikation, falls nötig
  - Perforation: Ulkusexzision und Übernähung, Pyloroplastik
  - Magenausgangsstenose. Karzinom
- Dank der Eradikationstherapie sind Operationen, die primär die Säureproduktion einschränken sollen – wie ⅔-Magenresektionen nach Bilroth 1 oder 2 und selektive Vagotomie – nicht mehr notwendig.

Prognose
Ohne HP-Eradikation liegt die Rezidivquote von HP-positiven Ulcera bei 70 %. Nach Eradikation ist das Risiko minimiert und eine weitere Prophylaxe nicht nötig.

■ Magenkarzinom

Definition
Karzinom der Magenschleimhaut, das alle Wandschichten betreffen kann.

Ätiopathogenese
Zu den **Risikofaktoren** gehören:
- Begünstigende Erkrankungen:
  - Gastritis durch Helicobacter pylori ist wichtigster Risikofaktor für Karzinome in Korpus und Antrum
  - Chronisch atrophische Autoimmungastritis vom Typ A
  - Adenomatöse Magenpolypen
  - Morbus Ménétrier (Ménétrier-Faltenhyperplasie)
  - Zustand nach Magenteilresektion
- Genetische Faktoren: Familiäre Häufung bei 10 % der Magenkarzinome, wobei 1–3 % zur Gruppe des „Hereditary diffuse gastric cancer" gehören, bei der eine Mutation des E-Cadherin-Gens nachgewiesen ist.
- Ernährung: Konsum von nitratreicher Nahrung in Form geräucherter und gesalzener Speisen. Begünstigt von Achlorhydrie, da durch bakterielle Besiedlung Nitrat in Nitrit umgewandelt wird.

Pathogenese des Magenkarzinoms:
- Zur Lokalisation: ➜ Tabelle 7.5
- Zur Metastasierung: ➜ Tabelle 7.6
- Zu den verschiedenen Wachtumstypen: ➜ Tabelle 7.7
- TNM-Klassifikation: ➜ Tabelle 7.8.

Histologische Einteilung des Magenkarzinoms:
- Papilläres, tubuläres und muzinöses Adenokarzinom
- Siegelring-Zellkarzinom
- Plattenepithelkarzinom
- Adenosquamöses Karzinom
- Undifferenziertes Karzinom.

Klinik
Unbestimmte, diskrete Beschwerden die häufig verkannt werden:
- Gewichtsabnahme, Widerwillen gegen Fleisch, Brechreiz, Leistungsknick
- Druckgefühl im Oberbauch, Magenausgangsstenose, Tumorkachexie.

Tab. 7.5 Lokalisation des Magenkarzinoms

Lokalisation	Häufigkeit
Im Antrum-Pylorus-Bereich	35 %
In der kleinen Kurvatur	30 %
Im Kardiabereich	25 %

Tab. 7.6 Metastasierung des Magenkarzinoms

Art der Metastasierung	Befallsmuster
Lymphogen	• In die Lymphknoten an der großen und kleinen Kurvatur • In die Lymphknoten im Bereich des Trunkus coeliacus • In paraaortale und mesenteriale Lymphknoten
Hämatogen	Leber, Lunge, Knochen, Gehirn
Per continuitatem	Ösophagus, Duodenum, Kolon, Pankreas
Per contiguitatem	Bauchfellkarzinose mit Aszites
Abtropfmetastasen	In den Ovarien (Krukenberg-Tumor) oder in den Douglas-Raum

Tab. 7.7 Wachstumstypen des Magenkarzinoms nach Borrmann

Typ	Art des Wachstums	Häufigkeit
1	Polypös	5 %
2	Schüsselförmig	35 %
3	Ulzerierend, infiltrierend	50 %
4	Diffus infiltrierend, szirrhös	10 %

Diagnostik

Gastroskopie und Biopsie. Zur Diagnosestellung und zum lokoregionären Staging. Für letzteres sind mehrere Biopsien notwendig.

Bildgebende Verfahren:
- Endosonografie: zur Feststellung der Tumordicke und der Ausbreitung auf regionäre Lymphknoten
- Metastasensuche mittels Sonografie des Abdomens, CT und Röntgen-Thorax.

Tab. 7.8 Staging des Magenkarzinoms nach der TNM-Klassifikation

Klasse	Befallsmuster
T	**Primärtumor**
TX	Primärtumor kann nicht beurteilt werden
T0	Kein Primärtumor
Tis	Carcinoma in situ: intraepithelialer Tumor, infiltriert nicht die Lamina propria
T1	Frühkarzinom: infiltriert Lamina propria oder Submukosa
T2	Tumor infiltriert Muscularis propria oder Subserosa
T3	Tumor penetriert viszerales Peritoneum ohne Infiltration benachbarter Strukturen
T4	Tumor infiltriert benachbarte Organe und Strukturen
N	**Regionäre Lymphknotenmetastasen**
NX	Regionäre Lymphknotenmetastasen können nicht beurteilt werden
N0	Keine regionären Lymphknotenmetastasen vorhanden
N1	Metastasen in 1–6 regionären Lymphknoten
N2	Metastasen in 7–15 regionären Lymphknoten
N3	Metastasen in › 15 regionären Lymphknoten
M	**Fernmetastasen**
MX	Fernmetastasen können nicht beurteilt werden
M0	Keine Fernmetastasen vorhanden
M1	Mit Fernmetastasen
R	**Bestimmung des Residualtumors**
R0	Kein Residualtumor
R1	Mikroskopischer Residualtumor
R2	Makroskopischer Residualtumor

Labor:
- Evtl. Eisenmangelanämie
- Evtl. Nachweis von okkultem Blut im Stuhl
- Zur Nachsorge: Tumormarker CA 72–4, Ca 19–9 und CEA.

Differenzialdiagnose
Reflux- oder Ulkuserkrankung. Erkrankungen von Gallenwegen, Leber oder Pankreas. Funktionelle Magenbeschwerden (Reizmagen-Syndrom).

Therapie
Operativ. Kurative Zielsetzung.
- Endoskopische Mukosaresektion bei ausgewählten Carcinoma in situ und Frühkarzinomen
- Resektion des Magens
- Bei einem Kardiakarzinom zusätzlich distale Ösophagusresektion und Splenektomie.

Medikamentös:
- Perioperative Chemotherapie: führt zu Downstaging in der TNM-Klassifikation und verlängert so die Lebenserwartung
- Neoadjuvante Chemotherapie: Versuch, bei primär nicht-operablen Tumoren ein Downstaging und damit eine Operabilität zu erreichen.

Palliativ:
- Palliative Chemotherapie
- Stent- oder Tubusimplantation, um den Magenausgang und/oder -eingang offenzuhalten
- Anlegen einer Ernährungsfistel: perkutane, endoskopisch kontrollierte Jejunostomie.

Prognose
Bei einem Carcinoma in situ liegt die 5-Jahres-Überlebensrate bei 100 %, bei Frühkarzinomen bei 90 %. Ist ein Lymphknoten befallen oder hat sich das Karzinom auf Muscularis propria oder Subserosa ausgebreitet, beträgt die 5-Jahres-Überlebensrate 70 %.

■ Malignes Lymphom

Synonym
MALTom.

Definition
3% der Magenmalignome. Meistens gastrointestinales primäres Non-Hdgkin-Lymphom, selten sekundär bei generalisiertem Non-Hdgkin-Lymphom.
Lokalisation:
- Magen: 75%
- Dünndarm: 10%
- Ileozökalregion: 5%
- Sonstige Regionen, v.a. in Parotis, Auge, Lunge, Schilddrüse und Darm: 10%.

Ätiopathogenese
B-Zell-Typ, vom mukosaassoziiertem lymphatischen Gewebe (mucosa associated lymphoid tissue, MALT) ausgehend. Begünstigend wirken chronische Infektionen und Entzündungen. Das Gewebe kommt normalerweise nicht in der Magenwand vor. Eine Helicobacter-pylori-Besiedlung fördert die Entstehung, ebenso Autoimmunerkrankungen, z.B. Sjögren-Syndrom oder Hashimoto-Thyroiditis.

Klinik
→ Magenkarzinom. Meistens langsamerer Verlauf. Wird oft im Stadium I (Befall von Mukosa und Submukosa, benachbarte Lymphknoten frei) entdeckt.

Diagnostik
Histologie: Diagnose, Grad der Malignität. Endosonografie und Abdomen-CT zum Staging.

Therapie
Eradikation des Helicobacter pylori. Führt in Stadium I > 80% zur Heilung. Anschließend regelmäßige endoskopische und bioptische Kontrollen.
In fortgeschrittenen Fällen: Chemotherapie und/oder Strahlentherapie und/oder Operation. Auch der monoklonale Anti-CD-20-Antikörper Rituximab kann eingesetzt werden.

Prognose
Lokal, Stadium I: sehr gut, selten Todesfälle, z.B. durch Blutung.

■ Postgastrektomie-Syndrome

Durch verbesserte endoskopische Möglichkeiten und effektivere medikamentöse Prophylaxe und Therapie von Magenulzera sind Operationen und damit Postgastrektomie-Syndrome seltener geworden.

Refluxösophagitis
Ätiopathogenese. Bei Restmagen durch Säure, bei totaler Resektion durch alkalischen Darminhalt und galligen Reflux.

Diagnostik. pH bestimmen.

Therapie. → Refluxösophagitis. Bei alkalischem Reflux Sucralfat. Operative Revision.

Ulkusrezidiv
Oft Anastomosenulkus.

Definition. Ulkus in Anastomosennähe, z. B. im Dünndarm.

Ätiopathogenese.
- Zu viel Säure: Antrumrest, unzureichende Vagotomie, aber auch Hyperparathyreoidismus oder Zollinger-Ellison-Syndrom
- Stase bei Stenose, gestörte Durchblutung.

Therapie. Je nach Ursache. Operative Revision lässt sich oft nicht umgehen.

Frühdumping

Definition. V. a. nach Billroth-II-Resektion postprandial starker Flüssigkeitseinstrom in den Dünndarm.

Ätiopathogenese. Nahrung gelangt zu schnell in Dünndarm und zieht osmotisch Füßigkeit ins Lumen.

Klinik. Beginn ca. 1 Monat postoperativ. Bald nach dem Essen Bauchschmerzen, Übelkeit, Erbrechen, Diarrhö, Zeichen der Hypovolämie.

Diagnostik. Klinik.

Therapie. Langsam und häufig kleine Mahlzeiten essen, zum Essen Nichts trinken, hoch osmolare Nahrung meiden. Gelegentlich operative Revision.

Prognose. Gibt sich meistens innerhalb von Wochen.

Spätdumping

Definition. V. a. nach Billroth-II-Resektion reaktive, postprandiale Hypoglykämie 2–3 h nach dem Essen.

Ätiopathogenese. Beschleunigte Magenpassage → verstärkte Kohlenhydratresorption → überschießende Insulinsekretion → Hypoglykämie.

Klinik. Symptome der Hypoglykämie.

Diagnostik. Blutzuckermessungen postprandial.

Therapie. Hauptmahlzeit mit wenig Kohlenhydraten, 2–3 h postprandial kleine Kohlenhydratmahlzeit.

Blind-loop-Syndrom

Synonym. Syndrom der blinden Schlinge.

Definition. Von aus der Passage ausgeschalteten Darmabschnitten verursachte Probleme.

Ätiopathogenese, Klinik. Der blind endende Darmabschnitt wird gelegentlich von Kolonbakterien besiedelt. Mögliche Folgen:
- Völlegefühl, Meteorismus, Diarrhö
- Bakterien verbrauchen Vitamin B_{12} → megaloblastäre Anämie
- Dekonjugation von Gallensäuren → gestörte Fettresorption → Steatorrhö
- Bakterien „fressen“ Nahrung auf → Gewichtsverlust, Mangelernährung.

Therapie. Antibiose und z. B. Vitamin-B_{12}-Substitution kann versucht werden, aber meisten hilft nur operative End-zu-End-Anastomose.

Prognose. Nach Operation gut.

Afferent-loop-Syndrom

Synonym. Syndrom der zuführenden Schlinge.

Definition. Probleme, weil der Speisebrei in die zuführende, und nicht in die abführende, Schlinge fließt, oder der Abfluss aus der zuführenden Schlinge behindert ist.

Ätiopathogenese. Abflussbehinderung: Abknickung, Briden, enger Mesokolonschlitz, Stumpfkarzinom.

Klinik. Völlegefühl, Besserung nach Erbrechen.

Therapie. Operativ, z. B. Braun-Fußpunktanastomose, Umwandlung Billroth II in I.

Postvagotomie-Syndrom

Synonym. Steht eine Diarrhö im Vordergrund: Postvagotomiediarrhö.

Definition. Inzwischen selten geworden. Entleerungsstörung nach proximaler Vagotomie.

Ätiopathogenese. Entleerungsstörung nach proximaler Vagotomie.

Klinik. Völlegefühl und Aufstoßen. Manchmal Diarrhö.

Diagnostik. Ausschlussdiagnose, u.a. nach Ösophagogastroskopie und Magen-Darm-Passage zum Ausschluss anderer Ursachen.

Therapie. Bei Diarrhö kann Colestyramin versucht werden, bei Steatorrhö MCT-Fette.

Prognose. Meistens sponane Besserung nach einigen Monaten.
Inzwischen selten geworden. Entleerungsstörung nach proximaler Vagotomie mit Völlegefühl und Aufstoßen. Manchmal steht eine Diarrhö im Vordergrund: Postvagotomiediarrhö. Bei Diarrhö kann Colestyramin versucht werden.

■ CHECK-UP

- ☐ Welche Formen der Gastritis gibt es?
- ☐ Nennen Sie die Therapie der HP-positiven Gastritis!
- ☐ Was sind die Metastasierungswege des Magenkarzinoms?
- ☐ Welche Postgastrektomie-Syndrome gibt es?
- ☐ Wozu kann ein Blind-loop-Syndrom führen? Wie?

Erkrankungen des Dünndarms

■ Diarrhö

Definition

Stuhlgewicht > 200 g/Tag, > 3×/Tag, zu flüssig. Akut: bis 3 Wochen. Chronisch > 3 Wochen.

Ätiopathogenese

Osmotisch. Das Darmlumen ist gegenüber den Darmzellen hyperosmolar. Ursachen:

- Im Darmlumen sind viele nicht oder nicht so schnell resorbierbare, hyperosmolare Substanzen, z. B. Magnesiumsulfat, magnesiumhaltige Antazida, Xylit oder Sorbit
- Malabsorption, z. B. bei Laktasemangel Laktose.

Sekretorisch. Darmschleimhaut sezerniert Flüssigkeit und Elektrolyte. Ursachen:

- Enterotoxine, z. B. von E. coli

Ursachen akute Diarrhöen	Ursachen chronische Diarrhöen
Erregerbedingt	
• Direkt • Invasive Erreger • Enterotoxine, Zytotoxine • Bakterielle Toxine (Lebensmittelvergiftung)	• Entamoeba histolytica • Cyclospora • Giardia lamblia • Nematoden • Bei HIV, z. B. Zytomegalievirus • Tropheryma whipplei
Medikamente	
• Laxanzien • Antibiotika	Laxanzienmissbrauch
Nahrungsmittelintoleranzen	
• Typ-I-Allergie, z. B. gegen Milch, Nüsse, Fischeiweiß • Pseudoallergische Reaktion (PAR): Mastzelldegeneration durch Bananen (enthalten Serotonin) Erdbeeren, Tomaten (enthalten Histaminliberatoren)	• Enzymmangel, z. B. Lactase • Typ-IV-Allergie, z. B. gegen Kuhmilch, Zöliakie • Sorbit
Sonstige	
• Pseudomembranöse Kolitis durch Überwucherung mit toxinbildenem Clostridium difficile bei Antibiose • Arsenintoxikation • Psychogen, z. B. Prüfungsangst	• Malassimilationssyndrome • Chronische Darmentzündungen • Hormonsezernierende Tumore, z. B. VIPom, Gastrinom • Stuhlverflüssigung vor Kolonstenosen durch Bakterien

- Erreger, z. B. Norwalk- und Rotaviren, Vibrio cholerae, Giardia lamblia
- Hormone, z. B. vasoaktives intestinales Polypeptid (VIP) vom VIPom (Verner-Morrison-Syndrom)
- Laxanzien, z. B. Anthrachinone, Rizinusöl
- Gallensäuren (chologene Diarrhö): Gallensäuren werden im Kolon u.a. zu Desoxycholsäure abgebaut, ein starkes Sekretagon
- Fettsäuren, z. B. bei Pankreasinsuffizienz.

Entzündlich. Direkte Zellschäden durch Entündungen. Ursachen:
- Invasive Erreger, z. B. Campylobacter, enteroinvasive E. coli (EIEC), Salmonellen, Shigellen, Yersinien, Amöben
- Zytotoxine, z. B. Clostridium difficile, enterohämorrhagische E. coli (EHEC)
- Chronische Entzündungen, z. B. Morbus Crohn, Colitis ulcerosa.

Erhöhte Dünndarmmotilität. Ursachen:
- Mit Malabsorption, z. B. bei Hyperthyreose
- Durch bakterielle Überwucherung, z. B. Blind-loop-Syndrom
- Mit fehlender Wasserresorption, z. B. psychosomatische sympathische Stimulierung, Colon irritabile.

Klinik

Alle: Stuhlgewicht > 200 g/Tag, > 3×/Tag, sehr weiche bis flüssige Konsistenz.

Osmotisch. Volumen meist wenig erhöht, da terminales Ileum und Kolon Füßigkeit meisten ausreichend rückresorbieren. Bei Malabsorption kommen meistens starke Blähungen hinzu, da die Kolonbakterien dann die Kohlenhydrate abbauen. Nahrungskarenz hilft (nachts keine Durchfälle).

Sekretorisch. Volumen kann bis zu 10 l betragen, dann sind Elektrolytentgleisungen zu erwarten. Nahrungskarenz hilft nicht (nachts auch Durchfälle).

Entzündlich. Schleim- und Blutbeimengungen durch die Zellschäden. Bauchschmerzen, Fieber. Bei längerer Dauer Gewichtsverlust.

Motilitätsstörungen. Oft nur Häufigkeit ↑. Evtl. krampfartige Bauschmerzen.

Diagnostik

Akute Diarrhö. Anamnese: Symptome, Nahrungsmittel, Medikamente, Reisen, Tierkontakte. Erregernachweise sind oft frustran und nur bei schweren Verläufen anzustreben. Tritt unter einer Antibiotikatherapie eine Diarrhö auf, kann das Clostridium-difficile-Toxin im Stuhl bestimmt werden.

Tab. 7.9 Stuhl bei chronischer Diarrhö: Laborbefunde

Parameter	Befund	Hinweis auf
Blut	Okkult	Entzündung, Tumor
Leukozyten	Vorhanden	Entzündung
pH	< 6	Kohlenhydratmalabsorption
Osmotische Lücke	> 50 mosml/kg Stuhl	Osmotische Diarrhö
Kultur, Gram-Färbung, Parasiten, Eier	Erregernachweis	Infektion
Magnesium, Sulfat, Phenolphthalein, Senn	Erhöhte Werte, Nachweis	Laxanzienabusus

Chronische Diarrhö. Im Gegendsatz zur akuten Diarrhö sind häufig chronische und/oder schwere Erkrankungen die Ursache.
- Anamnese, körperliche Untersuchung, Stuhl: makroskopisch
- Stuhl im Labor → Tabelle 7.9.
- Labor: Blutbild, Entzündungswerte
  - Albumin: Eiweißverlust?
  - Quick-Wert: mangelnde Fettresorption und so Vitamin-K-Mangel?
  - Vitamin B_{12}: Malabsorttion im terminalen Ileum?
  - Hormone
- Endoskopie, Radiologie, Funktionstests.

Therapie

Akute Diarrhö. Symptomatisch. Bei Fieber, blutigen Durchfällen Antibiotika. Entleerungshemmende Mitel, z. B. Loperamid, sollten möglichst nicht genommen werden, da sie auch die Erregerelimination hemmen.

Chronische Diarrhö. Je nach Ursache.

Prognose

Akute Diarrhö. Meistens selbstlimitierend.

Chronische Diarrhö. Je nach Ursache.

■ Obstipation

Definition

Weniger als 3 Stuhlgänge/Woche und/oder schmerzhafter Stuhlgang mit hohem Pressaufwand.

Ätiopathogenese

- Ganglionstörungen: Morbus Hirschsprung (angeborene Aganglionose), erworben
- Habituell: ballaststoffarm ernähren + wenig trinken + wenig bewegen = Obstipation
- Stenosen, z. B. Karzinom, Briden, Darmentzündung
- Analfissuren, Anismus, Rektumprolaps
- Medikamente: Anticholinergika, Opiate, aluminiumhaltige Antazida
- Hypokaliämie, -magnesiämie, Hyperkalzämie
- Hypothyreose
- Diabetische Neuropathie.

Diagnostik

Anamnese:

- Ernährung, Trinken, Bewegung
- Medikamente
- Begleitsymptome, z. B. Hinweise auf Malignome?

Labor. Stuhl auf okkultes Blut, Blutbild, Elektrolyte, TSH.

Endoskopie. Bei allen > 45 Jahren Kolonkarzinom ausschließen.

Kolontransitzeit. 6 Tage werden 10 röntgendichte Marker geschluckt und am 10. Tag eine Übersichtsaufnahme angefertigt.

Therapie

Vier Stufen:

1. Ballaststoffreich ernähren + viel trinken + viel bewegen.
2. Ballaststoffe zusetzen, z. B. Kleie, Leinsamen.
3. Stuhl medikamentös aufweichen, z. B. mit Polyethylenglykol (PEG), Lactulose.
4. Klistiere, Einläufe, Laxanzien. Nur für die Akuttherapie.

Meckel-Divertikel

Definition

Reste des embryonalen Dottergangs.

Ätiopathogenese

Bei ca. 2 % der Bevölkerung vorhanden.
Lokalisation: proximal der Ileozäkalklappe. Bei Erwachsenen beträgt die Entfernung zur Klappe 100 cm, bei Neugeborenen 50 cm.

Klinik

Beschwerden treten meist nur in Kleinkindalter auf; dann Entzündung mit Gefahr der Perforation. Die Symptome ähneln der einer Appendizitis. Blutungen durch Ulkusbildung bei versprengten Magenschleimhautinseln im Divertikel sind möglich.
Bei Erwachsenen verläuft die Krankheit meist asymptomatisch und ist Zufallsbefund bei der Appendektomie.

Diagnostik

Invasiv. Suche nach Meckel-Divertikeln bei jeder Laparoskopie oder -tomie.

Szintigrafie. Ektope Magenschleimhaut kann durch Szintigrafie mit ^{99m}Tc-Pertechnetat nachgewiesen werden.

Differenzialdiagnose

Appendizitis.

Therapie

Operativ. Resektion der Divertikel, auch ohne Beschwerden und bei Zufallsbefund.

Prognose

Grundsätzlich kann es zu Blutungen und Perforation kommen. Diese Komplikationen treten am ehesten im Kindesalter auf.

Malassimilationssyndrom

Definition

Oberbegriff für Störungen der Digestion und Absorption von Nahrungsmitteln mit unterschiedlicher Ätiologie und Ausprägung, die zu Mangelsyndromen führen können.

Ätiopathogenese

Unterschieden werden als Ursachen Malabsorption und Maldigestion.

- **Maldigestion**: Die Aufspaltung der Nahrungsbestandteile ist gestört, da Pankreasenzyme oder Gallensalze fehlen oder nur mangelhaft vorhanden sind durch:
  - Zustand nach Magenresektion
  - Insuffizienz des exokrinen Pankreas bei Mukoviszidose, chronischer Pankreatitis oder Pankreasresektion
  - Mangel an konjugierten Gallensäuren bei Cholestase oder Gallensäureverlustsyndrom durch Resektion des Ileums
  - Dekonjugation der Gallensäure durch Morbus Crohn oder bakterielle Besiedlung des Dünndarms bei Blindsack-Syndrom
- **Malabsorption**: Resorptionsstörung von Nahrungsspaltprodukten aus dem Lumen des Dünndarms oder Störung des Weitertransports der Nährtstoffe über die Lymph- und Blutbahnen bei:

- Dünndarmerkrankungen: Zöliakie, tropische Sprue, chronische Darminfektion und Parasiten, Whipple-Erkrankung, Morbus Crohn, Laktasemangel, Amyloidose, Strahlenenteritis, intestinale maligne Lymphome und Lymphknotenmetastasen
- Dünndarmresektion
- Durchblutungsstörungen im Darm durch Angina intestinalis, schwere Rechtsherzinsuffizienz oder konstriktive Perikarditis
- Störung der enteralen Lymphdrainage
- Hormonal aktive Tumoren: Zollinger-Ellison-Syndrom, Verner-Morrison-Syndrom, Karzinoid.

Diagnostik

Anamnese. Frage nach Stuhlgewohnheiten, Gewichtsverlust, gastrointestinalen Beschwerden, Familienanamnese.

Labor:

- Stuhluntersuchung: Bestimmung von $Alpha_1$-Antitrypsin (Marker für Proteinverluste), Fettgehalt des Stuhls
- Evtl. Anämie: Erniedrigung von Albumin, Ferritin und Eisen, Cholesterin, Kalzium und Gesamteiweiß
- Evtl. Vitamin-B_{12}- und Folsäure-Mangel
- Bei Vitamin-K-Mangel kann ein erniedrigter Quickwert und verlängerte Prothrombinzeit vorliegen.

Klinik

- Chronischer Durchfall: großvolumige Stühle, evtl. Fettstühle (Steatorrhö)
- Gewichtsverlust
- Mangelsyndrome: Mangel an Eiweiß, Kohlenhydraten, fettlöslichen Vitaminen wie Vitamin E, D, K, A und besonders B_{12} sowie Kalium und Kalzium
- Evtl. Amenorrhö.

Therapie

Kausal:

- Enzymsubstitution
- Operative Korrektur eines Blind-loop-Syndroms oder von Fisteln
- Glutenfreie Diät bei Zöliakie (Sprue)
- Therapie von Dünndarmtumoren oder entzündlichen Darmerkrankungen.

Symptomatisch:

- Parenterale Substitution der mangelnden Stoffe
- Regulierung des Wasser- und Elektrolythaushalts
- Parenterale Ernährung bei schwerer Mangelernährung.

Glutensensitive Enteropathie

Synonym

Zöliakie (bei Kindern), einheimische Sprue (bei Erwachsenen).

Definition

Überempfindlichkeit der Dünndarmschleimhaut gegen über dem Weizenkleberprotein Gluten, was zu Schleimhautumformung und Mangelsyndromen führen kann.

Ätiopathogenese

Autoimmune Genese. Es werden Autoantikörper gegen körpereigene Gewebetransglutaminasen (**tTG**) gebildet. Durch die Reaktion von Autoantikörper (**Anti-tTG**) und tTG wird ein Enzym freigesetzt, das normalerweise im Zytoplasma vorliegt. Es reagiert mit dem im Gluten enthaltenen Protein **Gliadin** und deaminiert es an einer spezifischen Stelle. Das so veränderte Gliadin aktiviert spezifische CD4-Zellen, die wiederum eine Entzündungsreaktion gegen die Darmmukosa auslösen. Die gesamte Darmmukosa kann betroffen sein.

> Es besteht eine starke Assoziation mit Klasse-2-HLA-Antigenen (HLA-DQ2 und -DQ8).

Klinik

Klassischer Verlauf. Mit Durchfällen, Gewichtsverlust, Malabsorptionssyndrom und Gedeihstöhrung bei Kleinkindern und Säuglingen.

Atypischer Verlauf. Mit Dermatitis herpetiformis Duhring, Eisenmangelanämie als häufigstes Symptom bei Erwachsenen, Zungenbrennen (Hunterglossitis) bei Vitamin-B_{12}-Mangel, Osteoporose, Arthritis und chronischer Hepatitis.

Asymptomatische Verläufe. Sind möglich. Die Patienten haben zwar einen pathologisch veränderten Dünndarm und einen positiven Sprue-Antikörper-Test, aber keine Symptome.

Diagnostik

Anamnese. Durchfall, Gewichtsverlust, evtl. Symptome des atypischen Verlaufs.

Labor. Im Antikörper-Test stehen als serologischer Marker Anti-Transglutaminase- und

Anti-Endomysium-Antikörper zur Verfügung. Sie reichen zum Ausschluss einer Zöliakie (Sprue) aus. Bei positivem Antikörper-Test muss eine Dünndarmbiopsie zur Diagnosebestätigung durchgeführt werden.

Invasiv. Dünndarmbiopsie mit Histologie: zottenlose oder zottenreduzierte Dünndarmschleimhaut. Die Krypten sind vertieft. Infiltration der Lamina propria mit Lymphozyten und Plasmazellen.

Therapie

Allgemein. Lebenslange glutenfreie Diät. Substitution fehlender Vitamine und Mineralstoffe bei Malassimilationssyndrom.

Prognose

Bei guter diätischer Einstellung kann sich die Zottenatrophie zurückbilden und der Antikörpertiter abfallen (Verlaufskontrolle).

> Bei ca. 10 % der an Zöliakie (Sprue) erkrankten Patienten treten, mit einer Latenz von ca. 10 Jahren, maligne Lymphome, v. a. T-Zell-Lymphome, auf. Das Risiko kann durch strenge Diät vermindert werden.

Morbus Whipple

Definition

Systemische Bakterieninfektionskrankheit mit **Tropheryma whipplei**, die in verschiedenen Organsystemen unterschiedliche Symptome hervorruft.

Ätiopathogenese

Tropheryma whipplei gehört zu den Aktinomyzeten.
Seltene Erkrankung. Vor allem Männer zwischen 30 und 60 Jahren sind betroffen.

Klinik

- Diarrhö, Fettstühle, Malabsorptionssyndrom, starker Gewichtsverlust, Abdominalschmerzen
- **Extraintestinale Symptome**:
  - Arthritis und Sakroiliitis. Sie können den weiteren Symptomen vorausgehen.
  - Fieber, Vergrößerung der retroperitonealen Lymphknoten
  - Evtl. braune Hautpigmentierung
  - Endokarditis, Klappeninsuffizienz.

Diagnostik

Invasiv. Dünndarmbiopsien und Histologie: Die Schleimhaut ist mit Makrophagen infiltriert. Elektronenmikroskopisch können in den Makrophagen Stäbchenbakterien (Treponema whipplei) nachgewiesen werden.

Therapie

Medikamentös:

- Antibiose: Doxycyclin (200 mg/Tag) und Hydroxychloroquin (200 mg/Tag dreimal täglich)
- Bei neurologischen Symptomen zusätzlich Sulfamethoxazol. Therapiedauer über mind. 12 Monate.

Prognose

Ohne Behandlung meist **tödlicher** Verlauf innerhalb von Monaten. Unter Behandlung heilt die Erkrankung meistens aus.

Benigne Dünndarmtumoren

Definition

Gutartige Tumoren des Dünndarms.

Ätiopathogenese

Meist Adenome, Leiomyome oder Lipome.

Klinik

Meist unspezifisch, krampfartige Bauchschmerzen, intestinale Blutungen,

Diagnostik

Bildgebende Verfahren:

- Gastroduodeno- oder Koloskopie
- Sonografie des Abdomens.

Therapie

Falls Komplikationen – wie stenosierendes Wachstum der Tumoren – auftreten, ist die chirurgische Resektion angezeigt.

Prognose

Günstige Prognose.

Maligne Dünndarmtumoren

Selten. Formen:

- Karzinome, maligne Lymphome: gehäuft bei Sprue und Morbus Crohn
- Leiomyosarkome
- Karposi-Sarkome: bei AIDS.

Karzinoid

Definition

In 70 % der Fälle maligne Tumoren, die von den neuroendokrinen enterochromaffinen Zellen des APUD-Systems ausgehen. Die Tumoren wachsen verdrängend und können metastasieren.

Ätiopathogenese
Der Tumor sezerniert vasoaktive Amine und Peptide wie Serotonin, Bradykinin, Histamin, Prostaglandine und Katecholamine.
Lokalisation:
- Zu 90 % intestinal: meist befinden sich die Karzinoide im Appendix oder dem terminalen Ileum
- Zu 10 % extraintestinal: dann meist in der Lunge als Bronchuskarzinoid.

Klinik
Die Symptome ergeben sich in den meisten Fällen durch die von den Tumoren gebildeten Substanzen, und zwar ab dem Zeitpunkt, an dem sie nicht mehr von der Leber abgebaut werden können. Durch Stress, Alkohol und Nahrungsaufnahme kann eine vermehrte Hormonausschüttung provoziert werden.
Man spricht von einem **Karzinoid-Syndrom**, wenn die typische **Trias** vorliegt aus:
- Flush
- Diarrhö und
- Bauchschmerzen.

Diagnostik
Bildgebende Verfahren:
- Sonografie, MRT und Spiral-CT zur Suche nach dem Primärtumor
- Somatostatin-Rezeptor-Szintigrafie: hat eine Sensitivität von ca. 90 %.

Labor. 5-Hydroxyindolessigsäure im Urin. Bei normalen Werten ist ein Karzinoid zu 99 % ausgeschlossen.

Therapie
Medikamentös. Bei Inoperabilität Therapie mit einem Somatostatin-Analogon, z. B. Octreotid.

Operativ. Entfernung des Primärtumors und der regionären Lymphknoten ist Mittel der Wahl. Dies erfolgt unter Octreotid-Therapie. Bei inoperablen Lebermetastasen kann durch Chemoembolisation die Gefäßversorgung des Tumors unterbrochen werden.

Prognose
Die 5-Jahres-Überlebensrate beträgt für das Appendixkarzinoid 99 %, für das lokalisierte Dünndarmkarzinoid 75 % und für alle übrigen Dünndarmkarzinoide 55 %.

CHECK-UP
- ☐ Wie ist die Ätiopathogenese der verschiedenen Diarrhö-Formen?
- ☐ Nennen Sie die ABC-Kriterien der chronischen Gastritis!
- ☐ Beschreiben Sie die Therapie der einheimischen Sprue! Ist die Erkrankung heilbar?
- ☐ Was sind die wichtigsten klinischen Merkmale eines Karzinoid-Syndroms?

Chronisch-entzündliche Darmerkrankungen

Morbus Crohn

Synonym
Ileitis terminalis, Enteritis regionalis Crohn.

Definition
Chronische Entzündung des Gastrointestinaltrakts, die diskontinuierlich auftritt und alle Wandschichten betreffen kann. Am häufigsten sind das terminale Ileum und das proximale Kolon befallen.

Ätiopathogenese
Man vermutet eine Barrierestörung durch **Defensinmangel** und genetische Disposition als Auslöser. Es besteht eine familiäre Häufung. Bei 50 % der Patienten besteht eine Mutation auf Chromosom 16 (Mutation des NOD2- oder CARD15-Gens). Heterozygotie erhöht das Risiko, an Morbus Crohn zu erkranken um 2,5 %, Homozygotie um bis zu 100 %.
Pathogenetisch können **3 Phasen** abgegrenzt werden:
1. Durch unbekannte auslösende Faktoren werden Lymphozyten – vor allem TH-1 – aktiviert.
2. Entzündungsmediatoren werden gebildet.
3. Es kommt zu lokalen Gewebeschädigungen mit Erosionen, Nekrosen und Ulzerationen.

Klinik

Das Krankheitsbild ist variabel, aber v. a. durch die entzündlichen Prozesse des Darms und deren Folgen geprägt. Hinzu kommen die extraintestinalen Immunprozesse (s. u.).
Abdominalschmerzen können kolikartig im rechten Unterbauch auftreten und deshalb als Appendizitis fehlgedeutet werden (chronische Appendizitis). Weitere Symptome sind Durchfälle und Flatulenz, evtl. druckschmerzhafte Resistenzen.
Die Erkrankung verläuft **schubweise** oder **chronisch persistierend**.

Komplikationen

- **Extraintestinale Symptome**:
  - Arthritis (ca. 25 %), ankylosierende Spondylitis, meist HLA-B27 positiv (ca. 15 %)
  - Episkleritis, Uveitis, Iritis, Keratitis. Befall der Augen in ca. 7 % der Fälle
  - Symptome der Haut: Aphthen, Erythema nodosum, Pyoderma gangraenosum, Zinkmangeldermatosen.
- **Intestinale Symptome**: Fisteln (40 %), anorektale Abszesse (25 %), Darmstenosen evtl. mit Subileus, selten Perfortionen
- Wachstumsstörungen im Kindesalter, Malabsorptionssyndrom mit Gewichtsverlust.

Diagnostik

Anamnese. Abominale Schmerzen, Gelenkentzündungen, Fisteln.

Endoskopie und Biopsien. Untersuchung von Kolon und Ileum. Diskontinuierlicher Befall (skip lesion), kann im gesamten Verdauungstrakt vorkommen:

- Zu 45 % im Ileum und Kolon
- Zu 30 % isolierter Befall des Ileums
- Zu 25 % nur Befall des Kolons
- Makroskopisch: Pflastersteinrelief (→ Abb. 7.5), segmentale Stenosen, ödematöse und fibrotische Verdickung der Darmwand, fibrinbelegte Schleimhautfissuren („Schneckenspur“)
- Mikroskopisch: Epitheloidzellgranulome und mehrkernige Riesenzellen (40 %), Vergrößerung der zugehörigen Lymphknoten (70 %), aphthenartige Läsionen der Schleimhaut, Fissuren und Fistelbildung.

Differenzialdiagnose

Colitis ulcerosa, Appendizitis, Darm-Tuberkulose, Yersiniose.

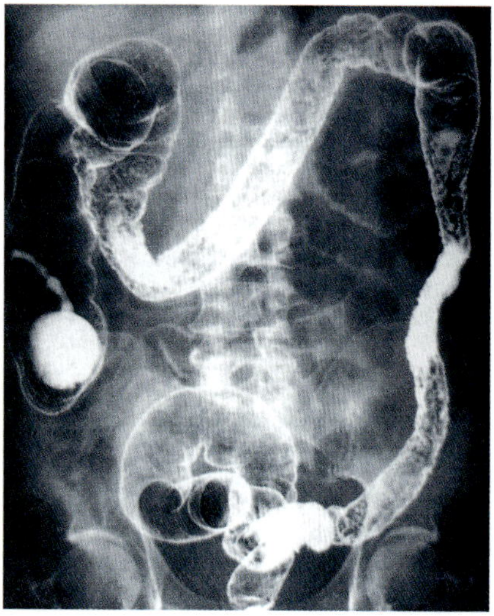

Abb. 7.5 Morbus Crohn: Röntgen-Kontrastdarstellung des Kolons mit Pflastersteinrelief und langstreckiger Stenosierung [B 117]

Therapie

Da eine Heilung weder chirurgisch noch medikamentös möglich ist, ist primäres Therapieziel die Remission eines Schubs oder den Remissionszustand zu erhalten.

Medikamentös. Bei Morbus Crohn und Colitis ulcerosa:

- **5-Aminosalicylate (5-ASA)**, z. B. Mesalazin oder Mesalamin: Es unterdrückt die Prostaglandin- und Leukotrien-Synthese, sodass die chemotaktische Rekrutierung von Entzündungszellen blockiert wird. Damit die Substanz nicht schon im Dünndarm resorbiert wird, wird sie als Prodrug gegeben oder mit einem dünndarmresistenten Überzug, z. B. Zellulose, überzogen. Außerdem ist eine rektale Gabe als Klysma oder Schaumpräparat möglich.
- **Glukokortikoide**, z. B. Budesonid: antientzündliche Wirkung. Es wird im Schub gegeben und dann ausgeschlichen.
- **Immunsuppressiva**, z. B. Azathioprin, evtl. Methotrexat: Werden zur Remissionserhaltung, zusätzlich oder anstelle eines Glukokortikoids gegeben. Ciclosporin A und Tacrolimus zur Remissionsinduktion sind bei schwerer Colitis ulcerosa die Alternative zur Kolektomie.

- Nebenwirkungen von Azathioprin: Knochenmarkdepression und Pankreatitis
- Nebenwirkungen von Ciclosporin A und Tacrolimus: Nierenversagen und Hypertonus

- **Immunmodulatoren**, z. B. Infliximab, Adalimumab (monoklonale Antikörper gegen den Tumor-Nekrose-Faktor α): per Infusion verabreicht und kann bei therapierefraktären Verläufen zur Remission führen (sehr kostenintensiv)
- **Antibiotika**: z. B. Ciprofloxacin zur Therapie einer bakteriellen Superinfektion bei Morbus Crohn, Metronidazol zur Therapie von Fisteln.

Prognose

Die Lebenserwartung ist kaum eingeschränkt. Die Remissionen sind jedoch meist inkomplett. In höherem Alter nimmt die Krankheitsaktivität häufig ab.

Colitis ulcerosa

Definition

Chronische Entzündung der Dickdarmschleimhaut. Die Entzündung breitet sich kontinuierlich aus und kann zu Ulzera der oberen Schleimhautschichten führen.

Ätiopathogenese

Siehe → Morbus Crohn. Die Unterscheidungsmerkmale zwischen Colitis ulcerosa und Morbus Crohn sind in → Tabelle 7.10 aufgeführt. Für den histologischen Vergleich siehe → Abbildung 7.6.

Klinik

Durchfälle mit Schleim- und Blutbeimengung, abdominale Schmerzen, Krämpfe vor der Defäkation (Tenesmen) und Fieber. Als Hauterscheinungen können z.B. Erythema nodosum, Pyoderma gangraenosum und/oder orale Aphthen auftreten.

Komplikationen

- **Kolonkarzinom**: Das Risiko, an einem Karzinom zu erkranken, steigt oder korreliert mit der Dauer der Erkrankung. Ist der gesamte Darm betroffen (chronische Pankolitis), liegt das Karzinomrisiko nach 20 Jahren bei 50 %. Da die Diagnosestellung durch die Begleitsymptome oft erst spät erfolgt, ist die Prognose der meist multifokal auftretenden Karzinome ungünstig.
- **Toxisches Megakolon**: Kolondilatation durch Übergreifen der Entzündung auf das Nervensystem des Darms. Es kommt zur Darmparalyse und Erweiterung des Kolons, zu septischen Temperaturen, Peritonitis und zur Gefahr der Perforation.
- **Perforation**: vor allem bei schweren Verläufen einer Erstmanifestation und bei toxischem Megakolon
- **Extraintestinale Manifestationen**: Sie sind insgesamt deutlich seltener als bei Morbus Crohn, haben aber die gleichen Manifestationsorte: Haut, Augen, Gelenke und Leber (→ Morbus Crohn). Die primär sklerosierende Cholangitis kommt bei der Colitis ulcerosa deutlich häufiger vor als bei Morbus Crohn und kann ein Gallengangkarzinom begünstigen.

Diagnostik

Anamnese. Durchfall, Blut und/oder Schleim im Stuhl.

Körperliche Untersuchung. Inspektion des Rektums und digitale Austastung, evtl. Blut am Fingerling.

Bildgebende Verfahren:

- Endoskopie: ödematöse Schleimhaut, Einblutungen, fehlende Gefäßzeichnung, Pseudopolypen.
  Stufenbiopsien bei Kolon und Ileum. Obligat zum Nachweis eines Rektumsbefalls.
- Sonografie: weist Wandverdickung des Kolons nach. Mit Duplexsonografie lassen sich auch hyperäme Bezirke erkennen.

Labor:

- Anämiediagnostik
- Zur Verlaufskontrolle Messen der Entzündungsparameter
- Bei 70 % der Colitis-ulcerosa-Patienten können antineutrophile zytoplasmatische Antikörper (pANCA) nachgewiesen werden, die aber nicht spezifisch sind.

Differenzialdiagnose

Kolitiden andere Genese, Morbus Crohn, Divertikulitis, Appendizitis, Morbus Whipple, Zöliakie (Sprue), Kolonkarzinom oder Karzinoid.

Therapie

Medikamentös. Therapie siehe → Morbus Crohn.

Operativ. Eine Proktokolektomie ist kurativ und durch ileoanale Pouch-Anlage kontinenzerhaltend. **Indikationen** sind:
- Toxisches Megakolon
- Unzureichendes Ansprechen auf die medikamentöse Therapie
- Langjähriger Verlauf und dadurch erhöhtes Malignitätsrisiko
- Vorliegen von Epitheldysplasien oder eines Adenokarzinoms.

Tab. 7.10 Unterscheidungsmerkmale Colitis ulcerosa und Morbus Crohn

Merkmal	Colitis ulcerosa	Morbus Crohn
Lokalisation	• Meistens auf das Kolon beschränkt. Backwash-Ileitis möglich • Obligater Befall des Rektums • Kontinuierlicher Befall von distal (Rektum) nach proximal (Kolon)	• Befall des gesamten Verdauungstrakts möglich • Diskontinuierliche Ausbreitung von proximal (Ileum) nach distal (Kolon)
Histologie (→ Abb. 7.4)	• Befall auf Schleimhaut und Submukosa beschränkt • Kryptenabszesse • Im Spätstadium Schleimhautdysplasie	• Befall der gesamten Darmwand und der mesenterialen Lymphknoten • Epitheloidzellgranulome (40 %) • Im Spätstadium: Fibrose
Klinik	• Blutig-schleimige Durchfälle • Tenesmen • Selten extraintestinale Manifestationen	• Abdominalschmerzen • Evtl. tastbare Resistenzen • Häufig extraintestinale Manifestationen
Komplikationen	• Toxisches Megakolon • Schwere Blutungen • Kolonkarzinom	• Fissuren, Fisteln, Abszesse • Stenosen • Konglomerattumoren
Verlauf	• Akuter Beginn • Komplette Remissionen möglich • Verlauf in Schüben	• Oft schleichender Beginn • Remissionen häufig inkomplett • Verlauf in Schüben
Therapie	Heilung durch totale Kolektomie mit Pouchanlage möglich. Gefahr der Pouchitis	• Weder operative noch medikamentöse Heilung möglich • OP-Indikation zurückhaltend stellen (Komplikationsbehandlung)

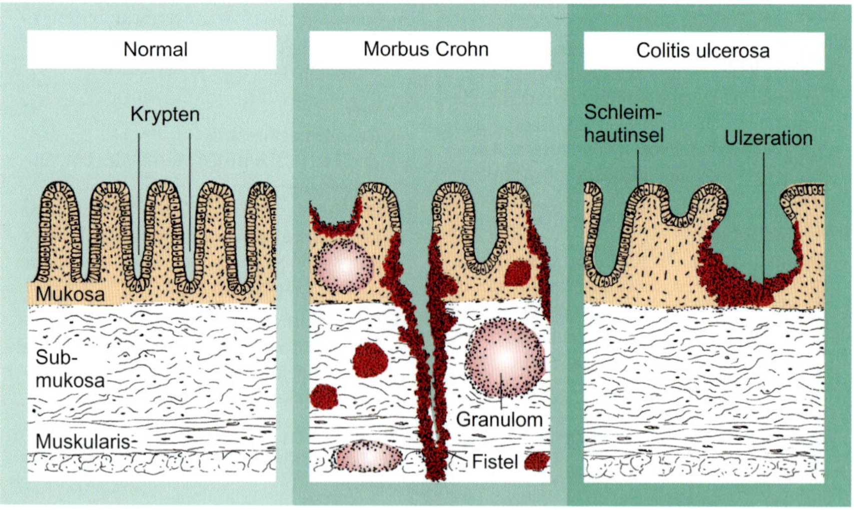

Abb. 7.6 Vergleichende Histologie von Morbus Crohn und Colitis ulcerosa [M 100]

Prognose
Häufig befinden sich Monate bis Jahre zwischen den Krankheitsschüben. Ein Schub dauert meist 4–8 Wochen. Das Befallsmuster der Schleimhaut ändert sich selten. Fulminante Verläufe mit ausgedehntem Kolonbefall und der Perforationsgefahr kommen jedoch vor.

CHECK-UP
- ☐ Was sind die typischen Komplikationen der Colitis ulcerosa?
- ☐ Wie lauten die diagnostischen Möglichkeiten bei chronisch-entzündlichen Darmerkrankungen?
- ☐ Benennen Sie drei Substanzklassen der medikamentösen Therapie bei chronisch-entzündlichen Darmerkrankungen!

Erkrankungen des Dickdarms

Divertikulose

Definition
Divertikel sind Ausstülpungen der Schleimhaut im Gastrointestinaltrakt, die entweder die gesamte Darmwand einbeziehen (**echte Divertikel**) oder nur die Mukosa (**Pseudodivertikel**) betreffen. Die Divertikel können vereinzelt vorkommen und multipel (Divertikulose). Sind sie entzündet, spricht man von einer **Divertikulitis**.

Epidemiologie
Die **Divertikulose** ist eine Zivilisationskrankheit mit einer Prävalenz von 60 % der über 70-Jährigen in den Industrieländern. In Asien und Afrika liegt die Prävalenz unter 10 %. Eine symptomatische Entzündung der Divertikel (**Divertikulitis**) bekommen ca. 20 % der Divertikulose-Patienten. Man unterscheidet dabei in:
- **Peridivertikulitis**: Die Entzündungen sind auf die Divertikel beschränkt.
- **Perikolitis**: Die Entzündungen gehen auf den umgebenden Darm über.

Ätiopathogenese
Der genaue Entstehungsmechanismus ist ungeklärt. Vermutlich hängt die Erkrankung mit einer chronischen Druckerhöhung im Kolon, z. B. durch chronische Obstipation, zusammen. Zudem spielen wahrscheinlich auch die altersbedingte degenerative Veränderung des Darms und dessen verminderte Dehnbarkeit eine Rolle.
Unterscheidung der Divertikel nach ihrer Lokalisation in:
- **Sigmadivertikel**: machen ⅔ der Divertikel aus. Meist handelt es sich um Pseudodivertikel, bei denen sich die Darmschleimhaut durch eine Muskellücke, die sich häufig an Gefäßlücken findet, ausstülpt. Gründe hierfür sind hoher Druck im Darm durch Obstipation und zunehmende Schwäche des Bindegewebes im Alter.
- **Coecumdivertikel**: sind seltener. Meist sind es angeborene echte Divertikel, bei denen sich alle Schichten des Darms ausstülpen. Sie treten gehäuft in Japan auf.

Klinik
Divertikulose:
- Unspezifische Beschwerden wie unregelmäßige Stuhlgewohnheiten, diffuse Schmerzen im Bauch
- Kolikartige, teilweise anhaltende Schmerzen im linken Unterbauch.

Divertikulitis:
- Ziehende linksseitige Unterbauchschmerzen, evtl. mit Ausstrahlung in den Rücken
- Druckschmerz und evtl. Abwehrspannung
- Verminderte Darmgeräusche
- Fieber, Appetitlosigkeit, Übelkeit, Erbrechen
- Evtl. blutige Diarrhö oder Verstopfung.

Komplikationen
- Blutungen: meist aus Coecumdivertikeln. Treten bei 5 % der Divertikelpatienten auf und sind die Hauptursache für untere gastrointestinale Blutungen
- Perforation mit Peritonitis oder gedeckte Perforation mit Abszessbildung
- Abszessbildung mit hohem Fieber, starken Schmerzen und tastbaren Resistenzen im Unterbauch

- Fisteln: am häufigsten kolovesikal (65 %) mit Fäkalurie, Pneumaturie und rezidivierenden Harnwegsinfekten oder kolovaginal (25 %)
- Stenose bis hin zum Ileus.

Diagnostik

Divertikulose. Oftmals ein Zufallsbefund bei Routine-Koloskopie.

Divertikulitis:

- Anamnese und Klinik: Unterbauchschmerzen links
- Endoskopie: Koloskopie im entzündungsfreien Intervall. Wegen der erhöhten Perforationsgefahr in der akuten Phase kontraindiziert
- Sonografie: Darstellung von Divertikeln und verdickten Darmabschnitten (**Target-Zeichen**)
- CT oder MRT: sicherste Nachweisverfahren für Divertikel.

Differenzialdiagnose

Chronisch-entzündliche Darmerkrankungen wegen der Neigung zur Fistelbildung, v. a. Morbus Crohn. Kolonkarzinom, Adnexitis, Reizdarmsyndrom.

Therapie

Divertikulose. Faserreiche Kost und evtl. Verabreichung milder Laxanzien auf Zellulose- oder Agar-Basis.

Divertikulitis:

- Im Schub zunächst Antibiose mit Breitbandantibiotikum. Stuhlregulierung und evtl. Nahrungskarenz bei drohendem Ileus
- Nach Abklingen des Schubs Evaluation der Operationsindikation. Im OP-Fall Resektion des betroffenen Darmabschnitts
- **OP-Indikationen** im akuten Schub sind freie Perforation mit Peritonitis, Ileus und größere Blutung.

Prognose

Chronischer Verlauf mit Rezidiven und oft längeren symptomfreien Intervallen.

Polypen des Dickdarms

Definition

Polypen sind Schleimhautvorwölbungen in das Darmlumen. Je nach Wuchsform können sie in gestielte, villöse oder breitbasige Polypen unterteilt werden.

Gestielte Polypen haben ein niedriges Malignitätsrisiko, breitbasige Polypen ein hohes Malignitätsrisiko.

Ätiopathogenese

Polypen kommen bei 10 % der westlichen Bevölkerung vor.

Histologische Unterscheidung in:

- Entzündliche Polypen: gutartige Veränderungen der Schleimhaut
- Hyperplastische Polypen: ebenfalls gutartig
- Adenome: hier Gefahr der Entwicklung eines Kolonkarzinoms!
- Hamartome.

Sonderformen der Polypen:

- Familiäre adenomatöse Polyposis (FAP)
- Cronkhite-Canada-Syndrom
- Harmatöse Polyposis-Syndrome
- Familiäre juvenile Polyposis
- Peutz-Jeghers-Syndrom
- Cowden-Syndrom.

Klinik

Meist asymptomatischer Zufallsbefund bei einer Koloskopie.

Klinik und Therapie seltenerer Formen → Kasten.

Familiäre adenomatöse Polyposis. FAP. Erste Polypen ab 30. Lj., erste Symptome – Blut- und Schleimbeimengungen, Bauchschmerzen – ab 40. Lj. Bei Diagnosestellung ist oft schon ein invasives Karzinom vorhanden. Mit der Geburt bei ⅔ Pigmentepithel der Iris vermehrt. Vermehrt Schilddrüsen- und Weichteiltumore.
Therapie: totale **Kolonektomie** mit Ileumreservoir (Pouch). Eine subtotale Resektion sichert zwar die normale Kontinenz und erhöht die Lebensqualität, bei jedem 10. entwickelt sich aber ein Rektumkarzinom. Regelmäßige Kontrolle des Dünndarms, Familienuntersuchung.
Sonderform **attenuierte FAP**: weniger Polypen, aber höheres Entartungsrisiko.

Cronkhite-Canada-Syndrom. Sehr selten. Ab 40. Lj. Polypose des Magens, Dünndarms und Kolons, Malabsorption, diffuse Pigmentierung der Haut, Alopezie, Atrophie der Nägel, Hypoproteinämie.
Therapie: Versuch mit Cromoglicinsäure und Glukokortikoiden.

Familiäre juvenile Polyposis. Hamartome, seltener Adenome. Kolon > Dünndarm. In 10 % maligene Entartung.
Therapie: regelmäßige koloskopische Kontrollen, ggf. Abtragen und/oder Darmresektion.

Peutz-Jeghers-Syndrom. Hamartome im gesamten Magen-Darm-Trakt, v. a. Dünndarm und extraintestinal mit Pigmentflecken an Mundschleimhaut, Lippen und peroral. Gelegentlich Darmadenome und dadurch erhöhtes Karzinomrisiko, vermehrt Mamma- und Gonadentumore.
Therapie: regelmäßige Kontrollen.

Cowden-Syndrom. Hamartome aller drei Keimblätter:
- Fast immer: Haut- und Schleimhautläsionen mit Papeln und Hyperkeratosen. Makrozephalus
- Häufig: Darmpolypen, -adenome, Schilddrüsenzysten, -adenome, Struma
- Oft: Mammatumore

Therapie: Kontrollen, ggf. Resektion. 40 % entwickeln ein Malignom.

Komplikationen
Karzinomatöse Entartung von Adenomen. Blutungen, Obstruktionen.

Diagnostik
Bildgebende Verfahren:
- Rektoskopie, Koloskopie, digital rektale Untersuchung
- Endorektaler Ultraschall bei Rektumadenomen zur Bestimmung der Dicke des Adenoms
- Evtl. **Hydro-MRT** des Dünndarms und/oder **Videokapsel-Endoskopie** bei Polyposis-Syndromen zum Nachweis von Dünndarmpolypen.

> Wird ein **Adenom** diagnostiziert, muss immer nach weiteren Adenomen gesucht werden, da in 30 % der Fälle mehrere vorliegen! Ein **Polyp** muss immer komplett entfernt und histologisch aufgearbeitet werden. Eine Biopsie alleine ist nicht ausreichend.

Therapie
Konservativ. Abtragung kleiner, gestielter Polypen während der Koloskopie mit der Zange oder einer elektrischen Schlinge.

Operativ. Villöse Adenome oder größere Polypen über 3 cm Durchmesser müssen unter Umständen operativ entfernt werden.

Prognose
Gute Prognose bei Polypen, die früh entdeckt und entfernt werden. Wurden bereits ein oder mehrere Adenome entfernt, muss nach 3 Jahren zur Kontrolle koloskopiert werden. Ist diese Koloskopie ohne Befund, reicht es, in 5 Jahren erneut zu untersuchen.

Kolorektales Karzinom

Synonym
Dickdarmkrebs, Enddarmkrebs.

Definition
Kolonkarzinom. Der Tumor ist mindestens 16 cm von der Anokutanlinie entfernt.

Ätiopathogenese
Bei 5 % der Kolonkarzinome liegen genetische Syndrome als Ursache vor. Sporadisch auftretende Karzinome haben häufig ihre Ursache in wiederkehrenden Mutationen in Tumorsuppressorgenen und Protoonkogenen, die über die Bildung von Adenomen bis hin zum Karzinom führen.
Kolonkarziome werden am häufigsten im Rektum lokalisiert (→ Tab. 7.11).

> **Adenom-Karzinom-Sequenz**
> Beschreibt den Übergang vom normalen Schleimhautepithel übers Adenom zum Karzinom:
> - Normalepithel: Mutation oder Verlust des Tumorsuppressorgens
> - → Adenom 1 (≤ 1 cm; tubulär): Mutation des K-RAS-Onkogens
> - → Adenom 2 (tubulovillös; mittelgradige Dysplasie): Mutation des DCC-Tumorsuppressorgens
> - → Adenom 3 (≥ 2 cm; villös; hochgradige Dysplasie): Mutation des p53-Suppressorgens
> - → Karzinom.

Risikofaktoren für ein Kolonkarzinom:
- Adenome: erhöhtes Risiko vor allem bei Adenomen > 1 cm und multiplem Vorkommen
- Positive Familienanamnese: Dadurch erhöht sich das Risiko um den Faktor 2–3. Bei 25 %

Tab. 7.11 Lokalisation der Kolorektalkarzinome

Position	Häufigkeit
Rektum	50 %
Sigma	25 %
Zökum (→ Abb. 7.5) und Colon ascendens	ca. 15 %
übriges Kolon	ca. 10 %

Tab. 7.12 Klassifikation des Kolonkarzinoms nach Dukes

Stadium	Definition	5-Jahres-Überlebensrate
A	Tumor auf Mukosa und Submukosa begrenzt	› 95 %
B	• Invasion der Muscularis mucosae • Komplette Penetration der Muscularis propria und lokale Infiltration der Umgebung	• › 90 % • 70–90 %
C	Lymphknotenbefall, unabhängig vom Primarius	40–75 % (je nach N-Stadium)
D	Fernmetastasen	‹ 30 %

der Kolonkarzinom-Patienten liegt eine positive Familienanamnese vor.

- Alter: Die Inzidenz verdoppelt sich bei über 40-Jährigen alle 10 Jahre. 90 % der Kolonkarzinome treten nach dem 60. Lebensjahr auf.
- Colitis ulcerosa: Das Risiko steigt um den Faktor 5.
- Familiäre Adenopolyposis coli (FAP): Karzinomrisiko **100 %**!

Ausbreitung und Metastasierung:

- Wachstum per continuitatem in das umliegende Gewebe: Blase, Uretren, Prostata, Uterus, Ovarien
- Lymphogene Metastasierung längs der versorgenden Blutgefäße entlang dreier Metastasierungswege:
  - Hoch sitzende Karzinome: über 8 cm ab Anokutanlinie. Metastasieren ausschließlich in die paraaortalen Lymphknoten
  - Mittelständig sitzende Karzinome: 4–8 cm ab Anokutanlinie. Metastasieren zusätzlich in die Beckenlymphknoten
  - Tief sitzende Karzinome: 0–4 cm ab Anokutanlinie. Metastasieren zusätzlich in die inguinalen Lymphknoten und haben die schlechteste Prognose
- Hämatogene Metastasierung, dem venösen Abstrom folgend, v. a. in die Leber und über die V. portae in die Lunge.

> Bei Diagnosestellung haben 25 % der Patienten bereits Lebermetastasen!

Klinik

- Unspezifische Symptome, Leistungsminderung, Müdigkeit
- Ileus bei Sigma- und Rektumkarzinomen
- Chronische Blutungsanämie, Schmerzen, evtl. tastbarer Tumor
- Beim Rektumkarzinom findet sich häufig Blut im Stuhl.

Komplikationen

Ileus, Blutungsanämie.

Diagnostik

Invasiv. Rektoskopie und Koloskopie zur Tumorsuche.

Bildgebende Verfahren:

- Evtl. Spiral-CT oder 3D-MRT zur Tumorsuche, falls keine vollständige Koloskopie möglich ist
- Rektale Sonografie zur Feststellung der Tumordicke
- Sonografie der Leber und Röntgen-Thorax zur Metastasensuche.

Labor:

- Bestimmung des CEA-Spiegels (karzinoembryonales Antigen) im Serum zur Verlaufskontrolle nach Radikaloperation
- Nachweis von mRNA des Antigens HL-6, welches tumorassoziiert ist und sensitiver als CEA.

> Durch digital-rektale Untersuchung können 10 % der kolorektalen Karzinome erfasst werden.

Therapie

Operativ. Tumorresektion mit einem Sicherheitsabstand von 5 cm zum gesunden Gewebe und Entfernung der lokalen Lymphknoten.

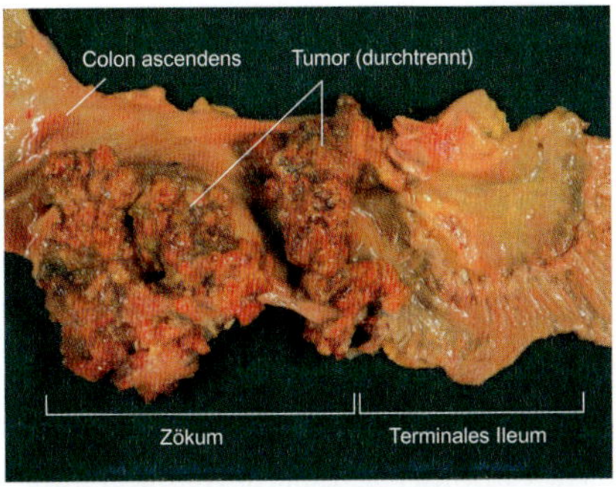

Abb. 7.7 Adenokarzinom im Zökumbereich, das einen Ileus verursacht hat (OP-Präparat) [M 207]

Medikamentös:
- Neoadjuvante Therapie: präoperative Radio-Chemotherapie mit 5-FU **ab Stadium B** nach Dukes (→ Tab. 7.12)
- Adjuvante Therapie: **ab Stadium C** nach Dukes. 6-monatige Gabe von Oxaliplatin. Die Einnahme von 5-FU und Folinsäure über 6 Monate nach Operation verbessert die 5-Jahres-Überlebensrate. Nach 5 Jahren besteht bei 70 % der Patienten Tumorfreiheit.

Palliativ. Erhaltung der Darmpassage durch Kryolaser- oder Elektrotherapie, evtl. Stent-Einlage in betroffenen Darmabschnitt.

Prognose

Die 5-Jahres-Überlebensrate beläuft sich beim Stadium Dukes A auf über 95 %, bei Dukes B auf bis zu 90 % und bei Dukes C auf bis zu 75 %, je nach Lymphknotenbefall (→ Tab. 7.12). Im Stadium D nach Dukes liegt die 5-Jahres-Überlebensrate bei unter 30 %. Durch adjuvante Chemotherapie im Stadium C nach Dukes kann die Prognose um 10 % verbessert werden.

Prophylaxe

Krebsvorsorgeuntersuchung ab dem 40. Lebensjahr: Inspektion von Anus und rektale Austastung.
Ab dem 50. Lebensjahr: zusätzlich Haemoccult®-Test. Ist dieser positiv, wird eine Koloskopie durchgeführt.

Reizdarmsyndrom

Synonym

Colon irritabile, Reizkolon, spastisches Kolon.

Definition

Symptomkomplex mit Verdauungsbeschwerden, Unterbauchschmerzen, Diarrhö und Obstipation. Ohne pathologisch fassbare Ursache.

Ätiopathogenese

Auslösend sind psychosoziale Faktoren wie Stresssituationen, psychische Belastungen wie Depressionen oder Angststörungen sowie Nahrungsaufnahme.
Als Ursachen nimmt man an:
- **Störungen der Darmmotilität**: inadäquat starke oder schwache Kontraktionen des Kolons
- **Verändertes Reizempfinden**: Die Schmerzschwelle der viszeralen Nerven ist deutlich herabgesetzt.

Klinik

- Obstipation, Diarrhö, Spannungs- und Druckgefühl im Ober- oder Unterbauch, Schmerzen, Schleimabgang
- Begleitend oft depressive Verstimmung, Angstzustände, Müdigkeit, Krankheitsgefühl.

Typisch ist, dass die Symptome sich nach Defäkation bessern und dass die Diarrhö den Nachtschlaf nicht beeinflusst.

Cave: Symptome wie Gewichtsverlust, Leistungsabfall, Fieber wie auch mikro- oder makroskopische Blutungen aus dem Gastrointestinaltrakt sowie Diarrhö, die auch nachts auftritt, sind immer auf eine organische Ursache hin abzuklären und schließen ein Reizdarmsyndrom aus!

Diagnostik

Die Diagnostik dient der Abgrenzung gegenüber einer anderen organischen Erkrankung.

Anamnese. Folgende **Rom-II-Konsensus-Kriterien** der American Gastroenterological Association müssen innerhalb der letzten 12 Monaten über einen Zeitraum von mind. 3 Monaten bestanden haben:
- Defäkation führt zur Besserung
- Stuhlfrequenz ändert sich bei Beginn der Beschwerden
- Stuhlbeschaffenheit ändert sich bei Beginn der Beschwerden.

Bildgebende Verfahren:
- Sonografie: Abdomen inklusive Kolonverlauf
- Koloskopie, Rektoskopie, digitorektale Austastung.

Labor. Auswertung eines Laktose-Belastungstests.

Differenzialdiagnose
Chronisch-entzündliche Darmerkrankungen, Divertikulitis, Gastritis, Zöliakie. Erkrankungen von Leber, Milz oder Pankreas. Laktose- oder Fruktoseintoleranz.

Therapie
Eine wirksame kausale Therapie ist nicht bekannt. Im Vordergrund stehen das Patientengespräch und die Aufklärung über die Harmlosigkeit des Befunds.

Allgemein. Maßnahmen, die helfen können:
- Diätetische Beratung: kleine Mahlzeiten, Verzicht auf blähende Nahrungsmittel, faserreiche Kost
- Autogens Training und Wärmeanwendungen.

Medikamentös. Eine Diarrhö wird mit Loperamid und eine Obstipation mit milden Laxanzien behandelt.

Prognose
In der Regel ist der Krankheitsverlauf chronisch. Nur ein Drittel der Patienten profitiert von den therapeutischen Maßnahmen. Trotz dem erheblichen Leidensdruck der Patienten und der offensichtlichen Symptome drohen auch bei langjährigem Verlauf der Erkrankung keine physischen Schäden.

CHECK-UP
- ☐ Nennen Sie drei Risikofaktoren für die Entstehung eines Kolonkarzinoms!
- ☐ Wo sind Kolonkarzinome am häufigsten lokalisiert?
- ☐ Nennen Sie zwei Therapieoptionen für das Kolonkarzinom!

Erkrankungen des Anorektums

Stuhlinkontinenz

Definition, Klinik
- Schweregrad I: Stressinkontinenz
- II: breiiger Stuhl kann gehalten werden
- III fester Stuhl kann gehalten werden
- IV: komplette Inkontinenz.

Ätiopathogenese
- Fehlender anorektaler Winkel
- Muskuläre Sphinkterinsuffizienz, z. B. Tumoren, Tumorresektion, Fistelspaltung, Dammriss, aber auch Beckenbodeninsuffizienz
- Gestörte lokale Sensibilität, z. B. Darmentzündung, Diarrhö, Rektumprolaps, Voroperationen, die Nerven geschädigt haben
- Zentrale Störung: Querschnittslähmung, Schlaganfall, MS, Demenz
- Psychisch, z. B. Regression.

Diagnostik
Proktoskopie, Sphinktermanometrie, Elektromyografie, Defäkografie.

Therapie
- Beckenbodentraining, elektrische Stimulation, Biofeedback-Systeme
- Stuhlregulation, abnehmen
- Operative Rekonstruktion.

Prognose
Abhängig von der Ursache. Selten kann ein Kolostoma die beste Möglichkeit sein.

Rektumprolaps

Definition
Vorfall aller Rektumschichten bei Beckenboden- und Sphinkterinsuffizienz.

Ätiopathogenese
Kinder, ältere Frauen nach mehreren Geburten.

Klinik
Nässen, Stuhlinkontinenz. Bei Ulzerationen Blutungen.

Diagnostik
Inspektion mit zirkulären Schleimhautfalten. Differenzialdiagnose Analprolaps: radiäre Schleimhautfalten.

Therapie
Reponieren. Bei Älteren oft operative Fixierung (Rektopexie).

Prognose
Bei Kindern gut, bei Älteren oft Operation.

Rektumulkus

Synonym
Ulcus recti simplex.

Definition
Singuläres Ulkus, v. a. bei jungen Erwachsene, Frauen > Männer.

Ätiopathogenese
Ursache unklar: Vorstufe eines inneren Rektumprolapses? Selten auf dem Boden einer Gefäßanomalie.

Klinik
Meist asymptomatisch, anorektale Schmerzen, Blut und Schleim.

Diagnostik
Verhärtung in 6–10 cm Tiefe, Proktoskopie mit Biopsie, um Karzinom auszuschließen.

Therapie
Stuhlregulierung, Sucralfat-Einläufe, selten Resektion.

Prognose
Gut.

Hämorrhoiden

Definition
Hypertrophie und Ektasie des Plexus haemorrhoidales, eines für die Schlussfunktion wichtigen Schwellkörpers. 4 von 5 Erwachsenen hat Hämorrhoiden. Von diesen arteriellen „inneren" Hämorrhoiden sind die venösen „äußeren" abzugrenzen, die unterhalb der Linea dentata liegen und mit Plattenepithel überzogen sind (→ Perianalthrombose).
Grade:
- I: örtlich begrenzte Plexuserweiterung
- II: Prolaps bei intraabdomineller Druckerhöhung und spontane Reposition
- III: Prolaps bei intraabdomineller Druckerhöhung, manuelle Reposition möglich
- IV: ständiger Prolaps.

Ätiopathogenese
- Neben einer Disposition spielt eine chronische oder rezidivierende Druckerhöhung eine Rolle: Abdominell: u. a. viel sitzen, Übergewicht, chronische Obstipation
- In Gefäßen: portale Hypertension.

Klinik
Hellrotes Blut auf dem Stuhl, am Toilettenpapier. Analekzem mit Pruritus ani.

Diagnostik

Körperliche Untersuchung. Inspektion zeigt evtl. bläuliche, knotige Vorwölbungen, die rektale Untersuchung tastbare Knoten und oft einen erhöhten Sphinktertonus. Beides kann jedoch unauffällig sein.

Proktoskopie. Zeigt v. a. in 3, 7 und 11 Uhr, den Austrittsstellen der A. rectalis superior, Vorwölbungen. Gleichzeitig kann oft mit der Therapie begonnen werden.

Therapie
- Stuhlregulierung, abnehmen
- Lokal: Analhygiene, antiphlogistische Salben oder Suppositorien, Lokalanästhetika, Adstringenzien (weshalb manche Hämorrhoidensalben gegen (Feier-)Tränensäcke nehmen …)
- Grad I und II: Gummibandligatur, Sklerosierung, oft wiederholt
- Grad III und IV: operative Hämorrhoidektomie.

Prognose
Nach Operation gut.

Analfissur

Definition
Längs verlaufender Riss im Analkanal, der bis zum inneren Sphinkter reichen kann, meistens hinten.

Ätiopathogenese
Unklar. Obstipation, Analverkehr, Schleimhautentzündungen.

Klinik
Schmerzen beim und nach Stuhlgang, Blutung, hoher Sphinktertonus.

Diagnostik
Rektale Untersuchung, oft Lokalanästhesie erforderlich.

Therapie
Lokale, medikamentöse Sphinkterrelaxation, z. B. mit Kalziumantagonisten- oder Nitrat-haltigen Salben. Stuhlregulation, Analhygiene.

Erste Erfolge mit Botulinustoxin.
Exzision und Sphinkterotomie nur, wenn die Fissur therapierefraktär ist, da Inkontinenzgefahr besteht.

Prognose

Oft gut, aber immer wieder lange Therapiedauer oder Operation.

Perianalthrombose

Synonym

Analvenenthrombose.

Definition

Thrombosierung von Venen des äußeren Hämorrhoidalplexus.

Ätiopathogenese

Entzündungen z. B. durch Durchfall, langes Sitzen, oder heftiges Pressen führen zur Thrombosierung.

Klinik

Sehr schmerzhafter, livider, praller Knoten mit Epidermisüberzug.

Diagnostik

Klinik.

Therapie

Stichinzision und Thrombus ausdrücken.

Prognose

Gut. Oft bleiben Marisken, Hautfalten durch die Überdehnung.

Analekzem

Ätiopathogenese

Alles, was die empfindliche Haut und Schleimhaut des Analkanals reizt:

- Diarrhö, scharfe Gewürze
- Hämorrhoiden
- Kontaktallergie, z. B. durch Salben, Seifen, Hämorrhoidenmittel
- Wurmeier des Enterobius vermicularis (Oxyuren, Madenwurm)
- Schlechte Hygiene
- Fisteln.

Klinik

Pruritus ani, Ekzem, Kratzer.

Diagnostik

Anamnese, Inspektion, Tesafilm (Wurmeier?), Proktoskopie.

Therapie

Analhygiene mit Wasser, pflegende Salben. Grunderkrankung behandeln.

Prognose

Außer den Fisteln bei Morbus Crohn lassen sich die Ursachen gut behandeln.

Analabszess, Analfistel

Definition

Formen der Fistel:

- Inkomplett (blindes Ende) oder komplett mit Öffnung zum Analkanal oder perianal
- Intersphinktär: zwischen innerem und äußerem Sphinkter
- Transsphinktär: quer durch einen Sphinkter
- Submukös.

Ätiopathogenese

Ausgehend von Entzündungen der Analdrüsen (Proktodealdrüsen) an der Linea dentata oder Rektumschleimhautläsionen bei Morbus Crohn entwickeln sich gelegentlich Abszesse oder Fisteln.

Klinik

- Allgemeine Infektionszeichen wie Fieber
- Schmerzen im Sitzen und bei Stuhlgang
- Sekretion aus Fisteln

Diagnostik

Endoskopie und Sonografie zeigen Lokalisation und Ausmaß nicht immer gut, das MRT schon besser. Oft erst intraoperativ genaue Ausdehnung sichtbar.

Therapie

Letztlich hilft fast immer nur eine operative Spaltung und offene Wundbehandlung. Fadeneinlegen u. Ä. verhindern oft Abzessbildungen, führen aber selten zur Abheilung. Beim Morbus Crohn reicht gelegentlich eine antibiotische und immunsuppressive Therapie, alllerdings mit vielen Rezidiven.

Analkarzinom

Definition

Selten. Plattenepithelkarzinom im Analkanal.

Ätiopathogenese

Klinik

Pruritus ani, Blutung, schmerzhafter Stuhlgang.

Lymphogene Metastasierung in inguinale Lymphknoten, selten hämatogene Metastasierung.

Diagnostik
Inspektion, Biopsie.

Therapie
In frühen Stadien kontinenzerhaltene Exzision, sonst Radiochemotherapie.

Prognose
5-JÜR ⅔.

CHECK-UP

- [ ] Welche Ursachen einer Stuhlinkontinenz gibt es?
- [ ] Wie werden Hämorrhoiden in Stadien eingeteilt? Wie wird stadiengerecht therapiert?

8 Leber, Galle, Pankreas

Erkrankungen der Leber

Ikterus

Synonym
Gelbsucht.

Definition
Gelbfärbung von Haut, Skleren und Schleimhäuten durch einen Anstieg des Bilirubin-Spiegels im Blut.

Ätiopathogenese
Bilirubin entsteht zu 80 % als Abbauprodukt des Häm, zu 20 % aus Myoglobin und Leberenzymen. Täglich fallen ca. 300 mg davon an. Ab einer Konzentration von über 2 mg/dl Gesamtbilirubin kann eine Gelbverfärbung der Skleren beobachtet werden. Bilirubin kommt in zwei Formen vor:

- Als indirektes Bilirubin = unkonjugiertes, d.h. ungebundenes, Bilirubin. Ist lipophil
- Als direktes Bilirubin = konjugiertes Bilirubin, d.h., es wird in der Leber mit Glukuronsäure gekoppelt. Ist daher hypophil.

Es gibt verschiedene **Formen des Ikterus**:

- **Prähepatischer Ikterus**: wird hervorgerufen durch vermehrten Blutabbau bei Hämolyse, durch Störungen der Erythropoese und dadurch bedingtem vermehrten Untergang von Erythrozyten sowie durch den Abbau großer Hämatome.
- **Intrahepatischer Ikterus**: Dabei sind die zelluläre Aufnahme, die Konjugation oder die zelluläre Ausscheidung von Bilirubin in der Leber gestört.
  - Störung der Bilirubin-Aufnahme: medikamentös bedingt (Rifampicin, Röntgen-Kontrastmittel)
  - Konjugationsstörung: angeborene Störungen der Glukuronidierung durch verminderte Aktivität der UDP-Glukuronyl-Transferase, wie es beim Crigler-Najjar-Syndrom und Morbus Gilbert-Meulengracht der Fall ist. Neugeborenen-Ikterus durch vermehrten Abbau des fetalen Hb, aber auch durch die unreife UDP-Glukuronyl-Transferase
  - Störung der Bilirubin-Ausscheidung = **intrahepatische Cholestase**: Es wird weniger Bilirubin von der Zelle in die Gallengänge abgegeben.
  - Ursachen: Hepatits, dekompensierte Zirrhose, Stauungsleber, primär-biliäre Zirrhose oder familiäre Syndrome, die mit einer Störung der Bilirubin-Exkretion einhergehen wie das Dubin-Johnson- oder Rotor-Syndrom. Des Weiteren postoperativ, bei Sepsis und nach Infiltration durch maligne Zellen
- **Posthepatischer Ikterus**: hervorgerufen durch einen Verschluss oder Teilverschluss der extrahepatischen Gallenwege = **extrahepatische Cholestase.**
  Ursachen: Gallensteine, Tumoren des Pankreaskopfes oder der Gallenwege, Tumoren der Papilla Vateri, biliäre Atresie (angeborene

Tab. 8.1 Differenzialdiagnose des Ikterus

	Prähepatisch	Intrahepatisch	Posthepatisch
Ursache	Hämolyse	Parenchymschäden	Cholestase
Juckreiz	Nein	Evtl.	Ja
Stuhlfarbe	Dunkel	Hell bis dunkel	Hell
Serumwerte • Indirektes Bilirubin • Direktes Bilirubin • GOT und GPT • AP und γ-GT	 • ↑↑ • Normal • Normal • Normal	 • Normal bis ↑ • ↑↑ • ↑↑ • ↑	 • (↑) • ↑↑ • ↑ • ↑↑
Urin • Bilirubin • Urobilinogen • Urinfarbe	 • – • ↑ • Normal	 • ↑ • ↑↑ • Dunkel	 • ↑ • – • Dunkel

Dysplasie der Gallenwege), Striktur der Gallenwege bei primär sklerosoerender Cholangitis und bei Zustand nach Cholezystektomie

Diagnostik

Labor:

- **Blut**: direktes und indirektes Bilirubin, GOT und GPT, AP (empfindlichster Indikator für eine Cholestase), γ-GT
- **Urin**: Urobinogen, Bilirubin, Farbe des Urins
- **Stuhl**: Farbe des Stuhls.

Begleiterscheinung. Juckreiz.

Differenzialdiagnose

Zur Differenzialdiagnose des Ikterus siehe → Tabelle 8.1.

Therapie

Therapie der auslösenden Erkrankung.

Primär-biliäre Zirrhose

Synonym

Primär-biliäre Cholangitis.

Definition

Chronisch fortschreitende cholestatische Erkrankung, vor allem der mikroskopisch kleinen intrahepatischen Gallengänge. Die Krankheit verläuft nicht eitrig und destruierend. Sie führt zu einer biliären Zirrhose.

Ätiopathogenese

Die Ätiologie ist unbekannt. Über 90 % der Patienten sind Frauen. Zur Diskussion steht eine autoimmune Genese. Eine immunsuppressive Therapie ist jedoch unwirksam. Auf histologischer Ebene wird die Erkrankung in vier Stadien eingeteilt (→ Tab. 8.2).

Tab. 8.2 Histologische Stadien der primär-biliären Zirrhose

Stadium	Histologie
1	Infiltration der Portalfelder und der kleinen Gallengänge durch Lymphozyten, Monozyten und epitheloidartige Granulome
2	Gallengangsproliferation mit Pseudogallengängen
3	Mottenfraßnekrosen und Duktopenie durch Untergang der kleinen Gallengänge
4	Biliäre Zirrhose, makroskopisch dunkelgrüne Leber

Klinik

- Frühsymptome **fehlen**.
- Im Labor fallen zunächst die erhöhte AP und γ-GT auf.
- Im Verlauf kommt es zu Juckreiz, Leistungsknick und cholestatischem Ikterus.
- Evtl. xanthematöse Ablagerungen in den Handlinien und -innenflächen, der Achillessehne sowie den Ober- und Unterlidern
- Dunkelverfärbung der Haut durch Melaninablagerungen
- Weitere Symptome der Cholestase sind Fettstuhl, Vitamin-Mangel und Osteoporose.
- Das Endstadium ist eine biliäre Zirrhose.
- Assoziation zu Autoimmunerkrankungen: Sjögren-Syndrom, Sklerodermie, systemischer Lupus erythematodes, Polymyositis, rheumatoide Arthritis, Autoimmunthyreoiditis.

Diagnostik

Labor:
- Erhöhung von γ-GT, AP, Transaminasen (nur gering erhöht). Hypercholesterinämie. Im Spätstadium Anstieg des Bilirubins
- In 90 % der Fälle Nachweis von anti-mitochondrialen Antikörpern (AMAs) im Serum v.a. des Subtyps 2
- In der Serumelektrophorese Erhöhung der γ-Globuline, verursacht durch eine IgM-Erhöhung.

Invasiv. Leberpunktion zur Diagnosesicherung und Stadiumeinteilung. Die Punktion ist nicht zwingend notwendig, wenn AMAs nachweisbar sind und das klinische Bild typisch ist.

Differenzialdiagnose

Andere Ursachen einer Cholestase: Leberschäden durch Toxine, Medikamente oder eine Entzündung sowie Gallensteine und primär-sklerosierende Cholangitis (s. u.).

Therapie

Keine kausale Therapie.

Medikamentös. Gabe von **Ursodeoxycholsäure** zur Verbesserung der Ausscheidung von Gallensäure kann die Prognose verbessern. Es sollte frühzeitig damit begonnen werden, evtl. in Kombination mit Kortikosteroiden.

Symptomatisch:
- Linderung des Juckreizes mit Colestyramin. Es bindet an die im Darm sezernierte Gallensäure und unterbricht dadurch den enterohepatischen Kreislauf.
- Bei Maldigestionssymptomen Einhalten einer fettarmen Diät, Gabe von Lyasen zu den Mahlzeiten, Substitution der fettlöslichen Vitamine E, D, K und A
- Osteoporoseprophylaxe.

Operativ. Ultima Ratio ist die Lebertransplantation.

Prognose

Der beste prognostische Parameter ist der Bilirubin-Spiegel. An ihm lässt sich der Krankheitsverlauf abschätzen.
Die 5-Jahres-Überlebensrate beträgt bei asymptomatischen Patienten 90 %, bei symptomatischen Patienten 40 %. Gute Prognose nach Lebertransplantation: Die 10-Jahres-Überlebensrate liegt bei 70–90 %.

Primär-sklerosierende Cholangitis

Definition

Chronisch entzündliche Erkrankung der Leber, die zur fibrotischen Zerstörung der intra- und extrahepatischen Gallengänge führt.

Ätiopathogenese

Die Ätiologie ist unbekannt. Eine Autoimmungenese steht zur Debatte. Für diese Theorie spricht das häufige gemeinsame Auftreten mit Colitis ulcerosa, seltener Morbus Crohn. Es besteht eine Prävalenz für HLA-B8 und HLA-DR3.
Histologie:
- Periportales Ödem
- Um die Gallengänge bilden sich zwiebelschalenartige Fibrosen, die zur narbigen Zerstörung und zur Ausbildung von Mottenfraßnekrosen führen.
- Bildung bindegewebiger Septen, die den zirrhotischen Umbau der Leber markieren.

Klinik

Frühsymptome fehlen.
- Labor: Erhöhung der AP und der γ-GT, oft als Zufallsbefund
- Im weiteren Verlauf: Juckreiz, Ikterus, Abgeschlagenheit, Oberbauchbeschwerden
- Schließlich kommt es zur biliären Zirrhose, die in ein chronisches Leberversagen mündet.
- Komplizierend können bakterielle Cholangitiden auftreten.

Diagnostik

Labor. Erhöhung AP und γ-GT. Später erhöhtes Bilirubin und Hypercholesterinämie.

ERCP. Goldstandard. Nachweis von 0,5–2 cm langen Strikturen und divertikelartigen Veränderungen der Gallenwege (perlschnurartig).

MRCP. Alternative zum ERCP. Hat eine Sensitivität von 90 %.

Differenzialdiagnose

Andere Ursachen für Juckreiz. Intra- und extrahepatische Cholestase.

Therapie

Keine kausale Therapie verfügbar.

Symptomatisch:
- Hochdosiert Ursodeoxycholsäure: vermindert Pruritus, verbessert Prognose
- Beseitigung von Engstellen in den Gallenwegen mit Ballondilatation, selten Stent-Einlage

- Antibiose zur Vermeidung einer bakteriellen Superinfektion der verengten Gallengänge
- Ultima Ratio: Lebertransplantation.

Prognose
Die Prognose des intra- und extrahepatischen Befalls ist mit einer Lebenserwartung von 4–10 Jahren weit schlechter als die des rein intrahepatischen Befalls, bei dem die Prognose sehr gut ist.

Hämochromatose

Synonym
Eisenspeicherkrankheit, primäre Siderose, Hämosiderose, Siderophilie.

Definition
Autosomal-rezessiv vererbte Eisenspeicherkrankheit, die in verschiedenen Geweben zu Eisenüberladung führt, wodurch es zu multiplem Organversagen, v. a. Leberversagen, kommen kann.

Ätiopathogenese
Es gibt zwei Formen der Eisenspeicherkrankheit:

Primäre, idiopathische oder hereditäre Form. Es liegt eine Mutation in dem Gen vor, das die Eisenaufnahme im Dünndarm steuert. Die Mutation führt zu einer 2- bis 3-mal höheren Eisenabsorbtion und dadurch zu erhöhter Eiseneinlagerung. Entweder wird das Eisen als Ferritin in Parenchymzellen oder als Hämosiderin in Zellen des retikulo-endothelialen Systems eingelagert. Zusätzlich ruft die toxische Wirkung des Eisens eine vermehrte Kollagenbildung und damit die Fibrosierung des betroffenen Gewebes hervor.

Sekundäre, erythropoetische Form. Sie tritt bei hämolytischen Anämien mit Eisenüberladung aufgrund von gestörter Erythropoese auf, v. a. bei der Thalassämie und dem myelodysplastischen Syndrom. Durch die Anämie kommt es zur gesteigerten Eisenabsorbtion aus dem Darm. Außerdem ergibt sich durch die Vollblut-Transfusionen bei Anämie eine erhöhte parenterale Eisenzufuhr.
Bei **Frauen** wird die Hämochromatose aufgrund des Eisenverlusts über das Menstruationsblut zu 10 % seltener manifest, obwohl sie genotypisch in selbem Maße betroffen sind.

Klinik
Schäden durch Eisenablagerung:
- Leberzirrhose
- Splenomegalie
- Sekundäre (dilatative) Kardiomyopathie
- Diabetes mellitus
- Endokrine Störungen
- Schmerzhafte Arthropathien.

Diagnostik
Labor:
- Erhöhung des Ferritins auf Werte über 300 µg/l
- Transferrinsättigung über 45 % bei Frauen und über 50 % bei Männern
- Nachweis der Mutation des **HFE-Gens** (high iron Fe, hereditäres-Hämochromatose-Protein HLA-H).

Leberbiopsie. Eisengehalt.

Therapie
Zielwert für Ferritin. Unter 50 µg/ml.

Allgemein. Diätische Maßnahmen: eisenarme Diät. Schwarzer Tee und Kaffee, zu den Mahlzeiten getrunken, hemmt die Eisenaufnahme.

Aderlass. Zu Beginn wöchentlich 500 ml Blut, wodurch jedes Mal 250 mg Eisen entfernt werden. Wenn eine mikrozytäre Anämie erreicht ist, nur noch vierteljährlich wiederholen.

Medikamentös. V.a. bei sekundären Formen, bei primären nur in fortgeschrittenen Fällen mit Anämie und damit Kontraindikation zum Aderlass.
- Deferoxamin per Dauerinfusion über 12 Stunden oder subkutan
- Alternativ Deferasirox als Oralpräparat.

> **Cave**: **Deferoxamin** ist neurotoxisch, während **Deferasirox** zu Transaminasen- und Kreatinin-Anstieg und zu gastrointestinalen Störungen führen kann.

Prognose
Beginnt die Therapie vor dem Zirrhosestadium, haben die Betroffenen eine normale Lebenserwartung.

Morbus Wilson

Synonym
Hepatolentikuläre Degeneration.

Definition
Kupferspeicherkrankheit, die autosomal-rezessiv vererbt wird und zu Kupferablagerung in Leber, ZNS, Augen und Nieren führt.

Ätiopathogenese
Der Gen-Defekt des Wilson-Gens ist auf Chromosom 13 lokalisiert. Es sind 250 verschiedene Mutationen bekannt. In Mitteleuropa ist die Mutation HIS 1069Gln am häufigsten.
Durch den Gendefekt kommt es zu einer verminderten Kupferausscheidung über die Leber. Die Niere kann den Mehranfall nicht ausgleichen, sodass das Kupfer im Körper akkumuliert wird. Normalerweis wird 95 % der Serumkupfers an Coeruloplasmin gebunden. Von diesem Plasmaprotein ist bei Morbus Wilson nur sehr wenig vorhanden.

Klinik
Leber. Über die Entwicklung einer Fettleber kommt es zur chronischen Hepatitis, die in ein Leberzirrhose mündet.

Augen. Kupferablagerung in der Descemet-Membran führen zu einer goldbraun-grünlichen Verfärbung des Kornealrands, als Kayser-Fleischer-Ring bezeichnet.

ZNS-Beteiligung. Symptome wie bei Morbus Parkinson mit Rigor, Tremor, Dysarthrie und psychischen Störungen.

Hämolytische Anämie. Coombs negativ. Kann Erstsymptom sein.

Seltene Symptome. Nierenbeteiligung mit tubulären Schäden wie Proteinurie, Phosphaturie oder Aminoazidurie.

Diagnostik
Labor:
- Coeruloplasmin im Serum ≤ 15 mg/dl
- Gesamtkupfer im Serum ≥ 70 µg/dl
- Freies Kupfer im Serum ≥ 10 µg/dl
- Kupfer im Urin ≥ 250 µg/Tag
- **Radiokupfer-Test**: Messung des Serum-Kupfers nach Gabe von radioaktiv markiertem Kupfer.

Apparativ. Spaltlampenuntersuchung der Kornea.

Invasiv. Leberbiopsie zum Nachweis eines erhöhten Kupfergehalts (über 250 µg/g Leber) in Verbindung mit erniedrigtem Caeruloplasmin im Serum ist diagnosefestigend.

Therapie
Allgemein. Kupferarme Diät.

Medikamentös:
- **D-Penicillamin**: bindet als Chelatbildner freies Kupfer im Serum, sodass es über die Niere ausgeschieden werden kann
- Alternativ **Triethylentetramin** oder **Zinkazetat**: vermindern die intestinale Kupferresorption.

Prognose
Außer einer Zirrhose bessern sich die Symptome unter einer suffizienten Therapie. Beginnt die Therapie vor dem Auftreten der ersten Symptome, ist die Lebenserwartung nicht eingeschränkt.

Leberzirrhose

Definition
Irreversible Zerstörung des Lebergewebes mit Untergang der Läppchen- und Gefäßstruktur.

Ätiopathogenese
Ursachen:
- Alkoholabusus
- Virushepatitis B, C oder D
- Seltenere Ursachen:
  - Primär biliäre Zirrhose, primär sklerosierende Cholangitis
  - Toxische Wirkung von Medikamenten und Chemikalien
  - Stoffwechselkrankheiten: Morbus Wilson, Hämochromatose, Galaktosämie, Fruktoseintoleranz, Tyrosinose
  - Mukoviszidose, α_1-Antitrypsinmangel,
  - Kardiale Zirrhose, Budd-Chiari-Syndrom (Verschluss der Lebervenen)
  - Bilharziose, Leberegel.

Entstehung der Zirrhose:
Durch ein auslösendes Geschehen (Entzündung, Toxine) kommt es zur Nekrose und schließlich zum fibrotischen Umbau des Lebergewebes. Da die Regeneration des Lebergewebes unkoordiniert abläuft, geht die ursprüngliche Läppchenstruktur der Leber verloren. Stattdessen bilden sich bindegewebige Septen zu Regeneratknoten aus. Die Knoten werden unterschieden in:

- **Mikronoduläre** Regeneratknoten: Durchmesser < 3 mm
- **Makronoduläre** Regeneratknoten: Durchmesser > 3 mm
- **Gemischtknotige** Regeneratknoten.

Klinik

- Abgeschlagenheit, Gewichtsverlust, Ikterus
- Hautzeichen: Spider naevi, Palmarerythem
- Gynäkomastie und Hodenatrophie
- Albumin-Mangelödeme, hepatische Enzephalopathie
- Splenomegalie, evtl. Thrombozytopenie
- Caput medusae und Ösophagusvarizen(-blutung) als Ausdruck der portalen Hypertension
- Hepatorenales Syndrom: Nierenfunktionsstörung mit Oligurie bis hin zur Anurie, die auf eine Vasokonstriktion der renalen Zirkulation zurückzuführen ist
- Hepatopulmonales Syndrom: Lungenfunktionsstörung, die mit Hypoxämie einhergehen kann.

Diagnostik

Labor. Über die Laborwerte lässt sich der Schweregrad der Leberzirrhose bestimmen (→ Tab. 8.3 und → Tab. 8.4).

- Erhöhung von γ-GT, GOT, GPT, Bilirubin, Ammoniak
- Erniedrigung von Cholinesterase, Quick-Wert, AT-3, Protein C, Protein S, Albumin.

Sonografie. Untersuchung des Abdomens:

- Oberfläche inhomogen
- Inhomogens Echomuster mit Regeneratknoten
- Lebervenen rarefiziert, Leberrand abgerundet
- Evtl. vergrößerter Lobus caudatus
- Nachweis von Aszites, Splenomegalie, Erweiterung der Pfortader.

Invasiv. Leberbiopsie zur Diagnosesicherung.

Therapie

Allgemein. Ausschalten der auslösenden Noxen: Alkoholkarenz, Weglassen hepatotoxischer Medikamente.

Kausal:

- Behandlung der Grunderkrankung: Hämochromatose (s. o.), Hepatitis (s. o.), Morbus Wilson (s. o.)
- Behandlung von Komplikationen: Aszites, portale Hypertension (s. u.), Ösophagusvarizenblutung.

Operativ. Ultima Ratio ist die Lebertransplantation.

Prognose

Die 1-Jahres-Überlebensrate beträgt im Stadium Child A 100 %, im Stadium Child B 85 % und im Stadium Child C 35 %.

Akutes Leberversagen

Definition

Ausfall der Leberfunktion mit Ikterus, Gerinnungsstörung und Enzephalopathie, ohne vorliegende chronische Lebererkrankung.

Ätiopathogenese

Ursachen:

- Entzündungen: durch Virushepatitis (65 %), alkoholische Fettleber-Hepatitis, Cholangitis
- Lebertoxine wie Paracetamol oder Halothan
- Akute Schwangerschaftsfettleber, HELLP-Syndrom, Schockleber, Morbus Wilson.

Tab. 8.4 Schweregrad der Leberzirrhose gemäß dem Child-Pugh-Score

Schweregrad	Punkte
Child A	5–6
Child B	7–9
Child C	10–15

Tab. 8.3 Ermittlung des Schweregrads einer Leberzirrhose mittels Child-Pugh-Scoring

Child-Pugh-Kriterium	1 Punkt	2 Punkte	3 Punkte
Albumin (g/dl)	≥ 35	28–35	≤ 28
Aszites	Keine	Wenig	Ausgeprägt
Quick-Wert	≥ 70	40–70	≤ 40
Bilirubin (mg/dl)	≤ 2	2–3	≥ 3
Enzephalopathie	Keine	Leicht	Präkoma, Koma

Klinik

Einteilung nach der Zeitspanne vom Auftreten eines Ikterus bis zum dem Auftreten von enzephalopatischen Syndromen in:

- **Fulminantes Leberversagen**: innerhalb von 7 Tagen
- **Akutes Leberversagen**: innerhalb von 4 Wochen
- **Subakutes Leberversagen**: nach mehr als 4 Wochen.

Symptome:

- Ikterus, Gerinnungsstörung, hepatische Enzephalopathie
- Evtl. Foetor hepaticus, flapping Tremor
- Hyperventilation aufgrund der Ammoniakerhöhung im Blut
- Symptome der auslösenden Grunderkrankung.

Komplikationen

Hirnödem, Magen-Darm-Blutung, akutes Nierenversagen, Hypoglykämie.

Diagnostik

Anamnese. Frage nach Schwangerschaft, Medikamenteneinnahme, Hepatitis-Impfung.

Labor:

- Transaminasen erhöht oder normal, Bilirubin erhöht, Ammoniak erhöht
- Thrombozytopenie, Gerinnungsfaktoren erniedrigt
- Quick-Wert unter 20 %
- Oft Hypokaliämie und Hypoglykämie
- Alkalose.

Differenzialdiagnose

Akut auf chronisches Leberversagen bei Zirrhose.

Therapie

Allgemein. Behandlung der Ursachen, wenn möglich. D. h. Suche nach Toxinen, Schwangerschaft muss ggf. beendet werden.

Substitution. Von Elektrolyten und Gerinnungsfaktoren.

Prognose

Die Prognose ist abhängig von der Geschwindigkeit der Entwicklung eines Leberversagens und der Ätiologie. Ein fulminanter Verlauf ist günstiger als ein protrahierter. Prognostisch ungünstig sind ein Anstieg des α-Fetoproteins und ein Abfall des Hepatozyten-Wachstumsfaktors (HGF). Bei 70 % der Patienten ist ein Hirnödem die Todesursache. Überleben die Patienten ein akutes Leberversagen, erholen sie sich meist vollständig.

Portale Hypertension und Aszites

Synonym

Portale Hypertension: portale Hypertonie, Pfortaderhochdruck.
Aszites: Bauchwassersucht.

Definition

Portale Hypertension: Erhöhung des Pfortaderdrucks auf Werte über 13 mmHg (normal 3–13 mmHg).
Aszites: seröse Flüssigkeitsansammlung in der Peritonealhöhle.

Ätiopathogenese

Portale Hypertension. Indem der Gefäßdurchschnitt der Pfortadergefäße reduziert wird, wie es z. B. bei einer Zirrhose der Fall ist, erhöht sich der portale Gefäßwiederstand, wodurch sich auch der Druck im Gefäßsystem erhöht.

Ursachen:

- **Prähepatischer Block**: Engstelle vor der Leber. Verursacht durch Thrombose der V. lienalis oder portae (bei Pankreatitis, myeloproliferativem Syndrom) sowie durch Kompression oder Infiltration der Pfortader durch externe Tumoren oder Traumata
- **Intrahepatischer Block**: Verengung des Stromgebiets in der Leber durch ein Strömungshindernis **vor, in** oder **hinter** den Sinusoiden (**prä-**, **intra-** bzw. **postsinusoidaler Block**)
- **Posthepatischer Block**: Flussbehinderung hinter der Leber mit Rückstau durch die Leber bis in das Pfortadersystem. Am häufigsten durch Rechtsherzinsuffizienz verursacht, sehr selten durch Budd-Chiari-Syndrom.

Aszites. Durch Hypervolämie im Splanchnikusgebiet kommt es zu verstärkter Transsudation, die mit begünstigt wird durch den Albuminmangel, den die Synthesestörung der Leber verursacht.

Klinik

Portale Hypertension. Es bilden sich Kollateralkreisläufe zwischen der V. portae, der V. cava inferior und der V. cava superior. Es kommt zur Ausbildung von:

- Ösophagusvarizen, Fundusvarizen
- Blutstau in der Magenschleimhaut
- Hämorrhidenähnlichen Veränderungen

- Caput medusae durch Wiedereröffnung der V. umbilicalis
- Spleno-renale Shunts mit Proteinurie, Splenomegalie.

Aszites. Meteorismus ist Frühsymptom mit langsamer Zunahme des Bauchumfangs. Ein maßiver Aszites kann zur Ausbildung einer Refluxösophagitis und zu Atembehinderung führen. Durch den erhöhten intraabdominalen Druck kann es zur Ausbildung von Leisten- und Zwerchfellhernien kommen. Die maßiv gespannte Bauchhaut kann zusätzlich Schmerzen verursachen. Die Patienten nehmen durch die Wasseransammlung rasch an Gewicht zu.

Diagnostik

Bildgebende Verfahren:
- Sonografie des Abdomens: zum Nachweis von Aszites, Splenomegalie und zirrhosetypischen Leberveränderungen
- Endoskopie: zum Nachweis von Fundus- und Ösophagusvarizen
- Farbduplex-Sonografie: zum Nachweis von Flussverlangsamung und evtl. Flussumkehr. Zum Nachweis von portokavalen Anastomosen.

Therapie

Kausal. Therapie der auslösenden Grunderkrankung. Bei Leberzirrhose prophylaktische Gabe eines nicht selektiven β-Rezeptorenblockers, z.B. Propanolol, zur Vorbeugung einer Varizenblutung ab Stadium Child C und bei Vorhandensein großer Varizen.

Behandlung der portalen Hypertension:
- Behandlung der Grunderkrankung (→ Ätiopathogenese)
- Gabe eines nicht selektiven β-Rezeptorenblocker, z. B. Propranolol, zur Prophylaxe von Varizen in Ösophagus und/oder Magenfundus; dadurch wird das Blutungsrisiko um bis zu 50 % gesenkt. Indikation bei großen Varizen und Leberzirrhose im Stadium Child C. In zweiter Nitrate oder Spironolacton
- TIPS (transjugulärer intrahepatischer portosystemischer Shunt): indiziert bei hohem (Rezidiv-)Blutungsrisiko bei geringem Risiko einer Leberinsuffizienz und hepatischen Enzephalopathie
- Operativer portokavaler, mesokavaler oder splenorenaler Shunt.

Aszites < 3 kg Gewichtszunahme. Kochsalzrestriktion < 6 g/Tag und Flüssigkeitsrestriktion reichen oft, evtl. ergänzt von Bettruhe. Wichtig: Flüssigkeitsbilanz und täglich wiegen.

Aszites > 3 kg Gewichtszunahme. Zusätzlich Diuretika:
- Aldosteronantagonist Spironolacton
- Bei nicht ausreichender Wirkung: + Schleifendiuretikum, z. B. Furosemid
- Bei nicht ausreichender Wirkung: + Thiaziddiuretikum.

Ziel: –0,5 kg bei alleinigem Aszites, –1 kg bei peripheren Ödemen.

Diuretikarefraktärer Aszites. Diuretika wirken nicht oder müssen abgesetzt werden.
- Aszitespunktion zum Ausschluss einer spontanen bakteriellen Peritonitis
- Täglich Aszites abpunktieren und ab einem Punktionsvolumen > 5 l Albumin substituieren
- Shunts:
  - Peritoneovenös: Peritoneum–V. cava: Komplikationen sind Verschluss (⅓), Infektion (¼) und Gerinnungsstörung
  - TIPS: vermindert die portale Hypertension. Komplikationen sind Verschluss und hepatische Enzephalopathie.

Leberkarzinom

Synonym

Hepatozelluläres Karzinom.

Definition

Maligner Tumor der Leber.

Ätiopathogenese

Ursachen:
- Leberzirrhose, v. a. auf dem Boden einer Hepatitis B (50 %) oder C (25 %), ethyltoxisch oder aufgrund einer Hämochromatose
- Aflatoxin B_1: Toxin des Pilzes Aspergillus flavus.

Klinik

- Oberbauchschmerzen, Gewichtsverlust, Juckreiz
- Hepatosplenomegalie, Ikterus
- Paraneoplastische Syndrome:
  - Hyperkalzämie, Gynäkomastie
  - Falls Hepatitisinfektion neonatal: Pubertas praecox
  - Hypercholesterin- und Hypertriglyzeridämie, Hypoglykämie, Dysfibrinogenämie, hämolytische Anämie.

Diagnostik

Labor:

- α-Fetoprotein ist Tumormarker und wichtigstes Laborkriterium. Werte über 300–400 ng/ml sind verdächtig.
- DCP (Des-Gamma-Carboxyprothrombin) ist ein weiterer Tumormarker, der noch nicht etabliert ist, aber eine höhere Sensitivität und Spezifität besitzt.
- Zeichen der chronischen Lebererkrankung: Erhöhung von AP, γ-GT, Bilirubin und Transaminasen.

Bildgebende Verfahren. Sonografie des Abdomens, MRT und CT weisen Raumforderungen in der Leber nach.

Therapie

Operativ Kurrativ. Teilresektion der Leber bei solitären Tumoren unter kurativer Zielsetzung. Bei multilokulärem Vorkommen ohne Metastasen kann eine Lebertransplantation erwogen werden (gute Langzeitprognose).

Chemotherapie. Multi-Kinase-Inhibitor Sorafenib verzögert das Wachstum.

Interventionell. Palliativ. Bei kleineren Tumoren oder unter palliativer Zielsetzung können eine Chemoembolisation oder Katheterembolisation, Radiofrequenzablation und weitere minimalinvasive Verfahren durchgeführt werden.

Prognose

Insgesamt schlechte Prognose. Meist besteht bei Diagnosestellung bereits eine intrahepatische Ausbreitung. Zudem ist die Leber oft aufgrund einer Vorerkrankung (Zirrhose, Hepatitis) geschädigt.
Die 5-Jahres-Überlebensrate liegt nach einer Lebertransplantation bei 40–70 %, nach Teilresektion bei 20–50 % und nach lokal-ablativer Therapie bei 20–50 %.

CHECK-UP

- ☐ Nennen Sie je eine Ursache für einen prä-, intra- und posthepatischen Ikterus!
- ☐ Was sind die Ursachen einer portalen Hypertension?
- ☐ Welche Therapieoptionen gibt es bei einem Aszites?

Hepatitiden

Definition

Akute oder chronische Hepatitis, durch Viren ausgelöst.

Hepatitis A

Ätiopathogenese

Die Krankheit wird von dem sehr resistenten **Hepatitis-A-Virus** (HAV), einem RNA-Enterovirus aus der Gruppe der **Picornaviren**, übertragen.
Die Infizierung erfolgt meist fäkal-oral bei der Nahrungsaufnahme, durch verunreinigtes Wasser oder Meeresfrüchte, sehr selten parenteral. Vorkommen vor allem in Ländern mit geringem Hygienestandard. Auch gefährdet sind das medizinische Personal in Kinderklinken oder Medizinlabors, promiskuitiv lebende Menschen, Kindergärtner/innen und Kanalarbeiter.

Klinik

Der Verlauf ist akut. Fast regelmäßig kommt es zur Ausheilung. Ikterischer Verlauf bei ca. 45 % der Kinder und bei ca. 75 % der Erwachsenen. Fulminanter Verlauf in 0,2 % der Fälle. Nach der Infektion besteht eine lebenslange Immunität.
Die Symptomatik der akuten Hepatitsinfektionen sind ähnlich. Es kommt zu unspezifischen gastrointestinalen oder grippeähnlichen Krankheitszeichen. Das Prodromalstadium dauert 2–7 Tage.

Diagnostik

(Reise-)Anamnese und Klinik.

Labor. Anti-HAV-IgM weist auf eine frische Infektion hin, Anti-HAV-IgG auf eine abgelaufene Infektion.
Die Dauer der Infektiosität von 2 Wochen entspricht dem Zeitraum der Virusausscheidung im Stuhl.

Therapie

Allgemein. Bettruhe sowie Meiden hepatotoxischer Medikamente und weiterer Noxen.

Prognose

Die Prognose ist gut. Kein chronischer Verlauf.

Akute und chronische Hepatitis B

Ätiopathogenese

Die Krankheit überträgt das **Hepatitis-B-Virus** (HBV). Es gehört zu der Gruppe der Hepatitis-DNA-Viren (**Hepadna-Viren**). Das Virus besteht aus einer Hülle, dem Kern, der DNS und der DNS-Polymerase. Diagnostisch genutzt werden: HBV-DNA, HB_sAg (**Surface-Antigen**), HB_cAg (**Core-Antigen**).

Übertragungswege:

- Parenteral: in 20 % der Fälle über i. v. Drogenkonsum
- Sexuell: in 65 % der Fälle
- Perinatal: Übertragung unter der Geburt. Hohe Inzidenz in Afrika und Südostasien. Screening-Untersuchung auf das HB_sAg nach der 32. Schwangerschaftswoche möglich.

Klinik

Der Verlauf kann asymptomatisch sein in 65 % der Fälle, akut in 25 % der Fälle. Die Erkrankung kann auch chronisch verlaufen. 5 % der immunkompetenten Erwachsenen werden zu HB_sAg-Trägern, bei immuninkompetenten Erwachsenen und Kindern ist die Anzahl der HB_sAg-Träger weit höher. 1 % der hospitalisierten Patienten sterben an einer fulminanten Hepatitis. Die Patienten sind infektiös, solange HBV-DNA nachweisbar ist.

Chronische Hepatitis B. Wenn die Hepatitis nach 6 Monaten nicht ausgeheilt ist und HB_sAg, HB_eAg und HBV-DNA weiter nachweisbar sind, spricht man von einer chronischen Hepatitis. Es besteht ein erhöhtes Risiko für eine Leberzirrhose und ein primäres Leberzellkarzinom.

Diagnostik

Akute HBV-Infektion. Zuerst Nachweis von HBV-DNA, dann HB_sAg. Letzteres lässt sich bereits vor Beginn klinischer Symptome bei 90 % der Patienten bestimmen. Anti-HB_c-IgM ist **immer** nachweisbar.

Ausheilung der Erkrankung. Anti-HB_s wird positiv, nachdem HB_sAg nicht mehr vorhanden ist. In den 10 % der Fälle, bei denen HB_sAg nicht nachweisbar ist, ist Anti-HB_c-IgM der einzige diagnostische Parameter.

Therapie

Allgemein. Bettruhe sowie fettarme, kohlenhydratreiche Kost. Absolute Alkoholkarenz für min. 6 Monate. Weglassen aller hepatotoxischen Medikamente.

Symptomatisch. Therapie des Juckreizes bei cholestatischer Hepatitis mit Antihistaminika.
Chronische Hepatitis B. Gabe von PEG-Interferon-α über 6 Monate. Bei Nichtansprechen oder Kontraindikationen gegen Interferon Nukleosid- oder Nukleotidanalogon.

Prognose

Ausheilung unter Peginterferon-Therapie in 40 % der Fälle. Eine ungünstige Prognose besteht bei persisitierender chronisch-replikativer Hepatitis B, die durch Leberzirrhose und primäres Leberzellkarzinom ausgelöst wurde.

Hepatitis C

Ätiopathogenese

Die Erkrankung überträgt das **Hepatitis-C-Virus** (HCV). Es ist ein RNA-Virus aus der Gruppe der **Flavi-Viren**. Es werden 6 Genotypen und ca. 100 Subtypen unterschieden. In Deutschland kommen vor allem die Genotypen HCV-1a und -1b sowie HCV-3a vor.

> Eine Mehrfachinfektion mit verschiedenen HCV-Typen ist möglich.

Übertragungswege:

- Parenteral: in 50 % der Fälle. Über i. v. Drogenabusus, unsteriles Piercen oder Tattooing, als Empfänger von Blutprodukten, über Nadelstichverletzungen bei medizinischem Personal
- Sexuell: insgesamt geringeres Übertragungsrisiko als bei HBV
- Perinatal: in ca. 4 % der Fälle. Zur Infizierung ist eine hohe Viruslast notwendig.
- Sporadisches Auftreten: in 45 % der Fälle, mit ungeklärtem Infektionsweg.

Klinik

Akute HCV-Infektion. In 85 % der Fälle asymptomatischer Verlauf, dann allerdings meist chronisch. Bei 15 % der Patienten symptomatischer Verlauf mit Ikterus. Bei 50 % heilt die Hepatitis aus.

Chronische HCV-Infektion. Chronischer Verlauf in 75 % der Fälle. 20 % der Erkrankten entwickeln innerhalb von 20 Jahren eine Leberzirrhose mit dem erhöhten Risiko eines Leberzellkarzinoms. Im Fall einer Doppelinfektion von HCV und HIV ist der Verlauf oft rasch progredient und schwerwiegender (cholestatisch).

Diagnostik

Akute HCV-Infektion:

- **HCV-RNA** ist als erstes nachweisbar und beweisend für eine Infektion. Es kann als Verlaufsparameter zur Beurteilung des Therapieerfolgs genutzt werden. Es zeigt außerdem die Infektiosität an.
- **Anti-HCV** kann gleichzeitig zur HCV-RNA nachgewiesen werden. Es kann aber auch eine abgelaufene Infektion anzeigen. Anti-HCV wird 1–5 Monate nach Erkrankungsbeginn positiv und kann deshalb nicht zum Erkrankungsausschluss genutzt werden.
- **Anti-HCV-IgM** kann zur Verlaufsbeurteilung genutzt werden.

Therapie

Akute HCV-Infektion. Allgemeinmaßnahmen und Therapie mit PEG-Interferon-α über 24 Wochen. Eine Ausheilung erfolgt in über 95 % der Fälle.

Chronische HCV-Infektion. Gabe von PEG-Interferon-α-2a oder -2b + Ribavirin antiviral über 24–28 Wochen. Die Leukozytenanzahl muss dabei kontrolliert werden, um rechtzeitig eine Leukopenie zu erkennen.
Genotyp 1: Triple-Therapie mit PEG-Interferon-α + Ribavirin + Nukleosidanalogon Telaprevir oder Boceprevir.

Prognose

Unter der Kombinationstherapie heilen 90 % des HCV-Genotyps 2 oder 3 aus, 50 % des HCV-Genotyps 1. Reinfektionen sind möglich!

Hepatitis D

Ätiopathogenese

Die Krankheit wird vom **Hepatitis-Delta-Virus** (HDV) übertragen, einem RNA-Virus ohne Hülle. Deshalb kann es sich nur in Anwesenheit des Hepatitis-B-Virus vermehren, da es dessen Hülle nutzt.

Übertragungswege: parenteral, perinatal und sexuell.

> Eine Hepatitis-D-Infektion setzt eine Ko- oder Simultaninfektion mit Hepatitis B voraus!

Klinik

- **Inkubationszeit** der Koinfektion: 3–7 Wochen
- Verlauf der **Simultaninfektion**: schwerer Verlauf. Heilung in 95 % der Fälle.
- Verlauf einer **Superinfektion** mit HDV eines HB_sAg-Trägers: meist chronischer Verlauf mit Übergang in eine Zirrhose, vermehrt fulminante Verläufe.

Diagnostik

Nachweis von Anti-HDV-IgM und HDV-RNA. HB_sAg persistierend positiv, bei Simultaninfektion aber nach Ausheilung negativ.

Therapie

Wie bei der akuten HBV.

Prognose

Ausheilung in 90 % der Fälle.

Hepatitis E

Ätiopathogenese

Die Übertragung erfolgt durch das **Hepatitis-E-Virus** (HEV), einem RNA-Virus, das Tiere wie Schafe, Affen, Schweine, Ratten und Mäuse als natürliches Reservoir hat. Der Übertragungsweg ist fäkal-oral.

Klinik

Inkubationszeit: 3–8 Wochen.
Die Krankheit verläuft akut. Es sind keine chronischen Verläufe bekannt.

Diagnostik

Labor. Nachweis von HEV-RNA ist zu Beginn der Erkrankung in Stuhl und Blut möglich. Anti-HEV-IgM und Anti-HEV-IgG sind im Serum nachweisbar.

Therapie

Symptomatisch wie bei Hepatitis A.

Prognose

In der Regel Ausheilung der Hepatitis, außer bei Infektionen in der Schwangerschaft. Hier verläuft die Erkrankung fulminant und endet in 20 % der Fälle tödlich.

Autoimmunhepatitis

Synonym
Autoimmune chronisch-aktive Hepatitis.

Definition
Hepatitis durch autoimmune Prozesse gegen körpereigenes Gewebe und Enzyme mit chronisch aktivem Verlauf.

Ätiopathogenese
Es besteht eine familiäre Disposition. Die Erkrankung tritt in 50 % der Fälle vor dem 30. Lebensjahr auf und betrifft in 80 % der Fälle Frauen.

Klinik
- Ausgeprägte Symptomatik einer chronischen Lebererkrankung mit Leistungsabfall, Schwäche, Druckschmerz über der Leber, Hepatosplenomegalie, evtl. Ikterus
- Gleichzeitig treten häufig weitere Autoimmunerkrankungen auf wie rheumatoide Arthritis, Vaskulitis, chronisch-entzündliche Darmerkrankungen und Vitiligo.
- Im Labor zeigen sich erhöhte Transaminasen-Werte, die während eines Schubs mit ansteigen. Gesamteiweiß und Gammaglobulin sind erhöht. Gleichzeitig ist die Syntheseleistung der Leber früh gestört: gestörte Gerinnung, erniedrigtes Albumin.

Diagnostik
Klinik und Labor.

Labor. Bei über 90 % der Patienten können typische Autoantikörper nachgewiesen werden. Unterscheidung in zwei Typen:
- **Typ 1 – Klassische chronische Autoimmunhepatitis**: in 80 % der Fälle. Mit dem Nachweis von ANA, und Anti-SMA (Smooth muscle antigen) sowie anti-SLA/LP (Soluble liver antigen/Liver pancreas antigen)
- **Typ 2 – Anti-LKM-positive Autoimmunhepatitis**: kommt vor allem bei Kindern vor.

Therapie
Medikamentös:
- Kombinationstherapie von Azathioprin mit Prednisolon, weitere Immunsuppressiva wie Ciclosporin A und Mycophenolat. Unter der Therapie muss es zu einem Abfall der Transaminasen kommen, sonst besteht der dringende Verdacht einer Fehldiagnose.
- Eine Interferontherapie, wie man sie im Fall einer Hepatitis-C-Infektion einsetzen würde, führt zu einer drastischen Verschlechterung des Krankheitsbilds.

Operativ. Ultima Ratio ist eine Lebertransplantation.

Prognose
Unter immunsuppressiver Therapie ist die Prognose günstig. Sprechen die Patienten gut darauf an, kann nach 3–4 Jahren ein Absetz-Versuch unternommen werden. Im Fall eines Rezidivs muss lebenslänglich weiter therapiert werden.

CHECK-UP
- ☐ Erläutern Sie den Übertragungsweg von Hepatitis B und Hepatitis D!
- ☐ Welche Laborparameter weisen auf eine akute HCV-Infektion hin?
- ☐ Welche Laborparameter deuten auf eine chronische HBV-Infektion hin?

Benigne Tumoren der Leber

Leberhämangiom

Definition
Gefäßtumor der Leber ohne Gefahr der malignen Entartung.

Ätiopathogenese
Gefäßfehlbildung in der Leber.

Klinik
Meist symptomloser Zufallsbefund bei einer Sonografie.

Komplikationen
Große, an der Leberoberfläche gelegene Hämangiome können rupturieren und in die Bauchhöhle bluten.

Diagnostik
Sonografie. Es zeigt sich ein echoreicher, meist rundlich bis ovaler oder lobulierter Tumor. Der Durchmesser liegt meist unter 4 cm.

Therapie
Verlaufskontrolle. Nur wachsende Hämangiome müssen chirurgisch resiziert werden. Sie dürfen nicht punktiert werden, da Blutungsgefahr besteht.

Prognose
Günstige Prognose, da keine maligne Entartung vorkommt. Eine Spontanruptur mit Blutung in die Bauchhöhle ist selten.

Leberzelladenom

Definition
Von den Hepatozyten ausgehender Lebertumor.

Ätiopathogenese
Vorkommen vor allem bei Frauen im gebärfähigen Alter, die orale Kontrazeptiva einnehmen.

Klinik
Meist symptomloser Zufallsbefund.

Komplikation
Maligne Entartung möglich! In 10 % der Fälle kann es zur Tumorruptur kommen.

Diagnostik
Sonografie. Kleine Adenome (< 4 cm) sind zum Lebergewebe isoechogen.

Histologisch. Nekrosen und Einblutungen finden sich oft. Es fehlen die Zentralvenen und Gallengänge.

Therapie
Operativ. Aufgrund der Gefahr der Entartung und Ruptur ist die operative Entfernung größerer Adenome indiziert. Östrogene und anabole Steroide sind kontraindiziert.

Prognose
Die Prognose wird maßgeblich durch die Gefahr der Tumorruptur bestimmt. Durch eine Schwangerschaft wird dieses Risiko noch weiter erhöht.

Fokale noduläre Neoplasie

Definition
Fokale Neoplasie der Leber.

Ätiopathogenese
Die genaue Ätiologie ist unbekannt. Es sind vor allem Frauen betroffen.

Klinik
Es kann zu Druckgefühl im rechten Oberbauch kommen. Häufig asymptomatischer Zufallsbefund.

Diagnostik
Sonografie. Radiäre Anordnung der Gefäße.

Histologie. Hyperplasie angeborener Gefäßmalformationen (**Hamartom**). Es finden sich alle Zellen des normalen Lebergewebes. Meist gibt es eine zentrale Narbe mit von ihr ausgehenden strangförmigen Septen, die als Radspeichen-Struktur imponieren können.

Therapie
Da eine maligne Entartung nicht vorkommt, ist eine therapeutische Intervention nicht nötig.

Prognose
Günstige Prognose, da keine maligne Entartung bekannt ist.

CHECK-UP

- ☐ Bei welchem benignen Lebertumor ist eine operative Therapie indiziert und warum?
- ☐ Beschreiben Sie die typische Histologie des fokalen nodulären Neoplasie!

Erkrankungen der Gallenblase und Gallenwege

Gallensteine

Synonym
Cholelithiasis.

Definition
Steine in der Gallenblase oder dem Gallengangsystem.

Ätiopathogenese
Steinarten und ihre Entstehung:
- **Reine Cholesterinsteine** und **gemischte Steine**, die mind. 70 % Cholesterin enthalten: Vorkommen 80 %. Durch eine Verschiebung der Gallezusammensetzung – normal sind 5 % Cholesterin, 25 % Phospholipide + 70 % Gallensäure – zugunsten des Cholesterins bilden sich Cholesterinmonohydratkristalle. Hypomotilität und unvollständige Entleerung begünstigen die Steinbildung.
- **Bilirubinsteine**: Vorkommen 20 %. Entstehen durch chronische Hämolyse, Leberzirrhose und teilweise unbekannte Ursachen.

Risikofaktoren für Cholesterinsteine:
- Erbliche Faktoren, weibliches Geschlecht (♂ : ♀ ist 1 : 2–3), Alter
- Cholesterinreiche, faserarme Ernährung
- Parenterale Ernährung, Adipositas, clofibrathaltige Medikamente.

> Merksatz der Risikofaktoren für Gallensteine: 6× „F" = **f**emale, **f**at, **f**ourty, **f**amily, **f**air, **f**ertile.

Klinik
- Klinisch stumm, ohne Beschwerden
- Unspezifische Oberbauchbeschwerden, Übelkeit, Erbrechen, Druckgefühl im Oberbauch, Blähungen
- Gallenkoliken: plötzlich einsetzende Kolikschmerzen, die bis zu 5 Stunden anhalten, im rechten Ober- oder Mittelbauch lokalisiert sind und in den Rücken und die rechte Schulter ausstrahlen können. Positives **Murphy-Zeichen**, d. h. Schmerz bei Einatmen und gleichzeitigem Druck auf die Gallenblase, wobei die Patienten typischerweise das Einatmen stoppen.

Diagnostik
Anamnese. Frage nach Schmerzcharakter, Auftreten des Schmerzes nach fettreicher Mahlzeit.

Labor:
- Leukozytose und CRP-Erhöhung bei akuter Cholezystitis
- Bei Gallengangsobstruktion durch einen Stein steigen die Cholestaseparameter an: γ-GT, alkalische Phosphatase, Hyperbilirubinämie.

Sonografie. Schnellste und sensitivste Untersuchung. Weist Steine in der Gallenblase und eine Wandverdickung der Blasenwand nach. Feststellen der Weite des Ductus choledochus. Nachweis der Kontraktionsfähigkeit der Gallenblase nach fettreichen Mahlzeiten.

Therapie
Stumme, asymptomatische Gallensteine müssen **nicht** therapiert werden.

Gallensteinkolik:
- Analgesie z. B. mit Metamizol
- Bei starken Schmerzen Dolantin, Butylscopolamin, evtl. Nitrolingual
- Nahrungskarenz für mind. 24 Stunden
- Bei bakterieller Superinfektion antibiotische Therapie
- Bei rezidivierenden Koliken Cholezystektomie im Verlauf. Falls die Operation nicht möglich ist, evtl. Litholyse mit Ursodesoxycholsäure oder extrakorporale Stoßwellentherapie.

Prognose
Günstige Prognose nach Cholezystektomie. Bei chronisch-rezidivierenden Cholezystitiden kann es zur Schrumpfgallenblase (auch Porzellangallenblase) mit erhöhter Gefahr für ein Gallenblasenkarzinom kommen.

Cholezystitis

Definition
Akute Entzündung der Gallenblase.

Ätiopathogenese
Die Cholezystitis ist eine Komplikation der Cholelithiasis mit sekundärer bakterieller Besiedelung.

Klinik
Ähnlich der Gallenkolik. Der Schmerz strahlt zwischen die Schulterblätter aus. Die Gallenblase ist druckempfindlich.

Komplikationen
Gallenblasenempyem, Gallenblasenperforation, Gallensteinileus durch Einwanderung eines Gallensteins nach Perforation ins Duodenum.

Diagnostik

Sonografie. Untersuchung des Abdomens zum Nachweis von Gallensteinen und eventueller Dreischichtung der Gallenblasenwand.

Labor. Erhöhung von GOT, GPT, Bilirubin, γ-GT, CRP und Leukozyten. Letztere können beim älteren Menschen fehlen.

Therapie

Konservativ:
- Nahrungskarenz und Analgesie, z. B. mit nicht-spasmogenen Opiaten wie Pethidin
- Antibiose i. v. mit einem gallegängigen Antibiotikum, z. B. Ceftriaxon. Vorher Abnahme von Blutkulturen zur Keimgewinnung.

Operativ. Cholezystektomie nach Abklingen der Entzündung nach 2–3 Tagen.

Prognose

Siehe ➜ Cholelithiasis.

■ Choledocholithiasis

Definition

Gallensteine im Gallengang.

Ätiopathogenese

Gallensteine aus der Gallenblase gelangen in den Gallengang oder bilden sich, v.a. nach Cholezystektomie, im Gang.

Klinik

Die meisten Steine bleiben asymptomatisch. Klemmt einer ein: Kolik, Übelkeit, Erbrechen, Gallestau mit Ikterus, dunklem Urin und entfärbtem Stuhl. Folge kann eine Cholangitis sein.

Diagnostik

Labor. Alkalische Phosphatase, γ-GT und Bilirubin als Zeichenn des Gallestaus erhöht.

Sonografie. Gangdilatation, oft Nachweis von Konkrementen.

Endoskopische retrograde Cholangiopankreatikografie (ERCP):
- Nachweis und Extraktion von Gallengangssteinen
- Nachweis von Stenosen anderer Genese.

Therapie

Im Rahmen der ERCP je nach Ursache:
- Papille dehnen oder schlitzen (Papillotomie)
- Intraduktale Steine mit Körbchen oder Ballon extrahieren
- Lithotripsie
- Stenteinlage, z. B. bei tumorbedingten Stenosen.

„Reicht" die ERCP nicht oder ist nicht möglich, z. B. nach Magenresektion, wird bei Komplikationen operiert.

Komplikationen

Jeder 20. bekommt durch die ERCP eine Pankreatitis. Blutungen z. B. durch die Papillenschlitzung sind selten. Cholangitis ➜ unten.

Prognose

Gut.

■ Cholangitis

Definition

Bakterielle Entzündung der Gallenwege.

Ätiopathogenese

Abflussbehinderung der Galle durch Gallenstein oder Tumor und hämatogene Infektion mit Darmkeimen, z. B. E. coli, Enterokokken oder Klebsiellen.

Klinik

Charcot-Trias: Oberbauchschmerzen, Ikterus, Fieber und Schüttelfrost.

Diagnostik

➜ Choledocholithiasis. Zusätzlich Entzündungsparameter.

Therapie

➜ Choledocholithiasis. Zusätzlich Antibiose, in erster Linie Ceftriaxon, da ein großer Teil über die Galle ausgeschieden wird.

Prognose

Gut, wenn Therapie vor Entwicklung einer Sepsis erfolgt.

■ Tumoren der Gallenblase

Synonym

Gallenblasenkarzinom.

Definition

Maligner Tumor der Gallenblase mit schlechter Prognose.

Ätiopathogenese

Risikofaktoren:
- Cholelithiasis, chronische Cholezystitis, Porzellangallenblase, Salmonellen-Dauerausscheider, Gallenblasenpolypen > 1 cm
- Adenokarzinome (häufig)

- Plattenepithelkarzinom: ist selten, aber hoch maligne.

Klinik
Diffuse Oberbauchschmerzen, Gewichtsverlust, Ikterus, Verschlechterung des Allgemeinzustands.

Diagnostik
Labor. AP, γ-GT, CRP und evtl. CA 19–9 sind erhöht.

Bildgebende Verfahren. Sonografie, CT und MRT des Oberbauchs zur Feststellung der Karzinomgröße und zum Nachweis von Metastasen.

Operativ. Chirurgische Entfernung der Gallenblase bringt Diagnosesicherheit.

Differenzialdiagnose
Cholelithiasis, Cholezystitis.

Therapie
Primär chirurgische Therapie.

Kurativ. Operation nur bei Carcinoma in situ und bei Tumoren ohne Metastasen- und Lymphknotenbefall ohne neoadjuvante Radiochemotherapie möglich.

Palliativ. Maßnahme bei Inoperabilität ist die Wiederherstellung des Galleflusses durch Stentung der Gallenwege.

Prognose
Falls eine R0-Resektion nicht möglich ist, ist die Prognose ungünstig, da Radiatio- und Chemotherapie nicht lebensverlängernd sind.

Gallengangskarzinom

Definition
Maligner Tumor im Gallengang.

Ätiopathogenese
Prädisponierend sind:
- Primär sklerosierende Cholangitis, Colitis ulcerosa
- Parasiten in den Gallenwegen wie Leberegel, Trematoden oder Choledochus-Zysten.

Histologisch gesehen handelt es sich um Adenokarzinome, die sich entlang der Gallengänge ausbreiten.

Klatskin-Tumor: Bezeichnung für Karzinome der Hepatikusgabel. Sie werden nach Bismuth in vier Lagetypen eingeteilt (→ Tab. 8.5).

Tab. 8.5 Klassifizierung des Klatskin-Tumors nach Bismuth

Lagetyp	Befallsmuster
1	Betrifft den Ductus hepaticus
2	Betrifft den Ductus hepaticus und einen Seitenast der Hepatikusgabel
3	Erreichen der Segmentabgänge
4	Segmentabgänge beidseits mit befallen

Klinik
Keine Frühsymptomatik. Schmerzloser Ikterus, Tumorkachexie, Juckreiz. Später Leberversagen.

Diagnostik
Diagnostik wie Gallenblasenkarzinom: Suche nach Aussparungen im Gallengangsystem.

Invasiv. Diagnosesicherung durch endosonografisch gesteuerte Feinnadelbiopsie.

Labor. Tumormarker CA 19-9 zur Verlaufsbeurteilung.

Differenzialdiagnose
Pankreaskopfkarzinom.

Therapie
Siehe → Gallenblasenkarzinom.

Prognose
Schlechte Prognose aufgrund der späten Diagnosestellung, da Frühsymptomen fehlen.

CHECK-UP
- ☐ Wie lauten die Risikofaktoren für Cholesterinsteine?
- ☐ Was ist ein Klatskin-Tumor?
- ☐ Wie sieht die konservative Therapie einer Cholezystitis aus?

Erkrankungen des Pankreas

Akute Pankreatitis

Definition
Akute Entzündung der Bauchspeicheldrüse.

Ätiopathogenese
Ursachen nach abnehmender Häufigkeit:
- **Alkoholabusus**: ca. 35 % der Fälle
- **Biliäre Pankreatitis**: durch Choledochus-Steine, in ca. 55 % der Fälle durch Mikrolithiasis
- Medikamentös bedingt: Diuretika, Betablocker, ACE-Hemmer, Glukokortikoide, Antibiotika
- Selten:
  - Hereditär bedingt: autosomal-dominanter Erbgang mit meist chronischem Verlauf
  - Bauchtraumen, endoskopisch retrograde Cholangiopankreatikografie (ERCP)
  - Infektionen: Hepatitis, Mumps, HIV
  - Ausgeprägte Hyperkalzämie bei primärem Hyperparathyreoidismus, ausgeprägte Hypertriglyzeridämie
  - Anlagestörung: Pancreas divisum.

Klinik
Symptome in **absteigender Häufigkeit**:
- In 90 % der Fälle Oberbauchschmerzen, die akut beginnen und in alle Richtungen ausstrahlen können
- Übelkeit, Erbrechen, Meteorismus, Aszites, Fieber
- Zeichen des Schocks
- EKG-Veränderungen in 30 % der Fälle
- Pleuraerguss (v. a. links), Pneumonie
- Ikterus.

Komplikationen
- Sepsis durch bakterielle Superinfektion von Nekrosen
- Bildung von Pseudozysten
- Hypokalzämie durch Kalziumverlust in Fettgewebsnekrosen (kalzifizierende Pankreatitis)
- Blutung durch Arrosion von Gefäßen (Hämosuccus pancreaticus)
- Akutes Lungenversagen (Acute respiratory distress syndrom, ARDS), prärenales akutes Nierenversagen, disseminierte intravasale Gerinnung (DIC), Sepsis mit Schock
- Multiorganversagen bei Auftreten mehrerer Komplikationen.

Diagnostik
Anamnese und Klinik. Abgrenzung zu anderen Ursachen für ein akutes Abdomen.

Labor:
- Serum-Lipase: Anstieg bis auf das 80-fache der Norm, korreliert nicht mit Schweregrad
- Systemische Entzündungszeichen wie CRP-Anstieg und Leukozytose
- Zeichen der Cholestase bei Obstruktion des Ductus choledochus: Anstieg von GOT, GPT, AP, Bilirubin und γ-GT
- Kreatinin-Wert im Serum als Marker einer Niereninsuffizienz
- Blutgasanalyse, um eine drohende respiratorische Insuffizienz mit Azidose zu erfassen
- Parameter der Blutgerinnung, um eine drohende DIC zu erfassen
- Erhöhte Blutzuckerwerte sowie LDH-Erhöhung und erniedrigte Werte für Kalzium und Laktat können auf einen schweren, oft nekrotischen Verlauf hinweisen.

> Da die α-Amylase unspezifisch ist, wird sie nicht mehr bestimmt.

Bildgebende Verfahren:
- Sonografie des Abdomens: Nekrosen, Ödem des Pankreas, Aszites, Pseudozysten, Steine in den Gallenwegen, Cholestase bei akuter biliärer Pankreatitis
- Röntgen-Thorax: Ausschluss Pleuraergüsse
- CT des Abdomens: Verlaufskontrolle bei schweren Verläufen und unklaren Sonografie-Befunden.

Differenzialdiagnose
Das **Leitsymptom** Bauchschmerz bringt eine Vielzahl an Differenzialdiagnosen mit sich: Magen-Darm-Ulzera, Cholezystitis, Cholelithiasis, Herzinfarkt (Hinterwandinfarkt), Mesenterialinfarkt, Pleuritis, basale Pneumonie, akute Porphyrie.

Therapie
Bei schwerer Pankreatitis ist eine **intensivmedizinische Überwachung** notwendig.
Neben der suffizienten Schmerztherapie stehen die Entlastung des Pankreas durch Nahrungskarenz und eine ausreichende intravenöse Volu-

menzufuhr (4–6 l/Tag) im Vordergrund, um einen Schock und weitere Komplikationen zu vermeiden:

- Engmaschige Überwachung von Vitalparametern, ZVD, Hkt, Lipase, CRP, Glukose, Kalzium
- Liegt eine Obstruktion der Gallenwege durch einen Stein vor, ist die Indikation zur ERCP mit Steinentfernung gegeben.
- Nahrungskarenz für 24 Stunden, danach mit enteraler Ernährung beginnen. Keine zu lange Nahrungskarenz, um einer Mukosa-Atrophie und der dadurch bestehenden Gefahr einwandernder Darmbakterien in das Pankreas vorzubeugen
- Schmerztherapie:
  - Bei leichten Schmerzen z. B. Metamizol
  - Bei starken Schmerzen z. B. Pethidin oder i. v. Buprenorphin. Morphinderivate wie Pethidin sind sonst eigentlich wegen der Gefahr des Papillenspasmus kontraindiziert.
- Antibiotikatherapie: z. B. Imipenem, Ciprofloxacin + Metronidazol. Antibiotika können bei schwerer Pankreatitis die Prognose verbessern. Die Indikation sollte großzügig gestellt werden.
- Endoskopische Drainagen von Nekrosehöhlen und Pseudozysten
- Operation nur bei konservativ und endoskopisch nicht beherrschbaren Komplikationen. Heute selten nötig.

> Zur Beurteilung des Zusatndes und der Prognose wird oft die Acute physiology and chronic health evaluation (APACHE), oder auch **APACHE-Score** genannt, gesetzt. Es fließen Alter des Patienten, aktuelle Befunde und anamnestische Angaben ein.

Prognose
Eine akute Pankreatitis kann tödlich verlaufen. Pankreasnekrosen haben einen ungünstigen Verlauf. Die Prognose hängt von der Schwere der Erkrankung ab.

Chronische Pankreatitis

Definition
Chronisch-fortschreitende Entzündung des Pankreas mit irreversibler Schädigung.

Ätiopathogenese
Ursachen:

- Chronischer Alkoholkonsum in 80 % der Fälle
- Idiopathisch in 15 % der Fälle
- In 5 % der Fälle durch:
  - Primären Hyperparathyreoidismus, Medikamente, Hypertriglyzeridämie
  - Hereditär durch Mutationen im Trypsinogen-Gen
  - Autoimmun (v. a. in Asien)
  - Durch Verlegung des Pankreasgangs bei Vernarbung, Tumoren oder als Folge von Entzündungen.

Klinik
Symptome in **absteigendender Häufigkeit**:

- Die Oberbauchschmerzen können in den Rücken ausstrahlen.
- Bei 90 % der Patienten rezidivierende Oberbauchschmerzen, die persistieren. Können in 10 % der Fälle aber auch fehlen.
- Gewichtsabnahme, Fettstühle, Übelkeit und Erbrechen
- Diabetes mellitus, Hypoglykämieneigung, Ikterus, Pankreasverkalkungen.

Komplikationen

- Pankreaspseudozysten: sind häufiger als bei der akuten Pankreatitis
- Thrombosen in Milz und Pfortader
- Bildung von Stenosen, Fisteln und Konkrementen im Pankreasgang
- Spätkomplikation: Pankreaskarzinom, vor allem bei hereditärer Ursache
- Gastrointestinale Blutungen.

Diagnostik
Im akuten Schub:

- Kausal: Klärung der Ursache, um evtl. Intervention einzuleiten
- Labor:
  - Bestimmung der Pankreasenzyme: müssen nicht zwangsläufig erhöht sein
  - Funktionstest des Pankreas: Bestimmung der Pankreaselastase im Stuhl
- Bildgebende Verfahren:
  - Endosonografie, CT, MRT, Röntgen: zum Nachweis von Pankreasverkalkungen, die eine chronische Pankreatitis beweisen würden
  - MRCP, ERCP: zum Nachweis von Veränderungen, Stenosen oder Dilatationen im Pankreasgang.

Therapie

Kausal. Alkoholabstinenz, Vermeiden von pankreastoxischen Medikamenten.

Invasiv. Beseitigung von Abflussstörungen im Gallengang durch endoskopische oder operative Eingriffe. Stenosen können mit einem Stent versehen werden.

Substitution:

- Der **exokrinen** Pankreasfunktion: Substitution der fettlöslichen Vitamine E, D, K und A durch i. m. Injektion einmal im Monat (teilweise reicht auch eine vitaminreiche Ernährung) und orale Substitution der Pankreasenzyme mit einem Gemisch aus Lipase, Amylase, Pankreatin und Proteasen, z. B. Pankreatan, Kreon, Pankreon. Zusätzlich Anpassung der Ernährung auf kohlenhydrat- und eiweißreiche Kost. Der Fettanteil der Nahrung sollte weniger als 100 g/Tag sein. Unter Einnahme von Pankreasenzymen sollte keine Steatorrhö auftreten.
- Der **endokrinen** Pankreasfunktion: Gabe von kurzwirksamem Insulin, meist mehrmals am Tag, da die Patienten oft unter Appetitlosigkeit leiden und nur kleine, über den Tag verteilte Mahlzeiten zu sich nehmen. Das Zielgewebe ist zudem sehr insulinempfindlich bei gleichzeitig gestörter Nahrungsabsorption, was die BZ-Einstellung erschwert und vermehrt zu Hypoglykämien führt.

Schmerztherapie. Werden evtl. vorliegende Abflussstörungen im Pankreasgangsystem (Steine, Eiweispräzipitate, Strikturen) behandelt, kann dies in 50 % der Fälle den Patienten Linderung verschaffen. Analgetika, z. B. Metamizol, bei Bedarf. Es besteht die Möglichkeit einer medikamentösen CT-gesteuerten Plexus-coeliacus-Blockade.

Prognose

Bei absoluter Alkoholkarenz und Vermeiden von pankreastoxischen Medikamenten können Schwere und Häufigkeit akuter Schübe vermindert werden. Ein völliger Stillstand der Erkrankung und eine Defektheilung sind sehr selten.

Mukoviszidose

Siehe → Kapitel 3.

Pankreaskarzinom

Definition

Maligner Tumor des Pankreas, zumeist vom Gangsystem ausgehend.

Ätiopathogenese

Risikofaktoren:

- Rauchen, rezidivierende oder chronische Pankreatitis, zystische Neoplasien des Pankreas
- Hereditäre Syndrome: v. a. Peutz-Jeghers-Syndrom.

Lokalisation: Zu 70 % im Pankreaskopf.

Karzinomformen:

- **Duktales Karzinom**: in 90 % der Fälle. Meist handelt es sich dabei um Adenokarzinome, die vom Epithel der kleinen Pankreasgänge ausgehen
- **Azinäres Karzinom**: in 10 % der Fälle.

Klinik

Keine Frühsymptome!

Spätsymptome ähneln der chronischen Pankreatitis:

- Gewichtsverlust, Oberbauchschmerzen, Übelkeit, Appetitverlust
- Ikterus beim Pankreaskopfkarzinom
- Courvoisier-Zeichen (prall gefüllte, tastbare Gallenblase) als Zeichen eines chronischen Gallestaus
- Diabetes mellitus, Steatorrhoe, Aszites
- Venenthrombosen: Thrombosen der Milzvenen durch mechanische Kompression, der peripheren Venen durch Beeinflussung der Blutgerinnung, Thrombophlebitis migrans

Das Pankreaskarzinom lässt sich nach einer vereinfachten TNM-Klassifikation in vier Stadien unterteilen (→ Tab. 8.6).

Diagnostik

Bildgebende Verfahren:

- Sonografie, Endosonografie: zur Beurteilung der Karzinom-Ausdehnung

Tab. 8.6 Vereinfachte TNM-Klassifikation des Pankreaskarzinoms

Stadium	Befallsmuster
1	Beschränkung auf das Pankreas
2	Pankreas und angrenzendes Gewebe betroffen
3	Beteiligung regionaler Lymphknoten
4	Fernmetastasen

- Spiral-CT: zur Beurteilung von Ausdehnung und Operabilität
- ERCP: zum Nachweis von Unregelmäßigkeiten und Abbrüchen im Pankreasgang.

Explorative Laparotomie. Zur Differenzierung zwischen chronischer Pankreatitis und Karzinom.

Labor. Der Tumormarker CA 19-9 ist nur zur Verlaufsbeurteilung geeignet und z.B. auch bei Cholestase erhöht ist.

Differenzialdiagnose

Chronische Pankreatitis.

Therapie

Kurativ. Resektionen mit kurativer Zielsetzung sind nur dann möglich, wenn im OP-Situs und in den bildgebenden Verfahren nur wenige regionale Lymphknoten gefunden werden. Oft können Operabilität und Zielsetzung erst intraoperativ beurteilt werden.

Palliativ:

- Erhalt der Gallen- und Nahrungspassage durch endoskopische Stent-Einlage. Ggf. biliodigestive Anastomose oder Gastrostomie unter palliativer Zielsetzung (hohe OP-Mortalität)
- Chemotherapie mit Gemcitabin, evtl. in Kombination mit 5-FU
- Suffiziente Schmerzmedikation und evtl. Ernährungstherapie.

Prognose

Karzinome des Korpus oder Schwanzes haben durch ihre späten und unspezifischen Symptome eine besonders schlechte Prognose.
Eine Resektion des Karzinoms ist in nur 10–20 % der Fälle möglich. Die 5-Jahres-Überlebensrate beträgt nach Resektion bis 15 %. Handelt es sich um kleine Karzinome bis 2 cm Durchmesser, und liegen weder regionäre Lymphknotenmetastasen noch Fernmetastasen vor, beträgt die Rate bis 40 %. Bei palliativer Therapie liegt die Rate bei 0 %.

CHECK-UP

- ☐ Nennen Sie die Bedeutung von CA 19-9!
- ☐ Was sind die Risikofaktoren für ein Pankreaskarzinom?
- ☐ Beschreiben Sie die Spätsymptome des Pankreaskarzinoms!

9 Endokrinologie

Funktionsstörungen der Schilddrüse

Euthyreote Struma

Synonym
Jodmangelstruma.

Definition
Vergrößerung der Schilddrüse bei normaler Hormonproduktion, ohne Entzündung und ohne maligne Veränderungen.

Epidemiologie
Aufgrund des Jodmangels in Deutschland liegt die Inzidenz bei 30 %.

Ätiopathogenese
Die normale Größe der Schilddrüse ist maßgeblich von der Jodzufuhr abhängig. Deshalb ist Jodmangel der entscheidende Faktor dafür, dass die Schilddrüse eine endemische Struma ausbildet. Es werden Wachstumsfaktoren (EGF und IGF 1) freigesetzt, was zur Hyperplasie der Thyreozyten führt.
Das Vorkommen von endemischen euthyreoten Strumen in Deutschland liegt bei 30 %, ausgelöst durch Jodmangel und begünstigt durch einen genetischen Defekt der Follikelzellen.
Sporadisches Auftreten einer endemischen euthyreoten Struma in Zeiten endokriner Belastung wie Pubertät, Schwangerschaft, Klimakterium oder während der Gabe von Lithium und strumigenen Noxen.

Klinik
Die Struma wird nach dem Grad ihrer Ausprägung klassifiziert (→ Tab. 9.1). Zu den Symptomen gehören Globusgefühl mit Schluckstörung und Engegefühl des Halses. Gefühl der Luftnot und evtl. inspiratorischer Stridor aufgrund der druckbedingten Tracheomalazie.

Komplikationen
Bedingt durch einengendes Wachstum, Entwicklung einer Schilddrüsenautonomie und die Bildung kalter Knoten. Das Karzinomrisiko solcher Knoten liegt bei 4 %.

Diagnostik
Bildgebende Verfahren:
- Sonografie: Abbildung der Schilddrüse zur Größenbestimmung und zum Ausschluss von knotigem Umbau
- Evtl. Szintigrafie: bei Verdacht auf Autonomie oder Malignität der Schilddrüse.

Labor. TSH-Bestimmung im Serum zur Feststellung der Stoffwechsellage.

Therapie
Substitution. Beseitigung des Jodmangels durch Gabe von 200 µg Jodid pro Tag. Evtl. Kombinationstherapie mit LT_4, um das Schilddrüsenvolumen zu senken.

Operativ. Resektion bei großen Strumen und Komplikationserscheinungen wie Einengung der Trachea.

Radiojodtherapie. Bei Rezidivstrumen, hohem OP-Risiko oder multifokaler Schilddrüsen-

Tab. 9.1 WHO-Einteilung der Struma nach ihrem Ausprägungsgrad

Einteilung	Ausprägung
Grad 0	Trotz Vergrößerung ist die Schilddrüse weder tastbar noch bei rekliniertem Hals sichtbar und deshalb nur sonografisch zu erfassen. Eine Struma wird bei Frauen ab 18 ml und bei Männern ab 25 ml diagnostiziert.
Grad 1	Vergrößerung ist tastbar, aber nicht sichtbar
Grad 2	Tast- und sichtbare Vergrößerung
Grad 3	Struma ist auch von hinten sichtbar

autonomie. Die Struma kann so um 50 % verkleinert werden.

Prognose

Günstige Prognose.

> Eine **Jodidsubstitution** senkt neben der Vermeidung von Strumen auch die Häufigkeit funktioneller Autonomien und die Inzidenz jodinduzierender Hyperthyreosen.

Hyperthyreose

Synonyme

Immunogene Hyperthyreose: Morbus Basedow, Basedow-Krankheit, Graves‘ disease.

Definition

Überschuss an Schilddrüsenhormonen, verursacht durch eine Überfunktion der Schilddrüse oder der übergeordneten Steuerzentren. Unterschieden wird eine:

- **Latente, subklinische Hyperthyreose** ohne Erhöhung der peripheren T_3- und T_4-Werte, aber mit supprimierten TSH-Werten (→ Tab. 9.3)
- **Manifeste Hyperthyreose** mit erhöhten Hormonwerten und Symptomen
- **Thyreotoxische Krise** (s. u.).

Ätiopathogenese

Immunogene Hyperthyreose. Ein Morbus Basedow, auch Graves' disease genannt, kann ohne Struma, mit diffuser Struma oder mit Knotenstruma auftreten. Manifestationsalter ist meist nach dem 35. Lebensjahr. Frauen sind 5-mal häufiger betroffen als Männer. Wegen familiärer Häufung scheint eine genetische Disposition – vermehrtes Vorkommen von HLA-DQA1'0501 und -DR3 – und ein zusätzlich vorhandenes auslösendes Agens als Ursache wahrscheinlich. Es werden TSH-Rezeptor-Autoantikörper (TSH-R-AK = **TRAK**) gebildet, die die Hormonbildung stimulieren.

Thyreoidale Autonomie. Hyperthyreose vor allem in höherem Alter. Es werden drei Formen unterschieden:

- **Unifokale** Autonomie: Ursächlich sind Mutationen im Gen des TSH-Rezeptors oder des Gs-α-Gens.
- **Multifokale** Autonomie
- **Disseminierte** Autonomie.

Autonome Areale kommen in jeder gesunden Schilddrüse vor. Man spricht von einer **physiologisch basalen Autonomie**. Von einer **fakultativen Autonomie** wird ab einer kritischen Schilddrüsenmasse gesprochen, die im Suppressionstest einen Wert über 1,5 % aufweist. Wie viel an Schilddrüsenhormonen produziert wird, hängt von der Jodaufnahme der autonomen Areale sowie deren Gesamt-Anzahl ab.

Klinik

- Struma (→ Abb. 9.1): bei 70–80 % der Patienten. Evtl. ist auskultatorisch ein Schwirren über der Schilddrüse zu hören, bedingt durch die erhöhte Vaskularisation
- Allgemein: Hypermetabolismus mit Schweißneigung, Wärmeintoleranz und Gewichtsverlust
- Herz: Erhöhte Katecholamin-Empfindlichkeit des Herzens mit Tachykardie, Rhythmusstörungen, Palpitationen, evtl. Insuffizienz
- Haut: Palmarerythem, Haarausfall, warme Extremitäten, gelegentlich prätibiales Myxödem
- Nerven- und Muskelgewebe: Myopathie, Diarrhö, feinschlägiger Fingertremor
- Psyche: Unruhe, Nervosität, psychotische Symptome. Seltener Adynamie und Müdigkeit.

Diagnostik

Anamnese. Medikamentenanamnese (Amiodaron oder Kontrastmittelgabe) zum Ausschluss einer **Hyperthyreosis factitia**, einer Hyperthyreose aufgrund exogener Zufuhr von Schilddrüsenhormonen, z. B. bei einer Schilddrüsensubstitutionstherapie oder im Rahmen einer Gewichtsreduktion. Diagnoseweisend sind die totale Supprimierung der Schilddrüse trotz eines intakten Regelkreislaufs und die exakte Medikamentenanamnese.

Labor:
- TSH basal erniedrigt
- fT_3 fast immer erhöht
- fT_4 in 90 % erhöht
- Nachweis von TSH-Rezeptor-Autoantikörpern (TRAK).

Bildgebende Verfahren:
- Sonografie: echoarme Areale, im Farbduplex Hypervaskularisation sichtbar
- Szintigrafie: Unter Suppression sind bei der immunogenen Hyperthyreose homogene, intensive Radionuklidanreicherungen, bei den Formen der Autonomie unifokale, multifokale oder disseminierte Anreicherungen zu sehen.

Differenzialdiagnose
Pychose, Status febrilis, Kokain- und Amphetamin-Missbrauch, subakute Thyreoiditis, psychogene Tachykardie.

Therapie
Medikamentös. Mit Thyreostatika. Dazu zählen:
- **Schwefelhaltige Thyreostatika** wie Propylthiouracil, Thiamazol oder Carbimazol. Sie hemmen die Synthese der Schilddrüsenhormone, nicht aber die Freisetzung schon vorhandener Hormone. Die Wirkung tritt deshalb erst nach ca. 6–8 Wochen ein.
- **Perchlorate** wie Irenat. Sie hemmen die Jodaufnahme in die Schilddrüse und werden zur raschen Blockierung bei Schilddrüsenautonomie vor der Gabe jodhaltiger Kontrastmittel gegeben.

Operativ:
- Indiziert bei: Verdrängung von Strukturen, großen Strumen (→ Abb. 9.1), Verdacht auf Malignität oder thyreotoxischer Krise
- Resektion nach medikamentöser Einstellung auf euthyreote Werte: Bei Morbus Basedow wird ein Restkörper von ca. 2 ml belassen. Bei Verdacht auf Malignität komplette Entfernung der Schilddrüse.

Radiojodtherapie. Indiziert bei Morbus Basedow, Autonomie, hyperthyreotem Rezidiv nach Strumektomie und progredienter endokriner Orbitopathie. Wirkeintritt erst nach Wochen, weswegen eine Vor- und Nachbehandlung mit Thyreostatika nötig ist.

Thyreotoxische Krise
Dabei handelt es sich um die Entgleisung einer vorbestehenden Hyperthyreose bei Autonomie der Schilddrüse. Die thyreotoxische Krise wird in drei Stadien unterteilt (→ Tab. 9.2).
Ursachen. Dazu gehören die Gabe jodhaltiger Kontrastmittel, Infektionen, Schilddrüsenoperationen ohne vorherige Supprimierungstherapie oder das Absetzen einer thyreostatischen Medikation.
Therapie. **Notfall!** Die intensivmedizinische Therapie besteht in der Gabe von Elektrolyten, hochdosierten Thyreostatika, β-Blockern, Glukokortikoiden bei bestehender Nebennierenrindeninsuffizienz, in Plasmapherese bei Jod-Kontamination oder in der operativen Resektion der Schilddrüse.

Prognose
Die Letalität der thyreotoxischen Krise liegt bei 20 %.

Tab. 9.2 Stadieneinteilung der thyreotoxischen Krise nach Herrmann

Stadium	Klinik
1	• Tachykardie oder Tachyarrhythmie bei Vorhofflimmern • Hohes Fieber, Exsikkose, Unruhe, Schwitzen, Angstzustände • Erbrechen, Durchfall, Muskelschwäche
2	Zusätzlich zu 1: Bewusstseinsstörung, Somnolenz, psychotische Zustände, Delirium
3	Zusätzlich zu 2: Koma, Schock, evtl. NNR-Insuffizienz

Hypothyreose

Definition
Mangel an Schilddrüsenhormonen.

Ätiopathogenese
Die Hypothyreose wird in drei Formen unterteilt:
- **Primäre Formen**:
  - Angeborene Hypothyreose: wird durch Neugeborenen-Screening heute früh erkannt und behandelt

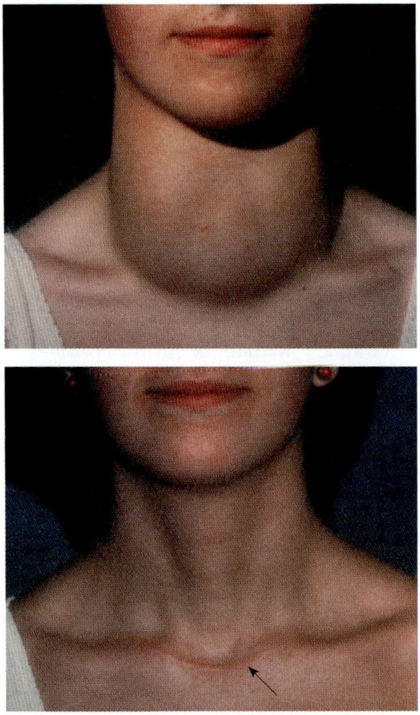

Abb. 9.1 Patientin mit Struma nodosa vor und nach der Operation (Strumektomie-Narbe →) [T 127]

  - Erworbene Hypothyreose durch Zustand nach Thyreoiditis, iatrogen durch zu hohe Dosen an Thyreostatika, nach Strumektomie oder Radiojodtherapie, bei extremem Jodmangel oder Medikamentengabe, z. B. Lithium
- **Sekundäre Formen**: Schäden der Hypophyse durch Tumoren, Trauma, Bestrahlung oder Resektion
- **Tertiäre Formen**: Störung des Hypothalamus.

Klinik

- **Bei Neugeborenen**: Trinkfaulheit, Bewegungsarmut, Obstipation, Ikterus neonatorum prolongatus. Spätere Symptome sind Wachstumsrückstand sowie geistige und psychische Retardierung.
- **Bei Erwachsenen**: schleichender Beginn der Krankheit. Symptome:
  - Kälteintoleranz, Gewichtszunahme, Antriebsarmut durch Hypometabolismus
  - Bradykardie, Perikarderguss durch generalisiertes Myxödem aufgrund verminderter Katecholamin- Empfindlichkeit
  - Teigige Haut, struppige Haare, raue Stimme, Muskelschmerzen und -schwäche
  - Obstipation, verlängerte Reflexe, Depression.

Eine Hypothyreose kann ein **Myxödem** verursachen: Die Haut und das Fettgewebe an Extremitäten und im Gesicht sind teigig geschwollen und trocken. Die Stimme ist rau. Ursache ist ein verminderterr Abbau von Mukopolysaccharide im Interzellulärraum, die sich ansammeln.
Beim Morbus Basedow kann ein **prätibiales** Myxödem auftreten.
Beim Myxödem bleibt nach Druck keine Delle zurück.
Unter einem **Myxödemkoma** wird eine lebensbedrohliche Hypothyreose verstanden. Auslöser ist z.B. eine Infektion, Operation oder ein Trauma oder starke Kälte. Heutzutage sehr selten. Leitsymptome sind Hypothermie, Hypoventilation, Bradykardie und Hypotonie.

Diagnostik

Labor:

- Bestimmung von TSH basal (➜ Tab. 9.3):
  - 2,6–4,0 mU/l entspricht Grad 1
  - 4,1–10 mU/l entspricht Grad 2
  - TSH > 10 entspricht Grad 3
- fT_3 und fT_4 sind meist normal
- Nachweis von Antikörpern bei Hashimoto-Thyreoiditis: AK gegen Peroxidase.

Szintigrafie. Verminderte bis fehlende Radionuklidspeicherung in der Schilddrüse.

Differenzialdiagnose

Low-T_3-, -T_4-Syndrom bei schwerstkranken Patienten: Die Konzentration an Reverse-T_3 ist erhöht, meist wird keine Substitution durchgeführt.

Therapie

Meist ist eine lebenslange Substitution mit L-Thyroxin nötig. Initial werden 25–50 µg oral verabreicht und monatlich gesteigert. Die Normalisierung des TSH-Werts dauert ca. 6–8 Wochen.

Tab. 9.3 Laborkonstellationen bei verschiedenen Störungen der Schilddrüse

Diagnose	TSH	fT_3, fT_4
Manifeste Hyperthyreose	↓	↑
Latente Hyperthyreose	↓	↔
Manifeste Hypothyreose	↑	↓
Latente Hypothyreose	↑	↔
Sekundäre oder tertiäre Hypohyreose	↓	↓

Prognose

Unter ausreichender Therapie günstige Prognose.

Endokrine Orbitopathie

Definition

Entzündliche Schwellung der retrobulbären Orbitastrukturen, die zur Protrusion des Augapfels führt.

Ätiopathogenese

Die Ursache ist unbekannt. Eine genetisch bedingte Autoimmunerkrankung ist wahrscheinlich. Es kommt zur Einlagerung von Glukosaminoglykanen, Infiltration mit autoreaktiven T-Lymphozyten und Fibroblastenproliferation mit Kollagenvermehrung.

Klinik

- **Möbius-Zeichen**: Exophthalmus (→ Abb. 9.2), Konvergenzschwäche, Lidretraktion
- **Dalrymple-Zeichen**: über der Hornhaut sichtbarer Streifen der Sklera
- **Gräfe-Zeichen**: fehlende Senkung des Oberlids bei der Blicksenkung
- **Stellwag-Zeichen**: seltener Lidschlag.

In fortgeschrittenem Stadium können die Kompression des N. ophtalmicus und Störungen der Augenmuskeln hinzukommen, was zu Visuseinschränkung und Doppelbild-Sehen führen kann. Bei Rauchern kommt die endokrine Orbitopathie 8-mal häufiger vor. Sie tritt bei 50 % der Patienten mit Morbus Basedow auf. Schilddrüsenfunktion und Schwere der Orbitopathie korrelieren nicht miteinander.

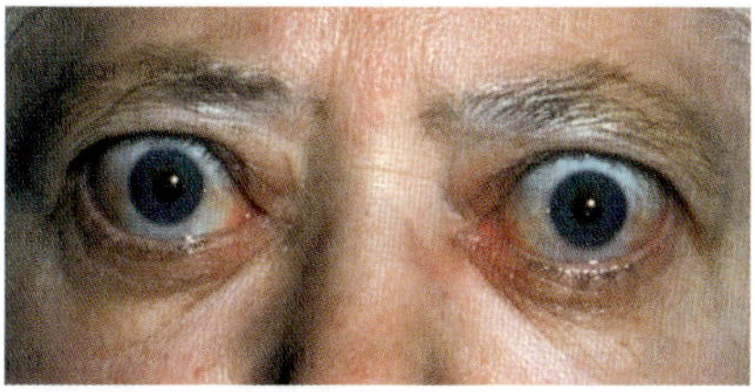

Abb. 9.2 Patient mit Exophthalmus bei endokriner Orbitopathie bei Morbus Basedow [T 127]

Diagnostik

Labor. Nachweis von TRAK.

Bildgebende Verfahren. Sonografie, MRT. Fotodokumentation der Entwicklung.

Differenzialdiagnose

Retrobulbärtumor (einseitig), Abszess, Sinus-cavernosus-Thrombose.

Therapie

Eine kausale Therapie ist **nicht** möglich.

Konservativ:

- Euthyreote Verhältnisse herstellen
- Hypothyreose vermeiden, da sie die Orbitopathie verschlechtert
- Rauchen einstellen
- Kortikosteroide
- Bestrahlung der Orbita (retrobulbär)
- Operative Verkleinerung des retroorbitalen Fettkörpers
- Lokale Maßnahmen wie Augentropfen, getönte Augengläser.

Prognose

Die Krankheit verschlechtert sich bei 10 % der Patienten. Bei 30 % bessert sie sich, und bei 60 % bleiben die Verhältnisse gleich.

CHECK-UP

- ☐ Welcher diagnostische Parameter steht zur Feststellung der immunogenen Hyperthyreose zur Verfügung?
- ☐ Beschreiben Sie die Klinik der endokrinen Orbitopathie und die diagnostischen Möglichkeiten!
- ☐ Beschreiben Sie die Klinik der Hypothyreose bei Erwachsenen!

Entzündungen der Schilddrüse

Akute Thyreoiditis

Definition

Seltene akute Entzündung der Schilddrüse mit euthyreoter, hypo- oder hyperthyreoter Stoffwechsellage.

Ätiopathogenese

Meist liegt eine bakterielle Entzündung zugrunde. Die Erkrankung kann aber auch viral bedingt sein. Oder in Form einer Strahlenthyreoiditis nach Radiojodtherapie.

Klinik

Akuter Beginn, schmerzhafte Schilddrüse, Rötung und Fieber, evtl. Schwellung der regionalen Lymphknoten.

Komplikationen

Mediastinitis.

Diagnostik

Labor. CRP und BSG erhöht, evtl. Leukozytose.

Therapie

Medikamentös:

- Antibiose bei bakterieller Genese, evtl. Abszessdrainage (Kultur und Zytologie)
- Bei Strahlenthyreoiditis Gabe von Kortikosteroiden, Antiphlogistika und Kühlung.

Subakute Thyreoiditis de Quervain

Definition

Entzündung der Schilddrüse infolge von Infekten der oberen Luftwege.

Ätiopathogenese

Unklare Ätiologie. Vorkommen gehäuft nach viralen Infekten der Luftwege. Es besteht eine genetische Disposition durch Assoziation mit HLA-BW35, jedoch ist kein Nachweis von Autoantikörpern möglich.
Vor allem Frauen ab dem 30. Lebensjahr sind betroffen. Verteilung ♂ : ♀ ist 1 : 5.

Klinik

Akuter oder subakuter Beginn mit derber, schmerzhafter Schwellung der Schilddrüse, Fieber und Abgeschlagenheit.
Zu Beginn der Erkrankung haben zerstörte Follikelzellen meist eine Hyperthyreose zur Folge. Diese kann im Verlauf der Krankheit in eine Hypothyreose übergehen, die sich in 10 % der Fälle zu einer permanenten Hypothyreose entwickelt und mit einer L-Thyroxin-Substitution behandelt werden muss.

Diagnostik

Anamnese. Vorausgegangener Virusinfekt.

Labor. Maßive BSG-Erhöhung, CRP erhöht.

Sonografie. Es sind echoarme Areale zu sehen, die teilweise konfluieren.

Therapie

Medikamentös. NSAR lindern lokale Beschwerden. Kortikosteroide führen innerhalb von 24 Stunden zu Beschwerdefreiheit; falls nicht, muss die Diagnose überprüft werden.

Prognose

In 80 % der Fälle heilt die Entzündung spontan aus.

Chronische Thyreoiditis Hashimoto

Synonym

Autoimmunthyreoiditis vom Hashimoto-Typ, lymphozytäre Thyreoiditis.

Definition

Chronische, autoimmun bedingte Entzündung der Schilddrüse.

Ätiopathogenese

Die chronische Thyreoiditis Hashimoto – die häufigste Form einer Schilddrüsenentzündung – ist in den meisten Fällen die Ursache für eine Hypothyreose. Es sind wesentlich mehr Frauen von der Erkrankung betroffen als Männer: Verteilung ♂ : ♀ ist 1 : 9.
Es werden Autoantikörper gegen Peroxidase und Thyreoglobulin gebildet, was die Entzündung auslöst. Es besteht eine familiäre Disposition und eine Assoziation mit HLA-DR3, -DR5 und -B8, darüber hinaus auch mit Autoimmunerkrankungen wie Vitiligo, Alopezie, Sprue, perniziöser Anämie, Nebennierenrindeninsuffizienz und Myasthenia gravis.

Klinik

Meist Beschwerdefreiheit. Zu Beginn kann eine Hyperthyreose vorliegen, die sich im Krankheitsverlauf jedoch regelhaft zu einer Hypothyreose entwickelt.

Diagnostik

Labor. Nachweis von anti-TPO-AK in 90 % der Fälle und Nachweis von Thyreoglobulin-Antikörpern (TgAK) in 70 % der Fälle.

Invasiv. Feinnadelbiopsie und Zytologie: zum Nachweis einer lymphozytären Thyreoiditis. Im positiven Fall finden sich lymphozytäre Infiltrate mit eingestreuten vergrößerten basophilen follikulären Zellen, sog. **Hurthle-Zellen**.

Therapie

Konservativ. Substitution mit L-Thyroxin, regelmäßige Kontrolle des Hormonspiegels und evtl. Dosisanpassung.

CHECK-UP

- ☐ Welche diagnostischen Parameter stehen zum Nachweis einer Thyreoiditis vom Hashimoto-Typ zur Verfügung?
- ☐ Beschreiben Sie die Klink der subakuten Thyreoiditis de Quervain!
- ☐ Wie wird die Thyreoiditis de Quervain therapiert?

Schilddrüsenmalignome

Definition

Malignome der Schilddrüse, zu 95 % Karzinome.

Ätiopathogenese

Ursachen:
- Ionisierende Strahlen sind erwiesenermaßen auslösende Faktoren. Nach dem Reaktorunfall von Tschernobyl erkrankten 1.500 Kinder an vornehmlich papillären Schilddrüsenkarzinomen.
- Genetische Faktoren spielen beim medullären Karzinom eine Rolle.

Einteilung der Schilddrüsenmalignome:
- Schilddrüsenkarzinome: weitere Unterteilung siehe → Tabelle 9.4
- Malignome wie das maligne Lymphom oder das Sarkom
- Metastasen anderer Tumoren.

Tab. 9.4 Klassifizierung der Schilddrüsenkarzinome

Karzinom-Typ	%-Anteil der Karzinome	Befallsmuster	Therapie
Papilläres Schilddrüsen-karzinom	ca. 60 %	Metastasierung vorwiegend lymphogen in regionäre Lymphknoten	Primärtumor und Metastasten sind jodspeichernd und mit Radiojodtherapie behandelbar
Follikuläres Schilddrüsen-karzinom	ca. 30 %	• Leitsymptom ist ein solitärer Knoten • Tritt gehäuft in Jodmangelgebieten auf • Metastasiert hämatogen, v. a. in Lunge und Knochen • Speichert Jod, ist aber szintigrafisch als „kalter Knoten" imponierend	Mit Radiojodtherapie behandelbar
Anaplastisches (undifferenziertes) Schilddrüsen-karzinom	ca. 10 %	• Keine Speicherung von Jod, hochmaligne und aggressiv wachsend, metastasiert lymphogen und hämatogen	Sehr schlechte Prognose
Medulläres Schilddrüsen-karzinom	5 %	• Keine Jodspeicherung • 80 % der Fälle sind sporadisch, 20 % autosomal-dominant vererbt • Vorkommen im Rahmen einer multiplen endokrinen Neoplasie (MEN, s. u.)	Da die C-Zellen Kalzitonin produzieren, ist dieser Wert indizierend bei Metastasensuche und Rezidivdiagnostik

Klinik

- Erstsymptome können knotige schmerzlose Verdichtungen sein.
- Später Rekurrensparese, Schluckbeschwerden und Heiserkeit, Horner-Syndrom – Trias aus Miosis, Ptosis und scheinbarem Enophthalmus – sowie obere Einflussstauung.

> Das medulläre C-Zell-Karzinom produziert zwar Kalzitonin, die übliche Wirkung auf Kalziumhaushalt und Knochenmasse ist aber gering, da bei chronischer Kalzitonin-Wirkung eine Wirkabschwächung, das sog. **Escape-Phänomen**, zu beobachten ist.

Diagnostik

Familienanamnese. Familiäre Häufung beim medullären Schilddrüsenkarzinom.

Bildgebende Verfahren:

- Sonografie (→ Abb. 9.3): zeigt unregelmäßig begrenzte, echoarme Areale
- Szintigrafie: zum Nachweis kalter, nicht-jodspeichernder Knoten
- CT, MRT der Halsregion
- Röntgen-Thorax, CT, Knochenszintigrafie und PET zur Metastasensuche.

Labor:

- Bestimmung von Kalzitonin im Serum
- Genanalyse bei C-Zell-Karzinomen: Analyse auf Punktmutation im RET-Protoonkogen.

Therapie

Operativ. Radikale Thyreoidektomie und Entfernung der regionalen Lymphknoten.

Konservativ:

- Ablative Radiojodtherapie: 3–4 Wochen postoperativ bei papillären und follikulären Karzinomen. Suche von jodspeichernden Schilddrüsenresten und Hochdosis-Radiojodtherapie, bis kein speicherndes Gewebe mehr nachgewiesen werden kann.
- Suppressive Hormongabe von LT4, um den TDH-Wert auf < 0,1 mU/l zu verringern
- Palliative Chemotherapie im Rahmen von Studien.

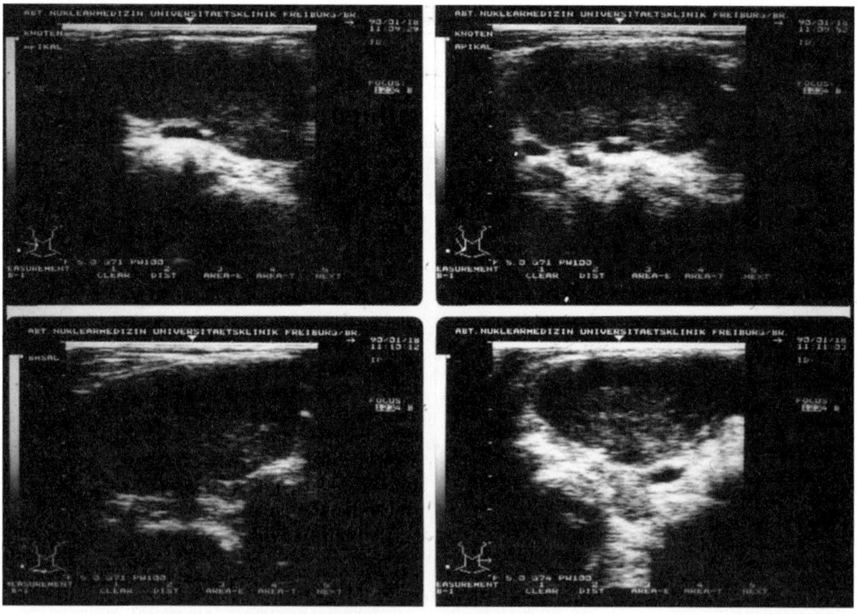

Abb. 9.3 Sonografie eines kalten Knotens [S 008-3-01]

Cave: Nebenwirkungen der Radiojodtherapie sind passagere Strahlenthyreoiditis, Gastritis und Sialadenitis, aber auch ein erhöhtes Leukämierisiko (1 %).

Prognose

10-Jahres-Überlebensrate bei den verschiedenen Schilddrüsenkarzinomen:
- Papillär: ≥ 90 %
- Follikulär: ≥ 75 %
- Medullär: ca. 50 %.

Beim anaplastischen Schilddrüsenkarzinom liegt die mittlere Lebenserwartung bei 6 Monaten!

CHECK-UP

- ☐ Was versteht man unter dem Horner-Syndrom und bei welcher Erkrankung kommt es vor?
- ☐ Nennen Sie die verschiedenen Typen des Schilddrüsenkarzinoms und ihre Merkmale.
- ☐ Welcher diagnostische Parameter steht zur Rezidivdiagnostik des medullären Schilddrüsenkarzinoms zur Verfügung?

Erkrankungen der Nebenschilddrüsen, metabolische Knochenerkrankungen

Hyperparathyreoidismus

Definition

Den Hyperparathyreoidismus (HPT) kennzeichnet eine Überproduktion von Parathormon. Der HPT wird unterteilt in:
- **Primären** Hyperparathyreoidismus: Adenome oder Hyperplasie der Epithelkörperchen führen zur autonomen Überproduktion
- **Sekundären** Hyperparathyreoidismus: reaktiver Anstieg der Parathormonproduktion nach Abfall des Kalziumspiegels
- **Tertiären** Hyperparathyreoidismus: Hyperkalzämie im Verlauf eines sekundären Hyperparathyreoidismus, verursacht durch die vorangegangene Epithelkörperchenhyperplasie.

Ätiopathogenese

Primärer HPT. In 80 % der Fälle sind Adenome die Ursache, in 20 % einer Hyperplasie der Epithelkörperchen. Karzinom der Epithelkörperchen in < 1 % der Auslöser.

Sekundärer HPT. Hervorgerufen durch chronische Niereninsuffizienz, Malassimilationssyndrom mit verminderter Kalziumresorption. Bei Leberzirrhose aufgrund der gestörten Umwandlung von D_3 zu 25-OH-D_3 und bei Cholestase aufgrund der gestörten Resorption von D_3.

Tertiärer HPT. Tritt nach Behandlung eines sekundären HPT auf. Da der erhöhte Bedarf an Parathormon nun wegfällt, kommt es durch die zuvor kompensatorisch hyperplasierten Epithelkörperchen zu einer fortbestehenden Mehrproduktion des Hormons.

Klinik

Beschwerden treten vor allem durch die Hyperkalzämie auf. Zu 50 % ist der HPT jedoch ein Zufallsbefund. Merkspruch: „Stein, Bein, Magenpein".
- **Renale Symptome**: häufig Nephrolithiasis. Seltener – und prognostisch ungünstig – Nephrokalzinose. ADH-refraktäre Konzentrierungsunfähigkeit des Harns mit Polyurie und Polydipsie kann zu Niereninsuffizienz führen.
- **Ossäre Symptome**: häufig diffuse Osteopenie. Subperiostale Resorptionslakunen und Akroosteolysen an Händen und Füßen. Schmerzen an Wirbelsäule und Extremitäten. Osteodystrophia cystica generalisata von Recklinghausen heute sehr selten
- **Gastrointestinale Symptome**: Übelkeit, Appetitlosigkeit, Obstipation, Gewichtsabnahme. Ulcus ventriculi und Ulcus duodeni, da die Hyperkalzämie zu Hypergastrinämie führt und diese zu verstärkter Säureproduktion
- **Neuromuskuläre Symptome**: Muskelatrophie, QT-Verkürzung im EKG, depressive Verstimmung.

„Stein, Bein, Magenpein"
Merkspruch, der das gemischte Symptombild aus Nierensteinen, Knochenschwund und gastrointestinalen Beschwerden zusammenfasst.

Komplikationen

Zusatzwissen
Hyperkalzämische Krise
Zu den Symptomen gehören Polyurie, Polydipsie, Erbrechen, Exsikkose, Adynamie, Somnolenz und Koma. Auch Kalzifizierungen an Kornea und Arterien sind möglich. Die Letalität beträgt bis zu 5 %.

Diagnostik

Labor:
- Kalzium in Serum und Urin
- Intaktes Parathormon, Vitamin D_3
- Knochenspezifische alkalische Phosphatase
- In Abhängigkeit von der Form der Erkrankung gibt es unterschiedliche Laborkonstellationen (→ Tab. 9.5).

Bildgebende Verfahren. Sonografie und Szintigrafie als Lokalisationsdiagnostik vor einer OP.

Differenzialdiagnose

Hyperkalzämie anderer Ursache.

Therapie

Primärer HPT:
- Operativ: isolierte Entfernung vergrößerter Adenome. Bei Hyperplasie aller Epithelkörperchen totale Resektion und Retransplantation eines halben Körperchens in den Musculus brachioradialis oder den Musculus sternocleidomastoideus.
  Indikation gegeben bei symptomatischen Patienten, wenn Serum-Kalzium über 0,25 mmol/l über der oberen Normgrenze, Kalzium im Urin über 400 mg in 24 Stunden, bei eingeschränkter Kreatinin-Clearance, Abnahme der Knochendichte und Alter unter 50 Jahren
- Konservativ: Patienten dazu anhalten, viel zu trinken. Keine Gabe von Thiaziden oder Digitalis, evtl. Osteoporoseprophylaxe mit Bisphosphonaten bei Frauen nach der Menopause. Regelmäßige Kontrolluntersuchungen alle 3 Monate.

Sekundärer HPT. Behandlung der Grunderkrankung, die zu einem sekundären HPT geführt hat. Substitution von Vitamin D_3 und evtl. Kalzium.

Tertiärer HPT. OP-Indikation ist immer gegeben.

Hypoparathyreoidismus

Definition

Unterfunktion der Nebenschilddrüse mit verminderter Sekretion von Parathormon und Hypokalzämie.

Ätiopathogenese

Seltene Erkrankung.
Ursachen:
- Häufig **postoperativ**: nach Operationen am Hals, z. B. Strumektomie
- Selten **idiopathisch**
- **Autoimmun** im Zuge eines autoimmunen polyglandulären Syndroms oder hereditär
- Sehr selten durch langandauernde schwere **Hypomagnesiämie**.

Klinik

- Hypokalzämische Tetanie, Pfötchenstellung der Hände, Stimmritzenkrampf
- Chvostek-Zeichen: ist positiv, wenn Mundwinkel bei Beklopfen des N. facialis im Bereich der Wange zuckt
- Trousseau-Zeichen: ist positiv, wenn Hand in Pfötchenstellung gelangt, nachdem für einige Minuten eine Blutdruckmanschette mit Mitteldruck angelegt wurde

Tab. 9.5 Laborkriterien für die jeweiligen Formen des Hyperparathyreoidismus

	Serum-Kalzium	Urin-Kalzium	Serum-Phosphat	Phosphat im Urin	PTH_{intakt}	AP
Primärer HPT	↑	↑	↓	↑	↑	↑
Sekundärer HPT	↓	↓	↑ renal bedingt ↓ intestinal bedingt	↓	↑	↑
Tertiärer HPT	↑	↓	↑	↓	↑	↑

- Gelegentlich Störungen des Haar- und Nagelwuchses
- Katarakt, Verkalkung an den Stammganglien mit geistiger Retardierung, Reizbarkeit, Depression.

Diagnostik

Anamnese. Operation oder Bestrahlung im Halsbereich.

Labor. Ist eine Niereninsuffizienz ausgeschlossen, macht folgende Laborkonstellation einen Hypoparathyreoidismus wahrscheinlich:
- Serum-Kalzium erniedrigt
- Parathormon normal bis erniedrigt (müsste reaktiv erhöht sein)
- Phosphat häufig erhöht.

Therapie

Behandlung einer **Tetanie**: 20 ml 10 -prozentige Kalziumglukonatlösung i. v.

Langzeitbehandlung. Hochdosiert orale Gabe von Vitamin D (Cholekalziferol, Kalzitriol) und Kalzium. Kalzium-Spiegel in Serum und Urin überwachen!

Cave: **Niemals** einem Patienten unter Digitalistherapie intravenös Kalzium geben, da die Substanzen synergistisch wirken!

Prognose

Unter regelmäßiger Kontrolle günstig. Bei Überdosierung mit Vitamin D besteht die Gefahr der Hyperkalzämie, Nephrokalzinose, Nephrolithiasis und von Nierenfunktionsstörungen.

Renale Osteopathie

Synonym

Renale Osteodystrophie.

Definition

Störungen des Mineralstoffwechsels und Bewegungsapparats durch eine chronische Niereninsuffizienz.

Ätiopathogenese

Renaler sekundärer Hyperparathyreoidismus:
- Calcitrolsynthese in Nieren ↓ → Serumkalzium ↓ → Parathormon ↑
- Renale Phosphatausscheidung ↓ → Serumphosphat ↑ → Serumkalzium ↓ → Parathormon ↑.

Hyperparathyreoidismus → Knochenumbau ↑ → Osteoporose
Kalzitriol ↓ → Knochenmineralisierung ↓.

Die renale Osteopathie ist eine Ursache einer **Osteomalazie**, einer Mineralisierungsstörung des Knochens bei Erwachsenen (bei Kindern: Rachitis).

Klinik

- Knochenschmerzen
- Muskelschwäche, v. a. proximal
- Löslichkeitsprodukt Kalzium und Phosphat wird überschritten → Verkalkungen periartikulär, mittelgroße Arterien
- Kinder: Skelettdeformitäten, Wachstumsretardierung.

Diagnostik

Labor:

↑: Phosphat im Serum, Parathormon, alkalische Phosphatase
↔ oder ↓: Serumkalzium.

Röntgen. Ostitis fibrosa bei sekundärem Hyperparathyreoidismus:
- Subperiostale Resorptionen
- Kortikal Auslockerungen
- Fleckige Osteosklerose
- Looser-Umbauzonen

Therapie

Ziele: normale Phosphat- und Kalziumspiegel, keine extraossären Verkalkungen.
- Phosphat im Serum erniedrigen:
  - Zufuhr begrenzen: Fleisch und Milchprodukte meiden
  - Phosphatbinder, z. B. Kalziumglukonat
- Kalziumkarbonat substituieren
- Kalzitriol (1,25$(OH)_2$-Vitamin D_3) substituieren
- Notfalls Parathyreoidektomie.

Bei der Calcitriolsubstitution müssen zwei Aspekte beachtet werden, damit nicht Nierensteine, eine Nephrokalzinose oder eine Hyperkalzämie entstehen:
- Erst beginnen, wenn das Phosphat im Serum gesunken ist, damit die Kalziumerhöhung nicht zum Überschreiten des Löslichkeitsprodukts führt
- Kalziumspiegel engmaschig kontrollieren.

Prognose
Schlecht. Meist liegt eine fortgeschrittene Niereninsuffizienz vor mit entsprechenden Begleiterkrankungen. Die Steuerung des Phosphat- und Kalziumhaushalts bei einem renalen sekundären Hyperparathyreoidismus – und drohendem tertiärem – ist schwierig.

Osteoporose

Definition
Metabolische Erkrankung, die durch Verminderung der Knochenmasse und Verschlechterung von Knochenstruktur und -funktion zu einem erhöhtem Frakturrisiko führt.

Ätiopathogenese
Primäre Osteoporose: 95 % der Fälle. Dazu zählen die:
- Postmenopausale (Typ 1-)Osteoporose
- Senile (Typ 2-)Osteoporose
- Idiopathische Osteoporose junger Menschen.

Sekundäre Osteoporose: 5 % der Fälle. Ursachen hierfür sind:
- Hyperkortisolismus, Hypogonadismus, Hyperthyreose, Immobilisation
- Medikamentös durch Langzeit-Kortison- oder Heparintherapie, Ciclosporin oder Antikonvulsiva
- Malabsorptionssyndrom.

Risikofaktoren:
- Alter, weibliches Geschlecht, späte Menarche und frühe Menopause
- Genetische Faktoren: in diesem Fall positive Familienanamnese
- Körperliche Inaktivität, Immobilisation, Unterernährung, starker Zigaretten- und/oder Alkoholkonsum.

Klinik
Keine Beschwerden im präklinischen Stadium. Zur klinischen Stadieneinteilung der Osteoporose siehe → Tabelle 9.6.
Bei manifester Osteoporose:
- Knochenschmerzen
- Spontanfrakturen, besonders an den Wirbelkörpern Th7 bis L1, und dadurch Abnahme der Körpergröße
- Kyphosierung (Bildung eines Rundrückens) der BWS und von der Mitte des Rückens aus abfallende Hautfalten (Tannenbaumphänomen)
- Frakturen an distalen Extremitäten, z. B. Colles-Fraktur des Radius durch Sturz nach vorne, Schenkelhalsfraktur durch Sturz auf die Seite oder aus dem Bett.

Komplikationen
Die Sterblichkeit nach Schenkelhalsfrakturen beträgt 20 % innerhalb der ersten 3 Monate!

Diagnostik
Bildgebende Verfahren:
- **Osteodensitometrie**: DXA-Messung, d. h. Messung der Flächendichte des Knochenmineralgehalts in g pro cm^2. Angabe als T-Score (→ Tab. 9.6)
- Röntgen: BWS und LWS in 2 Ebenen. Je nach Stadium sind erhöhte Strahlentransparenz, Vertikalisierung der Trabekelstruktur sowie betonte Grund- und Deckplatten der Wirbelkörper zu sehen, bis hin zu Sinterungsfrakturen mit Fisch- und Keilwirbelbildung.

Labor:
- Serumkalzium, Serumphosphat, Kreatinin
- γ-GT, TSH-basal, BSG, CRP
- Elektrophorese.

Differenzialdiagnose
Pathologische Frakturen, Morbus Paget.

Therapie
Kausal. Reduktion oder Beendigung einer Kortison-Therapie. Bei Hypogonadismus Substitution von Testosteron.

Symptomatisch. Verbesserung von Muskelkraft, Koordination und Mobilisation, um Stürze zu vermeiden. Optimierung der Vitamin-D-Versorgung, Rauchen und Alkoholkonsum einstellen, Untergewicht vermeiden.

Tab. 9.6 Stadieneinteilung der Osteoporose

Stadium	Kriterien
0	• Osteopenie (präklinische Osteoporose) • Keine Frakturen • T-Score -1 bis -2,5 SD (Standard deviation = Standardabweichung)
1	• Osteoporose ohne Frakturen • T-Score unter 2,5 SD
2	• Manifeste Osteoporose • Frakturen von 1–3 Wirbelkörpern ohne adäquates Trauma
3	• Fortgeschrittene Osteoporose • Multiple Wirbelfrakturen • Oft auch Frakturen der Extremitäten

Medikamentös:
- Bisphosphonate hemmen den Knochenabbau und erhöhen die Knochendichte.
- Strontiumranelat stimmuliert die Osteoblasten und hemmt gleichzeitig die Osteoklasten.
- Raloxifen als selektiver Östrogenrezeptor-Modulator
- Gabe von Parathormon
- Gabe von Östrogen.

Als **Osteomalazie** wird eine ungenügende Mineralisation des Knochens mit Kalzium und Phosphor bezeichnet. Bei Kindern spricht man von **Rachitis**, mit Störung des Knochenwachstums und der Skelettreifung. Ursachen sind:
- Vitamin-D-Mangel, z. B. Malassimilation, renale Osteopathie, Medikamente wie Phenytoin und Phenobarbital
- Kalziummangel: selten, meist Folge eines Vitamin-D-Mangels
- Phosphatmangel: Fehlernährung, Alkoholismus, aluminiumhaltige Antazida, paraneoplastisch. Selten angeborene, z. B. Fanconi-Syndrom, einige renal-tubuläre Azidosen.

Zur **Klinik** gehören Knochenschmerzen, Knochenverbiegungen, Gehstörungen und Neigung zur Tetanie.
Im **Labor** sind Serumkalzium und Serumphosphat erniedrigt, die alkalische Phosphatase ist erhöht.
Im Vergleich dazu sind bei **Osteoporose** Serumkalzium und -phosphat normal, die alkalische Phosphatase normal bis erhöht.

Morbus Paget

Synonym
Ostitis deformans Paget.

Definition
Progressive Skeletterkrankung mit erhöhten Umbauvorgängen im Knochen, die zu Instabilität, Verformung und Schmerzen führt.

Epidemiologie
Zweithäufigste Knochenerkrankung nach der Osteoporose. Die Prävalenz liegt in Westeuropa bei 1–2 %. Männer erkranken häufiger als Frauen.

Ätiopathogenese
Die Ätiologie ist unbekannt. In der Frühphase unkontrollierter Knochenabbau durch überschießende Aktivität der Osteoklasten, gefolgt von einem reaktiv unkontrollierten Knochenaufbau mit dem Ergebnis, dass der neue Knochen aufgetrieben und mechanisch weniger stabil ist. Deswegen besteht ein erhöhtes Frakturrisiko.
Häufigkeit des Knochenbefalls in absteigender Reihenfolge:
- Becken
- Femur
- Tibia (→ Abb. 9.4)
- Schädel
- Lendenwirbel.

Klinik
Beschwerdefreiheit bei einem Drittel der Patienten.
- Evtl. lokale Schmerzen und Überwärmung des betroffenen Knochens
- Deformierungen, z. B. an den Beinen, durch Verkürzung und Verformung der Knochen
- Zunahme des Kopfumfangs möglich, zunehmende Schwerhörigkeit.

Komplikationen
- Fehlstellungen der Gelenke und Arthrosen, Frakturen
- Nerven- und Wurzelkompressionen bei Wirbelkörper- oder Schädelfrakturen
- Schalleitungsstörung, da die Gehörknöchelchen ankylosieren
- Innenohrschwerhörigkeit durch Kompression des N. acusticus
- Hyperkalziurie, Nierensteinbildung
- Osteosarkom als seltene Spätfolge.

Diagnostik
Klinik. Schmerzen, Überwärmung der Knochen. Evtl. passt der Hut nicht mehr wegen Zunahme des Kopfumfangs.

Labor. Alkalische Phosphatase stark erhöht. Diese ist ein Aktivitätsparameter.

Bildgebende Verfahren:
- Röntgen: drei Phasen abgrenzbar, die aber auch nebeneinander bestehen können:
  - Phase 1: Osteolyse
  - Phase 2: Mischbild aus osteolytischen und osteosklerotischen Arealen
  - Phase 3: Sklerosierung, vergröberte Spongiosa
- Knochenszintigrafie: zur Suche nach weiterem Knochenbefall

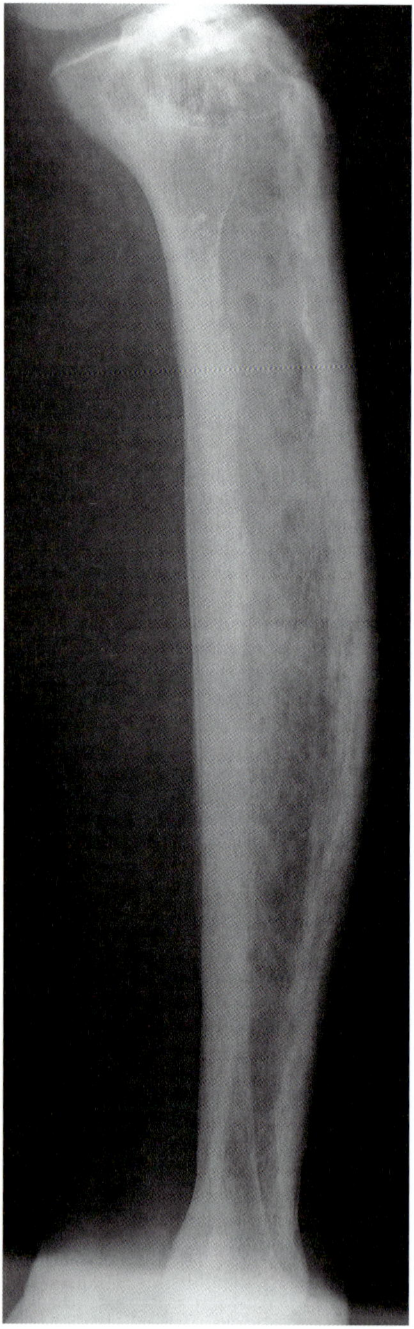

Invasiv. Knochenbiopsie zum Nachweis von Osteoblasten und mehrkernigen Riesen-Osteoklasten.

Differenzialdiagnose

Tumoren der Knochen, Hyperparathyreoidismus, Osteomyelitis.

Therapie

Konservativ:

- Gabe von Bisphosphonaten zur Hemmung der Osteoklastenaktivität, bei Bedarf Analgetika
- Kalzium- und Vitamin-D-Substitution
- Behandlung von Frakturen und Gelenkfehlstellungen.

Polyglanduläre Störung

Synonym

Autoimmunes polyglanduläres Syndrom (APS), polyglanduläre Immunsymptome.

Definition

Versagen mehrerer endokriner Organe durch autoimmune Prozesse.

Ätiopathogenese

APS Typ 1. Juvenile Form der polyglandulären Störung, auch Blizzard-Syndrom oder APECED-Syndrom (autoimmunes Polyendokrinopathie-Candidiasis-ektodermales Dystrophie-Syndrom) genannt. Die Krankheit manifestiert sich im Kindesalter.

APS Typ 2. Schmidt-Syndrom. Adulte Form der APS. Sie ist assoziiert mit einem Defekt auf HLA-B8/DR-3.
Merke: Die Erkrankungen können sich mit einer Latenz von einigen Jahren manifestieren und müssen nicht gleichzeitig auftreten.

Klinik

Komponenten des **APS Typ 1**:

- Primärer Hypoparathyreoidismus
- Mukokutane Candidiasis
- Morbus Addison.

Komponenten des **APS Typ 2**:

- Morbus Addison
- Diabetes mellitus Typ 1
- Hashimoto-Thyreoiditis
- Morbus Basedow.

Abb. 9.4 Röntgenaufnahme einer Tibia bei Morbus Paget [E 349]

Diagnostik
Anamnese und Klinik.

Labor. Überprüfung von Hormonspiegeln, Antikörper-Screening.

Therapie
Substitution. Es werden die Hormone substituiert, die nur vermindert gebildet werden.

Prognose
Die Prognose richtet sich nach der vorherrschenden Symptomatik.

Multiple endokrine Neoplasien

Synonym
MEN-Syndrom.

Definition
Autosomal-dominante Erbkrankheit mit multiplen Neoplasien in verschiedenen Organen.

Ätiopathogenese und Klinik
Das MEN-Syndrom lässt sich in drei Typen unterteilen (→ Tab. 9.7). Die verschiedenen Typen sind auf Genmutationen zurückzuführen. Ursächlich bei MEN 1 sind Mutationen des Menin-Gens auf Chromosom 11, bei MEN 2a und 2b Mutationen des RET-Onkogens auf Chromosom 10.

Diagnostik
Anamnese und körperliche Untersuchung: auffälliger Hochwuchs oder Überstreckbarkeit der Gelenke? Familienanamnese
Labor: Hormonspiegel (Schilddrüsenhormone, Hormone der Nebenschilddrüse und Hypophyse)
Evtl. genetische Diagnostik und Vorsorgeuntersuchungen zur Früherfassung der oben aufgeführten Tumoren.

Tab. 9.7 Einteilung des MEN-Syndroms mit entsprechender Manifestation

MEN-Typ	Bezeichnung	Klinik
MEN 1	Wermer-Syndrom	• Primärer Hyperparathyreoidismus • Hypophysenadenome • Inselzelltumoren des Pankreas
MEN 2a	Sipple-Syndrom	• Medulläres Schilddrüsenkarzinom • Primärer Hyperparathyreoidismus • Phäochromozytom
MEN 2b	Gorlin-Syndrom	Symptome wie MEN 2a und zusätzlich: • Marfanoider Großwuchs mit Spinnenfingrigkeit • Schleimhautneurinome

Therapie
Die Therapie richtet sich nach den unterschiedlichen Ausprägungen der Erkrankung (siehe dort).

Prognose
Die Prognose ist von der jeweiligen Erkrankung abhängig.

Karzinoid-Syndrom

→ Kapitel 7, Erkrankungen des Dünndarms.

CHECK-UP

- [ ] Wie sieht die Klinik des Hyperparathyreoidismus aus?
- [ ] Wie wird eine renale Osteopathie therapiert?
- [ ] Welche Therapie gibt es bei Osteoporose?
- [ ] Beschreiben Sie die klinischen Merkmale, die auf Morbus Paget hinweisen können!

Erkrankungen der Nebennierenrinde

Aufbau und Hormonsekretion der Nebennierenrinde

Die Nebennierenrinde (NNR) ist aus mehreren Zonen aufgebaut, die unterschiedliche Hormone produzieren (→ Abb. 9.5):
- **Zona glomerulosa**: sezerniert Mineralkortikoide
- **Zona reticularis**: sezerniert Glukokortikoide
- **Zona fascicularis**: sezerniert Sexualhormone

> Merkhilfe zu den von den Zonae gebildeten Hormonen: **Salz** – **Zucker** – **Sex.**

Primärer Hyperaldosteronismus

Synonym
Conn-Syndrom.

Definition
Überfunktion der Zona glomerulosa der Nebennierenrinde aufgrund eines Adenoms oder einer Hyperplasie. Die Überfunktion führt zu Hypertonie.

Ätiopathogenese
Primärer Hyperaldosteronismus. Vorkommen: 70 %. Ursache ist eine Hyperplasie der Zona glomerulosa. Mildes Krankheitsbild ohne Hyperkaliämie.

Sekundärer Hyperaldosteronismus. Vorkommen: 20 %. Ursache ist ein Aldosteron-produzierendes Adenom der Nebennierenrinde mit Hypokaliämie. Schwerwiegendes Krankheitsbild.
Seltene Ursachen: In ca. 10 % der Fälle sind Aldosteron-produzierende Karzinome oder **familiärer Hyperaldosteronismus** (Typ 1 und 2) die Ursache.

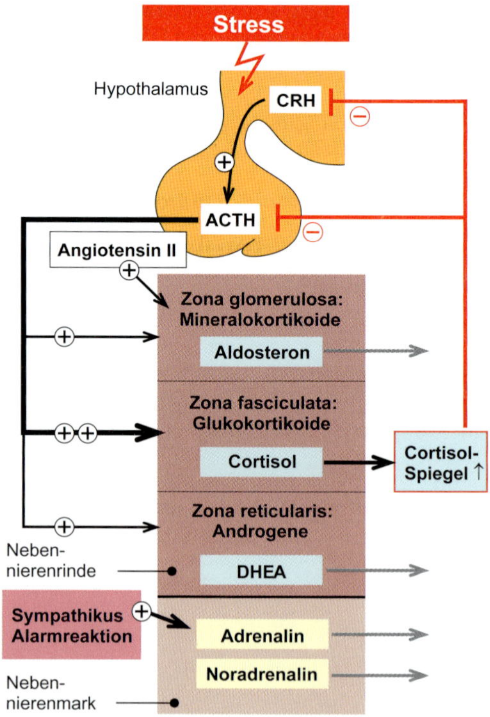

Abb. 9.5 Produktionsort und Steuerung der Hormone der Nebennierenrinde [L 157]

Klinik
Leitsymptom ist die Hypertonie. Seltener treten auf:
- Alkalose und
- Hypokaliämie mit Muskelschwäche, Müdigkeit, Obstipation, EKG-Veränderungen, Polyurie und Polydipsie.

> Die Mehrzahl der Patienten ist normokaliämisch!

Diagnostik
Anamnese. Patienten mit:
- Schwer einstellbarem Hypertonus: ab der Notwendigkeit von 2 Antihypertonika an ein Conn-Syndrom denken
- Spontaner Hyperkaliämie, mit oder ohne Diuretikagabe.

Labor:
- Screening-Test: Bestimmung des Aldosteron/Renin-Quotienten durch Messung von Plasma-Aldosteron und Plasma-Renin-Aktivität
- Bestätigung der Diagnose im:
  - **Kochsalz-Belastungstest**: fehlende oder verminderte Aldosteron-Suppression nach Gabe von 0,9 %er NaCl i. v. über 4 Stunden
  - **Fludrokortison-Suppressionstest**: ebenfalls fehlende oder verminderte Aldosteron-Suppression nach Gabe von 0,1 mg Fludrokortison alle 6 Stunden über 4 Tage
  - **Captopril-Test**: Bestimmung der Aldosteron-Konzentration vor und 2 Stunden nach Gabe von 25 mg Captopril
- **Orthostase-Test**: zur Abgrenzung eines Adenoms gegen eine Hyperplasie. Steigt das Aldosteron im Serum beim längere Zeit stehenden Patienten **nicht** an, kann dies auf ein Adenom hinweisen. Das lange Stehen vermindert die Durchblutung der Nieren, sodass der Aldosteron-Spiegel physiologischerweise ansteigt.

Differenzialdiagnose
Hypertonie anderer Ursache.

Therapie
Operativ. Die laparoskopische Entfernung des Adenoms führt in 70 % der Fälle zur Normalisierung des Blutdrucks.

Medikamentös. Behandlung mit Spironolacton (Aldosteron-Antagonist) für 1–2 Monate vor der Adenomexstirpation, um den Kaliumhaushalt zu normalisieren und die Volumenretention zu vermindern.

Morbus Addison

Synonyme
Primäre Nebennierenrindeninsuffizienz, Hypokortisolismus.

Definition
Funktionsstörung der Nebennierenrinde.

Ätiopathogenese
Zerstörung der gesamten Nebennierenrinde.

Klinik
Krankheitszeichen ergeben sich aus dem Hormonausfall und der gesteigerten Sekretion von ACTH (→ Tab. 9.8), weil die negative Feedback-Hemmung wegfällt. Chronische Verläufe mit langsamem Ausfall der Hormone sind ebenfalls möglich.

> **Addison-Krise**
> - **Klinik**: lebensbedrohlicher Zustand, der entweder durch einen sehr raschen Untergang der NNR (z. B. bei Meningokokken-Sepsis), durch Traumata, Operationen oder durch Infektionen bei vorbestehender chronischer Nebenniereninsuffizienz ausgelöst werden kann.
> - **Symptome**: Fieber, Hypoglykämie und Dehydration sowie Bewusstseinstrübung. Es besteht die Gefahr eines Schocks!
> - **Therapie**: Intensivmedizinische Überwachung. Gabe von 100 mg Hydrokortison als Bolus und weiteren 10 mg pro Stunde + Gabe von 5 % Glucose in 0,9 % NaCl.

Tab. 9.8 Klinik der jeweiligen Hormonabweichungen

Hormone	Klinik bei Mangel
Mangel an Kortisol	Schwäche, Übelkeit, Erbrechen, Gewichtsverlust, Appetitlosigkeit, Bauchschmerzen (Pseudoperitonismus)
Mangel an Mineralkortikoiden	Hyperkaliämie, Hyponatriämie, Dehydratation, Azidose, Hypotension
Mangel an Androgenen	Bei Frauen: Verlust der Pubesbehaarung und Achselhaare
Gesteigerte Sekretion von ACTH	Hyperpigmentation: Der hohe ACTH-Spiegel stimuliert direkt die Melanozyten

Diagnostik

Klinik. Schwäche, Hyperpigmentation der Haut, Hypotension, gastrointestinale Störungen, Salzhunger.

Labor. Bestimmung des basalen Kortisols. Ist dieses erniedrigt, wird nach Gabe eines ACTH-Analogons erneut gemessen (ACTH-Test). Steigt der Kortisol-Spiegel auf über 18 µg/dl an, ist eine primäre NNR-Insuffizienz ausgeschlossen.

Therapie

Substitution der Mineralkortikoide und Glukokortikoide.

Prognose

Schulung der Patienten und Ausstellen eines entsprechenden Addison-Passes zur Prävention einer Addison-Krise.

Prophylaxe

Patienten mit einem Addison-Pass ausstatten und in der Medikation schulen, damit sie auf Stresssituationen mit ausreichender Kortisol-Dosis reagieren und so eine Addison-Krise vermeiden können.

Sekundäre Nebennierenrindeninsuffizienz

Definition

Funktionsstörung der Nebennierenrinde mit erhöhtem oder erniedrigtem Reninspiegel.

Ätiopathogenese

Ursachen:
- Medikamentöse Therapie mit Mineralkortikoiden oder Langzeittherapie mit Heparin.
- Prostaglandin-Synthese-Hemmer führen zu Hypoaldosteronismus mit erniedrigtem Reninspiegel
- Therapie mit ACE-Hemmern führt zu Hypoaldosteronismus mit erhöhtem Renin-Spiegel
- Diabetes mellitus.

Klinik

Unspezifischer als bei der primären Nebenniereninsuffizienz. Symptome sind Schwäche, Appetitlosigkeit, abdominelle Symptome und Übelkeit.

Diagnostik

Labor: CRH-Test.

Therapie

Substitution von Glukokortikoiden.

Prognose

Bei ausreichender Substitution ist die Prognose gut. Es kann allerdings – wie bei der primären NNR-Insuffizienz – zu einer Addison-Krise kommen.

Cushing-Syndrom

Synonym

Hyperkortisolismus.

Definition

Erkrankungen, die mit einem erhöhten Kortisol-Spiegel einhergehen.

Ätiopathogenese

Beim **exogenen (iatrogenen) Cushing-Syndrom** ist am häufigsten eine Langzeittherapie mit Kortison die Ursache.
Das **endogene Cushing-Syndrom** wird durch die erhöhte Sekretion von ACTH oder Kortisol hervorgerufen:
- **ACTH-abhängig** mit sekundärer Vergrößerung der Nebennierenrinde:
  - **Zentrales Cushing-Syndrom (Morbus Cushing)**: in 80 % der Fälle bedingt durch ein Mikroadenom des Hypophysenvorderlappens. In den übrigen Fällen wird eine primär hypothalamische Überfunktion diskutiert.
  - Ektope ACTH-Sekretion in Tumoren, z. B. kleinzelliges Bronchialkarzinom, und Karzinoiden
  - Ektope CRH-Sekretion (seltener)
- **ACTH-unabhängig** (primäre Form): wird als **adrenales Cushing-Syndrom** bezeichnet. hervorgerufen durch:
  - Tumoren der Nebennierenrinde, die Kortisol produzieren. Bei Erwachsenen sind diese meist Adenome, bei Kindern Karzinome.
  - Mikro- oder makronoduläre Hyperplasie der Nebennieren (selten).

Klinik

- Abdominelle Adipositas (Stammfettsucht), Vollmondgesicht (→ Abb. 9.6), Stiernacken (88 %)
- Hypertonie (85 %)
- Psychische Störungen wie Depression und psychotische Zustände
- Impotenz, Libidostörungen, Amenorrhö (70 %)
- Osteoporose (80 %), Muskelschwäche
- Hirsutismus (75 %) bis hin zur Virilisierung

- Diabetogene Stoffwechsellage: Glukoseintoleranz (75 %)
- Hyperlipidämie
- Hautsymptome:
  - Plethora: rote Wangen durch Hyperämie des Gesichts (70 %, → Abb. 9.6)
  - Striae: Hautatrophie mit roten, mind. 1 cm breiten Streifen
  - Akne (35 %) und Neigung zu Hämatomen.

Diagnostik

Das diagnostische Vorgehen erfolgt zum Nachweis eines erhöhten Kortisol-Spiegels, um zwischen Cushing-Syndrom und Morbus Cushing zu unterscheiden und die Ebene zu lokalisieren, auf der sich die Störung befindet.

Nachweis eines Hyperkortisolismus. Aufgrund der zirkadianen Rhythmik der Kortisol-Sekretion ist eine Einzelmessung im Serum oder Urin nicht aussagekräftig. Alternativ wird die 24-Stunden-Kortisol-Ausscheidung im Urin gemessen oder der Kortisol-Spiegel im Tagesverlauf (Messung um 8:00, 20:00 und 24:00 Uhr). Fällt das Kortisol abends und nachts nicht ab, spricht dies für ein Cushing-Syndrom.
Ein niedrig dosierter **Dexamethason-Hemmtest** ist dann pathologisch, wenn das Serum-Kortisol nicht ausreichend supprimiert wird, d. h. der Kortisol-Spiegel nach Gabe von 2 mg Dexamethason um 24 Uhr bei der Messung um 8 Uhr des folgenden Morgens über 80 mmol/l liegt.

Abgrenzung Cushing-Syndrom zum Morbus Cushing. Da beim Hypophysenadenom die negative Feedback-Hemmung mit Kortisol oder CRH noch funktioniert, kann ein hochdosierter Dexamethason-Test oder ein CRH-Test angewandt werden.

Cushing-Schwelle. Sie wird mit 7,5 mg Prednisolon pro Tag angegeben.

Therapie

Operativ:

- Die transsphenoidale transnasale Entfernung von Hypophysenadenomen ist Mittel der Wahl
- Adenomexstirpation hormonell aktiver Tumoren der Nebennierenrinde. Peri- und postoperativ muss häufig bis zu 2 Jahre lang eine Glukokortikoid-Substitution erfolgen.
- Eine bilaterale Adrenalektomie kann zu einem **Nelson-Tumor** der Hypophyse führen, der ACTH sezerniert. Außerdem muss eine lebenslange Substitution mit Glukokortikoiden erfolgen.

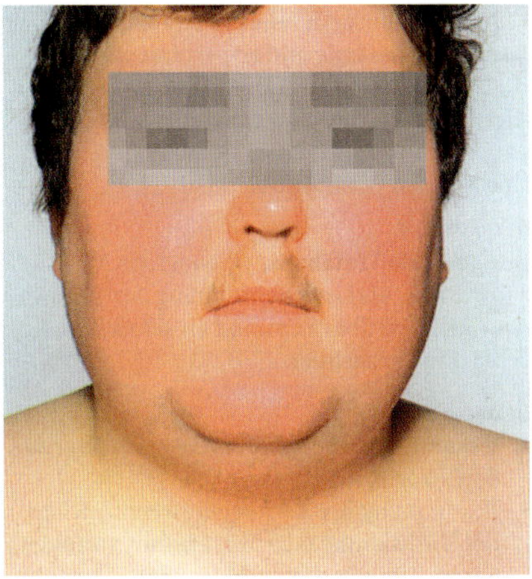

Abb. 9.6 Patient mit Cushing-Syndrom [E 273]

Bestrahlung. Bei inoperablen Adenomen oder nach nicht erfolgreicher Operation kann die Hypophyse bestrahlt werden.

Medikamentös. Hemmung der adrenergen Steroidsynthese mit Ketokonazol oder Aminoglutethimid. Sie hemmen die Cytochrom-P-450-abhängigen Enzyme. Die Therapie hat allerdings zahlreiche Nebenwirkungen.

Nebennierenrindenkarzinom

Definition

Karzinom der Nebennierenrinde mit oder ohne übermäßige Hormonbildung.

Ätiopathogenese

Sehr seltenes Karzinom: 0,1 : 1.000.000 pro Jahr. Meist wird es zufällig entdeckt.

- In 80 % der Fälle hormonell aktive Karzinome. Bildung von Glukokortikoiden, Sexualsteroiden und sehr selten Aldosteron
- In 20 % der Fälle hormonell inaktive Karzinome.

Klinik

Bildung von:

- **Glukokortikoiden**: kann zu einem Cushing-Syndrom führen
- **Sexualsteroiden**: führt beim Mann zu Gynäkomastie, bei der Frau zu Hirsutismus

- **Aldosteron**: kann bei exzessiver Sezernierung zu Hypokaliämie und Hypertonie führen.

Hormonell inaktive Karzinome verursachen vor allem durch ihr raumforderndes Wachstum Beschwerden wie Schmerzen, Spannungsgefühl, Übelkeit und Obstipation.

Diagnostik

Bildgebende Verfahren. Sonografie, CT, MRT zur Größen- und Lagebestimmung der Tumoren. Tumoren über 5 cm sind als sehr karzinomverdächtig einzustufen.

Labor:

- **Dexamethason-Hemmtest**: Ausschluss eines Glukokortikoid-Exzesses
- Bestimmung der Androgene, wenn Zeichen der Virilisierung oder Hirsutismus vorliegen. Serum-Untersuchung: Aldosteron, Testosteron, 17-OH-Progesteron, 17β-Östradiol
- Aldosteron/Renin-Quotient bei Verdacht auf Hyperaldosteronismus.

Differenzialdiagnose

Gutartige Inzidentalome der NNR, Phäochromozytom, Metastasen.

Therapie

Operativ, medikamentös. Karzinomexstirpation und anschließende Chemotherapie mit Mitotane.

Prognose

Die 5-Jahres-Überlebensrate beträgt bei lokalisierten Erkrankungen ohne Fernmetastasen ca. 60 %, beim Vorliegen von Fernmetastasen nur ca. 15 %.

Adrenogenitales Syndrom

Definition

Störung der Kortisol-Synthese in der Nebennierenrinde, die autosomal-rezessiv vererbt wird.

Ätiopathogenese

Ursachen:

- 21-Hydroxylasedefekt (90 %) mit zwei klinischen Varianten:
  - Simple-Virilizing-Syndrom (unkompliziert): Virilisierung der Patienten
  - Salt-Wasting-Syndrom: Salzverlust-Syndrom, zusätzlich zur Virilisierung
- 3β-Hydroxylasedefekt (selten)
- 11β-Hydroxylasedefekt (5 %) mit den Leitsymptomen Virilisierung und Hypertonie durch Salzretention. Der Überschuss an 11-Desoxykortikosteron hält das Salz zurück.
- Tumor der Nebennierenrinde (selten).

Klinik

21-Hydroxylasedefekt – Simple-Virilizing-Syndrom. Bei Mädchen führt dies zu intersexueller Störung mit Hypertrophie der Klitoris bei normalen Inneren Geschlechtsorganen (**Pseudohermaphroditismus femininus**), Virilisierung, primärer Amenorrhö und fehlender Brustentwicklung.

Bei Jungen kommt es zur **Pseudopubertas praecox**, d. h. zu ausgeprägten sekundären Geschlechtsmerkmalen bei gleichzeitig bestehendem Hypogonadismus, da die Gonadotropin-Sekretion durch den hohen Androgenspiegel gehemmt wird.

Durch den verfrühten Schluss der Epiphysenfugen sind die Patienten als Kinder groß und als Erwachsene klein.

21-Hydroxylasedefekt – Salzverlust-Syndrom. Kommt bei 50 % der erkrankten Neugeborenen vor. Neben Elektrolytstörungen (Na^+ erniedrigt, K^+ erhöht) führt es zu Erbrechen, Durchfall und Exsikkose, wodurch es zur Fehldiagnose Pylorusstenose kommen kann. Es gibt verschiedene Verlaufsformen:

- **Klassisch**: Manifestation im Säuglingsalter
- **Late-onset**: Erstmanifestation von Symptomen in der Pubertät
- **Cryptic form**: keine wesentlichen Symptome trotz Enzymdefekt mit typischem Hormonprofil.

Diagnostik

Labor:

- Kortisol erniedrigt, ACTH erhöht
- Vermehrte Produktion von Hormonvorstufen: 17α-Hydroxyprogesteron und 11-Hydroxykortison
- ACTH-Stimulationstest: zur Erfassung eines Late-onset-AGS oder der kryptischen Verlaufsform
- Suche nach heterozygoten Merkmalsträgern:
  - HLA-Typisierung: Alle Kranken einer Familie sind HLA-genotypisch identisch.
  - + ACTH-Test: Heterozygote Merkmalsträger zeigen einen Anstieg der Vorstufen für 17α-Hydroxyprogesteron bei normalen Basalwerten.

Pränataldiagnostik. Um eine pränatale Therapie abzustimmen und damit eine Virilisierung der weiblichen Feten zu vermeiden.

Differenzialdiagnose

Syndrom der polyzystischen Ovarien (Stein-Leventhal-Syndrom), androgenbildender Tumor der Nebennierenrinde oder der Ovarien.

Therapie

Substitution. Lebenslange Substitution von Glukokortikoiden, wobei die Einnahme auf Morgen und Abend verteilt erfolgen sollte, um die morgendlichen ACTH-Peaks zu supprimieren. Gabe von Mineralkortikoiden bei Aldosteronmangel. Dosisanpassung der Glukokortikoide bei Stresssituationen!

Hirsutismus

Definition

Männliches Behaarungsmuster bei Frauen.

Ätiopathogenese

Ursachen:

- Genetische Disposition (90 %): familiäre Häufung, möglicherweise durch die verstärkte Umwandlung von Testosteron zu Dihydrotestosteron durch die 5α-Reduktase in den Haarfollikeln
- Ovariell: Syndrom der polyzystischen Ovarien oder ovarielle Tumoren
- Adrenal: adrenale Tumoren und adrenogenitales Syndrom
- Medikamentös: durch Einnahme von Testosteron, Anabolika, Gestagenen, Glukokortikosteroiden, ACTH, Phenytoin, Minoxidil, Diazoxid, Spironolacton, Acetazolamid, Ciclosporin oder Penicillamin
- Endokrine Ursachen: Akromegalie, Hypothyreose.

Klinik

Vermehrter Haarwuchs aller sexualhormonabhängigen Bereiche: Bart, Brustkorb, Achseln, Mittellinie des Bauches und der Schenkel.

Diagnostik

Anamnese. Familien- und Medikamentenanamnese.

Labor:

- Dehydroepiandrosteron bei adrenaler Ursache erhöht, bei ovarieller Ursache normal
- Testosteron und Sexualhormon-bindendes Globulin (SHBG): Berechnung des freien Androgen-Indexes aus Gesamt-Testosteron und SHBG.

Therapie

Medikamentös. Unterdrückung der Androgen-Überproduktion mit Kontrazeptiva bei ovarieller Ursache. Gabe von Dexamethason bei adrenaler Androgenproduktion.

Bei idiopathischer Ursache. Hier werden primär kosmetische Maßnahmen wie Epilierung, Rasur oder das Bleichen dunkler Haare vorgeschlagen.

Virilisierung
Außer an den Hirsutismus-Merkmalen leiden die Patientinnen auch unter einer Vermännlichung der Stimme, des Kehlkopfs und der Körperproportionen. Außerdem kommt es zur Hypertrophie der Klitoris und Amenorrhö sowie zu Haarausfall in Folge des Androgen-Überschusses.

Prognose

Günstige Prognose für den idiopathischen Hirsutismus. Die Prognose des sekundären Hirsutismus richtet sich nach der ursächlichen Erkrankung.

Gynäkomastie

Definition

Ein- oder beidseitige Zunahme des Brustdrüsengewebes beim Mann.

Epidemiologie

Eine symptomlose, leichte Gynäkomastie kommt bei etwa einem Drittel aller Männer vor.

Ätiopathogenese

In der Neugeborenenzeit, in der Pubertät und im Alter kann eine Gynäkomastie **physiologisch** sein.
Eine **pathologische** Gynäkomastie kann folgende Ursachen haben:

- Östrogenüberschuss: durch Östrogen-Therapie, Östrogen- oder HCG-bildende Tumoren der Hoden oder Nebennierenrinde, paraneoplastisch bei kleinzelligem Bronchialkarzinom oder durch Leberzirrhose
- Androgenmangel: verursacht durch Hypogonadismus, Kastration, Anorchie, Klinefelter-Syndrom, Prolaktinom, Hyperthyreose

- Medikamente: Spironolakton, Östrogene, Antiandrogene, Cimetidin, Omeprazol, Finasterid, β-Blocker, Kalziumantagonisten. Selten durch Digitalis oder Methotrexat.

Klinik
Schmerzlose Vergrößerung der männlichen Brust, die einseitig oder beidseitig auftreten kann. Die Patienten leiden häufig unter der oft sehr weiblich aussehenden Veränderung.

Diagnostik
Anamnese. Gewichtszunahme, Medikamentenanamnese.

Körperliche Untersuchung. Palpation von Brüsten und Hoden.

Bildgebende Verfahren. Sonografie der Hoden, Mammografie der Brüste.

Differenzialdiagnose
Pseudogynäkomastie durch vergrößertes Fettgewebsdepot oder Auffütterungsgynäkomastie nach vorherigem Untergewicht. Mammakarzinom des Mannes.

Therapie
Konservativ. Absetzen ursächlicher Medikamente, Substitution von Androgenen bei Testosteronmangel (Hypogonadismus). Therapie einer schmerzhaften Gynäkomastie mit kurzfristiger Gabe von Antiöstrogenen (Tamoxifen).

Operativ. Operative Entfernung eines östrogenbildenden Tumors. Subkutane Mastektomie zur kosmetischen Korrektur.

CHECK-UP

- ☐ Beschreiben Sie die Klinik des Cushing-Syndroms!
- ☐ Was sind die Ursachen für eine Gynäkomastie?
- ☐ Nennen Sie die Symptome einer Addison-Krise!

Erkrankungen des Hypothalamus und der Hypophyse

Funktion von Hypothalamus und Hypophyse

Hypothalamus und Hypophyse bilden eine funktionelle Regulationseinheit.
Die **Hypophyse** besteht aus zwei separaten Anteilen: dem Vorder- und dem Hinterlappen.

- Im **Hypophysenvorderlappen** werden 6 Hormone gebildet: die Gonadotropine LH und FSH sowie TSH, ACTH, Prolaktin und GH (→ Abb. 9.7).
- Im **Hypophsenhinterlappen** werden 2 Hormone gespeichert: Vasopressin (antidiuretisches Hormon, ADH) und Oxytocin. Beide werden im Hypothalamus gebildet.

Der **Hypothalamus** bildet Hormone, die stimulierend oder inhibierend auf die Hypophyse wirken.

Hypophysentumor

Definition und Ätiopathogenese
Tumoren der Hypophyse werden eingeteilt in:

- **Endokrin inaktiv**: 40 % der Tumoren. Dazu zählen chromophobe Adenome, Kraniopharyngeome, Teratome, Dermoidzysten und Metastasen.
- **Endokrin aktiv**: 60 % der Tumoren. Dazu zählen
  - Prolaktinome: Prolaktin-produzierende Tumoren (40 %)
  - Wachstumshormon-produzierende Tumoren mit Akromegalie (15 %)
  - ACTH-produzierende Tumoren bei zentralem Cushing-Syndrom (5 %)
  - TSH- und Gonadotropin-produzierende Tumoren (sehr selten).

Als **Prolaktinom** bezeichnet man ein Prolaktin sezernierendes Adenom des Hypophysenvorderlappens.

Klinik
Bei Frauen:

- Sekundäre Amenorrhö, Sterilität
- Evtl. Osteoporose
- Evtl. Galaktorrhö und Libidoverlust.

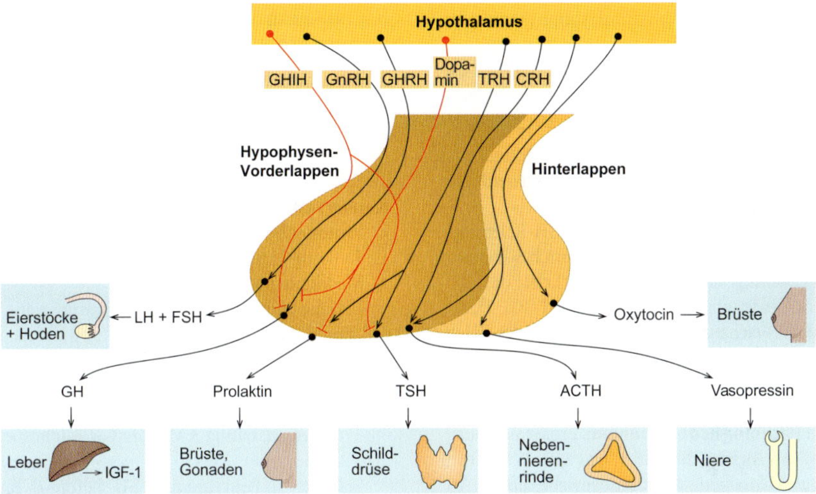

Abb. 9.7 Sekretion und Steuerung der hypophysären Hormone [L 157]

Bei Männern:

- Libidoverlust, Potenzverlust
- Evtl. Gynäkomastie wegen Hypogonadismus.

Geschlechtsunspezifisch: Durch die Raumforderung des Tumors evtl. Kopfschmerzen, Gesichtsfeldausfälle und Hypophysenvorderlappeninsuffizienz.

Diagnostik

Anamnese. Medikamentenanamnese zum Ausschluss einer medikamentenbedingten Hyperprolaktinämie.

Labor. Mehrfache Bestimmung des basalen Prolaktins. Ab Werten über 25 ng/ml ist eine weitere Abklärung nötig. Ab einem dauerhaften Wert über 200 ng/ml ist ein Prolaktinom sehr wahrscheinlich!

Bildgebende Verfahren. MRT und CT zur Tumor-Lokalisationsdiagnostik.

Differenzialdiagnose

Andere Ursachen der **Hyperprolaktinämie**:

- Physiologisch: durch Schwangerschaft, Stillzeit, mechanische Reizung der Mamillen, Sex, Schlaf, körperliche Belastung, Hypoglykämie und Dehydration, Stress. Bei chronischem Stress kann die andauernde Förderung der Prolaktinsekretion zum Ausbleiben der Periode führen.
- Medikamente: trizyklische Antidepressiva, α-Methyldopa, Opioide, H_2-Blocker, Metoclopramid, Phenothiazine, Östrogene, Reserpin, Thioxanthine, Butyrophenone
- Erkrankungen des ZNS: Traumata, hypothalamische oder paraselläre Tumoren, Sarkoidose, Histiozytose
- Weitere Erkrankungen: Hypothyreose, Niereninsuffizienz, Nebenniereninsuffizienz, Leberzirrhose, Herpes Zoster, Läsionen des Rückenmarks.

Therapie

Medikamentös. Unter der Gabe von **Dopaminagonisten** wie Bromocriptin (älteres Medikament), Quinagolid oder Cabergolin (beides langwirksame Agonisten) normalisiert sich bei 95 % der Patienten das Serum-Prolaktin und der Tumor verkleinert sich. Bei Sehstörungen bessert sich der Gesichtsfeldausfall.
Bei Schwangerschaft Therapie mit Bromocriptin oder Absetzen der Medikation und engmaschige Kontrollen, da der Tumor durch die Gravidität und die Östrogenwirkung plötzlich an Größe zunehmen kann.

Akromegalie

Synonym

Hyperpituitarismus.

Definition
Somatotropes Adenom des Hypophysenvorderlappens, welches zur Überproduktion von Wachstumshormonen führt. Selten handelt es sich um eine hypothalamische Überfunktion.

Ätiopathogenese
Überproduktion des Wachstumshormons, auch somatotropes Hormon (STH) oder Growth hormone (GH) genannt.
Die GH-Sekretion wird durch das GH-Releasing-Hormon (GHRH) angeregt und durch Somatostatin gehemmt. GH induziert in der Leber die Bildung des Insulin-like growth factor 1 (IGF-1), der fast alle wachstumsfördernden Effekte des GH vermittelt. Stärkster körpereigener Stimmulus der GH-Sekretion ist die Hypoglykämie. Durch ein negatives Feedback hemmt IGF-1 die GH-Sekretion.
Die **Pathologie des Adenoms** ergibt sich aus:
- Dem Anstieg des IGF-1, was zum Wachstum von Knochen- und Bindegewebe führt
- Der intrakraniellen Raumforderung, die Sehstörungen durch Druck auf das Chiasma opticum und Kopfschmerzen zur Folge haben kann
- Der anti-insulinären Wirkung des GH, was zu pathologischer Glukosetoleranz und Diabetes mellitus führen kann.

Klinik
Tritt ein Hyperpituitarismus während der Wachstumsphase auf, kommt es zu übermäßigem Körperlängenwachstum von über 2 m (**Gigantismus**). Tritt die Krankheit **im Erwachsenenalter** auf, äußerst sie sich in überwucherndem Wachstum v. a. von Bindegewebe und Knochen. Das Erscheinungsbild der Patienten kann sich dadurch verändern:
- Die Gesichtszüge vergröbern sich, da der Gesichtsschädel wächst.
- Hände und Füße wachsen und vergröbern sich.
- Die Haut verdickt.
- Es kommt zur Vergrößerung von Orbitawülsten, Nase und Zunge. Wegen der Vergrößerung der Zunge wird die Sprache kloßig.
- Weitere Symptome sind Hyperhidrose, Hypertrichose, sekundäre Amenorrhö und Diabetes mellitus.

Diagnostik
Labor. Hormondiagnose:
- Serum-GH zu unterschiedlichen Tageszeiten erhöht. Nachts ist die Ausschüttung am größten.
- Ein Serum-GH unter 1 ng/ml schließt eine Akromegalie in der Regel aus.

Oraler Glukose-Toleranztest. Fehlende Supprimierbarkeit der GH-Konzentration.

Differenzialdiagnose
Konstitutioneller Großwuchs.

Therapie
Chirurgisch. Transsphenoidale Adenomektomie.

Konservativ:
- Protonenbestrahlung: bewirkt langsame GH-Senkung innerhalb von bis zu 10 Jahren
- Medikamentös:
  - Gabe von Bromocriptin (Dopamin-Agonist): hat GH-senkende Wirkung bei ca. 30 % der Patienten und bewirkt eine klinische Besserung
  - Gabe von Octreotid (GH-Inhibitor): Mittel der Wahl, häufig 3 Monate vor Adenomektomie
  - Gabe von Pegvisomant (GH-Rezeptor-Antagonist): blockiert die periphere GH-Wirkung.

Prognose
Die Lebenserwartung verkürzt sich bei unbehandelten Patienten um 10 Jahre, vor allem bedingt durch kardiovaskuläre Erkrankungen, Mamma- und Kolonkarzinome. Unter Behandlung und Normalisierung des GH-IGF-1-Systems verbessert sich die Prognose.

Hypophysenvorderlappeninsuffizienz

Synonym
Hypopituitarismus, Morbus Simmonds, Panhypopituitarismus.

Definition
Partieller oder totaler Ausfall der Funktion des Hypophysenvorderlappens (HVL) und dadurch verminderte oder keine Hormonsekretion.

Ätiopathogenese
Ursachen:
- Hypophysäre Raumforderungen:
  - **Hypophysenadenom**: hormonbildend oder hormoninaktiv. Meist über 1 cm Durchmesser (Makroadenome)
  - **Kraniopharyngeome**: gehen von Zellresten der Radke-Taschen aus und werden meist schon im Kindesalter symptomatisch
  - **Meningeome** und Metastasen anderer Tumoren

- Traumatisch:
  - nach Schädelhirntrauma oder Operationen an der Hypophyse
  - Ischämische Nekrose (**Sheehan-Syndrom**): postpartal nach großem Blutverlust. Kann Monate bis Jahre später auftreten.
- Entzündlich: Seltener sind Ursachen wie Morbus Wegener, Sarkoidose, Hämochromatose oder Autoimmunhypophysitis in der Schwangerschaft mit Infiltration von Lymphozyten
- Hereditär: kommt selten vor.

Hormone, die von einer HVL-Insuffizienz betroffen sind, in der Reihenfolge, in der sie typischerweise ausfallen:
LH → FSH → GH → TSH → ACTH.

Klinik

Die chronische HVL-Insuffizienz wird erst bei Zerstörung von 80 % des HVL-Gewebes symptomatisch. Der Verlauf ist oft schleichend. Die Klinik ergibt sich aus dem jeweils entstehenden Hormonmangel:

- **Mangel an LH und FSH**: Der sekundäre Hypogonadismus führt zu Potenz- und Libidoverlust, sekundärer Amenorrhö, Rückgang der Sekundärbehaarung, evtl. Depression.
- **Mangel an TSH**: Symptome der sekundäre Hypothyreose wie Kälteintoleranz, Müdigkeit, Bradykardie, evtl. Obstipation
- **Mangel an GH**: bei Kindern Kleinwuchs, aber normale geistige Entwicklung. Bei Erwachsenen vermehre Fetteinlagerung am Bauch, Adynamie, Abbau der Muskelmasse, Erhöhung des LDL-Werts und Absinken des HDL-Werts. Gesteigertes Atherosklerose- und Osteoporose-Risiko
- **Mangel an MSH und ACTH**: Durch die sekundäre Nebennierenrindeninsuffizienz kommt es zu Gewichtsabnahme, Adynamie, Depigmentation und wächserner Blässe, arterieller Hypotonie und Hypoglykämie. Der Glukokortikoid-Mangel hat eine überschießende ADH-Sekretion zur Folge und verursacht dadurch eine Hyponatriämie.
- **Mangel an Prolaktin**: Agalaktie bei stillenden Frauen.

Merkhilfe zum Vollbild des Hypopituitarismus sind die 7 „A“:
Adynamie, **A**pathie, **a**labasterfarbene Blässe, **A**menorrhö, **A**galaktie, schwindende **A**chsel- und **A**ugenbrauenbehaarung.

Diagnostik

Klinik. Ausdrucksloses Gesicht, Blässe und in 25 % der Fälle Gewichtsverlust.

Labor:

- Bestimmung der Hormonwerte des HVL: LH, FSH, GH, TSH, ACTH, Prolaktin
- Bestimmung der peripheren Hormone: fT3 und fT4, Kortison, Östradiol, Testosteron, IGF-1
- Stimulationstest: Nach Gabe verschiedener Releasing-Hormone bleibt der Anstieg der hypophysären Hormone aus.

Bildgebende Verfahren. MRT und CT zur Lokalisationsdiagnostik bei Tumorverdacht.

Therapie

Kausal. Behandlung eventueller Grunderkrankungen.

Medikamentös. Substitution der ausgefallenen Hormone, wobei Kortison, Hydrokortison und L-Thyroxin die einzigen lebensnotwendigen Hormone sind. Des Weiteren:

- Östrogen-Gestagen-Präparate für Frauen, Clomifen bei Kinderwunsch
- Männer werden mit Testosteron-Derivaten behandelt.
- Bei Kindern wird GH substituiert.
- Bei Erwachsenen wird im Rahmen von standardisierten Langzeitbeobachtungen ebenfalls GH substituiert, allerdings ist die mögliche Langzeitauswirkung z. B. auf das Tumorwachstum zu bedenken.
- Bei **hypophysärem Koma** wird Hydrokortison im Bolus gegeben, Flüssigkeit substituiert und, wenn nötig, eine Hypoglykämie therapiert. Erst 12–24 Stunden später werden auch Schilddrüsenhormone (Levothyroxin) gegeben.

Prophylaxe

Um eine Entgleisung in Stresssituationen – Operationen, Traumata, Infekte – zu vermeiden, wird, wenn möglich, die Kortisol-Dosis im Vorfeld auf das 2–6-fache gesteigert. Eine gute Einstellung und Dosisanpassung ist **lebenswichtig**.

Diabetes insipidus

Definition

Verminderte Wirkung des antidiuretischen Hormons (ADH), wodurch verstärkt freies Wasser ausgeschieden wird, was zu starkem Flüssigkeits- und Elektrolytverlust führt.

Ätiopathogenese

Den Diabetes insipidus unterteilt man in zwei Formen:

- **Zentraler Diabetes insipidus**:
  - Traumatisch nach Schädel-Hirn-Trauma mit zweiphasigem Verlauf nach 24 Stunden und nach 7–10 Tagen
  - Neoplastische Erkrankungen: Kraniopharyngeome, Hypophysenadenome, Germinome, Gliome, Histiocytosis X, Hirnmetastasen, leukämische Infiltrationen, paraneoplastisch
  - Durch Operationen an oder im Gebiet von Hypothalamus und Hypophyse
  - Seltene Ursachen: Sheehan-Syndrom, Sarkoidose, Autoimmunerkrankungen, Infektionen, Thrombosen, idiopathisch
- **Renaler Diabetes insipidus:**
  - Akute oder chronische Nierenerkrankungen mit Schädigung der Sammelrohre (chronische Pyelonephritis, polyzystische Nieren) oder der Tubuli (akute tubuläre Nekrose, obstruktive Uropathie)
  - Durch Medikamente: Lithium, Colchicin, Zytostatika, Anästhesie mit Methoxyfluran
  - Kongenital oder hereditär; kommt selten vor
  - Durch schwere Hyperkalzämie oder Hypokaliämie.

Klinik

Trias aus:

- Polyurie mit Nykturie. Bei Kindern unter 2 Jahren Diarrhö
- Polydipsie (starker Durst)
- Asthenurie: Unfähigkeit, konzentrierten Harn zu bilden.

Diagnostik

Labor. Untersuchung der Harn-Osmolarität.

Durstversuch. Bei Gesunden steigt die Osmolarität des Harns beim Dursten an. Bei Diabetes-insipidus-Patienten bleibt die Harn-Osmolarität unter 300 mOsml/l, die Plasma-Osmolarität steigt an.

Zur Differenzierung zwischen renaler und zentraler Ursache:

- Gabe von Desmopressin oder ADH. Die Urin-Osmolarität steigt beim zentralen Diabetes insipidus an, jedoch **nicht** bei der renalen Form
- Kochsalzinfusionstest (Hickey-Hare-Test).

Differenzialdiagnose

Diabetes mellitus, psychogene Polydipsie.

Therapie

Zentraler Diabetes insipidus. Orale oder intranasale Gabe von Desmopressin, einem Vasopressinanalogon, und Behandlung eines eventuell bestehenden Grundleidens.

Renaler Diabetes insipidus. Medikamentöser Versuch mit Thiazid-Diuretika oder nicht-steroidalen Antiphlogistika. Kausale Therapie der Niereninsuffizienz (→ Kap. 6, Niereninsuffizienz).

Schwartz-Bartter-Syndrom

Synonym

Syndrom der inadäquaten ADH-Sekretion (SIADH).

Definition

Inadäquat hohe Sekretion von antidiuretischem Hormon (ADH).

Ätiopathogenese

Ursachen:

- Paraneoplastische Erkrankungen: Tumoren, die ADH oder ADH-Analoga sezernieren.
- Medikamentös: Alle Medikamente, die Erbrechen auslösen, können auf physiologischem Wege zu vermehrter ADH-Ausschüttung führen.
- Endokrine Erkrankungen: Hypophysenvorderlappeninsuffizienz, Nebenniereninsuffizienz, Hypothyreose
- Intrathorakale Erkrankungen: kleinzelliges Bronchialkarzinom
- Intrazerebrale Erkrankungen: Meningitis, Enzephalitis, Schädel-Hirn-Trauma, Subarachnoidalblutung
- Idiopathisch.

Klinik

Durch die Verdünnungshyponatriämie kommt es zu Übelkeit, Erbrechen, Muskelkrämpfen, Kopfschmerzen, Appetitlosigkeit, Persönlichkeitsveränderungen, Reizbarkeit. Evtl. zerebrale Krämpfe. Ödeme kommen nicht vor, da nur 3–4 l Wasser retiniert werden.

Diagnostik

Labor. Hyponatriämie. Hypoosmolalität des Serums und hypertoner Urin. ADH im Plasma normal bis erhöht.

Differenzialdiagnose

Erkrankungen, die mit einer vermehrten Volumenretention einhergehen: Niereninsuffizienz, Herzinsuffizienz, Leberzirrhose.

Therapie

Konservativ:

- Flüssigkeitsrestriktion: unter 1 l pro Tag
- Bei schweren Verläufen mit erheblicher Wasserintoxikation: Schleifendiuretika, vorsichtige Infusion hypertoner NaCl-Lösung.

CHECK-UP

- ☐ Wie sieht die Klinik der Akromegalie aus?
- ☐ Beschreiben Sie die Klink beim Vollbild der Hypophysenvorderlappeninsuffizienz!
- ☐ Welches Hormon ist für das Schwartz-Bartter-Syndrom verantwortlich?

10 Stoffwechsel

Diabetes mellitus

Synonym
Zuckerkrankheit.

Definition
Chronische Stoffwechselerkrankung, die auf einen relativen oder absoluten Mangel an Insulin zurückzuführen ist und Schäden an Nervensystem, Blutgefäßen und Nieren verursachen kann.

Ätiopathogenese
Es werden drei Typen des Diabetes mellitus unterschieden:

Typ-1-Diabetes. Absoluter Mangel an Insulin durch Verlust der Beta-Zellen des Pankreas. Meist ausgelöst durch immunologische Prozesse und selten idiopathisch. Eine **Sonderform** ist die Spätmanifestation im Erwachsenenalter (Latent autoimmune diabetes in adults, LADA); hier besteht in den ersten 6 Monaten keine Insulinpflicht. Symptome treten auf, wenn 80 % der Beta-Zellen zerstört sind.
Eine genetische Prädisposition spielt eine Rolle. 20 % der Patienten haben eine positive Familienanamnese und über 90 % weisen die HLA-Merkmale DR3 und/oder DR4 auf.

Typ-2-Diabetes. Es besteht ein relativer Mangel an Insulin, zum einen durch eine gestörte Insulinsekretion, zum anderen durch eine herabgesetzte Wirkung an den peripheren Insulinrezeptoren. Gehäuftes Vorkommen im Rahmen des metabolischen Syndroms.
Weil die Insulinsekretion nicht vollständig erloschen ist, benötigen die Patienten nicht zwangsläufig Insulin, um die über die Nahrung aufgenommenen Kohlenhydrate zu verstoffwechseln. Viele Patienten sind jedoch auf eine Korrektur des Blutzuckerspiegels durch zusätzliche Insulingaben angewiesen.

Typ-3-Diabetes. Andere Formen des Diabetes mellitus, die durch die Buchstaben A bis H gekennzeichnet sind (→ Tab. 10.1).

Adipositas: Einteilung nach WHO

BMI (kg/m^2)	Grad
18,5–24,9	Normalgewicht
25–29,9	Praeadipositas
30–34,9	Adipositas Grad I
35–39,9	Adipositas Grad II
≥ 40	Adipositas Grad III: Adipositas permagna, morbide Adipositas

Klinik
- Allgemeinsymptome wie Leistungsminderung und Müdigkeit
- Passagere Hypoglykämien durch den reaktiven Hyperinsulinismus mit Heißhunger, Kopfschmerzen und Schwitzen (Initialstadium des Typ-2-Diabetes)
- Symptome der Hyperglykämie mit Glukosurie und osmotischer Diurese (Polyurie, Polydipsie, Gewichtsverlust)
- Nächtliche Wadenkrämpfe und Sehstörungen durch Störungen im Elektrolyt- und Flüssigkeitshaushalt

Tab. 10.1 Einteilung des Typ-3-Diabetes anhand von Zusatzbuchstaben

Buchstabe	Ätiologie
A	Genetischer Defekt der Beta-Zellfunktion. Als **MODY** (maturity onset diabetes of the young) bezeichnet. Es gibt 6 genetische Formen, die autosomal-dominant vererbt werden.
B	Eingeschränkte Insulinwirkung meist aufgrund von Genmutationen beim Insulinrezeptor
C	Erkrankung des exokrinen Pankreas mit in der Folge auftretender endokriner Insuffizienz. Schädigung des Pankreas durch Pankreatitis, Pankreatektomie oder Mukoviszidose, Zerstörung des Pankreas durch Trauma oder Neoplasien
D	Endokrine Erkrankungen wie Morbus Cushing, Akromegalie, Phäochromozytom, Hyperthyreose, Glukagonom, Aldosteronom oder Somatostatinom, die eine Störung des Zuckerstoffwechsels hervorrufen
E	Medikamentös induziert durch die Gabe von Glukokortikoiden, Schilddrüsenhormonen, Diazoxid oder Thiaziden. Durch Alpha-Interferon kann es zur Bildung von Inselzellantikörpern kommen.
F	Durch Infektionen bedingter Diabetes mellitus, z. B. nach angeborener Rötelninfektion oder CMV-Infektion
G	Seltene immunologisch bedingte Formen, z. B. durch Anti-Insulinrezeptor-Antikörper
H	Genetische Syndrome, die mit einem Diabetes mellitus vergesellschaftet sein können, wie Down-, Klinefelter- oder Turner-Syndrom

- Dermatologische Symptome:
  - Z. B. Pruritus
  - Hautinfektionen: Furunkulose, Candidamykose
  - Necrobiosis lipoidica der Beine
  - Rubeosis diabetica (Gesichtsrötung)
- Potenz- und Zyklusstörung.

Komplikationen und Folgeschäden

Diabetische Angiopathie:
- Mikroangiopathische Veränderungen: Für die Diabeteserkrankung spezifische Gefäßschädigung mit Verdickung der kapillären Basalmembran als Folge einer chronischen Hyperglykämie
- Makroangiopathische Veränderungen: Atherosklerose der großen und mittleren Gefäße, die aus einem metabolischen Syndrom heraus entstehen und nicht spezifisch für den Diabetes mellitus sind. Zu den Formen der Makroangiopathie zählen koronare Herzkrankheit, arterielle Verschlusskrankheit (AVK) und zerebrale Durchblutungsstörungen.

Diabetische Polyneuropathie:
- Periphere sensomotorische Polyneuropathie mit symmetrischen Missempfindungen der Beine, vermindertem Vibrationsempfinden, Areflexie und schmerzhaften Parästhesien (burning feet). Zudem verlieren die Patienten ihre Temperatur- und Schmerzwahrnehmung, mit der Gefahr einer unbemerkten Ulzeration an den Füßen. Die Polyneuropathie kann auch proximal sein, z. B. den N. facialis betreffen.
- Autonome diabetische Neuropathie mit kardiovaskulären, gastrointestinalen und urogenitalen Dysfunktionen.

Diabetische Retinopathie:
- Häufigste Erblindungsursache!
- Zunächst Beginn als nicht-proliferative Retinopathie mit Mikroaneurysmen, punktförmigen Hämorrhagien, harten Exsudaten (scharf abgrenzbaren weißlichen Flecken) und weichen Exsudaten, die als **Cotton-Wool-Herde** (unscharf begrenzte weißliche Flecken) als Folge von Arteriolen- und Venolenverschlüssen imponieren.

Diabetische Nephropathie:
- Glomerulosklerose durch Glykoproteinablagerung in den Glomeruli mit Sklerose und Albuminurie (Kimmerstiel-Wilson-Glomerulosklerose)
- Die frühzeitige Gabe von ACE-Hemmern kann aufgrund der nephroprotekiven Wirkung eine Progression verhindern.

Diagnostik

Anamnese. Wichtig ist auch die Familienanamnese, da sowohl der Typ-1- als auch der Typ-2-Diabetes eine genetische Komponente haben.

Tab. 10.2 Diagnosekriterien des Diabetes mellitus anhand der Plasma-Glukose

	Nüchtern-Blutzucker			oGTT-2-Stunden-Wert	
	mg/dl	mmol/l		mg/dl	mmol/l
Normal	< 110	< 6,1	und	< 140	< 7,8
Pathologische Glukose-Toleranz	≥ 110 und < 126	≥ 6,1 und < 7	oder	≥ 140 und < 200	≥ 7,8 und < 11,1
Diabetes	≥ 126	≥ 7,0	oder	≥ 200	≥ 11,1
	oder: Gelegenheits-Plasma-Glukosespiegel ≥ 200 mg/dl (11,1 mmol/l) mit Polydypsie, Polyurie und ungeklärtem Gewichtsverlust				

Körperliche Untersuchung:
- Auf das Vorliegen eines metabolischen Syndroms hin
- Untersuchung auf eine Dekompensation des Stoffwechsels: Exsikkose, Kussmaul-Atmung, Azeton-Geruch, Somnolenz, Tachykardie
- Suche nach Spätschäden: Neuropathien, AVK, Sehstörungen.

Labor:
- Nüchtern-Plasma-Glukose venös (→ Tab. 10.2): über 126 mg/dl bei zwei unabhängigen Messungen
- Oraler Glukose-Toleranztest (oGTT): Bestimmung der Nüchtern-Glukose im venösen oder kapillaren Blut. Vor der Untersuchung 10–16-stündige Nahrungs- und Alkoholkarenz. Orale Zuführung von 75 g Glukose in 250 ml Wasser. Mehrmalige BZ-Bestimmung. Diabetes mellitus bei BZ-Werten von über 200 mg/dl 2 Stunden nach Zuführung der Glukoselösung
- Urinuntersuchung auf Glukose und Mikroalbuminurie
- Bestimmung von HbA1c: quantitative Bestimmung des glykosylierten Hämoglobins, da dieser Parameter den Blutzuckerspiegel der letzten 6–8 Wochen widerspiegelt (Normwert 4,0–6,2 %)
- Blutzuckerverlaufskontrollen durch den Arzt und den Patienten
- Bei V.a. LADA: Antikörper gegen Inselzellen (ICA), Glutaminsäure-Decarboxylase (GADA, GAD 65), Tyrosinphosphatase IA-2 (IA-2) und Insulin (IAA).

Diagnostik von Komplikationen und Folgeschäden. Nierenfunktionsstatus, Lipidstatus, Augenuntersuchung, angiologische Untersuchung, neurologische Untersuchung. Schilddrüsendiagnostik: Bei jugendlichen Typ-1-Diabetikern liegt in 3 % der Fälle eine autoimmune Hypothyreose vor.

Therapie

Basistherapie. Gewichtsreduktion und diätetische Kostumstellung: Kalorienzufuhr durch 55 % Kohlenhydrate, 30 % Fett, 15 % Proteine. Körperliche Aktivität.

Medikamentös. Orale Antidiabetika:
- **Biguanide** (Metformin) verzögern die Glukoseresorption aus dem Darm und hemmen die hepatische Glukoneogenese. Sie verstärken die Aufnahme von Zucker in die Muskulatur und wirken appetitzügelnd, was zu Gewichtsabnahme führen kann. Mittel der Wahl bei übergewichtigen Typ-2-Diabetikern
- **Glitazone** sind Insulin-Sensitizer, d. h. sie vermindern die muskuläre Insulin-Resistenz, was die Wirkung des endogenen Insulins verstärkt. Zusätzlich wirken sie sich günstig auf das Gefäßendothel aus und können neben einer Lipidsenkung und Reduzierung der Albuminurie eine leichte Blutdrucksenkung bewirken.
- **Sulfonylharnstoffe** stimulieren die Insulinsekretion aus den Beta-Zellen. Sie können bei Diabetikern mit ausreichender Insulinsekretion eingesetzt werden. Eine vorherige Gewichtsreduktion ist ratsam, da sie ein bestehendes metabolisches Syndrom verstärken können. Zudem können sie aufgrund der verstärkten Insulinwirkung Hypoglykämien auslösen.
- **Glinide** ähneln in ihrer Wirkung den Sulfonylharnstoffen, haben aber eine kürzere und schnellere Wirkung. Sie führen ohne Glukose nicht zu einer Insulinfreisetzung und verursachen daher seltener eine Hypoglykämie.

Insulintherapie:
- Behandlung mit verschiedenen Insulin-Arten:
  - **Kurz wirksame Insuline** (Normalinsulin, früher Altinsulin) mit einem Wirkeintritt

nach 30–60 min. Sie werden subkutan verabreicht, können aber zur Komatherapie auch intravenös gegeben werden. Daneben stehen Insulinanaloga mit einem Wirkeintritt bereits nach ca. 10 min und einer Wirkdauer von 3,5 Stunden zur Verfügung. Sie können gespritzt werden, wenn die Patienten ihre Mahlzeiten einnehmen.
  - **Verzögerungsinsuline** wirken nach ca. 60 min für ca. 9–18 Stunden (Intermediärinsuline) oder für ca. 24 Stunden (Langzeitinsuline). Sie werden ebenfalls subkutan gespritzt, dürfen aber nicht intravenös verabreicht werden.
  - **Mischinsuline** aus Normalinsulinen und Intermediärinsulinen, die ca. 30 min vor dem Essen gespritzt werden.
- **Konventionelle Insulintherapie**: mit einem Intermediärinsulin oder einem Mischinsulin aus Intermediär- und Normalinsulin, welches 2–3 Injektionen pro Tag notwendig macht. Die Patienten müssen sich an ein Ernährungsschema halten und 6–7 kleine Mahlzeiten pro Tag zu sich nehmen, da sonst eine Hypoglykämie droht. Umgekehrt darf nicht mehr gegessen werden, als durch das Insulinschema abgedeckt wird.
- **Intensivierte Insulintherapie**: Nach einem Basis-Bolus-Konzept wird ein langwirksames Insulin morgens und abends gespritzt und ein kurzwirksames Insulin als Bolusgabe vor den Mahlzeiten, um Blutzuckerspitzen abzufangen.
- Therapie mit einer **Insulinpumpe**: Mittels einer Pumpe kann eine kontinuierliche subkutane Insulininfusion erfolgen. Es werden ausschließlich Normalinsuline verwendet. Diese Therapieform setzt eine hohe Kooperationsbereitschaft und eine sehr gute Diabetes-Schulung voraus.

Prognose

Günstige Prognose sowohl bzgl. des Diabetes als auch bzgl. einer eventuell bestehenden Hypertonie bei optimaler Therapie. Häufigste Todesursachen sind Herzinfarkt mit 55 % und Nierenversagen mit über 40 %.

Ketoazidotisches Koma

Definition

Hyperglykämie mit Azidose durch Ketonkörper. In einem ¼ der Fälle Erstmanifestation eines Diabetes mellitus Typ 1.

Ätiopathogenese

Ursache ist ein absoluter Insulinmangel, daher fast nur Typ-I-Diabetiker betroffen.

Absoluter Insulinmangel:
- → Hyperglykämie mit vermindertem Transport in die Zelle
  - → intrazelluläre Dehydratation durch Osmose → Bewusstseinsstörung
  - → osmotische Diurese → Dehydratation
- → **gesteigerte Lipolyse** und Ketonkörperproduktion (Ketogenese) → metabolische Azidose → Elektrolytverschiebungen.

Klinik

Die Symptome folgen mehr oder weniger dem Verlauf der Pathogenese:
- Hyperglykämie mit osmotischer Diurese: Polyurie, Durst und Polydipsie, Schwächegefühl
- Ketoazidose: Übelkeit, Erbrechen, Kussmaul-Atmung, Azetongeruch, Pseudoperitonitis diabetica (Ursache nicht ganz klar)
- Elektrolytverschiebungen: Herzrhythmusstörungen
- Exsikkose:
  - Trockene Haut und Schleimhäute, reduzierter Hauttugor
  - Puls ↑, RR ↓
  - Unruhe, Erregung, Verwirrtheit, aber auch Verlangsamung
  - Schließlich Somnolenz bis Koma. Selten hypovolämischer Schock, da der Extrazellularraum sich lange aus dem Intrazellularraum „bedienen" kann.

> Wie bei jedem Volumenmangel ist die **Niere** gefährdet, verstärkt durch die Elektrolytstörungen und diabetische Vorschäden.

Diagnostik

Labor:
- Ketone im Urin
- Blutzucker: 300–700 mg/dl
- Blutgasanalyse: pH
- Elektrolyte
- Kreatinin, Harnstoff
- Bluttfette sind meistens stark erhöht.

EKG. Zeichen der Elektrolytstörungen, Rhythmusstörungen.

Therapie

Flüssigkeit substituieren. Bedarf ca. 6 l isotonische Kochsalzlösung. **Cave: Volumenbelastung** v. a. bei herz- und/oder niereninsuffizienten Patienten.

Kalium substituieren. Meistens ist das Kalium im Serum normal, wird aber durch die Therapie wieder nach intrazellulär verschoben (Glukose + Insulin, Azidose ↓) → Kalium kontrollieren und vorsichtig substituieren. Das „Auffüllen" des Kaliums dauert mehrere Tage und kann nach der Akutphase oral erfolgen.

Natrium kontrollieren. Natrium kann erniedrigt bis erhöht sein. Mit Ausgleich einer Verdünnungshyponatriämie – indem der Glukosespiegel gesenkt wird und entsprechend Flüssigkeit von extra- wieder nach intrazellulär strömt – muss die Zufuhr ggf. reduziert werden.

Insulin substituieren. Dauerinfusion mit Normalinsulin. Ziel ist eine langsame Blutzuckersenkung von 50 mg/dl/h. Ein Blutzucker von 250 md/dl wird für 24 h gehalten.
Da Insulin auch zur Behebung der Azidose wichtig ist, wird auch bei 250 mg/dl weiterhin Insulin gegeben und parallel 10-prozentige Glukose und Kalium substituiert.

Azidose korrigieren. Die oben genannten Maßnahmen regulieren die Azidose eigentlich immer ohne weitere Maßnahmen.

> Eine ketoazidotische Entgleisung „bietet" gleich mehrere Gelegenheiten, ein **Hirnödem**, evtl. mit Einklemmung, zu entwickeln:
> - Zu starke Senkung des Blutzuckers
> - Hypernatriämie
> - Zu schnell zu viel freie Flüssigkeit.
>
> Pathophysiologie: Das ZNS schützt das Zellvolumen bei hyperosmolaren Bedingungen, indem intrazellulär **idiogene Osmole** (osmotisch aktive Moleküle) bilden, die sich nur langsam wieder auflösen. Wird die Plasmaosmolalität nun schnell gesenkt, ziehen die Osmole Wasser in die Hirnzellen

Prognose

Letalität insgesamt ca. 1 %, im Koma bis 50 %.

Hyperosmolares Koma

Definition

Ausgeprägte Hyperglykämie mit Dehydratation. V. a. bei Diabetes mellitus Typ 2.

Ätiopathogenese

Relativer Insulinmangel führt zur Hyperglykämie, hemmt aber noch die Lipolyse und damit Ketogenese. Vor allem die **Hyperglykämie** von meistens > 700 mg/dl führt zu großen Flüssigkeitsverlusten von bis zu 10 l.
Häufige Ursachen des relativen Insulinmangels sind:
- Diätfehler, Vergessen oder Weglassen der Antidiabetika
- Erhöhter Bedarf, z. B. bei Infekten
- Einnahme diabetogener Medikamenten, z. B. Glukokortikoide.

Klinik, Diagnostik, Therapie

Im Wesentlichen wie bei ➜ ketoazidotischem Koma, ausgenommen die Ursachen und Wirkungen der Azidose. Der Flüssigkeitsbedarf ist ca. 50 % höher.

Prognose

Akut gut. Allerdings ist eine hyperosmolare Entgleisung ein Zeichen eines chronisch schlecht eingestellten Diabetes und/oder fehlender Compliance.

Laktatazidotisches Koma

Definition

Erhöhter Laktatspiegel > 5 mmol/l und pH < 7,25, meistens unter Biguanidtherapie.

Ätiopathogenese

Mitochondriale Transportstörungen führen letztlich zur gesteigerten Laktatbildung. Auslöser sind u. a.:
- Biguanide
- Hypoxie
- Alkohol, Fruktose, Sorbit, Xylit
- Zyanid.

Bei Lebererkrankungen ist zudem die Umwandlung von Laktat in Glukose gestört.

Klinik

Azidosezeichen (➜ ketoazidotisches Koma) und Bewusstseinsstörungen.

Diagnostik

Laktat im Serum ↑, pH-Wert ↓.

Therapie

Forcierte Diurese, um Laktat auszuschwemmen, Hämodialyse, um Biguanide zu entfernen.

CHECK-UP

- ☐ Nenne 3 Folgeschäden des Diabetes mellitus!
- ☐ Nenne 3 orale Antidiabetika!
- ☐ Beschreibe die verschiedenen Insulin-Arten und ihre Einsatzmöglichkeiten!
- ☐ Wie entsteht ein ketoazidotisches Koma?
- ☐ Welche Symptome kommen vor?
- ☐ Worauf muss man bei der Therapie achten?
- ☐ Welche Ursachen für ein hyperosmalores Koma gibt es?

Hypoglykämie

Definition

Blutzucker < 45 mg/dl (2,5 mmol/l) und klinische Symptome. Klinische Symptome treten oft früher auf, gelegentlich später, je nach Patient und Ausgangslage des Blutzuckers.
Hypoglykämie + Schockzeichen = hypoglykämischer Schock.

Ätiopathogenese

Absolute **Hyperinsulinämie** durch:
- B-Zell-Tumor (Insulinom)
- Insulintherapie. Auch bei plötzlich durchbrochener Insulinresistenz, z. B. bei Therapie einer ketoazidotischen Entgleisung
- Sulfonylharnstoffe
- Leucinzufuhr aus Fisch und Fleisch steigert Insulinsekretion
- Chronische Pankreatitis mit Inselzellhypertrophie.

Überschießende **Insulinsekretion**:
- Bei eingeschränkter Glukosetoleranz kann eine verzögerte und dann überschießende Insulinsekretion vorliegen.
- Spätdumping nach Magen(teil)resektion.

Insulinartige Wirkung: paraneoplastisch, z. B. bei mesenchymalen, gastrointestinalen Tumoren oder Lymphomen.

Zu **wenig Glukose** verfügbar oder eingeschränkte bis fehlende Glukoneogenese:
- Wenig oder keine Nahrungsaufnahme
- Schwere Erkrankungen, z. B. Sepsis
- Lebererkrankungen. Zusätzlich Glykogenspeicher vermindert
- Angeborene Kohlenhydratstoffwechselstörungen, z. B. Fruktoseintoleranz, Galaktosämie, Glykogenosen.

Eingeschränkte bis **fehlende Gegenregulation**:
- Alkohol: blockiert Glykogenabbau in der Leber
- β-Rezeptorenblocker: hemmen Glykogenabbau in den Muskeln
- Diabetische Neuropathie
- Nebenniereninsuffizienz: Kortisol ↓.

Gegenregulation bei Hypoglykämie. Ausschüttung von:
- Glukagon. Steht bei „Gesunden" im Vordergrund, verliert sich bei Typ-1-Diabetikern in den ersten Jahren.
- Adrenalin
- Kortisol, Wachstumshormon. Steigen verzögert an und spielen bei der akuten Regulierung keine Rolle.

Klinik

Erste Anzeichen sind meistens unspezifisch und von Person zu Person unterschiedlich. V. a. Diabetiker sollten lernen, die Symptome schnell zu erkennen.
Auslöser der Symptome sind:
- Hormonelle Gegensteuerung, v. a. Katecholamine: parasympathikotone und sympathikotone Reaktion
- Glukosemangel im Gehirn (Neuroglukopenie): zentralnervöse Reaktion.

Parasympathikotone Reaktion. 1. Phase:
- Heißhunger, gelegentlich leichte Übelkeit, selten Erbrechen
- Müdigkeit
- Harn-, Stuhldrang.

Sympathikotone Reaktion. 2. Phase:
- Unruhe, Tremor, Schwitzen
- Puls ↑, RR ↑
- Mydriasis.

Zentralnervöse Reaktion. 3. Phase:

- Konzentrationsstörungen
- Kopfschmerzen, Sehstörungen
- Verhalten: euphorisch, läppisch, aggressiv, verstimmt, verwirrt, verlangsamt
- Im Verlauf: Automatismen, neurologische Ausfälle, Krampfanfälle, Koma, gestörte Atem- und Kreislaufregulation bis zum Tod.

Sehstörungen, z. B. verschwommen sehen, können auch Ausdruck stark schwankender Blutzuckerspiegel sein: Die Glukosekonzentration in der Linse gleicht sich langsamer an als in den sie umgebenden Flüssigkeiten. Durch osmotische Flüssigkeitsverschiebungen quillt die Linse auf oder schrumpft.

Faktoren, die die Hypoglykämiewahrnehmung beeinflussen:

- Geschwindigkeit des Abfalls. Bei langsamem Abfall können z. B. parasympathikotone und sympathikotone Reaktionen ausfallen
- Länger bestehender Blutzuckerspiegel: Ist er z. B. immer niedrig, sinkt die Schwelle, ab der Symptome empfunden werden
- β-Rezeptorenblocker: hemmen die sympathikotone Reaktion
- Diabetische Neuropathie: sympathikotone Reaktion verringert bis ausgefallen.

Diagnostik

Akut. Blutzucker messen.

Anamnese:

- Ernährung, Alkohol
- Medikamente. Unter Sulfonylharnstofftherapie auch nach Medikamenten fragen, die Sulfonylharnstoffe aus der Eiweißbindung verdrängen, z. B. Azetylsalizylsäure, Cumarine, Tetrazykline
- Begleitumstände, z. B.
  - Präprandial → Insulinom, paraneoplastisch, Medikamente, Alkohol
  - Postprandial → nahrungsmittelabhängig, z. B. Fruktoseintoleranz, leucininduziert, Spätdumping.

Labor. Im akuten Fall: Blutzucker. Je nach Verdacht z. B.:

- Blutzuckertagesprofile, v. a. Messung bei Symptomen
- oGTT
- Insulin und C-Peptid. Bei Insulinom ggf. Hungerversuch mit Messung bei BZ < 50 mg/dl.

Therapie

Blutzucker auf > 150 mg/dl heben:

- Betroffener bei Bewusstsein:
  - Oral Glukose, z. B. ein Glas Fruchtsaft oder 1–2 Plättchen Traubenzucker
  - Ist eine protrahierte Hypoglykämie wahrscheinlich, z. B. unter Sulfonylharnstofftherapie, zusätzlich langsam resorbierbare Kohlenhydrate. In diesem Fall ist auch Glukagon s.c. indiziert.
- Ohne Bewusstsein: 1 mg Glukagon s.c. oder i. m. Wacht der Betroffene auf: Glukose oral
- Fortbestehende Bewusstlosigkeit: Glukoseinfusion.

Glukagon wirkt nicht bei alkoholisierten Patienten.

Ist die Hypoglykämie gut erklärbar und bestand nur eine leichte Hypoglykämie, z. B. Essen hat sich nach Insulingabe verzögert, sind keine weiteren Maßnahmen nötig. Ansonsten regelmäßige Blutzuckerkontrolle und Ursache suchen.
V. a. unter Sulfonylharnstofftherapie verlaufen Hypoglykämien wegen der langen Halbwertszeit oft **protrahiert**.
Weitere Therapie je nach Ursache.

Prognose

Die Gefahr ist, dass eine Hypoglykämie übersehen wird: Bei **jedem Koma** Blutzucker messen!

CHECK-UP

- ☐ Welche Ursachen einer Hypoglykämie gibt es?
- ☐ Welche Symptomen gibt es? Pathomechanismus? Einflussfaktoren?

Fettstoffwechselstörungen

Synonyme

Dyslipoproteinämien, Dyslipidämien.

Definition

Störungen des Lipidtransports und -metabolismus, die zu Hyperlipoproteinämien, z. T. zu Erniedrigungen einzelner Lipoproteine und damit Fehlverteilungen führen.

Ätiopathogenese

Primär (familiäre Dyslipoproteinämien): meistens polygene Hypercholesterinämie. Werden oft erst durch zivilisatorische Rahmenbedinungen – v. a. Fehlernährung, Bewegungsmangel – manifest.

Sekundär, z. B. bei:

- Diabetes mellitus, Adipositas, Alkoholabusus
- Hypothyreose, Morbus Cushing
- Nephrotisches Syndrom, Nierenversagen
- Medikamente, z. B. β-Rezeptorenblocker, Glukokortikoide, Östrogene, Thiazide.

Hypercholesterinämie meistens primäre Ursache, Hypertriglyzeridämie meistens sekundäre Ursache.

Faktoren, die die Lipidspiegel im Serum beeinflussen:

- Genetische Disposition, erklärt ⅔ des Cholesterinspiegels
- Ernährung: Zufuhr und Zusammensetzung
  - Gesättigte Fette, Transfette → Serumcholesterin ↑
  - Mehrfach ungesättigte Fette → Serumcholesterin ↓
- Bewegung: V. a. die Triglyzeride fallen ab, HDL wird leicht erhöht
- Geschlecht: ♂ haben niedrigere HDL und stärkeren Anstieg im jungen Erwachsenenalter.

Zum Teil stark erhöhtes Risiko für Atherosklerose bei LDL ↑ und/oder HDL ↓.

Familiäre Dyslipoproteinämien:

- Sehr hohes Atheroskleroserisiko bei **familiärer Hypercholesterinämie**: jeder 500. heterozygot, autosomal-dominat, LDL-Rezeptordefekt → LDL ↑
- Hohes Atheroskleroserisiko:
  - **Polygene Hypercholestrinämie**: 70 % der familiären Dyslipoproteinämien, LDL ↑, hohes Atheroskleroserisiko
  - **Familiäre Hypoalphalipoproteinämie**: 5 %, autosomal-dominant, HDL ↓
  - **Lipoprotein-(a)-Hyperlipoproteinämie**: 20 % der Mitteleuropäer, Lp(a) ↑. Risko nur bei hohen Spiegeln erhöht
  - **Familiäre kombinierte Hyperlipidämie**: jeder 300., autosomal-dominant, ⅓ LDL ↑, ⅓ HDL ↑, ⅓ LDL + HDL ↑. Oft bei metabolischem Syndrom
  - Familiärer ApoB-100-Defekt: jeder 600., autosomal-dominant, LDL ↑
  - Familiäre Dysbetalipoproteinämie (familiäre Hyperlipidämie Typ III): jeder 5.000., autosomal-rezessiv, Chylomikronen und VLDL-Remnants ↑

Tab. 10.3 Lipoproteine

Lipoprotein	Transportiert … von … zu …	Funktion
Chylomikronen	Triglyzeride und Cholesterin: Darm → Gewebe, Leber	• Fette der Nahrung über die Lymphe und Blut zu den Geweben bringen • Dort werden die Triglyzeride verwertet • Remains, cholesterinreiche Reste der Chylomikronen, werden in der Leber abgebaut
VLDL	Lipide: Leber → Gewebe	In der Leber synthetisierte Triglyzeride zum Verwerten in die Peripherie bringen. 40 % werden zu LDL
LDL	Cholesterin: Leber → Gewebe	„Überbleibsel“ von VLDL, wenn die Triglyzeride abgegeben worden sind. Cholesterin in Gewebe bringen. Auch Makrophagen und Histiozyten nehmen LDL auf
HDL	Cholesterin: Gewebe → Leber	Freies Cholesterin aufnehmen und zur Leber bringen

- Kein erhöhtes Atheroskleroserisiko:
  - **Familiäre Hypertriglyzeridämie**: jeder 500., autosomal-dominat, VLDL ↑, evtl. Chylomikronen ↑. Oft bei metabolischem Syndrom
  - Familiäre Chylomikronämien (Lipoproteinlipase-, Apoprotein-C-Mangel): sehr selten, autosomal-rezessiv, Chylomikronen ↑ und evtl. VLDL ↑

Klinik

Hypercholesterinämie. Macht spät Symptome, v. a. im Rahmen einer Atherosklerose. Selten sind Xanthome, v. a. planar, an Strecksehnen, Zwischenfingerräumen und Augenlidern, oder ein Arcus lipoides corneae, die in ½ der Fälle bei normalen Triglyzerid- und Cholesterinwerten auftreten.

Hypertriglyzeridämie. Symptome meistens nur bei Werten > 1.000 mg/dl:
- Pankreatitis durch Aktivierung proteolytischer Enzyme schon im Pankreas
- Xanthome, v. a. an Pobacken
- Lipaemia retinalis bei Werten > 2.000 mg/dl.

Atherogen wirkt v. a. eine erniedrigtes HDL bei Hypertriglyzeridämie.

Diagnostik

Nüchternwerte bei Hypertriglyzeridämie und -cholesterinämie:
- Serumcholesterin > 200 mg/dl
- Serumtriglyzeride > 180 mg/dl
- LDL-Cholesterin > 150 mg/dl
- HDL-Cholesterin < 35 mg/dl
- Gesamtcholesterin/HDL-Cholesterin > 4,5.

Therapie

Die Therapieziele hängen stark von weiteren Risikofaktoren ab (→ Tab. 10.4).

Tab. 10.4 Therapieziele bei Hypercholesterinämie

	Gesamt [mg/dl]	LDL [mg/dl]	HDL [mg/dl]
kein Risikofaktor	‹ 250	‹ 160	› 40
Risikofaktoren, keine Gefäßerkrankung	‹ 200	‹ 130	
Gefäßerkrankung	‹ 180	‹ 100	

Ernährung. Etwa die Hälfte spricht an. Neben Gewichtsreduktion und maximal mäßigem Alkoholgenuss werden empfohlen:
- Fettaufnahme reduzieren, v. a. tierische gesättigte Fette, und mehrfach gesättigte Fette, v. a. mit Omega-3-Fettsäuren, bevorzugen
- Cholesterinaufnahme reduzieren
- Fische wegen der Omega-3-Fettsäuren, Ballaststoffe senken LDL.

Omega-n-Fettsäuren: Die Zahl statt dem „n" nennt die Stelle der Doppelbindung vom Omegaende aus gesehen. Wichtig sind:
- Omega-3-Fettsäuren, z.B.
  - α-Linolensäure v.a. in Pflanzen, Lein-, Walnuss-, Raps- und Sojaöl
  - Eicosapentaensäure (EPAund Docosahexaensäure (DHA) in Meeresfischen, die sich von Algen ernähren
- Omega-6-Fettsäuren, z.B. Linolsäure, Bestandteil natürlicher Fette und Öle, z.B. Saflor-, Sonnenblumen-, Soja- und Maiskeimöl
- Omega-9-Fettsäuren, z.B. Ölsäure, Bestandteil in fast allen natürlichen pflanzlichen und tierischen Ölen und Fetten. Einen besonders hohen Anteil haben z.B. Oliven-, Erdnuss- und bestimmte Sonnenblumenöle, aber auch z.B. Gänsefett und Schweineschmalz.

Medikamente. Zum Einsatz kommen Cholesterinresorptionshemmer, Fibrate, HMG-CoA-Reduktase-Hemmer, Ionenaustauscher und Nikotinsäurederivate. Mit ihnen kann LDL 50–70 % gesenkt werden:
- Beginn z. B. mit Statinen
- Bei unzureichender Wirkung Kombination z. B. mit Ezetimib, Nikotinsäure oder Austauscherharz
- Sollen v. a. Triglyzeride gesenkt werden: Fibrate, Omega-3-Fettsäuren oder Nikotinsäure
- Soll v. a. HDL angehoben werden: Nikotinsäure, Fibrate.

Prognose

Wird im Wesentlichen von den Gefäßkomplikationen bestimmt und daher, wie gut die Risikofaktoren beeinflusst werden.

■ CHECK-UP

- ☐ Welche primären Formen mit hohem Atheroskleroserisiko gibt es?
- ☐ Wie wird behandelt?

Porphyrien

Acht erbliche Stoffwechselerkrankungen mit Enzymdefekten und gestörter Hämbiosynthese (➜ Abb. 10.1). Zwischenprodukte der Hämsynthese, die toxische Wirkungen haben können, reichern sich in verschiedenen Organen an. Krankheitsschübe werden meist durch UV-Strahlung, Alkohol oder Medikamente ausgelöst.

Einteilung

Ätiologisch:

- Primär: genetisch bedingter Enzymdefekt
- Sekundär: Krankheiten, z. B. Tumore, Diabetes mellitus und Alkoholismus, oder Intoxikationen, z. B. mit Blei, die den Porphyrinstoffwechsel stören.

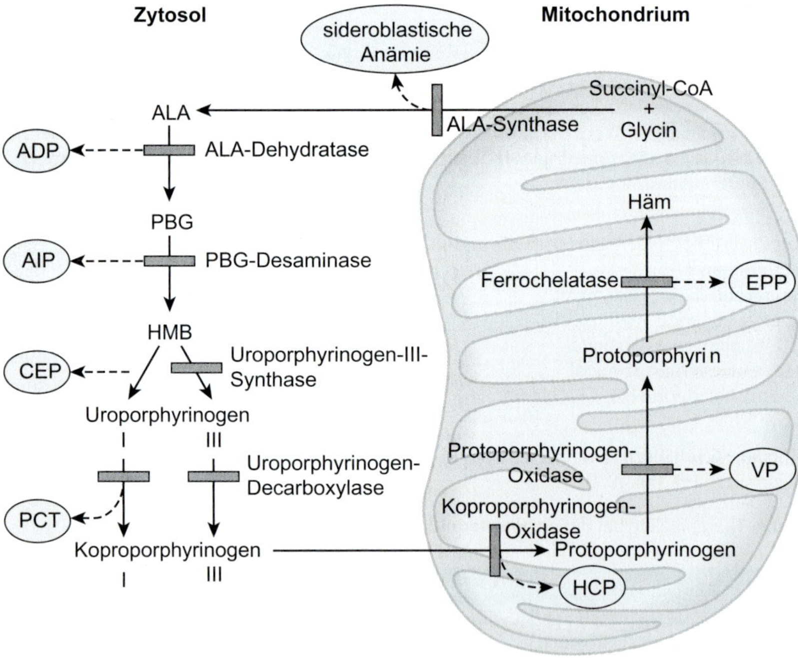

Abb. 10.1 Hämstoffwechsel und enzymatische Störungen bei Porphyrie. ALA = 5-Aminolävulinsäure, ADP = Doss-Porphyrie, AIP = akut intermittierende Porphyrie, CEP = kongenitale erythropoetische Porphyrie, EPP = erythropoetische Protoporphyrie, HCP = hereditäre Koproporphyrie, HMB = 1-Hydroxymethylbilan (HMB) = Uroporphyrinogen I, PCT = Porphyria cutanea tarda, PBG = Porphobilinogen, VP = Porphyria variegata [L 231]

Klinik:
- Hauptsymptom: hepatisch vs. kutan
- Bildungsort des Häm: erythropoetisch vs. hepatisch
- Verlaufsform: akut vs. nichtakut.

Üblich ist die Unterscheidung in akut verlaufende und nichtakute Porphyrien.

Akute hepatische Porphyrien

Definition

Vier Formen:
- Typ 1 mit Porphobilinogen-Desaminase-Defekt: akut intermittierende Porphyrie (AIP). Autosomal-dominant, ca. 50 % Enzymaktivität. Zweithäufigste Porphyrieform mit einer Prävalenz von etwa 1 : 10.000 Menschen. ♀ : ♂ 3 : 1.
- Typ 2 mit Koproporphyrinogen-Oxidase-Defekt: hereditäre Koproporphyrie (HCP). Autosomal-dominant, am häufigsten in Europa und Nordamerika, Prävalenz ca. 1 : 100.000.
- Typ 3 mit Protoporphyrinogen-Oxidase-Defekt: Porphyria variegata (VP). Autosomal-dominant. Prävalenz ca. 1 : 100.000, bei der weißen Bevölkerung Südafrikas ca. 3 : 1.000 Einwohnern.
- Typ 4 mit δ-Aminolävulinsäure-Dehydratase-(ALSD-)Defekt: Doss-Porphyrie (ADP). Sehr selten, fünf Einzelfallbeschreibungen in Deutschland, Schweden und Belgien. Autosomal-rezessiv.

Ätiopathogenese

Akut intermittierende Porphyrie. 5-Aminolävulinsäure (5-ALA) und Porphobilinogen (PBG) kumulieren und werden im Urin vermehrt ausgeschieden.

Hereditäre Koproporphyrie. 5-Aminolävulinsäure, Porphobilinogen und Koproporphyrin III kumulieren und werden im Urin vermehrt ausgeschieden. Im Stuhl ist Koproporphyrin III nachweisbar.

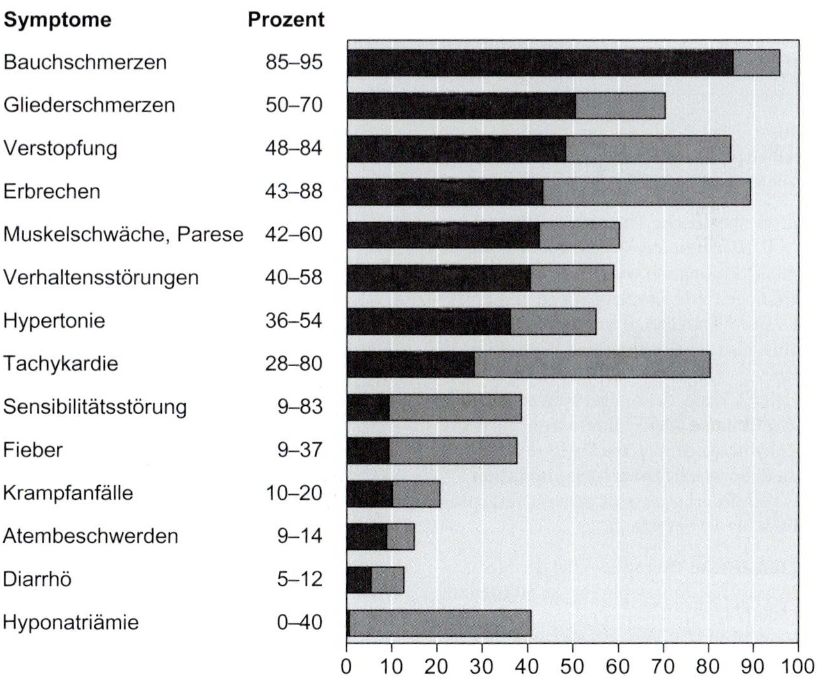

Abb. 10.2 Symptome der akuten Porphyrie und ihre Häufigkeit [L 231]

Porphyria variegata. 5-Aminolävulinsäure, Porphobilinogen und Koproporphyrin III kumulieren und werden im Urin vermehrt ausgeschieden. Im Stuhl sind Koproporphyrin III und Protoporphyrin nachweisbar.

Doss-Porphyrie. 5-Aminolävulinsäure und Koproporphyrin III kummlieren und werden im Urin vermehrt ausgeschieden.

Klinik

Frühsymptome:

- Akut intermittierende Porphyrie: Dunkler oder rötlicher Urin. Hautmanifestationen fehlen sowohl bei der AIP als auch der Doss-Porphyrie.
- Porphyria variegata, hereditäre Koproporphyrie: in ⅓ Hautsymptome an lichtexponierten Arealen.

Alle Typen:

- Starke, diffuse Bauchschmerzen
- Übelkeit, Erbrechen und Obstipation
- Tachykardie, Hypertonie, Thoraxschmerzen
- Hyponatriämie als Folge einer inadäquaten ADH-Sekretion
- Neuropsychiatrische Symptome: Sensibilitätsstörungen, Muskelschwäche, Krampfanfälle, Depression.
- Sehr selten adrenerge Krise: hypertensive Entgleisung, Enzephalopathie, Krampfanfälle und zerebrale Ischämien.

Diagnostik: → Tabelle 10.5

Tab. 10.5 Labordiagnostik der akuten Porphyrien

	Urin	Stuhl	Erythrozyten	Porphyrine im Plasma
AIP	• 5-ALA ↑ • PBG ↑↑	normal	normal	Porphyrine normal bis ↑
HCP	• 5-ALA ↑ • Koproporphyrin III ↑	Koproporphyrin III ↑	normal	normal
VP	• 5-ALA ↑ • Koproporphyrin III ↑	Koproporphyrin III ↑ Protoporphyrin ↑	normal	Porphyrine ↑
ADP	• 5-ALA ↑ • Koproporphyrin III ↑	normal	Protoporphyrin ↑	Porphyrine ↑

Therapie

Ein akuter Schub kann lebensgefährlich sein und muss entsprechend rasch behandelt werden.

Porphyriespezifische Therapie. **Hämpräparate**, z. B. Hämarginate, i. v. Die Hämzufuhr hemmt die Produktion von 5-ALA und PBG. Nebenwirkungen sind Koagulopathien und Phlebitiden. Zudem enthalten Hämarginate viel Eisen, ggf. muss also der Eisenhaushalt kontrolliert werden.
Mittel der 2. Wahl, da weniger wirksam, sind bis zu 500 g **Glukose** oder Fruktose täglich i. v. Die Kohlenhydrate hemmen die 5-ALA-Synthese.
Ultima Ratio ist eine **Lebertransplantation** (LTX) bei wiederholten Schüben mit ausgeprägter klinischer Symptomatik.

Symptomatische Therapie. Bei der Medikamentenwahl müssen porphyrogene Substanzen (→ Kasten) vermieden werden.

- Bauchschmerzen, Gliederschmerzen: Azetylsalizylsäure, Paracetamol, Opiate
- Übelkeit, Erbrechen: Ondansetron
- Verstopfung: Lactulose
- Ileussymptomatik: Neostigmin
- Hypertonie, Tachykardie: β-Rezeptorenblocker
- Krampfanfall: Hyponatriämie ausgleichen, Magnesium, Clonazepam, Gabapentin, Vigabatrin
- Angstzustände: Lorazepam
- Hautsymptome bei HCP: Aktivkohle, Colestyramin.

Beispiel **porphyrogener Substanzen**: Alkohol, Carbamazepin, Chinolone, Chloroquin, Clonidin, Co-trimoxazol, Diazepam, Diclofenac, Enfluran, Erythromycin, Gestagene, Glibenclamid, Indometacin, orale Kontrazeptiva, Metamizol, Methyldopa, Metoclopramid, Östrogene, Phenytoin, Progesteron und Derivate, Rifampicin, Spironolacton, Sulfonamide, Tetrazykline, Theophyllin, Valproinsäure.

Prävention akuter Schübe. Detaillierte Aufklärung des Patienten und Notfallausweis.

- Porphyrogene Substanzen meiden
- Kein Alkohol, Nikotin oder Cannabis

- Ernährung mit hohem Kohlenhydrat- und Eiweißanteil, keine Diäten oder Fasten
- UV-Lichtexposition bei HCP und VP vermeiden
- Eisenmangel ausgleichen
- Infektionserkrankungen konsequent behandeln
- Bei rezidivierenden Porphyrie-Krisen: Hämarginate i. v. über 1–2 Wochen.

Prognose

Hängt stark an dem Erfolg der Prävention und der raschen Behandlung von akuten Schüben.

Porphyria cutanea tarda (PCT)

Definition

Häufigste chronisch verlaufende Porphyrie, Erkrankungsgipfel im Erwachsenenalter, ♂ > ♀.
Einteilung:

- Erworben: Typ I, 80 %
- Autosomal-dominant: Typ II, 20 %
- Autosomal-rezessiv: hepatoerythropoetische Porphyrie (HEP), selten.

Ätiopathogenese

Leber speichert fotosensible Uro- und Hepatocarboxyporphyrine. Auslöser von Symptomen:

- Lichtexposition
- Chronische Hepatitis-C-Infektion
- Hämochromatose
- Östrogenpräparate, Schwangerschaft
- Nikotinabusus, exzessiver Alkoholkonsum, Chloroquin in Standarddosierung.

Klinik

Häufig subklinische Verlaufsform. Symptome:

- Hautveränderungen an lichtexponierten Arealen und an Handrücken und Unterarm, da diese öfter Minimaltraumen ausgesetzt sind: Erythem, Erosionen, hämorrhagische Blasen, hyper- oder hypopigmentierte Narben
- Chronische Leberschädigung. Nach Jahren Leberzellverfettung und Leberzirrhose.
- HEP: Symptome schon im Kindesalter.

Diagnostik

Körperliche Untersuchung. Hautbefund, Zeichen der Lebervergrößerung oder -zirrhose.

Labor:

- Screening: Gesamtporphyrine in Serum und Urin bestimmen
- Nachweis: carboxylierte Uro- und Hepatoporphyrine im Urin (→ Tab. 10.6)
- Bis zu 50 % der PCT-Patienten haben eine **Hepatitis C**: Antikörpersuchtest (anti-HCV)
- Leberwerterhöhungen.

Therapie

- **Aderlass** (Phlebotomie): Mittel der 1. Wahl. Ziel: Serum-Ferritinspiegel von 25 ng/ml
- Bei Kontraindikation eines Aderlasses: **Eisenchelate**, z. B. Desferoxamin. Weniger effektiv
- Bei Kontraindikation eines Aderlasses, schweren Verläufen: niedrig dosiertes **Chloroquin**, das mit Porphyrinen Komplexe bildet, die über die Nieren ausgeschieden werden. Rückgang bis Normalisierung der Porphyrinurie nach 6–12 Monaten
- Bei Hepatitis C: antivirale Behandlung mit pegyliertem Interferon-α und Ribavirin, bei Genotyp 1 zusätzlich Nukleosidanaloga, z.B. den Proteaseinhibitor Telaprevir oder Boceprevir.

Prävention. Lichtschutz: kein direktes UV-Licht, Lichtschutzpräparate und geeignete Kleidung. Alkoholkarenz und das Absetzen von hormonalen Kontrazeptiva.

Prognose

Gut, wenn die Auslöser gemieden werden (können). HEP: schlecht.

Tab. 10.6 Labordiagnostik der nichtakuten Porphyrien

	Urin	Stuhl	Erythrozyten	Porphyrine im Plasma
PCT	• Uroporphyrin ↑ • Hepatoporphyrin ↑	• Hepatoporphyrin ↑ • Isokoproporphyrin ↑	normal	Porphyrine ↑
EPP	normal	Protoporphyrin ↑	freies Protoporphyrin ↑	
CEP	• Uroporphyrin I ↑ • Koproporphyrin I ↑	Koproporphyrin I ↑	• Uroporphyrin I ↑ • Koproporphyrin I ↑	

Erythropoetische Protoporphyrie (EPP)

Definition

Autosomal-dominant vererbt, dritthäufigste Porphyrie.

Ätiopathogenese

Exzessive Speicherung von Protoporphyrinen in der Leber, verminderte Ausscheidung von Protoporphyrinen.

Klinik

- **Fotosensibilität**: bereits im Kindesalter Photodermatose, juckende Erytheme mit Ödemen an lichtexponierten Stellen
- Leber, Galle: protoporphyrinhaltige **Gallensteine**
- Hämolytische oder sideroblastische **Anämie**.

Diagnostik

Labor. Protoporphyrinen im Blut und im Stuhl (➔ Tab. 10.6).

Therapie

- Lichtschutz
- β-Carotin: reduziert die UV-Sensibilität. Bei Rauchern kontraindiziert
- Afamelanotide: stimuliert α-Melanozyten
- Colestyramin erhöht die Ausscheidung von Protoporphyrinen im Stuhl
- Hämpräparate, Bluttransfusionen: unterdrücken erythropoetische und hepatische Protoporphyrinproduktion
- Lebertransplantation: bei irreversibler Cholestase infolge einer Leberzirrhose
- Splenektomie: bei starker Hämolyse und Splenomegalie.

Kongenitale erythropoetische Porphyrie

Synonyme

CEP, Morbus Günther.

Definition

Autosomal-rezessiv, Erstmanifestation in utero oder im frühen Kindesalter.

Ätiopathogenese

Speicherung von Uroporphyrin I und Koproporphyrin I.

Klinik

- Schwere Fotodermatose
- Hämolytische Anämie und Splenomegalie.

Diagnostik

Uroporphyrin I und Koproporphyrin I im Urin und Blut (➔ Tab. 10.6).

Therapie

- Allogene Knochenmarktransplantation: einzige kurative Therapie
- Konsequenter Lichtschutz
- Bluttransfusionen bei schwerer Anämie
- Splenektomie: bei Hypersplenismus
- Hydroxyurea: reduziert die Porphyrinproduktion im Knochenmark
- Aktivkohle: erhöht die Porphyrinausscheidung über den Stuhl
- Hämpräparate.

Prognose

Therapie ist schwierig.

CHECK-UP

- ☐ Wie kann man Porphyrien einteilen?
- ☐ Welche Symptome verursachen akute hepatische Porphyrien?
- ☐ Wie wird die Porphyria cutanea tarda behandelt?

11 Wasserhaushalt, Elektrolytstörungen, Säure-Basen-Haushalt

Wasserhaushalt

Hypo- und Hypervolämie beziehen sich auf das **intravasale** Volumen, Hypo- und Hyperhydratation auf den **Extrazellularraum**. Eng mit dem Wasserhaushalt hängen Natriumstörungen zusammen.

Dehydratation

Synonym

Exsikkose: klinisches Bild einer Dehydratation.

Definition

Flüssigkeitsmangel, hypo-, iso- oder hyperton.

Ätiopathogenese

Verluste:
- Gastrointestinaltrakt: z. B. Diarrhö, Fisteln, Erbrechen, in den 3. Raum bei Ileus oder Pankreatitis
- Nieren: Diuretika, osmotische Diurese, Nebenniereninsuffizienz, Nephritis
- Haut: Schwitzen, Verbrennungen.

Geringe Zufuhr: v. a. Säuglinge und alte Menschen, die oft kein Durstgefühl haben.
Häufige Ursachen einer hypo-, iso- und hypertonen Dehydratation:
- Hypoton: führt zu intrazellulärem Ödem. Ursachen: v. a. gastrointestinale Verluste oder Diuretika
- Isoton: gastrointestinale Verluste und in den 3. Raum
- Hyperton: zusätzlich intrazelluläre Dehydratation. Ursachen:
  - Natrium ↑: v. a. Diarrhö, Fieber, Schwitzen, Diabetes insipidus
  - Glukose ↑: hyperglykämische Diabetes-Entgleisung.

Klinik

Symptome erst nach Verlust von einigen Litern:
- Exsikkose: trockene Schleimhäute und Haut, belegte Zunge, geringer Hauttugor, fehlender Schweiß
- ZNS: organisches Psychosyndrom (OPS), Bewusstseinsstörungen, Krämpfe.

Je nach **Osmolalität** stehen andere Symptome im Vordergrund:
- Hypoton: früh Kreislaufsymptome, spät ZNS-Symptome
- Isoton: Exsikkose, spät Hypovolämie
- Hyperton: ZNS-Symptome.

Diagnostik

Anamnese, Klinik. Labor und bildgebende Verfahren ergeben sich aus den möglichen Ursachen.

Therapie

Besteht gleichzeitig eine **Hypovolämie**, muss diese zuerst beseitigt werden, da ein Schock droht. Geeignet sind isotonische Lösungen, ungeeignet Plasmaexpander, die noch mehr Flüssigkeit aus dem Extrazellularraum ziehen würden.

Hypotone Dehydratation. Bei zentralnervösen Symptomen langsame Natriumsubstitution. **Cave**: Volumenbelastung, Hirnödem

Hypertone Dehydratation. Bei ZNS-Symptome freies Wasser i. v., z. B. 5 % Glukoselösung. **Cave**: Hirnödem bei zu rascher Natriumsenkung.

Prognose

Bei zusätzlicher Hypo- oder Hypernatriämie droht ein **Hirnödem**, v. a. bei zu schnellem Ausgleich.

Hyperhydratation

Definition

Flüssigkeitsüberschuss, hypo-, iso- oder hyperton.

Ätiopathogenese

Iso-, hypoton. Ursachen sind:

- Na^+-Retention ↑:
  - sekundärer Hyperaldosteronismus
  - Kortikoide ↑: z. B. Cushing- oder Conn-Syndrom
  - Hypoproteinämie bei nephrotischem Syndrom, Leberzirrhose → Hypovolämie → ADH-Sekretion ↑
- Wasserretention ↑; z. B. SIADH, Herz-, Niereninsuffizienz
- Zufuhr ↑: Infusionen, Trinken, Ertrinken im Süßwasser

Hyperton. Ursachen sind:

- Infusion, z. B. von Natriumbikarbonat, Penicillinsalze
- Primärer Hyperaldosteronismus
- Ertrinken im Salzwasser.

Zusatzwissen

Entstehung von Ödemen

Proteinsynthese ↓	→	Hypoproteinämie	→	Ödeme
Porteinverlust	→			
Venöse Abflussbehinderung	→	Venöser Stau	→	
Herzinsuffizienz	→			
	→	Lymphstau	→	
Verlegte Lymphgefäße	→			
Entzündungen	→	Kapillarpermeabilität ↑	→	

Klinik

- Gewichtszunahme, praller Turgor, Ödeme und Ergüsse
- Tachykardie, Venenstauung
- Herzinsuffizienz.

Zentralnervöse Störungen:

- Hypoton: intrazelluläres Ödem
- Hyperton: intrazelluläre Dehydratation.

Diagnostik

Klinik.

Therapie

- Grunderkrankung behandeln
- Gewicht, Ein- und Ausfuhr kontrollieren
- Flüssigkeitsrestriktion
- Je nach Grunderkrankung: Thiazid-, Schleifen- und/oder kaliumsparende Diuretika
- Bei Niereninsuffizienz: Dialyse
- Bei Hyperaldosteronismus: zusätzlich Kochsalzrestriktion.

Prognose

Es gibt immer wieder Fälle mit tödlichem Hirnödem.

CHECK-UP

- ☐ Wie entsteht eine Dehydratation?
- ☐ Wann tauchen v. a. zentralnervöse Störungen auf?
- ☐ Worauf muss bei der Therapie geachtet werden? Warum?

Elektrolytstörungen

Hyponatriämie

Definition
$Na^+ < 135$ mmol/l.

Ätiopathogenese
Verluste über:
- Gastrointestinaltrakt: z. B. Diarrhö, Fisteln, Erbrechen, in den 3. Raum bei Ileus oder Pankreatitis
- Nieren: Diuretika, osmotische Diurese, Nebenniereninsuffizienz, Nephritis

Verdünnung:
- ADH-Sekretion ↑: postoperativ, Verbrennung, SIADH
- Osmotische Substanzen im Serum ↑: hyperosmolares Koma, Mannitol-, Kontrastmittelgabe
- Wasseraufnahme ↑: Ertrinken im Süßwasser, psychogene Polydipsie
- Renale Wasserausscheidung ↓: z. B. Herz-, Niereninsuffizienz
- Hypoproteinämie bei nephrotischem Syndrom, Leberzirrhose → Hypovolämie → ADH-Sekretion ↑.

Seltene Ursachen sind **unzureichende Natriumzufuhr** oder ausgeprägte **Hypokaliämie** (K^+ aus der Zelle gegen Na^+ in die Zelle).

Klinik
Zentralnervöse Störungen: Schwäche, Kopfschmerzen, Gereiztheit, Übelkeit, Erbrechen, Bewusstseinsstörungen, Krämpfe, Hirneinklemmung.
Bei Natriumverlust: Exsikkose.
Bei Verdünnungshyponatriämie: meistens Hypervolämie.

Diagnostik
- Na^+ im Serum ↓
- Natriumverlust: Zeichen der extrazellulären Dehydratation, z. B. trockene Schleimhäute, geringer Hautturgor
- Verdünnung: Hypervolumänie, z. B. Ödeme.

Therapie
- Korrektur der Volumenstörung geht vor Korrektur der Natriumstörung
- Bei symptomatischer Hyponatriämie: Natrium langsam substituieren, < 1 mmol/l/h, da sonst ein osmotisches Demyelinisierungssyndrom droht
- Bei asymptomatischer Hyponatriämie: z. B. Zufuhr isotonischer Kochsalzlösungen bei Verlusten oder Wasserrestriktion bei Verdünnung
- Bei Verdünnungshyponatriämie können aquaretische Substanzen eingesetzt werden, die die ADH-Wirkung hermmen und zu einer Wasserdiurese führen, z. B. Demeclocyclin oder Tolvaptan.

Prognose
Die Diagnose ist nicht immer einfach, da Symptome oft erst spät auftreten und lange unspezifisch sind. Prognose hängt ansonsten von der Grunderkrankung ab.

Hypernatriämie

Definition
$Na^+ > 145$ mmol/l. Selten.

Ätiopathogenese
Konzentrationshypernatriämie durch Wasserverluste:
- Nieren: Nephropathien mit eingeschränkter Konzentrationsfähigkeit, polyurisches Nierenversagen, Diabetes insipidus
- Diarrhö, Schwitzen
- In den 3. Raum bei Verbrennungen, Ileus oder Pankreatitis.

Selten durch überhöhte **exogene Natriumzufuhr** oder **Natriumretention** durch einen Hyperaldosteronismus.

Klinik
- Unspezifische zentralnervöse Störungen, z. B. Kopfschmerzen, Gereiztheit, Übelkeit, Erbrechen, Bewusstseinsstörungen, Krämpfe
- Vaskuläre Insulte: Das schrumpfende Gehirn führt zu Rissen v. a. in Brückenvenen und Hirnarterien.
- Hirnödem. Erklärung ➜ Kasten bei ketoazidotischem Koma.

Diagnostik
- Na^+ im Serum ↓
- Hypovolämie, Dehydratation → Konzentrationshypernatriämie
- Normales oder erhöhtes Volumen → Natriumexzess.

Therapie
- Korrektur der Volumenstörung geht vor Korrektur der Natriumstörung
- Bei symptomatischer Hypernatriämie: langsame Korrektur mit hypotonen Lösungen.

Diabetes insipidus → Kapitel 9.

Prognose
Gut, wenn die akute Phase ohne zentralnervöse Komplikationen überstanden wird, ansonsten abhängig von der Grunderkrankung.

Hypokaliämie

Definition
$K^+ < 3{,}6$ mmol/l.

Ätiopathogenese
Auswirkung auf neuromuskuläre Erregbarkeit: $K^+ \downarrow \rightarrow$ Ruhepotenzial $\downarrow \rightarrow$ Erregbarkeit $\downarrow \rightarrow$ **Depolarisationsblock**.

> **György-Quotient**. K steht für neuromuskuläre Erregbarkeit.
>
> $$K = \frac{[K^+] \times [HPO_4^{-}] \times [HCO_3^{-}]}{[Ca^{2+}] \times [Mg^{2+}] \times [H^+]}$$

Verlusthypokaliämie:
- Magen-Darm-Inhalt: Erbrechen, Diarrhö, Fisteln, Laxanzienabusus
- In den 3. Raum: z. B. Ileus, Pankreatitis
- Renal: z. B. Diuretika, osmotische Diurese bei Diabetes mellitus, Kortikoide, polyurisches Nierenversagen, renal-tubuläre Azidose.

Verteilungshypokaliämie: Alkalose, Insulintherapie.

Klinik
- **Neuromuskuläre Erregbarkeit** ↓:
  - Muskelschwäche, -krämpfe, Muskelwülste durch Beklopfen
  - Obstipation, Ileus, Blasenentleerungsstörung
  - Hyporeflexie
- Herzrhythmusstörungen
- Hypotonie.

Diagnostik
Labor:
- Elektrolyte
- Kreatinin: Nierenfunktion?
- BGA (→ unten): Azidose, Alkalose, metabolisch, respiratorisch?

EKG. ST-Senkung, flache T-Welle, U-Welle, Extrasystolen. Bei ausgeprägter Hypokaliämie TU-Verschmelzungswelle.

> No pot(assium), no tea.

Therapie
Kaliumsubstitution:
- Dringend bei digitalisierten Patienten und Herzrhythmusstörungen
- Pro erniedrigten 0,1 mmol/l Bedarf von ca. 100 mmol K^+
- Oral: z. B. Trockenobst, Bananen, Tomaten oder mit aufgelöstem Kaliumchlorid oder -phosphat
- i. v.: maximal 20 mmol/h, maximal 200–300 mmol/Tag. Wegen Herzrhythmusgefahr möglichst Monitoring.

Bei Bradykardie passagerer Herzschrittmacher.

> Kalium reizt ab 20 mmol/l die Venenwand, ab 60 mmol/l Infusion nur über zentralen Katheter.

Prognose
Lebensgefahr bei Herzrhythmusstörungen.

Hyperkaliämie

Definition
$K^+ > 4{,}8$ mmol/l.

Ätiopathogenese
Auswirkung auf neuromuskuläre Erregbarkeit: $K^+ \uparrow \rightarrow$ Ruhepotenzial $\uparrow \rightarrow$ Erregbarkeit $\uparrow \rightarrow$ **Hyperpolarisationsblock**.
Ursachen sind:
- Zufuhr ↑: bei fortgeschrittener Niereninsuffizienz
- Ausscheidung ↓: Nierenversagen
- Azidose, z. B. metabolische Azidose bei Niereninsuffizienz. Bei einer Ketoazidose i. R. eines Diabetes mellitus verhindert die osmotische Diurese meistens eine Hyperkaliämie
- Zellschäden: Hämolyse, große Verletzungen, Chemo- oder Strahlentherapie, Reperfusion nach Gefäßverschluss (Tourniquet-Syndrom)
- Medikamente: z. B. ACE-Hemmer, kaliumsparende Diuretika, β-Rezeptorenblocker.

Klinik
Grunderkrankung steht im Vordergrund. Herzrhythmusstörungen. Gelegentlich Parästhesien, Muskelzuckungen.

Diagnostik

Labor:
- Elektrolyte
- Kreatinin: Nierenfunktion?
- CK, LDH: Zellzerfall?
- BGA (→ unten): Azidose, Alkalose, metabolisch, respiratorisch?

EKG. Hohes, spitzes T (Kirchturm-T). Bei ausgeprägter Hyperkaliämie schenkelblockartige QRS-Deformierung.

Therapie

- Kalziumglukonat, um Herzrhythmusstörungen zu verhindern
- **Kalium in die Zelle schleusen**: Insulin + Glukose, Natriumbikarbonat, β-Sympathikomimetika. Dies verschiebt Kalium zwar, verringert aber nicht den Gesamtbestand an Kalium
- Kalium ausscheiden: oral oder rektal Kationenaustauscher, Schleifendiuretika, notfalls Dialyse.

Prognose

Gut, wenn es gelingt, einen Herzstillstand oder schwere Rhythmusstörungen zu verhindern.

Hypokalzämie

Definition

Gesamtkalzium < 2,2 mmol/l. Ionisiertes Kalzium < 1,1 mmol/l.

Ätiopathogenese

Auswirkung auf neuromuskuläre Erregbarkeit: Ca^{2+} ↓ → Erregbarkeit ↑.
Das Löslichkeitsprodukt von Phosphat und Kalzium ist niedrig. Daher sinkt z. B. bei einer Hyperphosphatämie der Kalziumspiegel.

Akut. Häufigste Ursache ist die **Hyperventilation** → CO_2 wird vermehrt abgeatmet → respiratorische Alkalose → ionisiertes Kalzium ↓.
Bei einer **Hypalbuminämie** ist das Gesamtkalzium erniedrigt, das ionisierte aber meistens normal.

Chronisch. Insgesamt selten. Ursachen:
- Chronische Niereninsuffizienz über Phosphatretention, Kalzitriol-Mangel
- Malassimilation über Hypalbuminämie, Vitamin-D-Mangel und verminderte Kalziumresorption
- Hypoparathyreoidismus
- Vitamin-D- oder Calcitriol-Mangel.

Klinik

- **Neuromuskuläre Erregbarkeit ↑**:
  - Periorale, an Füßen und/oder Händen symmetrische Parästhesien
  - Tetanie: Pfötchenstellung der Hände, spitzer Mund
  - Hyperreflexie
- **Kardiovaskulär**:
  - Hypotonie, Herzinsuffizienz
  - Bradykardie bis Asystolie.

Bei chronischer Hypokalzämie: **psychische Symptome** aller Art, z. B. Depression, Erregungszustände, Psychosen.

Diagnostik

Anamnese, Klinik. Meistens wegweisend.

Labor. Hinweise auf die Ätiologie geben:
- Albumin oder ionisiertes Kalzium
- Kreatinin: Nierenfunktion?
- PTH: Hypoparathyreoidismus?
- Kalzitriol, 25-OH-D_3
- Magnesium: Hypomagnesiämie? Ruft ähnliche Symptome hervor
- Phosphat:
  - Phosphat ↓ → Vitamin-D-Mangel, Hypomagnesiämie
  - Phosphat ↑ → Niereninsuffizienz, Hypoparathyreoidismus.

EKG. ST-Strecke und QT-Zeit verlängert.

Therapie

Tetanie bei psychogener Hyperventilation. Rückatmung in Tüte o. Ä.

Tetanie ohne Hyperventilation. Kalziumglukonat i. v. **Cave**: nicht bei digitalisierten Patienten.

Chronische Hypokalzämie. Hypomagnesiämie ausgleichen. Bei erhöhtem Phosphat gleichzeitig Phosphat senken, sonst kann es zum Ausfällen von Kalziumphosphat kommen.

Hyperkalzämie

Definition

Gesamtkalzium > 2,65 mmol/l. Ionisiertes Kalzium > 1,4 mmol/l.

Ätiopathogenese

Auswirkung auf neuromuskuläre Erregbarkeit: Ca^{2+} ↑ → Erregbarkeit ↓.
Ursachen sind:

- ⅔ der Fälle: Tumoren, z. B. Knochenmetastasen, Bronchial-, Nierenzell-, Mammakarzinom, Plasmozytom, Lymphom. Paraneoplastische Hormonproduktion und/oder lokale Knochenzerstörung
- Knochenumsatz ↑: Hyperthyreose, Akromegalie, Immobilisation, Sarkoidose (stimuliert $1{,}25(OH)_2$-D_3-Bildung in Makrophagen), Vitamin-A-Intoxikation
- PTH ↑: primärer HPT, tertiärer HPT, Lithium-Therapie, familiäre hypokalziurische Hyperkalzämie.

Klinik

- **Neuromuskuläre Erregbarkeit** ↓: müde, Muskelschwäche, organisches Psychosyndrom (OPS), Bewusstseinsstörungen
- Kardiovaskulär: Herzrhythmusstörungen
- Gastrointestinal: appetitlos, Übelkeit, Erbrechen, Obstipation, bei Hyperparathyreoidismus zusätzlich Ulzera und Pankreatitis
- Renal: Nephrolithiasis, renaler Diabetes insipidus.

Hyperkalzämische Krise. Akute, starke Hyperkalzämie z. B. bei Knochenmetastasen:

- Herzrhythmusstörungen, z. B. Extrasystolen, Asystolie
- Übelkeit, Erbrechen, Exsikkose, Fieber
- Polyurie, akutes Nierenversagen
- Organisches Psychosyndrom (OPS), Bewusstseinsstörungen
- Verkalkungen: Nephrokalzinose, Mediaverkalkung von Arterien, Konjunktiva.

Diagnostik

Labor. Kalzium, Phosphat, PTH, Kreatinin.

Skelettszintigrafie. Knochenmetastasen?

Therapie

- Grunderkrankung behandeln
- Kalziumzufuhr einschränken
- Wenn es schnell gehen soll: Kalzitonin. Wirkt in Minuten
- Digitalis, Thiaziddiuretika absetzen
- Schleifendiuretikum
- Glukokortikoide: hemmen Kalziumresorption im Darm, erhöhen renale Ausscheidung
- Knochenmetastasen: Biphosphonate hemmen Osteoklasten
- Bei Niereninsuffizienz: Hämodialyse.

CHECK-UP

- ☐ Welche Ursachen einer Hyponatriämie gibt es?
- ☐ Wie kann eine Hypernatriämie zu einem Hirnödem führen?
- ☐ Welche Befunde egibt es bei einer Hypokaliämie?
- ☐ Wie wird eine Hyperkaliämie therapiert?
- ☐ Wie entstehen Hyperkalzämien?

Säure-Basen-Haushalt

Eine primär respiratorische Störung verändert v. a. den pCO_2, eine primär metabolische das HCO_3^-: ↓

- Respiratorische Alkalose: pCO_2 ↓
- Respiratorische Azidose: pCO_2 ↑
- Metabolische Alkalose: HCO_3^- ↑
- Metabolische Azidose: HCO_3^- ↓.

Blutgasanalyse

Mit den Werten einer Blutgasanalyse lässt sich die Genese und Kompensation ablesen (→ Abb. 11.1). Werte und Normbereiche für arterielles Blut sind:

- pH: 7,36–7,44

pCO_2 ist geschlechtsabhängig:
  - ♀ 32–43 mmHg
  - ♂ 36–46 mmHg
- Standardbikarbonat (unter definiertem CO_2 und Temperatur gemessen): 21–26 mmol/l
- Base Excess (Abweichung von normalem Gesamtpuffer): –2 bis +2 mmol/l.

Auswertung:

- Azidose oder Alkalose?
- Respiratorisch oder metabolisch (→ Tab. 11.1, → Abb. 11.1)?
- Einfach oder gemischt? Gemischt:
  - pH ↓, pCO_2 ↑, HCO_3^- ↓: respiratorische und metabolische Azidose

– Werte weichen von berechneter Kompensation ab (➔ Kasten).

Bei einfachen Störungen zu erwartende Kompensationen:
- Respiratorische Alkalose: HCO_3^--Erniedrigung ≙ 2× Δ pCO_2/10. Chronisch: 2,5-fach
- Respiratorische Azidose: HCO_3^--Erhöhung ≙ Δ pCO_2/10. Chronisch: bis 4-fach
- Metabolische Alkalose: pCO_2-Erhöhung ≙ Δ HCO_3^- × 0,6
- Metabolische Azidose: pCO_2-Erniedrigung ≙ (1,5 × HCO_3^-) + 8.

Anionenlücke

Zwei Definitionen:
- $Na^+ + K^+ - Cl^- - HCO_3^- = 10–18$ mmol/l
- $Na^+ - Cl^- - HCO_3^- = 6–14$ mmol/l.

Der Wert der Anionenlücke hilft bei der ätiologischen Klärung einer metabolischen Azidose:
- Erniedrigt: Hypalbuminämie, erhöhte Kationen, stark erhöhtes Cl^-
- Normal: Bikarbonatverlust oder Zufuhr von Cl^--haltigen Säuren
- Erhöht: vermehrt körpereigene oder zugeführte Anionen, z. B. Laktat, Ketonkörper oder Salicylate.

Tab. 11.1 Respiratorische oder metabolische Störung?

pH	pCO_2, HCO_3^-, BE	Diagnose
‹ 7,36	↓	Metabolische Azidose
‹ 7,36	↑	Respiratorische Azidose
› 7,44	↓	Respiratorische Alkalose
› 7,44	↑	Metabolische Alkalose

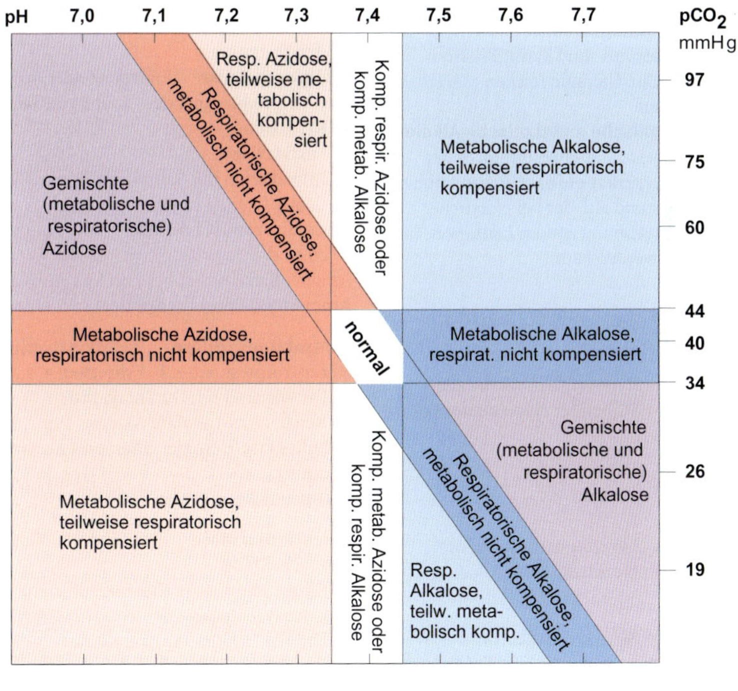

Abb. 11.1 Säure-Basen-Normogramm: Die Änderung des pCO_2 ist entweder primär (bei respiratorischen Störungen) oder sekundär (bei metabolischen Störungen) [L157]

Metabolische Alkalose

Definition
pH > 7,44.

Ätiopathogenese
Selten, da die renale Bikarbonatausscheidung gut gesteigert werden kann. Ursachen:
- Verringerte Bikarbonatausscheidung:
  - Hypochlorämie, z. B. durch Diuretika, Erbrechen, Magensonden. **Chloridsensitive Alkalose**, da mit NaCl i. v. therapiert
  - Bartter-Syndrom (angeborene tubuläre Chloridresorptionsstörung) oder Kortikoidexzess bei Conn- und Cushing-Sndrom (stimuliert Bikarbonatretention). **Chloridresistente Alkalose**, da NaCl i. v. nicht hilft
- H^+ wird vermehrt ausgeschieden: z. B. Magensaftverlust durch Erbrechen oder Sonde, ausgeprägte Hypokaliämie, bei der H^+ vermehrt im Austausch gegen K^+ ausgeschieden und in die Zelle geschafft wird
- Massive Bikarbonatzufuhr: iatrogen
- Bei der **Kontraktionsalkalose** verringert ein extrazellulärer Volumenmangel die glomeruläre Filtration von Bikarbonat und erhöht Aldosteron → Natrium- und damit Bikarbonatretention. Zur Therapie reichen i. d. R. NaCl-Infusionen
- **Post-hypokapnische metabolische Alkalose**: bei lange bestehender respiratorischer Azidose mit Hyperkapnie baut sich ein hoher Bikarbonatbestand auf, der bei plötzlicher Besserung der Atmung erst im Laufe von Tagen abgebaut werden kann.

Klinik
Hypokaliämie (→ oben), z. B. mit Herzrhythmusstörungen.

Kompensation. Hypoventilation, die allerdings wegen sonst drohender Hypoxie nur begrenzt kompensiert.

Diagnostik
Labor. Kalium im Serum.
Cl^- im Urin:
- < 10 mmol/l → chloridsensitive Alkalose
- > 10 mmol/l → chloridresistente Alkalose.

Therapie
- Grunderkrankung
- Kaliumausgleich
- Chloridsensitive Alkalose, Kontraktionsalkalose: NaCl-Infusion, in schweren Fällen Argininhydrochlorid oder HCl über ZVK
- Post-hypokapnische metabolische Alkalose: in schweren Fällen Acetazolamid.

Respiratorische Alkalose

Definition
pH > 7,44.

Ätiopathogenese
Hyperventilation.

Klinik
Tetanie. Bei starkem pCO_2-Abfall auch Bewusstseinsstörungen und Krämpfe.

Kompensation. Bei länger dauernder Hyperventilation reduzierte renale Säureausscheidung und erhöhte Ausscheidung organischer Basen nach 2–3 Tagen.

Therapie
Hyperventilation beenden.

Metabolische Azidose

Definition
pH < 7,36.

Ätiopathogenese
Additionsazidose .Endogene oder exogene erhöhte Produktion oder Zufuhr von Säuren:
- Ketoazidose
- Laktatazidose
- Intoxikation mit Salizylaten, Paraldehyd, Methanol (Abbau zu Ameisensäure)
- Zufuhr von HCl, Kalzium- oder Ammoniumchlorid.

Anionenlücke: außer bei Zufuhr von HCl oder Ammoniumchlorid vergrößert.

Subtraktionsazidose. Bikarbonatverlust:
- Gastrointestinal, z. B. Erbrechen v. a. von Duodenalsekret, Durchfall, Fisteln
- Renal: renal-tubuläre Azidose Typ 2, Karboanhydrase-Hemmer-Therapie (Acetazolamid).

Anionenlücke: normal.

Retentionsazidose .Verminderte renale Säureausscheidung:
- Akute, chronische Niereninsuffizienz: normale Anionenlücke
- Urämie: erhöhte Anionenlücke
- Renal-tubuläre Azidose Typ 1 und 4: ausgeprägte hyperchlorämische metabolische Azidose.

Klinik

- Periphere Vasodilatation: warme, gerötete Haut, RR ↓, Puls ↑.
- Bei zunehmender Azidose Zellschäden mit Herzrhythmusstörungen und ZNS-Symptomen
- Rechtsverschiebung der O_2-Bindungskurve: Herz spricht schlechter auf Katecholamine an
- Hyperkaliämie.

Kompensation. Hyperventilation mit CO_2-Abatmung, setzt innerhalb 12 h ein, und renale Ammoniumausscheidung nach 2 Tagen.

Therapie

Grunderkrankung. Bei pH < 7,1 Natriumbikarbonat i. v.

Mögliche Probleme bei Gabe von Natriumbikarbonat:
- Azidose im Gehirn: CO_2 diffundiert besser durch die Blut-Hirn-Schranke als das Bikarbonat
- Bei zu rascher Korrektur der Azidose:
  - Hypokaliämie, da K^+ in die Zellen zurückströmt
  - Rascher Abfall des ionisierten Kalziums
  - Hypoxie, da die Sauerstoffbindungskurve nach links verschoben wird
- Volumenbelastung durch die Natriumzufuhr
- Bei respiratorischer Insuffizienz kann das entstehende CO_2 schlecht abgeatmet werden.

Respiratorische Azidose

Definition

pH < 7,36.

Ätiopathogenese

Respiratorische Insuffizienz → CO_2 → Gehirngefäße erweitern sich → Hirnödem.

Klinik

- Dyspnoe
- Zyanose
- Hirnödem.

Kompensation. Nach 3 Tagen beginnende renale erhöhte Säureausscheidung und Bikarbonatretention.

Diagnostik

Augenspiegelung. Papillenödem.

Therapie

Notfalls Beatmung.

Prognose

Abhängig davon, wie gut die respiratorische Insuffizienz behandelt werden kann.

CHECK-UP

- ☐ Was ist die Anionenlücke, was sagt sie aus?
- ☐ Welche Befunde gibt es bei einer metabolischen Azidose?
- ☐ Was liegt bei folgender Konstellation vor: pH ↓, pCO_2 ↑, HCO_3^- ↓?

Register